Gottfried Haefele · Wolfgang Oed · Ludwig Sabel

HausErneuerung

Instandsetzen • Modernisieren • Umbauen

Ökologische Baupraxis

Mit Anleitung zur Selbsthilfe

ökobuch

Staufen bei Freiburg

www.oekobuch.de

Die Arbeitsanleitungen und Anwendungsempfehlungen in diesem Buch wurden nach bestem Wissen zusammengestellt. Für die praktische Umsetzung lassen sich daraus jedoch keine Haftungsansprüche gegenüber Autoren oder Verlag ableiten.

Bibliografische Information der Deutschen Nationalbibliothek

Die Deutsche Nationalbibliothek verzeichnet diese Publikation in der Deutschen Nationalbibliografie; detaillierte bibliografische Daten sind im Internet über http://dnb.d-nb.de abrufbar.

ISBN 978-3-936896-37-4

10. aktualisierte Auflage, Staufen 2008
Die 1. Auflage 1988 bis 4. Auflage 1993
erschienen unter dem Titel „Althauserneuerung"

Titelfotos: Wolfgang Oed (oben links), Georg Reinberg (oben rechts), Gottfried Haefele (Mitte und unten)
Zeichnungen: Markus Haug, Metzingen / Bärbel Gamper, Tübingen
Layout: USW, Uwe Stohrer, Freiburg
Druck: Druckpartner Rübelmann, Hemsbach

Inhalt

Vorwort

Wer a Geld hot
und isch saudomm,
kauft a alts Haus
und bauts om.

Wahr an dieser schwäbischen Weisheit ist sicher die Erfahrung vieler Menschen, dass beim Um- und Ausbau alter Häuser schon zu viel Arbeit, Zeit und Geld falsch investiert wurde und wird.
Wahr aber ist auch die Tatsache, dass ein enormes Kapital an wirtschaftlichen, kulturellen und ökologischen Werten in alten Häusern steckt. Diese Werte zu entdecken und zu aktivieren, dazu soll die vorliegende Anleitung anregen.

Heute, in einer Zeit verminderten Wirtschaftswachstums und angesichts unübersehbarer und tiefgreifender Schäden an unseren Ökosystemen ist die Forderung nach gesundheitsverträglichen Baustoffen und ökologischen Bautechniken fast schon die Regel im Wohnungsbau, und die Erhaltung und Erneuerung bestehender Bausubstanz ist sicher die zentrale Bauaufgabe der kommenden Jahre.

Altbauten - seien es die Fachwerkhäuser des Mittelalters oder die Mehrfamilienhäuser aus der Jahrhundertwende um 1900, ob denkmalgeschützt oder auch nur „nicht mehr zeitgemäß" – haben alle ihre typischen Probleme. Auch die Eigenheime in den ehemaligen „Neubaugebieten" aus den Jahren 1950 bis 1970 entsprechen meist nicht mehr den heutigen Wünschen in bezug auf Sanitärausstattung, Grundrisszuschnitt, Raumgröße und rationelle Energienutzung. Dass dies typische Probleme der Althauserneuerung sind, zeigt sich in unserer Alltagsarbeit als Architekten auch durch die immer wiederkehrenden Fragen der Bauwilligen. Wir haben deshalb versucht, unsere Antworten auf diese Fragen für Selbstbauende verständlich und überschaubar darzustellen.

Nebenbei: Besonderes Kopfzerbrechen hat uns die Frage bereitet, ob man/frau Architekt und Architektin oder Handwerker und Handwerkerin schreiben kann, soll, darf oder muss. Wir sehen's nicht so eng und meinen in jedem Fall immer auch die oder den andere/n.

Anmerkungen zur 10. Auflage 2008
Bereits beim Erscheinen der ersten Auflage 1988 war uns bewusst, dass viele Inhalte sich im Laufe der Zeit verändern würden. So haben wir immer wieder die Weiterentwicklungen eingearbeitet, die sich aufgrund des sich ändernden Materialangebots, des zunehmenden Bewusstseins für Energiesparendes Bauen und der veränderten baurechtlichen Vorschriften ergeben haben.

1995 sind wir dieser Anforderung mit der 5. überarbeiteten und ergänzten Auflage nachgekommen, in der wir u.a. die damals neue Wärmeschutzverordnung, aber auch inzwischen sehr bewährte Dinge wie Zellulose-Dämmstoff eingearbeitet und neue Inhalte zu Themen wie „Raumluft" und „Elektroinstallation" aufgenommen haben. Weiter folgende Aktualisierungen bezogen sich auf die Euro-Umstellung, die neue Rechtschreibung, die Anpassung der Kostenangaben, die 2002 eingeführte Energieeinsparverordnung (EnEV) und deren Auswirkungen, sowie neue Heiz-, Lüftungs- und Solartechnik. Auch Ergänzungen zum Thema staatliche Fördermittel und viele andere Aktualisierungen bautechnischer und -organisatorischer Art wurden aufgenommen.

In der vorliegenden 10. Auflage haben wir neben vielen kleinen Aktualisierungen folgende Themen aufgenommen bzw. erweitert: Energieberatung, neue Dämmstoffe wie Hanf, Holzfaserprodukte und Vakuumpanelplatten, variable Dampfbremse, Holz-Pelletkessel, Gebäudelüftung in Verbindung mit Holzofen, Fotovoltaik.

Den Leserinnen und Lesern wünschen wir mit dieser neuen 10. Auflage viel Freude, Erkenntnis und Effizienz beim Instandsetzen, Modernisieren und Umbauen alter Bausubstanz.

Im Juni 2008 Gottfried Haefele
Wolfgang Oed
Ludwig Sabel

1. Grundfragen

1.1 Der Altbau

Ein altes Haus zu modernisieren oder umzubauen kann eine spannende und lohnende Sache sein. Das Wohnen in einem gut renovierten Altbau ist häufig angenehmer und reizvoller als in einem lieblos errichteten Neubau. In vielen alten Häusern ist zu spüren, dass sie ihrem Zweck schon lange gedient haben und ihren Bewohnern ein wohnliches und gemütliches Zuhause waren. Ähnliches gilt für die Umgebung alter Häuser. So vermitteln historisch gewachsene Ortsteile immer auch ein Gefühl von Tradition und Geborgenheit.

Wer ein nach alter Handwerkskunst errichtetes Gebäude bewohnt, kann weitgehend sicher sein, dass die verwendeten Grundbaustoffe Naturstein, Holz, Lehm, Ziegel, gesundheitlich unbedenklich sind - sofern sie nicht nachträglich mit den Errungenschaften moderner Technik „veredelt" wurden.

Die Erhaltung, Erneuerung und Nutzung alter Bausubstanz hat darüber hinaus eine ganze Reihe „materieller" Vorteile: Altbaugebiete liegen meist in der Nähe der Stadt- oder Dorfzentren, so dass viele Wege zu Fuß oder mit dem Fahrrad zurückgelegt werden können. Ein Altbau samt Grundstück ist in der Regel preiswerter als ein entsprechender Neubau. Ein altes Haus kann oft sofort nach dem Erwerb bezogen und dann schrittweise verbessert werden. Die Wiederverwertung alter Bausubstanz entspricht den ökologischen Forderungen nach Nutzung vorhandener Werte und sparsamem Umgang mit Energie und Rohstoffen. Werden die eigenen Anforderungen an einen „zeitgemäßen Komfort" auf die echten Bedürfnisse reduziert und ist die Bausubstanz gut erhalten, wird der Aufwand für Erneuerungsmaßnahmen oft auch nicht groß sein.

Es gibt jedoch Fälle, in denen Planung und Durchführung von Erneuerungsarbeiten am Altbau aufwendig und schwierig sind, insbesondere, wenn die Bausubstanz in einem schlechten Zustand ist, oder wenn umfangreiche Baumaßnahmen im bewohnten Haus erfolgen müssen. Manche Probleme alter Häuser lassen sich nur mit großem Aufwand oder gar nicht beheben. Häuser in den dicht bebauten Dorf- und Stadtkernen erhalten häufig wenig Licht und Sonne, ein Hauptgrund für staatlich geförderte Sanierungsprogramme. Wenn die tragende Bausubstanz des Hauses wesentliche Mängel aufweist, wie z.B. Schäden im Fundamentbereich, nasse, ausgelaugte Grundmauern oder morsche Holzbalken, so können die Sanierungskosten leicht eine unvertretbare Höhe erreichen. Werden solche Mängel gar erst während der Bauzeit erkannt, gerät das Vorhaben zum berühmten Fass ohne Boden. Wer ein denkmalgeschütztes Gebäude besitzt, sollte außerdem damit rechnen, dass sich manche planerische Absichten möglicherweise nicht problemlos mit den Zielen einer kulturhistorischen Erhaltung und Gestaltung vereinbaren lassen. Leider stehen staatliche Finanzierungshilfen für Baudenkmale nur in geringem Umfang zur Verfügung.

1.2 Hausbau und Ökologie

Beim Erwerb und Umbau eines alten Hauses sind neben zahlreichen Aspekten auch ökologische Belange zu berücksichtigen. Dabei geht es nicht nur darum, der eigenen Gesundheit zuträgliche Materialien und Bauweisen auszuwählen, sondern auch die Umweltverträglichkeit von Baustoffen, Baumaßnahmen und -planungen immer wieder zu hinterfragen. Darüber hinaus setzt umweltbewusstes Bauen auch einen ökologisch verantwortbaren Wohn- und Lebensstil voraus.

In der Praxis lässt sich ökologisches Bauen durch folgende Stichworte grob umreißen: Energie-, rohstoff-, flächen- und kostensparendes Bauen und Wohnen mit schadstoffreien bzw. -armen Materialien und einer möglichst naturnahen Ver- und Entsorgung (z.B. Abwässer und Haushaltsabfälle).

Beim gesundheitsverträglichen Bauen geht es im wesentlichen um den Einsatz möglichst schadstoffreier und naturnaher Baustoffe sowie um eine Berücksichtigung natürlicher und künstlicher Strahlungen und Felder. So geben einige industriell hergestellte Baustoffe z.B. schädliche Gase ab. Sie sollen daher nicht mit der Raumluft in Verbindung stehen. Das gilt für manche Kunststoffprodukte ebenso wie für einige Blähkorkprodukte.

Die „Baubiologie" beschäftigt sich intensiv mit solchen Fragen der Wohngesundheit und hat in den letzten Jahren durch ihre Arbeit in Vereinen und Verbänden sowie durch gezielte Öffentlichkeitsarbeit zu einer allgemeinen Schärfung des Bewusstseins in dieser Richtung beigetragen. Sie hat aber leider auch erhebliche Missverständnisse ausgelöst. Einige Aussagen aus baubiologischen Kreisen sind mit bauphysikalischem Grundwissen nicht vereinbar. So ist beispielsweise die Behauptung falsch, eine (in bestimmten Fällen notwendige) Dampfbremse würde das Raumklima negativ beeinflussen und sei deshalb unangebracht. Allerdings kann das Weglassen zu erheblichen Feuchteschäden im Haus und zur Zerstörung von Bauteilen führen.

Einerseits beschäftigen sich viele Untersuchungen und Mutmaßungen von Baubiologen mit sinnlich schwer erfassbaren Erscheinungen wie Auswirkungen des „Strahlungsklimas" und der „Erdstrahlen" auf die menschliche Gesundheit, was viele Menschen mit einem zweifelnden „kann sein" zur Kenntnis nehmen. Andererseits erscheint es da fast unverantwortlich, dass sich ihr Anspruch dann oft im individuellen Wohlergehen (Motto: für mich nur das Beste) erschöpft und sie bei allem Sinn für feinstoffliche Wirkungen beispielsweise die drastischen Auswirkungen der Luftverschmutzung durch mangelnde Wärmedämmung unserer Häuser anscheinend ignorieren. Jedenfalls verfehlt die Auseinandersetzung um „Wärmedämmung oder Wärmespeicherung" ihr Ziel, solange nicht von baubiologischer Seite nachprüfbare Erfahrungen und Empfehlungen darüber vorliegen, wie der Heizenergieverbrauch von Alt- und Neubauten im globalen Maßstab drastisch reduziert werden kann.

Dabei sind Maßnahmen zur Energieeinsparung ein sehr wichtiger Bereich der Modernisierung, denn gerade Altbauten haben oft einen besonders hohen Energieverbrauch. Solche Maßnahmen sind in jedem Fall wirtschaftlich, sowohl langfristig - im ökologischen Sinn - als auch mittelfristig, in der hauswirtschaftlichen Kostenrechnung. Ein sparsamer Umgang mit den Brennstoffen Kohle, Öl, Gas und Atomkraft trägt zu einem verlangsamten Abbau der begrenzten Energievorräte bei und begrenzt die Luftverschmutzung bzw. die Risiken der Atomtechnologie.

1.3 Altbau-Typen

Den Altbau als solchen gibt es nicht. Das ländliche Bauernhaus unterscheidet sich in vielerlei Hinsicht vom städtischen Mietshaus der Gründerzeit oder vom vorstädtischen Einfamilienhaus der 1950er Jahre. Entsprechend vielfältig sind die Erneuerungsmaßnahmen. Nachfolgend werden drei typische Arten von Altbauten beschrieben, die einen großen Teil des Gebäudebestandes repräsentieren. Diese Darstellung soll die Beurteilung alter Häuser erleichtern und verallgemeinerbare Hinweise für Sanierungsmaßnahmen geben.

Das Eigenheim der 1950er Jahre

Die jüngsten modernisierungsbedürftigen Altbauten sind die Eigenheime der 50 er, 60 er und 70 er Jahre. Als freistehende Einfamilien- oder Reihenhäuser liegen sie in der Regel in den alten Neubaugebieten der „Wiederaufbauzeit". Sie wurden fast ausschließlich in Massivbauweise mit gemauerten Wänden und betonierten Decken errichtet. Ein typischer Nachteil besteht aus heutiger Sicht in der kleinteiligen Grundrissgestaltung. Durch Entfernen oder Umsetzen einzelner Wände können diese Häuser großzügiger gestaltet werden.

Ein weiterer, typischer Nachteil dieser Häuser ist der hohe Heizenergieverbrauch. Zur Zeit ihrer Errichtung waren Umwelt- und Energiefragen noch kein öffentliches Thema und wärmedämmende Maßnahmen zur Energieeinsparung praktisch unbekannt.

Die Bausubstanz solcher Häuser weist im allgemeinen keine gravierenden Mängel auf. Feuchtigkeitsprobleme (z.B. mit Schimmelbildung) auf der Innenseite der Außenwände, insbesondere im Bereich der Gebäudeekken, Fenster und Decken, sind häufig auf neue, dichtschließende Fenster und ungenügende Lüftung zurückzuführen und verschwinden beim Anbringen einer Wärmedämmung. Erneuerungsbedürftig sind zumeist auch die Heizungsanlage, die Elektroinstallationen, die Wasserleitungen und die Sanitärräume.

Das städtische Wohnhaus

Ein zweiter Haustyp ist das städtische, mehrgeschossige Wohnhaus aus der Zeit vor und nach dem 1. Weltkrieg. Es ist in der Regel in Massivbauweise oder als Fachwerkhaus errichtet, hat Holzbalkendecken und häufig eine dekorative Fassade, z.B. mit Sichtfachwerk, Natur- oder Backsteinornamenten. Das steile Dach ist nicht ausgebaut. Die Modernisierung und der Umbau solcher Häuser er-

Ökologische Prinzipien beim Bauen

- Anpassung an die örtlichen Gegebenheiten
- Nutzung des natürlichen Energie- und Materialangebots
- Kreislaufbildung
- Vielfalt, Vernetzung, Selbsterneuerung
- Dichte und Größe nach menschlichem Maß
- Offenhalten von Entwicklungsmöglichkeiten im Bauprozess

Typische Schäden an Bauteilen

1. Außenwände

- Risse und undichte Fugen, durch die Wasser dringen kann
- Risse in tragenden Teilen
- Rostende Stahlträger, Risse oder Betonabplatzungen vorwiegend bei Loggien und Balkonen
- Betonabplatzungen an Sichtbetonflächen und rostende Stahleinlagen
- Feuchte Kellerwände bei fehlender Abdichtung nach außen
- Aufsteigende Feuchtigkeit durch fehlende Horizontalabdichtung der Wände
- Wärmeschutz der Außenwände zum Teil nicht den heutigen Anforderungen entsprechend
- Kondensatprobleme innen durch in die Außenwand einbindende Bauteile und an Gebäudeecken
- Wärmebrücken durch zu dünne Fensterbrüstungen

2. Innenwände

- Zu dünne Innenwände aus Bauplatten bzw. dünne, tragende Holz- oder Stahlfachwerkwände mit Ziegelausmauerung
- Mangelhafter Schall- und Wärmeschutz durch dünne Wohnungstrennwände
- Mangelhafter Brandschutz durch dünne Treppenhauswände
- Schadhafter Wandputz mit Ablösung größerer Putzflächen

3. Außenwandbekleidungen

- Gerissener oder hohlliegender Wandputz, Abplatzungen im Sockelbereich durch Feuchtigkeit
- Beschädigte, gerissene und abplatzende Stuckteile
- Schadhafte Blei- und Zinkabdeckungen von vorstehenden Teilen
- Ausgewaschene, aussandende Fugen von Ziegel-Sichtmauerwerk
- Schadhafte vorgehängte Plattenbekleidungen mit unzureichender Unterkonstruktion, Verankerung und Wärmedämmung
- Schlechte Wärmedämm-Putzsysteme mit Ablösungen und Rissbildung

4. Fenster und Außentüren

- Undichte, verzogene Holzfensterrahmen und Wandanschlüsse
- Verfaulte Holzteile an Fensterflügeln und Fenster-Blendrahmen
- Schadhafte Fensterbeschläge und Schließteile
- Schadhafte Rolläden und Klappläden, Fensterbankabdeckungen
- Einfachverglasung mit unzureichendem Wärme- und Schallschutz
- Undichte, verzogene Außentüren mit defekten Beschlägen/Schloss
- Ungedämmte Metallfensterrahmen mit Kondensatproblemen innen
- Unzureichend entwickelte Isolierverglasungen mit geringer Dauerhaftigkeit
- Versprödete, in den Haftungsflanken gelöste, dauerelastische Fugenabdichtungen mit eindringender Feuchtigkeit

5. Dach

- Unterdimensionierte Dachstühle mit gelösten Holzverbindungen
- Schädlingsbefall durch Hausbock an freiliegenden Holzteilen
- Morsche Dachgesimse unter auskragenden Dachüberständen außen
- Schadhafte Dachdeckung, fehlende Unterspannbahn unter der Deckung
- Fehlende oder ungenügende Wärmedämmung der Decken im Dachraum und der Dachflächen gegen die Außenluft

Tabelle 1.1
Typische Schadenspunkte an Einzelbauteilen.
Quelle: Bauministerium NRW

- Baufällige Kaminköpfe über Dach, Versottung der Kaminzüge
- Schadhafte Dachaufbauten wie Gauben, Ziergiebel ohne Dämmung
- Unbrauchbarer Verputz unter schrägen Dachflächen
- Schadhafte Dachrinnen, Fallrohre und Dachanschlüsse

6. Geschossdecken

- Unterdimensionierte, durchgebogene Holzbalkendecken
- Abgefaulte Holzbalkenköpfe am Auflager im Mauerwerk
- Gering dimensionierte Stahlträger/ Betondecken oder Stahlbetondecken
- Abplatzungen bei Betondecken, vorwiegend im Kellerbereich
- Schadhafter Spalierlatten-Deckenputz mit größeren Ablösungen
- Schwammbefall am Holz der Decken bei eindringender Feuchtigkeit
- Durchrostende Stahlträger der Kappendecken im Keller
- Zum Teil Wärmebrücken an auskragenden Betonplatten (Balkonen) mit Kondensatanfall
- Auffrierende Fliesen- und Plattenbeläge auf Balkonen und Loggien

7. Fußböden, Innentüren

- Durchgetretene Holzdielen mit großer Fugenbreite
- Schadhafte Holzfußleisten
- Schadhafte Verbundestriche auf Massivdecken mit Rissen oder Löchern
- Schadhafte Fliesen-, Platten- und Linoleum- bzw. Teppichbeläge
- Mangelhafter Trittschallschutz durch Verbundestriche
- Durchfeuchtetes, schadhaftes Ziegelpflaster des Kellerbodens
- Verzogene, undichte Füllungstüren mit defekten Beschlägen/Schloss

8. Geschosstreppen

- Durchgetretene, an der Vorderkante abgenutzte Holztreppenstufen
- Angefaulte Treppenteile nach eingedrungener Feuchtigkeit
- Schadhafte und fehlende Teile von Holztreppengeländern
- Befall der Holzteile durch tierische oder pflanzliche Schädlinge
- Mangelhafter Brandschutz durch fehlenden unterseitigen Verputz bei Holztreppen
- Mangelhafter Brand- und Schallschutz durch verglaste Wohnungseingänge
- Schadhafte Platten- und Kunststeinbeläge auf Massivtreppenstufen
- Zu große Stababstände horizontaler Stahltreppengeländer

9. Sanitärinstallation

- Unbrauchbare oder schadhafte Wasser- und Entwässerungsleitungen
- Verstopfte Abwasser-Grundleitungen im Kellerboden
- Unterdimensionierter Wasser- und Kanalanschluss
- Unbrauchbare oder erneuerungsbedürftige Einrichtungsgegenstände für Bad, WC und Küche
- Fehlende Warmwasserbereitung für Badezimmer

10. Heizung

- Einzelofenheizung an zahlreichen Kaminzügen für Kohle, Öl und Gas
- Unterdimensionierte Hausanschlüsse für Gas
- Überdimensionierte, gemauerte Kaminzüge mit Versottungsgefahr
- Zentralheizungen mit erneuerungsbedürftigen Wärmeerzeugern und Heizflächen
- Heiz-Rohrleitungen überdimensioniert für Schwerkraftheizung
- Fehlende neuzeitliche Regeleinrichtungen für die Heizanlagen

11. Elektroinstallation

- Unbrauchbare oder erneuerungsbedürftige Elektroleitungen, Dosen, Schalter und Brennstellen
- Unbrauchbare oder erneuerungsbedürftige Absicherungen, Verteilungen und Unterverteilungen
- Unterdimensionierter Elektro-Hausanschluss

folgt meist in Zusammenhang mit der Umwandlung zu Eigentumswohnungen oder im Rahmen von städtebaulichen Sanierungsmaßnahmen.

Diese Häuser weisen häufig städtebauliche Mängel auf, also solche, die die unmittelbare Umgebung des Hauses betreffen und die auf die dichte Bebauung zurückzuführen sind: schlechte Besonnung und Belichtung, Verkehrs- oder Gewerbeemissionen, Einsehbarkeit, unzureichende Freiflächen. Diese Probleme lassen sich durch Privatinitiative kaum oder gar nicht beheben. Sie können eigentlich nur im Zuge einer öffentlichen städtebaulichen Sanierungsmaßnahme angegangen werden.

Die Bausubstanz der Häuser kann in sehr unterschiedlichem Zustand sein. Häufige Mängel sind: feuchtes Keller- und Sockelmauerwerk in Verbindung mit Mauerwerksausblühungen, verfaulte Holzbalken am Übergang zwischen Mauerwerk und Holzwerk, schadhafte Dacheindeckung, schadhafte Fenster, Verwitterungserscheinungen an den Fassadenelementen.

Zuschnitt und Größe der Wohnungen entsprechen oft nicht den heutigen Vorstellungen. Die Räume sind zu groß, zu hoch oder zu klein. Sie sind in ihrer möglichen Funktion einander nicht richtig zuzuordnen, ein Nachteil, der bei gefangenen Räumen besonders deutlich wird. Häufig sind die Wohnungen noch in einen Dienstbotenbereich und den Bereich der Hauptwohnung unterteilt. Da gibt es dann zwar eine große Küche, aber nur ein kleines oder gar kein Badezimmer. Diese Mängel lassen sich oft nur durch eine neue Grundrissgestaltung beheben. Umbaumaßnahmen mit Veränderungen von Wänden und die Verlagerung oder Schaffung von Sanitärräumen werden schnell zu einer kostspieligen Angelegenheit, so dass es sich lohnt, ausgiebig über eine sinnvolle und wirtschaftliche Neuaufteilung nachzudenken und mehrere Entwürfe durchzuspielen. Auch die Haustechnik und die Innenausstattung der Häuser sind häufig erneuerungsbedürftig. Alte Geschossdecken und dünne Innenwände, die einzelne Wohnungen voneinander trennen, sind in der Regel schall- und wärmetechnisch verbesserungsbedürftig. Bleiben Reparatur- und Änderungsmaßnahmen auf das Wesentliche beschränkt, besteht die Chance, kostengünstig an eine eigene Wohnung zu kommen.

Das Bauernhaus

Ein dritter Haustyp ist das Bauernhaus, bei dem Wohn- und Scheunenteil nebeneinander unter einem Dach liegen. Die Wohnung befindet sich im ersten Stock über dem gemauerten Sockelgeschoss, das Abstellräume, Stall und Gewölbekeller umfasst. Der hohe Dachraum dient als Getreidespeicher und Abstellraum. Raumgrößen, Geschosshöhen und Fenstergrößen sind vergleichsweise gering. Die Wohnebene wurde als Fachwerk errichtet, die Scheune besteht meist ganz aus Holz. Raumform und Tragstruktur der Scheune sind geprägt von dem hohen Tennenraum mit Toreinfahrt und dem seitlichen Heu- und Strohlager.

Die Modernisierung eines alten Bauernhauses ist in vielen Fällen mit einem größeren Aufwand verbunden als die eines Stadthauses oder eines Hauses aus den 50 er Jahren. Die Bausubstanz und die haustechnische Ausstattung solcher Häuser sind durchweg einfacher und in schlechterem Zustand. Risse in den Außenwänden können ihre Ursache in Verschiebungen des Kellergewölbes oder nicht ausreichend tiefen Fundamenten haben. Im Mauerwerk aufsteigende Feuchtigkeit, oft in Verbindung mit Salzausblühungen, führt zur Zerstörung des Mauermörtels und der darüber liegenden Konstruktionshölzer, die zudem oft zu schwach dimensioniert und von Holzschädlingen befallen sind. Die Ausfachungen aus Feldsteinen, Lehmgeflecht oder Ziegelsteinen können so instabil geworden sein, dass ein teilweiser oder vollständiger Austausch unumgänglich ist. Häufig sind die Fugen zwischen Holzwerk und Ausfachung so undicht, dass Schlagregen die Wand durchnässt und der Wind durchs Haus zieht. Der schwach dimensionierte Dachstuhl lässt einen Austausch der einfachen, wenig regendichten Dachziegel gegen eine schwere und dichtere Dacheindeckung häufig nur in Verbindung mit einer Verstärkung des Holztragwerks zu, abgesehen von solchen Balken, die wegen Schädlingsbefall ohnehin ausgetauscht werden müssen. Wegen der guten Durchlüftung ist das hölzerne Tragwerk der Scheune häufig besser erhalten als das des Wohnhauses.

Um die tragenden Konstruktionen des Wohnhauses zu verstärken, kann es erforderlich sein, zwischen dem gemauerten Sockelgeschoss und dem aufgehenden Fachwerk einen Betongurt einzubauen und einzelne Fachwerkbalken durch neue zu ersetzen. Das Ausräumen sämtlicher Gefache und gar zusätzlich das Ausrichten eines schiefen Fachwerkes wird nur in wenigen Fällen wirklich notwendig sein und ist wegen der hohen Kosten wohl auch nur in Ausnahmefällen gerechtfertigt.

Der Umfang vorhandener Installationen ist in alten Bauernhäusern in der Regel sehr gering, oft gibt es nicht einmal Bad und WC, häufig noch keinen Anschluss an den inzwischen vorhandenen öffentlichen Abwasserkanal. Da kann es notwendig sein, erst einmal Grundleitungen im Haus zu verlegen und den Anschluss zum Kanal herzustellen oder eine neue Hauskläranlage zu bauen.

Für die Haustechnik, den Innenausbau und sonstige Umbau- und Modernisierungsmaßnahmen gelten darüber hinaus die beim Stadthaus und beim Eigenheim der 50 er Jahre angesprochenen Aspekte.

Bauernhäuser bieten meist viel Platz für einen Ausbau. Bei der Ausbauplanung ist auf ein gestalterisch gutes Einfügen neuer Fenster und Dachgaupen großer Wert zu legen, weil sonst das Erscheinungsbild des Hauses erheblich beeinträchtigt werden kann. Ein großer Scheunenraum lässt sich möglicherweise zur zweiten Haushälfte umbauen. Wenig sinnvoll ist dagegen im allgemeinen der Ausbau ehemaliger Stall- und Kellerräume zu Wohnzwecken. Eine dauerhafte Lösung der Feuchtigkeitsprobleme ist hier zumeist nur durch einen Teilabriss mit anschließendem Neubau zu erreichen.

Sicherlich tauchen nicht alle hier genannten Probleme gleichzeitig bei einem Haus auf. Wer sich nicht auf Abenteuer einlassen will, sollte die angesprochenen Fragen und Probleme *vor* dem Erwerb eines alten Bauernhauses prüfen und in erste konzeptionelle und finanzielle Überlegungen einbeziehen.

1.4 Selbst planen - selbst bauen

Je nach Fähigkeit und verfügbarer Zeit können bei der Altbauerneuerung zahlreiche Handwerkerarbeiten (Bauleistungen) selbst ausgeführt werden. Das gilt auch für einzelne planerische Leistungen, soweit sie überwiegend bautechnischer oder organisatorischer Art sind. Gestalterisch wichtige Fragen sollten jedoch besser gemeinsam mit einem Architekten gelöst werden. Bei jeder Arbeitsteilung sollten Verantwortlichkeit und Haftung für Fehler klar abgegrenzt werden. Grundsätzlich gilt: Wer bei der Planung spart, baut teurer.

Zu den Aufgaben des Architekten gehört im wesentlichen der Entwurf und die Planung eines Bauvorhabens, das Einholen von Handwerkerangeboten und das Überwachen der ordnungsgemäßen Durchführung. Die Vergütung dafür ist einheitlich geregelt und ermittelt sich nach der „Honorarordnung für Architekten und Ingenieure (HOAI)". Bei Modernisierung und Umbau normaler Wohnhäuser beträgt das Honorar (für Planung, Bauleitung und Abrechnung) etwa 18 bis 20% der Baukosten.

In Absprache mit einem aufgeschlossenen Architekten ist es gegebenenfalls durchaus möglich, auch bei bestimmten Verwaltungs- und Organisationstätigkeiten mitzuwirken, bei der Vorbereitung der Auftragsvergabe an die Baufirmen oder bei der Terminüberwachung. Sind zeichnerische Fähigkeiten vorhanden, ist die Mitarbeit bei der Anfertigung von Bestandsplänen denkbar. Der Wert einer solchen Mitarbeit liegt vor allem auch in der persönlichen Einarbeitung, der Identifikation mit dem Haus und der Vorbereitung auf die kommenden Arbeiten. Bei kleinen Bauvorhaben ist es in einigen Bundesländern erlaubt, das Baugesuch selbst anzufertigen und einzureichen. Die Bauleitung darf jedoch nur von einer Fachkraft durchgeführt werden. Das ist gewöhnlich der Architekt, es kann aber auch ein Statiker, Maurer- oder Zimmermeister sein.

Mehr als beim Planen lässt sich durch Selbstbau Geld sparen – oder richtiger gesagt, das Eigenkapital erhöhen. Wer selbst baut, kann außerdem leichter einmal neue Wege durch das Ausprobieren unüblicher Bautechniken einschlagen.

In welcher Höhe Eigenleistungen erbracht werden können, hängt unter anderem von der Hausgröße, von den gewählten Konstruktionen und Ausbauarten und nicht zuletzt von den eigenen Fähigkeiten und der verfügbaren Zeit ab. Wer beispielsweise voll berufstätig ist, kann durch Eigenleistungen bei einer umfassenden Erneuerungsmaßnahme etwa 10 - 20% der Baukosten erwirtschaften. Je nach körperlicher Leistungsfähigkeit, Geschicklichkeit, familiärer Beanspruchung und Dauer der Bauzeit können es jedoch „nur" 5% oder auch bis zu 30% sein.

Wer z.B. bei Baukosten von 100.000 € einen Satz von 10% erreichen will, muss je nach handwerklichem Können etwa 700 Stunden aufbringen. Ein Berufstätiger arbeitet im Jahr ca. 1600 Stunden. Zusätzlich 1000 Stunden Selbsthilfe am Bau bedeuten z.B. 1 Jahr lang jeden Werktag 3 und samstags 10 Stunden zusätzliche Arbeit. Pro Jahr sollten nicht mehr als 40 Arbeitswochen veranschlagt werden, wobei die eigene Arbeitsleistung einschließlich Arbeitsvorbereitung mit etwa 15 - 20 €/h anzusetzen ist. Der Lohnanteil bei Bauleistungen liegt im allgemeinen bei 40 bis 50% der Baukosten.

Bei hohem Selbsthilfeanteil beträgt die Bauzeit das 2- bis 3-fache der sonst üblichen Bauzeit. Zur Vermeidung von Problemen sollten Eigenleistungen möglichst gut mit den Handwerkerleistungen abgestimmt sein. Es ist unangenehm, wenn Eigenleistungen nicht zum vorgesehenen Termin fertiggestellt werden können und die nachfolgenden Handwerker dadurch ihren Arbeitsbeginn verschieben müssen. Darüber hinaus sollte die eigene Arbeit auch möglichst fachgerecht ausgeführt werden, damit Handwerker diese Vorarbeiten nicht als unsachgemäß bemängeln und zum Anlass nehmen, ihre Gewährleistung einzuschränken. Für Eigenleistungen können natürlich keine Gewährleistungsansprüche geltend gemacht werden.

Übrigens:
Genehmigungspflichtige Abbrucharbeiten dürfen nach dem Gesetz nicht in Eigenleistung ausgeführt werden!

Wer vorhat, viel Eigenleistung zu erbringen, sollte nach Möglichkeit solche Bauweisen und Konstruktionen wählen, die für den Selbstbau gut geeignet sind. Nichttragende, gemauerte Innenwände sind unter Umständen auch nicht schwieriger herzustellen als

Bauleistung	**Das kann oder darf in der Regel**			**Hinweise**		
	fast jeder	ein begabter Laie	nur der Handwerker	Genehmigung o. Abnahme	Architekt einschalten	Erhöhte Unfallgefahr
Abbruch						
• Tragende Wände, Treppen			x	(x)	x	x
• Nichttragende Wände		x			(x)	x
• Deckenkonstruktionen (tragend)		x	(x)	x	x	
Durchbrüche, Öffnungen						
• Tragende Innenwände			x	(x)	x	x
• Decken		(x)	x	(x)	x	x
• Nichttragende Wände		(x)	x			
Entfernen, Ausbauen						
• Fenster, Türen	x					
• Heizung, Sanitär-Installation	(x)	x		(x)		
• Elektro-Installation		(x)	x	x	(x)	x
• Fußboden		x			(x)	(x)
• Wand- und Deckenbekleidung	x				(x)	(x)
• Bodenplatte (auf Erdreich)		x		(x)	x	(x)
Maurerarbeiten						
• Erdarbeiten	x				x	(x)
• Tragende u. nichttragende Wände		x		(x)	(x)	(x)
• Betondecken u. -böden		x		(x)	(x)	x
• Wände unterfangen		(x)	x	x	x	x
• Hohlkörperdecken verlegen		x		(x)	x	(x)
• Treppen bauen		x		(x)	(x)	
• Mauerwerk ausbessern		x				
Feuchtigkeitsschutz						
• Erdarbeiten	x				x	(x)
• Isolierputz		x				
• Drainage		x			x	(x)
• Innenwände, Böden		(x)	x		x	
Installationen						
• Sanitär, Wasser, Abwasser		(x)	x		x	
• Gasversorgung			x	x	(x)	
• Heizung und Lüftung		(x)	x	(x)	(x)	
• Elektro-Installation		(x)	x	x	(x)	x

(x) Die Klammer symbolisiert eine Einschränkung; die Aussage gilt unter Umständen nur bedingt, im Einzelfall wird eine genaue Prüfung empfohlen.

Tabelle 1.2
Welche Bauleistungen sind für's Selbermachen geeignet?

Bauleistung	Das kann /darf in der Regel			Hinweise		
	fast jeder	ein begabter Laie	nur der Handwerker	Genehmigung o. Abnahme	Architekt einschalten	Erhöhte Unfallgefahr
Oberflächen						
• Außenputz, -anstrich		×				(×)
• Innenputz, Wandfliesen		×				(×)
• Innenanstrich, Tapezieren	×					
• Türen, Fenster		×				
• Abgehängte Decken		×				(×)
• Holzböden erneuern		×				
Zimmerarbeiten						
• Holzbalken reparieren, austauschen		(×)	×	(×)	(×)	(×)
• Holztreppe reparieren, austauschen		(×)	×	(×)	(×)	
• Fachwerk wieder ausrichten			×	×	×	×
• Dachaufbauten		(×)	×	×	×	×
Sonstige Arbeiten						
• Fenster und Türen instandsetzen		(×)	×		(×)	
• Dielenboden, Parkett erneuern		×				
• Rolläden, Klappläden,						
• Markisen einbauen		(×)	×			
• Schlosserarbeiten		(×)	×		(×)	
• Dacheindeckung erneuern		(×)	×	(×)	(×)	×
• Bodenfliesen, Teppich verlegen	×					
• Wärmedämmung Kellerdecke	×					
• Wärmedämmung Dachboden		×				
• Wärmed.: Wände u. Dach innen		×			(×)	
• Wärmedämmung Fassaden		(×)		(×)	×	×
• Wasser- o. Kompostbehälter aufst.		×				
• Brunnen bohren			×	×	×	(×)
Gerüstbau						
• bis 2 m Höhe		×				
• 2 bis 7 m Höhe			×			×
• über 7 m Höhe			×	×		×
Aussenanlagen						
• Erdarbeiten	×					
• Garten, Pflanzung	×					
• Wege, Treppen, Terrassenbelag		(×)	×			
• Einfriedungen	×			(×)		
• Wasser- u. Versickerungsflächen		×		×	(×)	
• Pergola, Rankgerüst	×			(×)		

Leichtbauwände in Ständerbauweise. Wer sich das Anbringen eines Innenputzes nicht zutraut, kann Wände und Decken – sofern sie weitgehend eben sind – mit Gipskarton-Platten verkleiden. Auch eine Holzschalung ist zur Wand- und Deckenbekleidung gut geeignet. Diese Art der „Trockenbauweise" bietet sich besonders in Verbindung mit dem Verlegen von Wärmedämmstoffen an. „Schwimmende" Zwischenböden können nicht nur aus Estrichplatten hergestellt werden, die an Ort und Stelle gegossen werden; für den Selbstbau geeigneter sind sicherlich sogenannte Trockenestriche aus Gipsfaser-, Gipskarton- oder Zementspanplatten.

Bauherren-Pflichten (nach der Landesbauordnung Baden-Württemberg):

- Bei genehmigungspflichtigen Bauvorhaben ist der Baubehörde der Baubeginn anzuzeigen. Bei der Baurechtsbehörde und beim Schornsteinfeger sind die Rohbau- und die Schlussabnahme zu beantragen.
- Für die Überwachung der Arbeiten ist ein fachkundiger Bauleiter zu bestellen.
- Mit der Bauausführung sind nur geeignete Unternehmer zu beauftragen, bei Eigenleistungen genügt die Mitwirkung qualifizierter Facharbeiter.

1.5 Staatliche Förderung der Altbaumodernisierung

Eigenleistungen und Einsparungen bei den Baukosten können eine vernünftige Finanzierung nicht ersetzen. Als Faustregel kann davon ausgegangen werden, dass bei mittlerem Einkommen etwa 1/4 bis 1/3 der Bauwerkskosten bzw. Gesamtkosten als Eigenkapital zur Verfügung stehen sollte, z.B. in Form von Sparguthaben, Wertpapieren oder Sachwerten. Der notwendige Fremdkapitalbedarf kann wie beim Neubau aus Bauspardarlehen, Hypothekendarlehen und/oder Personaldarlehen gedeckt werden.

Ein Verfahren zur überschlägigen Abschätzung der Baukosten ist in Kapitel 2.1.5 dargestellt. In den vergangenen Jahren hat sich verstärkt gezeigt, dass im Umgang mit unverbindlichen Finanzierungsplänen Vorsicht geboten ist, auch wenn sie von Beratern der Hausbank oder der Bausparkasse ausgearbeitet wurden.

Modernisierungsmaßnahmen werden öffentlich gefördert, derzeit durch zinsvergünstigte Kredite von der Kreditanstalt für Wiederaufbau (KfW) oder durch Zuschüsse, die vom Bundesamt für Wirtschaft und Ausfuhrkontrolle (BAFA) gewährt werden. Im einzelnen werden gefördert:

1. Vor-Ort-Beratung (BAFA): Individuelles Energiegutachten mit Energiediagnose, Verbesserungsvorschlägen, Kostenschätzung, Wirtschaftlichkeitsberechnung, durch Zuschuss. Sehr empfehlenswert!
2. KfW-Programm zur CO_2-Minderung: zinsverbilligte Kredite der KFW für Maßnahmen zur Verbesserung des Wärmeschutzes der Gebäudehülle, Installation von Brennwertkesseln, Niedertemperaturkesseln, sowie Wärmeübergabestationen für Fern- und Nahwärmeversorgung.
3. Errichtung und Erweiterung von Photovoltaikanlagen durch Darlehen (KfW)
4. Errichtung und Erweiterung von Solarkollektoranlagen durch Darlehen (KfW) oder Zuschüsse (BAFA)
5. Errichtung von elektrischen Wärmepumpenanlagen durch Darlehen (KfW) oder Zuschüsse (BAFA)
6. Errichtung von automatischen oder handbeschickten Anlagen zur Verfeuerung von Biomasse (z.B. Holzpellets) durch Darlehen (KfW) oder Zuschüsse (BAFA)
7. Errichtung von Anlagen zur Gewinnung und Nutzung von Biogas durch Darlehen (KfW) oder Zuschüsse (BAFA).

Da die staatlichen Förderprogramme und das Einkommenssteuerrecht immer wieder Änderungen unterliegen, ist es sinnvoll, sich über den jeweils aktuellen Stand zu informieren. Auskunft und Beratung zur Wohnungsbauförderung können bei der für den Bauort zuständigen Stelle der Stadt- oder Gemeindeverwaltung eingeholt werden. Im eigenen Interesse sollte jeder Antragsteller daran denken, dass die Finanzierung eines Bauvorhabens *vor* dem Baubeginn oder Erwerb *vollständig* gesichert sein muss. Eine Förderung ist ausgeschlossen, wenn

- der Bauherr mit dem Vorhaben begonnen,
- der Erwerber einen Kaufvertrag abgeschlossen hat,

bevor der Bewilligungsantrag erteilt bzw. das Vorhaben in das jeweilige Wohnungsbauprogramm aufgenommen ist.

Es ist in jedem Fall empfehlenswert, sich bei Geldinstituten und Gemeindeverwaltungen schon vor Beginn der Baumaßnahme über die aktuellen und ortsspezifischen Fördermöglichkeiten zu informieren.

2. Entwurf, Planung, Baudurchführung

2.1 Entwurf und Planung

Eine gründliche Planung ist Grundvoraussetzung für das Gelingen einer Althauserneuerung. Wer schlecht oder unzureichend plant, handelt sich beim Bauen oft viel Ärger, hohe Kosten und unbefriedigende Ergebnisse ein. Planung ist ein komplexer Vorgang, geht es doch darum, nicht nur handwerklich-technische und konstruktive, sondern auch gestalterische, ökologische, wirtschaftliche und rechtliche Gesichtspunkte zu berücksichtigen und aufeinander abzustimmen. Bei kleinen Baumaßnahmen kann die planerische Vorbereitung in Eigenleistung, oder in Zusammenarbeit mit einem Handwerker erfolgen. Bei umfangreichen und bei genehmigungspflichtigen Vorhaben empfiehlt es sich grundsätzlich, einen Architekten oder eine Architektin einzuschalten.

2.1.1 Bauwünsche und Planungsziele

Die ersten Planungsschritte bestehen darin, die eigenen Wünsche mit den Möglichkeiten, die das vorhandene Haus bietet, und mit den baurechtlichen und finanziellen Vorgaben in Einklang zu bringen. Die eigenen Wünsche lassen sich z.B. darstellen in Form eines Raumprogramms, eines Zielkatalogs oder auch anhand von Skizzen.

2.1.2 Baurecht

Die für ein Grundstück geltenden Bauvorschriften sind durch das Baugesetzbuch (BauGB, ein Bundesgesetz) in Verbindung mit der Baunutzungsverordnung und durch die Landesbauordnung (LBO, Landesrecht) geregelt. Örtliche Vorschriften, Auflagen des Denkmalschutzes und Förderrichtlinien können dazukommen.

Das Baugesetzbuch überträgt den Gemeinden die Aufgabe, festzulegen, was wo und wie gebaut werden darf. Diese Bestimmungen werden in den Bebauungsplänen festgesetzt (§§ 1, 2, 8 und 9 BauGB). In Bestandsgebieten, für die kein Bebauungsplan existiert, gilt der Grundsatz, dass sich das Vorhaben in die Eigenart der näheren Umgebung einfügt, und dass die Erschließung gesichert sein muss (§ 34 BauGB). Maßgebend für die Zulässigkeit eines Bauvorhabens ist die Art und das Maß der Grundstücksnutzung. Die zulässige Art der Nutzung wird nach der Baunutzungsverordnung im Bebauungsplan mit zwei Großbuchstaben gekennzeichnet.

Danach bedeutet z.B.
WR „Reines Wohngebiet“
WA „Allgemeines Wohngebiet“
MD „Dorfgebiet“
MI „Mischgebiet“

In der Baunutzungsverordnung ist festgelegt, welche Nutzungen außer dem Wohnen zulässig sind oder ausnahmsweise zugelassen werden können.

Das Maß der baulichen Nutzung beschreibt die zulässige Größe eines Baukörpers auf dem jeweiligen Grundstück:

- Die Grundflächenzahl GRZ gibt an, wieviel Quadratmeter des Grundstücks überbaut werden dürfen. GRZ 0,4 z.B. bedeutet, dass 40% der Grundstücksfläche überbaut werden darf.
- Die Geschossflächenzahl GFZ gibt an, wieviel Quadratmeter Geschossfläche (Summe der Flächen der einzelnen Geschosse) je Quadratmeter Grundstücksfläche zulässig sind. GFZ = 0,8 bedeutet, dass die Geschossfläche 80% der Grundstücksfläche betragen darf.

Architektenleistungen in Anlehnung an die Honorarordnung

1. Ermittlung der Grundlagen ca 3%
- Baubeschreibung
- Klären der Aufgabenstellung
- Aufnahme und Beschreibung der Bausubstanz mit zeichnerischer Darstellung des Ist-Zustands
- Beratung zum gesamten Leistungsbedarf
- Vorprüfung der baurechtlichen Zulässigkeit

2. Vorplanung ca. 7%
- Analyse und Bewertung der Bausubstanz
- Abstimmung der Planungsziele
- Anfertigen von Entwurfsskizzen (Vorentwurf)
- Vorverhandlung über die Genehmigungsfähigkeit
- Schätzung der voraussichtlichen Baukosten („Kostenschätzung")

3. Entwurfsplanung ca. 11%
- Anfertigen der Entwurfszeichnungen: Grundrisse, Ansichten, Schnitte; in der Regel im Maßstab 1:100
- Festlegen der endgültigen baulichen Lösung
- Abstimmen mit Statiker und anderen Fachingenieuren
- Verhandlungen über die Genehmigungsfähigkeit
- Beschreibung der Bauteile und der Haustechnik („Baubeschreibung")
- Berechnung der voraussichtlichen Baukosten („Kostenberechnung")

4. Genehmigungsplanung ca. 6%
- Anfertigen, Zusammenstellen und Einreichen der Genehmigungsunterlagen in der vorgeschriebenen Form
- Vervollständigen und Anpassen der Planungsunterlagen

5. Ausführungsplanung ca. 25%
- Anfertigen der Bauzeichnungen für die Handwerker, Werkpläne im Maßstab 1:50; Detailspläne im Maßstab 1:20 bis 1:1
- Einarbeiten der Tragwerksplanung und anderer Fachingenieurleistungen

6. Vorbereitung der Vergabe ca. 10%
- Aufstellen der Leistungsverzeichnisse für die einzelnen Gewerke
- Massenermittlung

7. Mitwirkung bei der Vergabe ca. 4%
- Zusammenstellen der Vergabeunterlagen
- Einholen und Auswerten der Angebote
- Verhandeln mit den Bietern
- Zusammenstellen der Kosten nach den Angebotspreisen („Kostenanschlag")
- Vorbereiten der Bauverträge

8. Bauleitung („Objektüberwachung") ca. 31%
- Überwachen und Koordinieren der Bauausführung
- Erstellen eines Zeitplanes
- Vorbereiten von Anträgen und Herbeiführen von behördlichen Abnahmen (Anträge an Versorgungsunternehmen, Abnahmen durch Baurechtsbehörde und Bezirksschornsteinfeger)
- Aufmaß und Abnahmen mit den Unternehmern
- Rechnungsprüfung
- Kostenkontrolle und „Kostenfeststellung"
- Überwachung der Mängelbeseitigung bis zur Abnahme

9. Objektbetreuung (nach Fertigstellung) ca. 3%
- Feststellen von Mängeln und Überwachen der Mängelbeseitigung im Gewährleistungszeitraum
- Zusammenstellen der zeichnerischen, schriftlichen und rechnerischen Unterlagen

Besondere Leistungen (nach Bedarf), z.B.:
- Detaillierte Bestandsaufnahme, Herstellung von Bestandszeichnungen
- Gutachten zur Schadenssanierung
- Prüfen der Umweltverträglichkeit
- Alternativplanungen nach grundsätzlich unterschiedlichen Anforderungen
- Wirtschaftlichkeits- und Kostenuntersuchungen
- Finanzierungsplanung
- Anfertigen eines Modells
- Planungen für Freianlagen

Die Prozentzahlen geben den Anteil am Gesamtaufwand der Planungsleistung an. Das Architektenhonorar beträgt bei 100% Planungsleistung je nach Umfang und Schwierigkeitsgrad der Bauaufgabe meist zwischen 15 und 20% der Bausumme. "Besondere Leistungen" sind gesondert zu vergüten.

Tabelle 2.1 Architektenleistungen in Anlehnung an die Honorarordnung für Architekten und Ingenieure HOAI.

- Bei der zulässigen Zahl der Vollgeschosse ist zu beachten, dass ein ausgebautes Dach- oder ein Hanggeschoss in Abhängigkeit vom Einzelfall als Vollgeschoss gelten kann.

Durch Baugrenzen oder Baulinien ist die Lage des Gebäudes auf dem Grundstück bestimmt. Darüber hinaus gibt es viele weitere Einschränkungen, die im zeichnerischen Teil oder im Textteil eines Bebauungsplanes festgelegt sind oder als Maßstab für das „Einfügen“ gelten, z.B. hinsichtlich Dachform, Dachneigung, Bepflanzungen. Außerhalb einer Ortslage sind nur bestimmte Bauvorhaben zulässig, z.B. forst- und landwirtschaftliche Betriebe mit den dazugehörigen Wohnungen.

Wer einen An-, Um- oder Ausbau plant, sollte zunächst mit einem Architekten oder einer Architektin bzw. mit der zuständigen Baurechtsbehörde klären, ob das Vorhaben grundsätzlich genehmigungsfähig ist. Unter Umständen ist das Grundstück bereits so intensiv bebaut, dass eine noch so geringe Vergrößerung der Wohn- und/oder Nutzfläche nicht mehr möglich ist.

Die Landesbauordnungen regeln in vielen Paragraphen Einzelheiten des Gebäudes und seiner Teile, z.B.

- Abstandsflächen zwischen Gebäude und Grundstücksgrenzen;
- Abmessungen und Bauarten von Treppen, Treppenräumen, Wohnräumen, Garagen, Toiletten, Bädern;
- Bauarten von Decken, Wänden, Dächern.

Darüber hinaus wird bestimmt, welche Bauvorhaben genehmigungspflichtig sind. Nicht genehmigungsbedürftig sind im allgemeinen nur reine Instandsetzungs- und Unterhaltungsmaßnahmen, z.B. die Erneuerung von Fenstern und Türen sowie Schönheitsreparaturen. Steht ein Gebäude allerdings unter Denkmalschutz, in der Nähe eines denkmalgeschützten Gebäudes oder im Geltungsbereich einer Ortsbausatzung, können auch solche Maßnahmen genehmigungspflichtig sein. Für Einschränkungen, die der Besitz eines denkmalgeschützten Gebäudes mit sich bringt, gewährt der Staat dem Eigentümer einen erheblichen Steuernachlass.

Uneinheitlich ist in den Bundesländern geregelt, welcher Personenkreis als „Planverfasser“ anerkannt wird. Normalerweise müssen die Planzeichnungen von einem Architekten gefertigt und unterzeichnet sein. In bestimmten Fällen können sie auch von einem Ingenieur, Bauzeichner, Maurermeister, Zimmermeister und eingeschränkt von jeder Person gefertigt sein, „die für diese Aufgabe nach Sachkunde und Erfahrung geeignet ist“. Im Zweifelsfall empfiehlt sich eine Rücksprache bei der zuständigen Baurechtsbehörde.

Wenn die Genehmigungsfähigkeit eines Vorhabens im Vorfeld des Baugenehmigungsverfahrens nicht ausreichend geklärt werden kann, ist ein „Antrag auf Bauvorbescheid“ zweckmäßig. Eine solche förmliche Voranfrage ist weniger aufwendig als ein Baugesuch. Der Bauvorbescheid, den die Genehmigungsbehörde erteilt, ist verbindlich, d.h. es entsteht ein Rechtsanspruch gegenüber der Genehmigungsbehörde. Der Bauvorbescheid ist eine für die spätere Baugenehmigung maßgebende Vorabentscheidung, er gibt jedoch das Vorhaben nicht zur Ausführung frei. Ein Antrag auf Bauvorbescheid ist üblich, wenn von einem vorhandenen Bebauungsplan abgewichen wird oder wenn für das Grundstück kein Bebauungsplan existiert.

Die Entscheidungen der Baubehörden sind gerade bei Vorhaben an bestehenden Gebäuden oft eine Ermessensfrage. Auch wenn die Behörden nein sagen, muss eine Bauidee nicht sofort verworfen werden. Oft kann über Ausnahmen und Befreiungen das gewünschte Ziel erreicht werden. Darüber hinaus besteht auch die Möglichkeit des Widerspruchverfahrens.

Besondere Bedeutung hat in diesem Zusammenhang der „Bestandsschutz“. Das Baurecht respektiert den Bestand. Die heute geltenden Vorschriften müssen nicht berücksichtigt werden, solange der Bestand erhalten wird. Wird dagegen ein Teil des Gebäudes verändert oder abgebrochen, so gelten

Übliche Raumgrößen bei Neuplanung in m²	übliche Größe	Minimum der früheren DIN 18011	Einheitliche Raumgröße mittel	groß
Wohnraum (ohne Eßplatz)	36,0	18,5	16,0	20,0
Wohnraum mit Eßplatz			20,0	24,0
Schlafraum (Eltern)	16,0	14,5	16,0	20,0
Kinderzimmer für 2 Kinder	16,0	14,6	16,0	20,0
Zimmer für 1 Kind	10,0	7,1	16,0	20,0
Küche	9,0	9,8	16,0	16,0
Eßplatz	9,0	5,9	-	-
Bad mit WC	9,0	4,5	6,5	8,0

Tabelle 2.2: Übliche Raumgrößen bei Neuplanung.

Mögliche Ziele bei der Modernisierung

- Dachausbau und Innenausbau in Eigenleistung mit gesundheits- und umweltverträglichen Baustoffen
- Südliche Dachhälfte ausbauen (Leichtbauweise, im Selbstbau)
- Fensterläden wiederherstellen
- Wärmedämmung der Gebäudehüllflächen
- Erneuerung der Heizungsanlage
- Ausbau einer Werkstatt im Untergeschoss (Trockenlegung)
- Anbau eines eingeschossigen Anlehngewächshauses mit Einfachverglasung, ohne Heizung
- Ergänzungen der Haustechnik, z.B. Regenwassernutzung für WC-Spülung, Waschmaschine, Gartenbewässerung

Beispiel für einen Zielkatalog

Checkliste: Planerische Rahmenbedingungen

- Gibt es einen Bebauungsplan?
- Muss der Denkmalschutz berücksichtigt werden?
- Gibt es eine Ortssatzung für die Bebauung?
- Liegt das Grundstück in einem Sanierungsgebiet?
- Hat das Gebäude die vorgeschriebenen Grenzabstände?
- Ist die Erschließung rechtlich gesichert?
- Ist die Ver- und Entsorgung vollständig und ausreichend: Wasser, Abwasser, Gas, elektrischer Strom, Fernwärme?
- Soll Art oder Umfang der Nutzung geändert werden?
- Ist die erforderliche Zahl an Stellplätzen vorhanden?

für diesen Teil die heutigen Vorschriften. Soll z.B. ein Haus oder Hausteil, das bisher auf der Grundstücksgrenze stand, abgebrochen und durch ein neues ersetzt werden, so muss beispielsweise ein vorgeschriebener Grenzabstand von mindestens 2,5 m eingehalten werden. Fenster und Türen, die in einer Brandwand liegen, müssen bei einer Veränderung zugemauert oder mit teuren feuerbeständigen Fenstern bzw. Türen ausgestattet werden.

2.1.3 Bestandsaufnahme

Grundlage für eine solide Planung ist die genaue Erfassung des vorhandenen Bestands. Bei einer umfassenden Umbau-, Ausbau- oder Modernisierungsmaßnahme gliedert sich die Bestandsaufnahme in vier Bereiche:

- die Lage des Gebäudes auf dem Grundstück und seine Erschließung (Anbindung an öffentliche Straße),
- die Anschlüsse an das öffentliche Ver- und Entsorgungsnetz,
- das Gebäude und seine Räume mit allen wichtigen Abmessungen („maßliche Bestandsaufnahme"),
- der Zustand der Bausubstanz („technische Bestandsaufnahme").

Eine Zeichnung des Grundstücks (Maßstab 1:500) kann bei kommunalen oder staatlichen Vermessungsämtern beschafft oder von einem privaten Vermessungsbüro angefertigt werden. Im Lageplan werden dargestellt: die Grundstücksgrenzen, die baulichen Anlagen, Nachbarbebauungen, Straßen, Wege, Zufahrten, Stellplätze usw.. In einer größeren Darstellung (Maßstab 1:200 oder 1:100) lassen sich auch weitere Dinge eintragen, z.B. Höhenlinien, vorhandener Bewuchs, Kanalschächte, Anschlussleitungen, Terrassen, Dachüberstände.

Unter Umständen ist es erforderlich, neue Anschlussleitungen herzustellen. Auskünfte über die Abwasserentsorgung können beim Tiefbauamt eingeholt werden. Wo und wie tief liegt der Straßenkanal? Wo kann angeschlossen werden? Gibt es ein Mischsystem oder ein Trennsystem? Beim Mischsystem wird das Schmutz- und das Regenwasser in einen einzigen Kanal geleitet, beim Trennsystem gibt es zwei parallel verlaufende Kanäle, einen für Schmutz- und einen für Regenwasser. Die Anschlussbedingungen für Trinkwasser, Strom, Gas und Fernwärme können bei den örtlichen Versorgungsunternehmen erfragt werden. Für Telefon- und Fernsehkabel ist die Deutsche Telekom AG zuständig.

Die zeichnerische Darstellung des Gebäudes umfasst die Grundrisse sämtlicher Geschosse, alle Ansichten und mindestens einen Querschnitt. Solche Bauaufnahmen werden in der Regel vom Architekten gefertigt, bei stark gegliederten oder schiefwinkligen Gebäuden auch vom Vermessungsingenieur. Bei stark gegliederten Fassaden könnte eine fotogrametrische Aufnahme sinnvoll sein. Mit Hilfe einer thermographischen Aufnahme kann z.B. Fachwerk unter Putz erkennbar gemacht werden.

In eine Kopie der nun vorliegenden Bestandspläne werden alle wesentlichen Baumaterialien und alle erkennbaren Schäden eingetragen.

2.1.4 Entwurf und Baubeschreibung

Wenn die Bestandspläne vorliegen und wenn die baurechtlichen Rahmenbedingungen sowie die Planungsziele geklärt sind, kann mit dem Entwerfen begonnen werden.

Die spannenden Fragen: Lässt sich das Raumprogramm unterbringen? Wieviel muss verändert werden? Welche alternativen Lösungsmöglichkeiten gibt es? Welche ist die beste? Diese erste Phase des Planens nennt der Architekt „Vorentwurf". Beim Vorentwurf sind noch viele Fragen offen. Jetzt klärt sich, ob und in welcher Form die Wünsche und Erwartungen verwirklicht werden können, was sie kosten und ob sie genehmigungsfähig sind. Die Genehmigungsfähigkeit kann, wie bereits erwähnt, durch Vorgespräche und durch einen Antrag auf Bauvorbescheid geklärt werden. Die Kostenschätzung erfolgt nach einem ähnlichen Verfahren wie die nachfolgend beschriebene Kostenberechnung (Kap. 2.1.5).

Mit den Vorentwurfsskizzen werden die wichtigsten Weichen für den Zuschnitt und die Qualität einer Wohnung gestellt. Einige maßgebliche Gesichtspunkte und Prinzipien sind z.B.:

- Besonnung und Belichtung: Himmelsrichtung und Sonnenbahnen berücksichtigen; auf Verschattung durch benachbarte Gebäude und große Bäume achten; Wohn- und Aufenthaltsräume vorzugsweise nach Süden oder Südwesten orientieren, Schlafräume nach Osten.
- Bezug zur Umgebung: Wohnzimmer mit Blick in die Ferne oder in den Garten orientieren, die Küche mit Blick zum Eingang oder zum Kinderspielbereich, Schlaf- und Arbeitszimmer im ruhigen Gebäudeteil unterbringen.
- Haustechnik und Kosten: Räume mit Installationen nebeneinander bzw. untereinander anordnen, keine oder möglichst wenig Eingriffe in tragende Bauteile vorsehen.
- Wärmehierarchie: unbeheizte oder wenig beheizte Räume (z.B. Garage, Abstellraum, Treppe, Diele) auf die Gebäudenordseite legen, als thermischer Puffer zwischen beheizten Räumen und dem Außenbereich.

Hat sich aus der Vielfalt der Möglichkeiten eine Lösung herauskristallisiert, so kann der Entwurf ausgearbeitet werden. Dazu gehört:

- die exakte zeichnerische Darstellung, in der Regel im Maßstab 1:100, mit allen Grundrissen, Ansichten und Schnitten;
- die Baubeschreibung, in der die geplanten Materialien und haustechnischen Einrichtungen festgelegt werden (damit wird zugleich der geplante Komfort bzw. Standard bestimmt);
- die Kostenberechnung, gemäß dem nachfolgend beschriebenen Verfahren.

2.1.5 Kostenberechnung nach Brutto-Rauminhalt

Auf der Grundlage des Entwurfs und der Baubeschreibung können die zu erwartenden Baukosten mit einer gewissen Genauigkeit (± 15%, gerechnet von einem erfahrenen Architekten) vorausberechnet werden.

Tabelle 2.3
Welche Baumaßnahmen müssen genehmigt werden und welche Maßnahmen sind nach dem Kenntnisgabeverfahren (vgl. Kap. 2.1.6) anzeigepflichtig?

Welche Baumaßnahmen müssen genehmigt oder angezeigt werden?

Genehmigungsfrei sind:

- Reine Instandsetzungs- oder Unterhaltungsarbeiten
- Schönheitsreparaturen (auch an Außenfassaden)
- Neueindeckung des Daches (sofern Farb- und Materialcharakter nicht verändert werden)
- Erneuerung von Fenstern und Türen in nichttragenden Wänden
- Abbruch von Terrassen- und Stützmauern bis 1 m Höhe
- Entfernen von nichttragenden Wänden
- Ausbau von Keller- und Dachräumen für nur vorübergenenden Aufenthalt, z.B. für Hobbyräume
- Änderung der Beheizung (teilweise nur bis zu einer festgelegten Größe der Heizungsanlage)
- Erneuerung der Versorgungsleitungen (Strom, Gas, Wasser, usw.; hier macht jedoch das zuständige Versorgungsunternehmen eine Bauabnahme)

Genehmigungspflichtig oder anzeigepflichtig sind:

- Renovierung der Fassade, wenn Farbe oder Gestaltung wesentlich verändert werden
- Änderung der Dachneigung
- Dachausbau (Dachgauben, Dachterrassen, Veränderung der Dachfenster)
- Durchbrüche durch tragende Wände (neue Fenster- und Türöffnungen)
- Abfangung tragender Wände
- Anbauten (Windfänge, Balkone, usw.)
- Abbruch größerer Gebäudeteile
- Veränderung der Nutzung (z.B. gewerbliche Nutzung von Wohnräumen)
- Ausbau von Dach oder Keller für nicht nur vorübergehenden Aufenthalt
- Einbau von Heizräumen
- Einrichtung von Öllagerstätten (teilweise besteht nur eine Meldepflicht bei kleineren Öltanks)
- Veränderungen an der Abwasseranlage

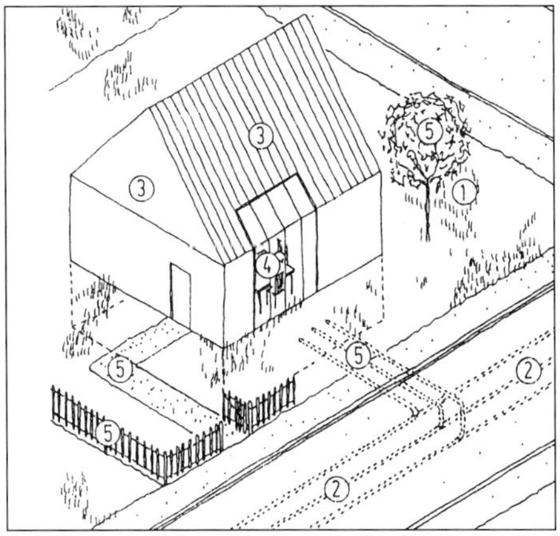

Abb. 2.1
Kostengliederung zur Kostenberechnung nach DIN 276.

1 Grundstück - Kostengruppe 100
2 Erschließung - Kostengruppe 200
3 Bauwerk / Baukonstruktion
- Kostengruppe 300 und
Bauwerk / technische Anlagen
- Kostengruppe 400
5 Außenanlagen - Kostengruppe 500
6 Ausstattung und Kunstwerke
- Kostengruppe 600
Baunebenkosten - Kostengruppe 700

Bezugsgröße für die Berechnung der „Kosten des Bauwerks" ist der Brutto-Rauminhalt (umbauter Raum), der nach DIN 277 definiert ist. Er wird in Kubikmeter angegeben und errechnet sich aus den äußeren Abmessungen des von der Baumaßnahme betroffenen Gebäudes oder Gebäudeteils. Bei der Altbauerneuerung ist es für die Entwurfs-, Kosten- und Finanzierungsplanung sinnvoll, zwischen Instandsetzung, Modernisierung und Um-, An- oder Ausbau zu unterscheiden.

Instandsetzung bedeutet die Behebung baulicher Mängel, die infolge von Alterung und Abnutzung entstanden sind. Instandsetzungsmaßnahmen verhindern den weiteren Verfall des Gebäudes. Die Kosten einer Instandsetzung werden vom Zustand der Bausubstanz bzw. von Art und Umfang der Mängel bestimmt. Als Mittelwert gilt ein Betrag von 65 - 100 €/m³ umbauter Raum. Umfangreiche Instandsetzungsmaßnahmen, z.B. die Trockenlegung von Kellermauerwerk oder die vollständige Erneuerung eines Dachstuhls sind gesondert zu berechnen.

Die Nutzungsdauer (Lebensdauer) der einzelnen Bauteile ist sehr unterschiedlich. Einen Überblick über die Nutzungsdauer verschiedener Bauteile von Wohnhäusern bei durchschnittlicher Abnutzung gibt Tab. 2.4. Diese Übersicht kann jedoch eine Untersuchung der Bauteile im konkreten Einzelfall nicht ersetzen. Es empfiehlt sich, Instandsetzungsarbeiten, die das Wohnen erheblich beeinträchtigen, als Maßnahmebündel oder im Zusammenhang mit Modernisierungsarbeiten durchzuführen.

Als **Modernisierung** werden bauliche Maßnahmen bezeichnet, die den Gebrauchswert von Wohnungen und Gebäuden erhöhen und die Wohnverhältnisse auf Dauer verbessern. Insbesondere sind dies Maßnahmen, die den Zuschnitt der Wohnungen, die Belichtung und Belüftung, den Wärme- und Schallschutz, die Energie- und Wasserversorgung, die Entwässerung, die sanitären Einrichtungen, die Beheizung und die Funktionsabläufe betreffen. Als Mittelwert gilt ein Betrag von 140 - 170 €/m³ umbauter Raum.

An-, Um- und Ausbauten sind Maßnahmen, durch die neuer Wohnraum hergestellt wird, z.B. durch Aufstocken, Erweiterungsbauten, Dachausbau. Als Mittelwert für Aus- und Umbaukosten gilt ein Betrag von 200 €/m³, für Anbauten von 270 € je Kubikmeter umbauter Raum.

Die genannten Beträge können in konjunkturschwachen Regionen bis zu etwa 20% niedriger, in wirtschaftlich starken Regionen um diesen Prozentsatz höher liegen. Darüber hinaus sind die Werte zeitlichen Schwankungen und anderen Einflussfaktoren unterworfen.

Desweiteren nimmt der Austattungsstandard einen ganz wesentlichen Einfluss auf die Baukosten. Bei einfachem Standard können die genannten Mittelwerte mit einem Faktor zwischen 0,8 und 0,9 multipliziert werden, bei gehobenem Standard mit einem Faktor zwischen 1,1 und 1,3. Nach oben sind natürlich keine Grenzen gesetzt.

Als „einfacher Standard" wird eine bescheidene Ausstattung mit geringen Qualitätsanforderungen an Materialien, Schall- und Wärmeschutz, Haltbarkeit und „repräsentatives" Aussehen verstanden. Beachtet werden sollte, dass der Arbeitsaufwand einer Maßnahme für die Kosten meist bestimmender ist als die Materialqualitäten; außerdem erfordert kostengünstiges Bauen einen höheren Planungsaufwand.

Als „gehobener Standard" werden Lösungen verstanden, die sich durch hohen Komfort und luxuriöse Ausstattung auszeichnen. Lösungen dieser Art sind in diesem Buch nur dargestellt, wenn sie ökologisch begründet sind.

Welche anderen Kosten neben den „Kosten des Bauwerks" (Kostengruppen 300 und 400) noch anfallen, zeigen Tab. 2.6 und Abb. 2.1. Erst die Summe all dieser Beträge ergibt die Gesamtkosten einer Baumaßnahme. Gerade die „Baunebenkosten" (Kostengruppe 700) werden häufig unterschätzt.

Welcher Betrag durch Eigenleistung erarbeitet werden kann, lässt sich im Entwurfsstadium besser über die zur Verfügung stehende Zeit ermitteln als über die einzelnen Bauleistungen (vgl. Kap. 1.4).

2.1.6 Antrag auf Baugenehmigung/ Kenntnisgabeverfahren

Auf der Grundlage des Entwurfs und der Baubeschreibung werden die Unterlagen für das Baugesuch nach den jeweils gültigen Landesvorschriften gefertigt und in mindestens zweifacher Ausfertigung bei der zuständigen Baurechtsbehörde - in der Regel bei der Gemeinde - eingereicht. Zu den Unterlagen gehören:

- der Lageplan, bestehend aus einem zeichnerischen Teil im Maßstab 1:500 und einem Textteil,
- die Entwurfszeichnungen im Maßstab 1:100, mit Darstellung der abzubrechenden Bauteile (gelb) und der Neubauteile (rot),
- der Bauantrag mit Baubeschreibung (als vorgeschriebenes Formblatt),
- der Standsicherheitsnachweis (Statikerunterlagen, ggf. mit Prüfstatik),
- der Nachweis gemäß Energieeinsparverordnung,
- ggf. auch ein Statistik-Erfassungsbogen.

Erneuerungszyklen von Bauteilen nach		
5 bis 15 Jahren	**15 bis 30 Jahren**	**30 bis 50 Jahren**
Tapeten und Anstriche innen	Dachrinnen und Fallrohre aus Zinkblech	Dacheindeckungen und Dachanschlüsse
Textile Fußbodenoberbeläge	Dachanschlüsse aus Zinkblech	Kaminköpfe über Dach
Elektro-Warmwasserbereiter	Plattenbekleidungen außen	Fenster und Außentüren
Außenanstriche an Fassade, Fenstern u. Außentüren	Abdichtungen von Außenbauteilen mit Fugenmassen	Außenwandputz und -bekleidungen
Dacheindeckungen bei Flachdächern	Außenverglasungen	Teile des Wand- und Deckenputzes innen
	Kunststoffbeläge innen	Fliesen- u. Plattenbodenbeläge innen
	Heizkessel u. -thermen	Sanitärleitungsnetz für Bäder und Küchen
	Stahl-Heizradiatoren	Ausstattung von Bädern und Küchen
	Elektronische Regeleinrichtungen	Elektroinstallationsnetz mit Dosen und Schaltern
	Die Bauteile der 1. Erneuerungsgruppe zum 2. Mal	Die Bauteile der 1. und 2. Erneuerungsgruppe zum 3. bzw. 2. Mal

Kostenrichtwerte		Richtwert €/m³ Bruttorauminhalt	Kosten d. Kostengruppe 300 u. 400
Instandsetzung		72 – 111 €/m³	
einfacher Standard	400 m³	x 72 €/m³	28.800 €
mittlerer Standard	400 m³	x 91 €/m³	36.400 €
gehobener Standard	400 m³	x 111 €/m³	44.400 €
Modernisierung		144 – 172 €/m³	
einfacher Standard	400 m³	x 144 €/m³	57.600 €
mittlerer Standard	400 m³	x 155€/m³	62.000 €
gehobener Standard	400 m³	x 172 €/m³	68.800 €
Umbau + Ausbau		211 – 250 €/m³	
einfacher Standard	400 m³	x 211 €/m³	84.400 €
mittlerer Standard	400 m³	x 233€/m³	93.200 €
gehobener Standard	400 m³	x 250€/m³	100.000 €
Erweiterung		250 – 276 €/m³	
einfacher Standard	400 m³	x 250 €/m³	100.000 €
mittlerer Standard	400 m³	x 266 €/m³	106.400 €
gehobener Standard	400 m³	x 276 €/m³	110.400 €

Tabelle 2.4 (oben)
Instandsetzungsrhythmen.
Quelle:
Bauministerium NRW; zitiert in DAB 9/87

Tabelle 2.5 (unten)
Beispiel für eine Kostenberechnung nach m³ umbautem Raum für die Kostengruppe 300 und 400 (Bauwerk nach DIN 276) bei Instandsetzung, Modernisierung, Umbau - Ausbau sowie Erweiterung.

Kostengruppe	Beschreibung	Preis
100 Grundstück		
110 Grundstückswert	(Vermessung, Notar, Makler,	
120 Grundstücksnebenkosten	Grunderwerbssteuer)	
130 Freimachen	Abfindungen	
200 Herrichten / Erschließen		
210 Herrichten	Abbruch, Altlasten, Roden	
220 Öffentliche Erschließung	Wasser, Abwasser, Strom, Verkehr	
230 Nichtöffentl. Erschließung		
240 Ausgleichsabgabe		
300 Bauwerk / Baukonstruktion		
310 Baugrube		
320 Gründung		
330 Außenwände		
340 Innenwände	400 m³ x 145 €/m³ = 58.000 €	
350 Decken	davon Baukonstruktion 70% =	40.600 €
360 Dach		
370 Baukonstruktive Einbauten		
390 Sonst. Maßn. f. Baukonstruktion		
400 Bauwerk / technische Anlage		
410 Abwasser, Wasser		
420 Wärmeversorgung	400 m³ x 145 €/m³ = 58.000 €	
430 Lufttechnische Anlage	davon Technische Anlagen 30% =	17.400 €
440 Starkstromanlage		
490 Sonst. Maßn. f. technische Anlage		
500 Außenanlagen		
510 Geländeflächen	Geländebearbeit., Pflanzen, Rasen	
520 Befestigte Flächen	Wege, Straßen, Höfe, Plätze	1.500 €
530 Baukonstruktion in Außenanlagen	Mauern, Treppen, Zäune	2.500 €
540 Techn. Anlagen in Außenanlagen	Abwasser, Wasser, Gas, Strom,	
550 Einbauten in Außenanlagen	Fahrradständer, Abfallbehälter	
590 Sonstige Maßn. f. Außenanlagen		
600 Ausstattung u. Kunstwerke		
610 Ausstattung	Möbel, Vorhänge, Küche	4.000 €
620 Kunstwerke		
700 Baunebenkosten		
710 Bauherrenaufgabe		
720 Vorbereitung d. Objektplanung		
730 Architekten- u. Ing.-leistungen	18% von Ziffer 300 - 600	11.880 €
740 Gutachten / Beratung	= 18% aus € 66.000 =	
750 Kunst	Honorare für Künstler	
760 Finanzierung		
770 Allgemeine Baunebenkosten	Genehmigungsgebühr: ca. 0,5% aus Ziff. 300 - 400 = 0,5% aus € 58.000	290 €
	Vervielfältigung, Porto, Fernsprechgebühr 5% aus Ziff. 730 =	594 €
	Kosten für Baufeiern, z.B. Richtfest	300 €
Gesamtkosten brutto		79.064 €

Die Bearbeitung des Bauantrags dauert bei den Behörden meist 2 bis 3 Monate. Wichtiger Bestandteil des Verfahrens ist die Benachrichtigung der Angrenzer und der betroffenen Fachbehörden. Die Gebühr für die Baugenehmigung beträgt in Baden-Württemberg 0,5% der Baukostengruppen 300 und 400 (siehe Tabelle 2.6). Wenn das Baugesuch genehmigt ist und alle Unterlagen vollständig vorliegen, erteilt das Baurechtsamt die „Baufreigabe". Die Bauarbeiten dürfen beginnen. Eine Baugenehmigung erlischt, wenn innerhalb von 3 Jahren nicht mit der Bauausführung begonnen oder wenn sie 2 Jahre unterbrochen worden ist; sie kann jedoch auf schriftlichen Antrag verlängert werden (so in Baden-Württemberg).

Neu eingeführt wurde in den meisten Bundesländern das *Kenntnisgabeverfahren*. Es ersetzt teilweise das oben beschriebene Baugenehmigungsverfahren.
Im Kenntnisgabeverfahren entfällt die Baugenehmigung und somit auch die Baugenehmigungsgebühr. Der Bauherr kann 3 Wochen nach Ablieferung der vollständigen Unterlagen mit seinem Bau beginnen, wobei er natürlich die Festsetzungen des Bebauungsplans und die Vorschriften des Bauordnungsrechts beachtet haben muss.

Tabelle 2.6
Beispiel einer Kostenberechnung
für eine Modernisierung mit mittlerem Standard
bei 400 m³ Bruttorauminhalt (nach DIN 276)

Das Kenntnisgabeverfahren gilt nur für Wohngebäude bis zur Hochhausgrenze und nur für Grundstücke, für die ein qualifizierter Bebauungsplan besteht und die an Straße und Kanal angeschlossen sind. Zu beachten ist, dass es beim Kenntnisgabeverfahren keine Ausnahmen oder Befreiungen gibt. Sind Ausnahmen oder Befreiungen notwendig, so ist das wesentlich länger dauernde Baugenehmigungsverfahren anzuwenden.
Auskünfte erteilen die Bauämter bzw. Baurechtsämter der jeweiligen Gemeinde.

2.1.7 Ausführungsplanung und Vorbereitung der Vergabe

Die Ausführungszeichnungen werden im Maßstab 1:50, Detailzeichnungen im Maßstab 1:20 bis 1:1 gefertigt. Nach diesen Plänen arbeiten die Handwerker. Auch der Selbstbauer sollte nach solchen Plänen arbeiten, denn die Maße und baulichen Zusammenhänge sind auf dem Papier leichter zu überschauen. Die Pläne im Maßstab 1:50 werden aus den Entwurfsplänen (1:100) entwickelt, sie sollen sämtliche Maße enthalten. Die Aussagegenauigkeit der Detailpläne entspricht den Bauteilzeichnungen in diesem Buch (Kap. 6 - 14). Bei den Detailplänen geht es insbesondere um eine Darstellung der einzelnen Bauteilschichten und der Anschlüsse, z.B. Fassade/Dach, Fassade/Fenster, Balkongeländer, Haustüre.

Das Leistungsverzeichnis beschreibt für jedes Gewerk alle vorkommenden Arbeiten nach Art und Umfang. Es wird ebenso wie die Ausführungspläne Grundlage für die Bauverträge. Das Leistungsverzeichnis dient außerdem dazu, für die Arbeiten, die nicht selbst ausgeführt werden, von verschiedenen Firmen Angebote einzuholen.

In den Leistungsverzeichnissen sollen alle Leistungen, die von Handwerkern durchzuführen sind, eindeutig und vollständig beschrieben werden, um spätere Nachforderungen, d.h. ungeplante Mehrkosten, zu vermeiden.

Das Einholen von Angeboten wird als Ausschreibung bezeichnet. Rechtliche Grundlage für die Leistungsverzeichnisse, Ausschreibungsverfahren und Bauverträge ist in der Regel die VOB (Verdingungsordnung für Bauleistungen). Sie ist jedoch nur wirksam, wenn sie im Bauvertrag vereinbart wird, sonst gelten die Bestimmungen des BGB (Bürgerliches Gesetzbuch).

Die VOB gliedert sich in drei Teile:

- Teil A: Allgemeine Bestimmungen für die Vergabe von Bauleistungen,
- Teil B: Allgemeine Vertragsbedingungen für die Ausführung von Bauleistungen,
- Teil C: Allgemeine Technische Vorschriften für Bauleistungen.

Teil B und C ergänzen das Werksvertragsrecht des BGB durch besondere, auf die Bedingungen des Bauens abgestellte Regelungen. Es empfiehlt sich, die Teile B und C immer zu vereinbaren. Teil A wird in der Regel nur bei Ausschreibungsverfahren der öffentlichen Hand angewendet.

2.1.8 Kostenberechnung nach Bauteilen oder Gewerken

Die Kostenberechnung nach umbautem Raum (Kap. 2.1.5) ist ein schnelles, aber relativ grobes Verfahren. Eine genauere Kostenaussage wird meist erst dann möglich sein, wenn die Angebote für sämtliche Gewerke geprüft vorliegen - vorausgesetzt die Leistungsverzeichnisse sind vollständig und die Mengenangaben richtig.

Es kommt jedoch häufig vor, dass eine genaue bzw. differenzierte Kostenaussage schon vor der oder ohne Durchführung des relativ aufwendigen Ausschreibungsverfahrens gewünscht wird, z.B. um die Kosten für solche Arbeiten zu ermitteln, die in Eigenleistung ausgeführt werden. Dann bietet sich eine Kostenberechnung nach Bauteilen und Gewerken an. Die dazu erforderlichen Kostendaten sind für einige häufig vorkommende Arbeiten im Anhang zu finden. Eine Untersuchung der Baukosten nach Bauteilen und/oder Gewerken ist besonders geeignet, um die Kosten zwischen alternativen Konstruktions- und Ausführungsarten zu vergleichen, oder wenn es darum geht, eine Abstimmung zwischen wünschenswerten Einzelmaßnahmen und finanziellen Möglichkeiten zu erreichen.

2.2 Baudurchführung

2.2.1 Bauvertrag

Für alle Arbeiten, die nicht in Eigenleistung ausgeführt werden, sollten schriftliche Bauverträge auf der Grundlage von Planzeichnungen und Angeboten (Leistungsverzeichnissen mit Preisangaben) abgeschlossen werden. Damit nichts Wichtiges übersehen wird, empfiehlt sich die Verwendung von Formverträgen nach VOB Teil B und C, die als Formulare im Buchhandel erhältlich sind.
Darin wird u.a. vereinbart:

- die Vertragssumme mit/ohne Mehrwertsteuer,
- die Vertragsart: Einheitspreis-, Stundenlohn- oder Pauschalpreisvertrag,

Aufgaben und Verantwortung des Bauleiters

(1) Der Bauleiter hat die ordnungsgemäße, den allgemein anerkannten Regeln der Technik und den Einzelzeichnungen, Einzelberechnungen und Anweisungen des Planverfassers oder, soweit diese nicht notwendig sind, den genehmigten Bauvorlagen entsprechende Ausführung des Bauvorhabens zu überwachen; er hat die dafür erforderlichen Weisungen zu erteilen. Verstöße, denen nicht abgeholfen wird, hat er der Baurechtsbehörde unverzüglich mitzuteilen. Er hat im Rahmen dieser Aufgabe auf den sicheren bautechnischen Betrieb der Baustelle, insbesondere auf das gefahrlose Ineinandergreifen der Arbeiten der Unternehmer zu achten. Die Verantwortlichkeit der Unternehmer bleibt unberührt.

Auszug aus § 47 Landesbauordnung Baden-Württemberg

Abb. 2.2: Aufgaben und Verantwortung des Bauleiters.

- die Vertragsgrundlage: Pläne vom ..., das Angebot des Handwerkers vom ...,
- die Ausführungsfrist,
- die Gewährleistungsfrist.

Bei der Hauserneuerung wird häufig ein Stundenlohnvertrag vereinbart, besonders wenn es sich um schwer kalkulierbare Arbeiten handelt. Die Preise für Material und Lohn werden getrennt vereinbart, rapportiert (in täglichen Aufzeichnungen festgehalten) und abgerechnet.

Bei Aus- und Erweiterungsarbeiten ist ebenso wie für Neubauten der Einheitspreisvertrag üblich. Hier wird ein Preis je Leistungseinheit, der sogenannte Einheitspreis vereinbart, z.B. 15 €/m² Dämmstoff ... liefern und einbauen. Abgerechnet wird die tatsächlich gelieferte und eingebaute Menge, die nach einem gemeinsamen Aufmaß an der Baustelle ermittelt wird.

Beim Pauschalpreisvertrag wird eine größere Einheit, z.B. das Einrichten eines Bades oder die Herstellung einer neuen Heizungsanlage komplett mit allen Nebenarbeiten angeboten und abgerechnet. Pauschalpreisverträge sind die schnellste und bequemste Art der Abrechnung, die Rechnungssumme ist allerdings oft vergleichsweise höher als bei einer Abrechnung nach Einheitspreisen oder nach Stundenlohn.

2.2.2 Bauleitung

Für verfahrenspflichtige Bauvorhaben verlangen die Behörden grundsätzlich die Benennung eines verantwortlichen Bauleiters, meist eines Architekten. Unter Umständen kann auch ein erfahrener Maurermeister oder Zimmermann diese Aufgabe übernehmen. Die Aufgaben und Verantwortlichkeiten sind in den Bauordnungen der Länder geregelt (vgl. Abb. 2.2).

Aufgabenbereiche des Bauleiters:

- Überwachen der Materialien und Bauteile,
- Regeln und Überwachen der Arbeitsdurchführung,
- Überwachen der Sicherheit am Bau,
- Einhaltung der Baugenehmigung.

Um die Sicherheit zu überwachen, muss er die Sicherheitsbestimmungen und Unfallverhütungsvorschriften der Bauberufsgenossenschaft und die Gerüstordnung nicht nur kennen, sondern auch durchsetzen. Bauleiter sollten gegen Personenschaden versichert sein. Die weit verbreitete Praxis der Gefälligkeitsunterschrift ist ein unverantwortliches und nicht zumutbares Risiko für den Bauleiter!

Die Baurechtsbehörde überprüft während der Bauzeit die Einhaltung der genehmigten Pläne und der Vorschriften. Die Bauberufgenossenschaft kontrolliert die Einhaltung der Sicherheitsvorschriften und die ordnungsgemäße Anmeldung der gewerblichen und nicht gewerblichen Arbeitskräfte. Den Beginn der Arbeiten und die Fertigstellung bestimmter Arbeiten hat der Bauherr den Baurechtsbehörden mit den dazu ausgehändigten Vordrucken mitzuteilen.

Zu den Aufgaben des Bauleiters gegenüber der Baufamilie gehört auch die Mitwirkung bei der Abnahme von Bauleistungen. Die Abnahme ist juristisch die Entgegennahme der vertragsgerecht erbrachten Leistung. Wenn eine Leistung wesentliche Mängel aufweist, sollte die Abnahme bis zur Mängelbeseitigung ausdrücklich und beweiskräftig verweigert werden. Auf Wunsch eines Vertragspartners muss die Abnahme förmlich vorgenommen werden (bei VOB-Vertrag), von der Abnahme wird dann eine Niederschrift angefertigt und von beiden Vertragspartnern unterschrieben. Mit dem Datum der Abnahme beginnt die Gewährleistungsfrist.
Wird keine förmliche Abnahme durchgeführt, so gilt die Leistung nach VOB als abgenommen:

- 12 Werktage nach schriftlicher Mitteilung über die Fertigstellung der Leistung oder 12 Werktage nach Zugang der Schlussrechnung,
- 6 Werktage nach Inbenutzungsnahme der Leistung.

Sicherheits- und Gesundheitsschutz auf Baustellen

Auf Baustellen geschehen überproportional viele Arbeitsunfälle. Die Gefährdung ist hier mehr als doppelt so hoch wie in anderen Bereichen der gewerblichen Wirtschaft. Hier setzt die Baustellenverordnung von 1998 an, die insbesondere mit den neuen Instrumenten des Sicherheits- und Gesundheitsschutzkoordinators (SiGeKo) sowie des Sicherheits- und Gesundheitsschutzplans eine Verbesserung der Sicherheit auf Baustellen erreichen will. Kurze und fundierte Informationen zur Baustellenverordnung und zu den Pflichten des Bauherrn enthält die Broschüre "Bestellung eines geeigneten Koordinators nach RAB 30 – Eine Hilfe für den Bauherrn", die bei der Bundesanstalt für Arbeitsschutz und Arbeitsmedizin kostenlos erhältlich ist.

2.2.3 Versicherungen

Bauen ist immer mit besonderen Risiken verbunden, besonders wenn fachlich Unerfahrene auf der Baustelle arbeiten. Zur wirtschaftlichen Absicherung der durch Personen- oder Sachschäden bestehenden Risiken gibt es Versicherungen, die teils freiwillig und teils gesetzlich vorgeschrieben sind.

Unfallversicherung

Für die Ausführung von Eigenleistungen und Nachbarschaftshilfe am Bau ist eine Unfallversicherung gesetzlich vorgeschrieben. Alle Personen, die in ihrer Freizeit an einem Bauvorhaben nichtgewerblich mitarbeiten, müssen von der Baufamilie bei der örtlichen Bauberufsgenossenschaft oder beim Unfallversicherungsverband der Gemeinde versichert werden. Mitarbeitende Bauherren und Baudamen können sich gegen einen gesonderten Betrag mitversichern. Entprechende Anmeldeformulare werden meist mit der Baugenehmigung zugestellt.

Berufshaftpflichtversicherung

Die Baufamilie sollte darauf bestehen, dass der beauftragte Architekt bzw. Bauleiter eine Versicherung abgeschlossen hat, die die Folgen von Unachtsamkeit bei der Ausübung der beruflichen Tätigkeiten abdeckt. Eine gesetzliche Versicherungspflicht gibt es in diesem Bereich nicht. Im Architektenvertrag sollte jedoch der Nachweis über eine solche Versicherung vereinbart werden. Der Versicherungsschutz des Architekten und des Bauleiters umfasst dann Personen- und Sachschäden. Die übliche Deckungssumme beträgt 2 - 2,5 Mio. € für Personenschäden und 300.000 - 5000.000 € für Sachschäden. Schäden, die durch falsch ermittelte Kosten entstehen, können nicht versichert werden.

Gebäudeversicherung

Während Gebäude früher gesetzlich gegen Brand- und Elementarschäden (Blitz, Sturm, Hagel, Hochwasser) versichert waren, ist eine solche Versicherung heute freiwillig. Der jährliche Versicherungsbetrag ergibt sich aus dem Einschätzungsbescheid. Bei Umbaumaßnahmen kann der Versicherungsschutz vorübergehend erlöschen, wenn Bauteile, die normalerweise dem Schutz des Gebäudes dienen, entfernt werden. Wenn z.B. das Dach abgedeckt ist, besteht kein Versicherungsschutz mehr bei Sturm- und Wasserschäden. Eine Bauwesenversicherung würde hier nur dann helfen, wenn der Schaden durch ungewöhnliche Witterungsverhältnisse entsteht, mit denen aufgrund der Jahreszeit und der örtlichen Verhältnisse normalerweise nicht gerechnet werden muss.

Bauwesenversicherung

Durch eine freiwillige Bauwesenversicherung kann das Risiko abgedeckt werden, dass in der Bauphase Schäden und Verluste eintreten, die zu einer unvorhergesehenen Zerstörung oder Beseitigung von Bauleistungen oder Baumaterial führen, unabhängig davon, wer diese Schäden verursacht. Zu den versicherten Risiken gehören je nach vereinbarten Vertragsbedingungen: Einwirkung höherer Gewalt (Erdbeben, Erdrutsch, Hochwasser, ungewöhnliche Witterungseinflüsse) und Diebstahl von eingebauten Materialien und Bauteilen, mutwillige und vorsätzliche Zerstörung durch Unbekannte, Fahrlässigkeit oder Böswilligkeit der Erfüllungsgehilfen. Diese sehr umfangreiche Risikoversicherung kann auch in Kombination mit einer Bauherren-Haftpflichtversicherung abgeschlossen werden. Noch nicht eingebaute Materialien und Schäden, die durch normale Witterungseinflüsse, mit denen gerechnet werden muss, entstehen, sind nicht versichert. Die Bauwesenversicherung endet mit der Bezugsfertigstellung des Gebäudes.

2.2.4 Gewährleistung

Jeder Unternehmer haftet gesetzlich für die Mängelfreiheit der von ihm erbrachten Leistungen auch noch nach Fertigstellung der Leistung. Nach BGB beträgt die Gewährleistungsfrist 5 Jahre, bei Abschluss eines VOB-Vertrages beträgt sie 4 Jahre. Die Gewährleistungsfrist beginnt mit der Abnahme (vgl. Kap. 2.2.2). Kommt ein Auftragnehmer der schriftlichen Aufforderung zur Mängelbeseitigung in einer vom Auftraggeber gesetzten, angemessenen Frist nicht nach, so kann der Auftraggeber die Mängel auf Kosten des Auftragnehmers beseitigen lassen. Ist die Beseitigung unmöglich oder würde sie einen unverhältnismäßig hohen Aufwand erfordern, so kann der Auftraggeber eine Minderung (Geldleistung) verlangen. Um die Durchsetzung von Gewährleistungsansprüchen zu sichern, kann der Auftraggeber einen sogenannten Sicherheits-Einbehalt oder die Vorlage einer Bankbürg-

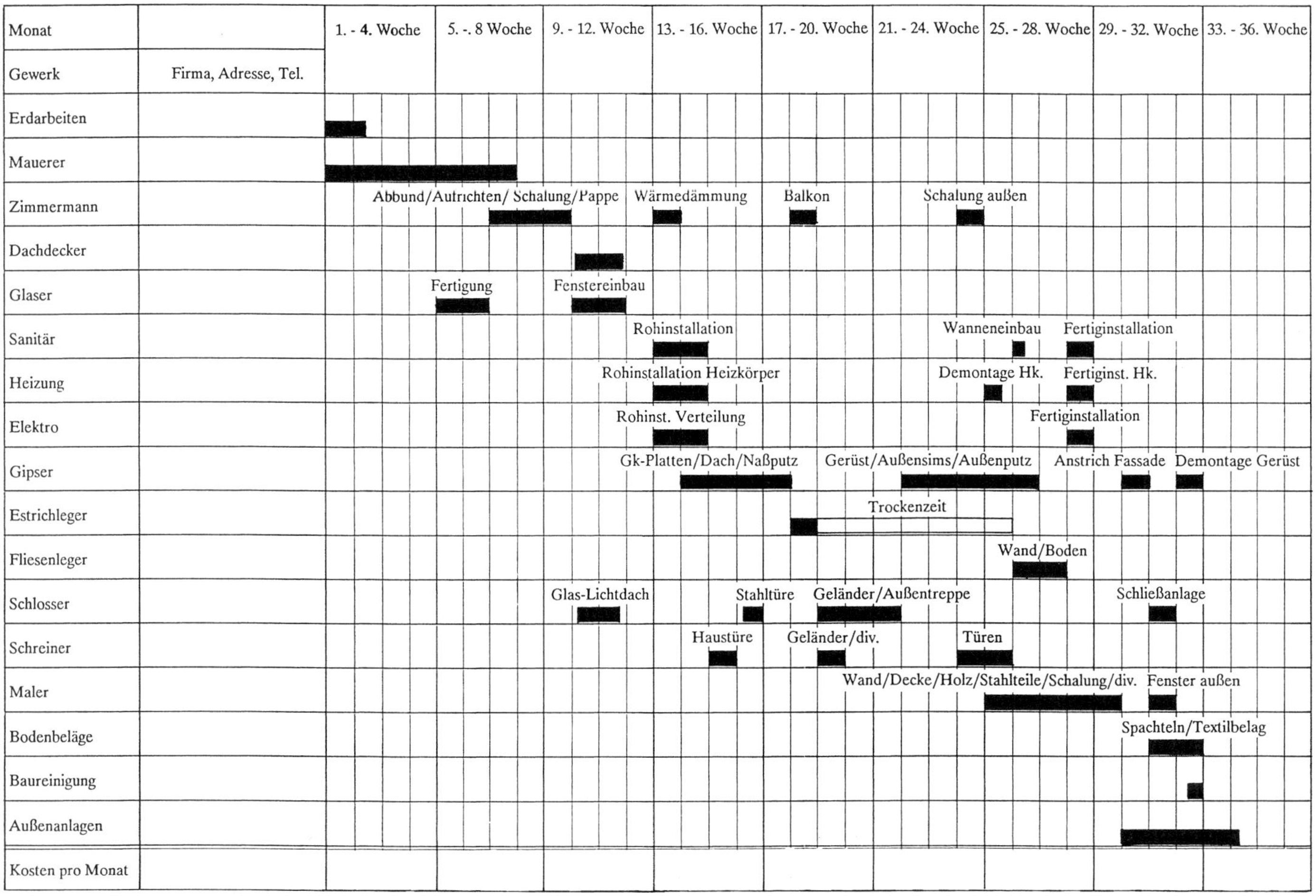

Abb. 2.3: Bauzeiten- und Zahlungsplan.

schaft bis zum Ende der Gewährleistungsfrist im Bauvertrag vereinbaren, in der Regel in Höhe von 5% des Rechnungsbetrages. Von der Gewährleistung ausgeschlossen sind Mängel, die dem Auftraggeber bei der Abnahme bekannt waren und nicht beanstandet wurden. Ist ein Architekt mit der Planung und Bauleitung beauftragt, so sollte ihm auch die Überwachung der Mängelbeseitigung während der Gewährleistungsfrist übertragen werden.

2.2.5 Ausführungsfristen und Zahlungsplan

Ein Termin- und Ablaufplan ist eine wertvolle Arbeitshilfe für die Koordinierung der Arbeiten bei der Althauserneuerung. Vor der Bauausführung sollte festgelegt sein, welcher Handwerker in welchem Zeitraum womit beschäftigt ist. Die einzelnen Ausführungsfristen werden in einem Balkenterminplan eingetragen und in den Bauverträgen vereinbart. In den Ablaufplan können auch die Kosten und Zahlungsverpflichtungen eingetragen werden, um die finanziellen Mittel rechtzeitig bereitzustellen.

Wer z.B. nur eine neue Heizung einbauen will, muss mit etwa 7 Gewerken rechnen: Maurer (für Kaminbau/Kaminsanierung), Flaschner, Dachdecker, Gerüstbau, Heizungsbau, Elektriker, Gipser (Stukkateur), Maler. Beim Ausbau eines Dachgeschosses kommen alle Gewerke vor, die auch beim Neubau anfallen.

3. Raumklima

Ein gutes Raumklima ist eine der grundlegenden Voraussetzungen für das Wohlbefinden und die Gesundheit der Bewohner. Nun bedeutet Gesundheit (nach Festlegung durch die Weltgesundheitsorganisation) mehr als nur das Freisein von Krankheit. Gesundheit schließt das körperliche, geistige, seelische und soziale Wohlbefinden mit ein und kann von Person zu Person durchaus unterschiedlich erlebt werden. Bei der Planung und Modernisierung eines alten Hauses gilt es deshalb, die verschiedenen, unmittelbar und deutlich wahrnehmbaren Umweltbedingungen (Besonnung, Belichtung, Raumtemperatur, Luftfeuchte, Schall usw.) ebenso zu berücksichtigen wie solche, die sich erst langfristig oder zunächst unmerklich auswirken (z.B. Spurengifte in der Raumluft, Elektrosmog, Erdstrahlen).

3.1 Sonnenlicht

Eine ausreichende Besonnung und die natürliche Belichtung der Aufenthaltsräume einer Wohnung sind von grundlegender Bedeutung für das Wohlbefinden. Die gesetzlich geforderten Mindestabstände zwischen Gebäuden, Mindestfenstergrößen und Vorschriften über die Ausbildung von Fenstern für Aufenthaltsräume in Untergeschossen dienen dazu, gesunde und menschenwürdige Wohnverhältnisse zu gewährleisten.

Das Sonnenlicht ist Voraussetzung für alles Leben auf der Erde. Es steuert durch den Tag-Nacht-Rhythmus und durch den jahreszeitlichen Rhythmus die biologischen Prozesse im menschlichen Organismus. Das sichtbare Licht ist nur ein kleiner Ausschnitt aus dem Strahlenspektrum der Sonne. Die langwellige Infrarot-Strahlung empfinden wir als Wärme, die kurzwellige Ultraviolett-Strahlung wirkt desinfizierend und ist z.B. für die Bildung des Vitamin D im Körper notwendig. Andererseits ist zuviel Sonnenstrahlung unangenehm oder sogar schädlich. Ein Haus sollte so geplant sein, dass die Räume im Winter möglichst gut besonnt sind und dass das Haus im Sommer gegen ein Übermaß an Sonnenstrahlung schützt.

Um günstige Lichtverhältnisse im Haus zu schaffen, ist es wichtig, den tages- und jahreszeitlichen Verlauf der Sonne zu kennen. Im ungünstigsten Fall, am kürzesten Tag des Jahres, zur Wintersonnenwende am 21. Dezember, geht die Sonne morgens gegen 8^{30} Uhr etwa im Südosten auf (bei ca. 50° nördl. Breite), erreicht um die Mittagszeit genau im Süden einen Höhenwinkel von etwa 17° und geht gegen 16^{15} Uhr etwa im Südwesten unter. Alle Hindernisse in der Umgebung, welche die von der Sonnenbahn aufgespannte Ebene (Abb. 3.1) durchdringen, schränken die Besonnung und Belichtung ein, z.B. Bäume, benachbarte Gebäude, Berge.

Am längsten Tag des Jahres, zur Sommersonnenwende am 21. Juni, geht die Sonne gegen 4^{20} Uhr etwa im Nordosten auf, erreicht zur Mittagszeit einen Höhenwinkel von 63° und geht abends gegen 20^{30} Uhr etwa im Nordwesten unter.
Daraus lassen sich folgende Entwurfsregeln ableiten:

- Berücksichtigung der Himmelsrichtung bei der Festlegung der Raumnutzung, z.B. Küche und Schlafzimmer nach Südosten, Wohnzimmer nach Südwesten, untergeordnete Räume nach Norden.
- Große Fenster nach Süden, kleine Fenster nach Norden.
- Schattierung der Süd- und Westverglasungen, z.B. durch Gebäudeteile (Balkone, Dachvorsprünge, Geschossvorsprünge), Bepflanzung (große Laubbäume), bewegliche Teile (Läden, Markisen, usw.) (vgl. Abb. 3.2).

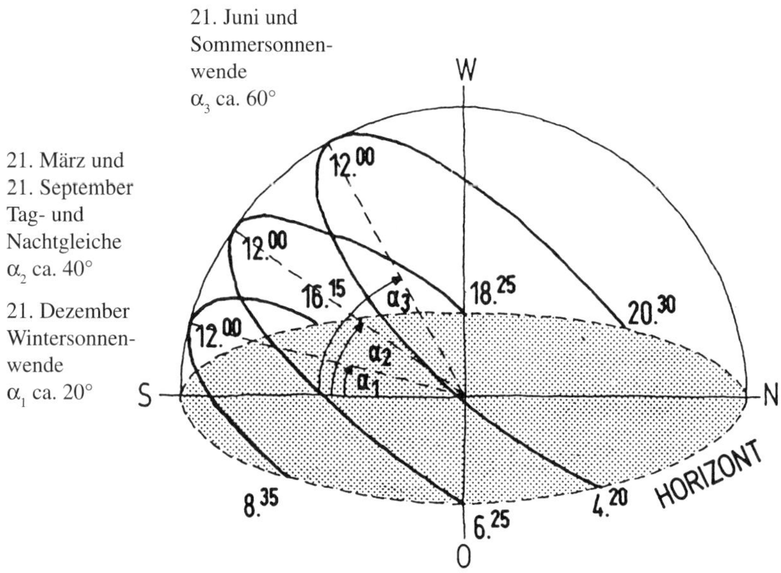

Abb. 3.1 Sonnenbahnen im Tages- und Jahresverlauf (51,5° nördl. Breite).

Die Landesbauordnungen fordern für Aufenthaltsräume eine Mindestfensterfläche von 10% der Grundfläche des Raumes. Bei alten Gebäuden mit kleinen Fenstern in dicht bebauten Gebieten sind die Besonnungs- und Belichtungsverhältnisse häufig leider nicht optimal.

Das übliche Fensterglas ist für UV-Licht undurchlässig. Für besondere Zwecke (Sonnenbaden, Therapie) gibt es jedoch UV-durchlässiges Quarzglas (Uviolglas). Wegen des hohen Preises findet es im Wohnungsbau keine Verwendung.

3.2 Behaglichkeit

Unter dem Begriff „Behaglichkeit“ werden hier die unmittelbar wahrnehmbaren Klimabedingungen in einem Raum verstanden: Raumtemperatur, Luftfeuchte und Luftbewegung.

Was vom Menschen als Raumtemperatur wahrgenommen wird, setzt sich zusammen aus der Lufttemperatur und der Temperatur der Umfassungsflächen (Wände, Boden, Decke). Die Raumtemperatur wird dann als

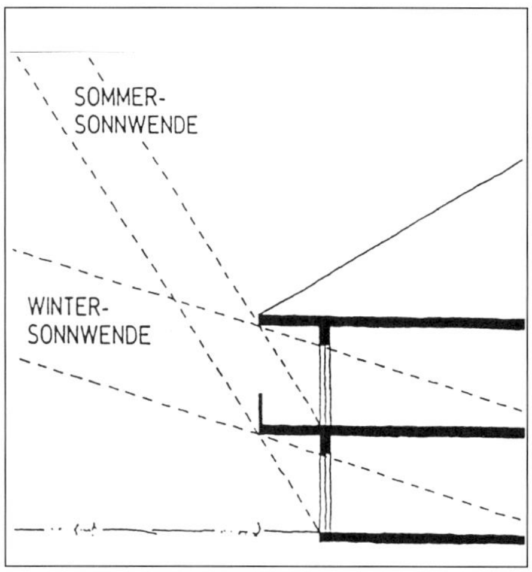

Raumtemperatur und -feuchte

Raum	Lufttemperatur in °C	Relative Luftfeuchte
Wohnen	19 - 23	40 - 60%
Schlafen	16 - 19	50 - 70%
Küche, Hausarbeitsraum	18 - 20	50 - 70%
Bad, Dusche	20 - 23	50 - 70%
WC	15 - 19	40 - 50%
Flur, Diele	18 - 19	40 - 60%
Treppenräume ungeheizt	10 - 15	60%
Treppenräume geheizt	16 - 18	50%

Abb. 3.2 links
Durch Dachvorsprünge und Balkone kann an der Südseite erreicht werden, daß die Fenster im Sommer verschattet sind, während das Sonnenlicht im Winter weit in die Räume fällt.

Tabelle 3.1 rechts
Günstige Klimata für verschiedene Wohnräume. Quelle: F.D. Balkowski in „Gesund Bauen und Wohnen.“ Köln 1984

angenehm empfunden, wenn der menschliche Körper durch Wärmestrahlung und Konvektion gerade soviel Wärme an die Umgebung abgeben kann, wie er je nach Tätigkeit produziert; darüber hinaus sollte die Temperatur der raumumschließenden Flächen nicht mehr als 3 K (Kelvin bzw. Grad Celsius) von der Lufttemperatur abweichen.

In Wohnräumen wird eine Lufttemperatur von 20°C und eine Temperatur der Umschließungsflächen von 17 bis 18°C in der Regel als behaglich empfunden. Im Altbau liegen die Oberflächentemperaturen der Umfassungsflächen ohne nachträgliche Wärmedämmung meist jedoch wesentlich niedriger, so dass als Ausgleich deutlich höhere Lufttemperaturen für ein behagliches Raumklima erforderlich sind. Allzu niedrige Oberflächentemperaturen (infolge schlechter Wärmedämmung) führen selbst bei hohen Raumlufttemperaturen dazu, dass der Mensch friert. Darüber hinaus entstehen an kalten Wandoberflächen fallende Luftströme, die als Zug empfunden werden. Aus diesem Grunde bergen Schlafstätten an kalten Außenwänden ein erhöhtes Risiko für Erkältungen und rheumatische Erkrankungen.

Eine ausreichende Oberflächentemperatur (mindestens 17°C) lässt sich entweder durch die Wärmestrahlung einer Heizquelle oder - sinnvoller - durch Verbessern der Wärmedämmung der Umschließungsbauteile erreichen.

Bei Fußböden, die mit nacktem Fuß betreten werden oder auf denen sich Kleinkinder aufhalten, ist darüber hinaus die Wärmeableitung von Bedeutung. Fußwarm sind solche Beläge, die einen hohen Wärmedurchlasswiderstand und einen niedrigen Wärmeeindringkoeffizienten haben: Teppich, Kork, Holz, Linoleum.

Der zweite wichtige Einflussfaktor für die Behaglichkeit ist die relative Luftfeuchtigkeit. Je nach Tätigkeit bzw. Raumfunktion wird eine relative Luftfeuchte zwischen 40 und 70% als angenehm empfunden. Zu trokkene Luft führt zu erhöhter Staubaufwirbelung (Keime!) und damit zur Reizung der Atemwege. Zu feuchte Luft behindert die Feuchtigkeitsabgabe des Menschen bei der Atmung und wird als unangenehm schwül empfunden. Übermäßig hohe Raumluftfeuchtigkeit kann darüber hinaus durch Kondensation an kalten Bauteilen zu Feuchteschäden (z.B. Stockflecken, Schimmel) führen.

Zu trockene Raumluft während der Heizperiode ist im allgemeinen auf übermäßiges Lüften (gewollt oder ungewollt), zu hohe Luftfeuchtigkeit auf zu geringes Lüften zurückzuführen.

3.3 Luftqualität

Beim Atmen wird Sauerstoff aufgenommen und Kohlendioxid, Wasserdampf und Stickstoff abgegeben. Der Mensch trägt also allein durch seine Anwesenheit zur Verschlechterung der Luft bei. Darüber hinaus wird die Luft durch Ausdünstungen der menschlichen Haut, der Baustoffe, Einrichtungsgegenstände und Haushaltschemikalien belastet, durch Radongas, Staub, Tabakrauch usw. Die verbrauchte und verunreinigte Raumluft muss deshalb regelmäßig durch Frischluft erneuert werden. Dies geschieht am besten durch regelmäßige Stoßlüftung (alle 2 bis 3 Stunden für 5 Minuten das Fenster öffnen) oder durch eine technische Be- und Entlüftungsanlage, die auf den erforderlichen Luftaustausch von 0,5- bis 0,8-fachen Luftwechsel pro Stunde eingestellt ist. Der überhöhte Luftwechsel durch undichte Fenster und Türen - ein 2- bis 5-facher Luftwechsel pro Stunde ist bei älteren Fenstern ohne Dichtung keine Seltenheit - sorgt zwar für frische Luft im Raum, muss jedoch mit erheblichem Heizenergieverbrauch und niedriger Luftfeuchtigkeit bezahlt werden.

Wie viel radioaktives Radongas in der Raumluft entsteht, hängt von den geologischen Verhältnissen des Baugrunds und von den Baustoffen der Wand- und Deckenkonstruktionen ab. Bei ausreichender Lüftung sind, von seltenen Ausnahmen abgesehen, keine nennenswerten Gesundheitsbelastungen zu erwarten. Nach einem Bericht des Bundesinnenministeriums von 1978 besteht eine erhöhte Strahlung insbesondere bei vul-

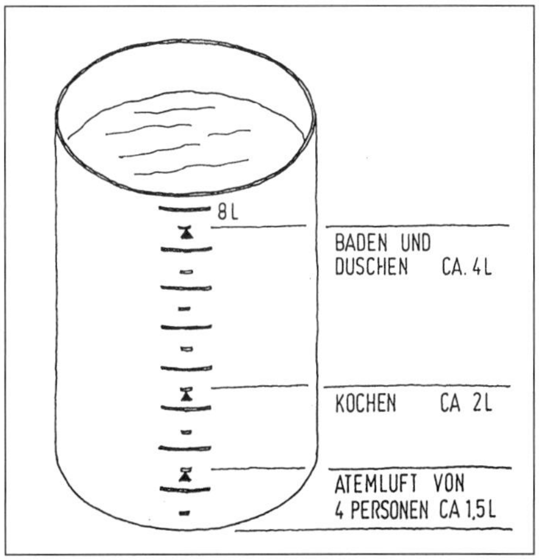

Abb. 3.3 Wo und wieviel Wasserdampf entsteht täglich in einem 4-Personen-Haushalt.

kanischen Gesteinen (z.B. Bims, Tuff, Basalt), bei Betonsteinen mit Zuschlägen aus Schlacke oder Flugasche und bei Chemiegips.

„Wandatmung"

Im Zusammenhang mit der Wärmedämmung von Außenwänden und gesundem Raumklima wird häufig die Forderung nach „atmungsfähigen" Wänden erhoben. Dieser Begriff ist irreführend, denn Wände können nicht atmen, und es darf durch sie auch kein nennenswerter Luftaustausch stattfinden, soll das Haus seinen Zweck als schützende Hülle erfüllen. Alle Flächen der Gebäudehülle müssen vielmehr, egal ob massiv oder im Leichtbau erstellt, unbedingt winddicht ausgeführt werden. Zwar kann Wasserdampf in geringen Mengen durch die meisten Bauteile (außer z.B. Metall oder Glas) diffundieren, diese Menge ist jedoch so gering, dass sie für den Feuchtegehalt der Raumluft praktisch nicht von Bedeutung ist. Die im Haus entstehende Feuchtigkeit (durch Menschen und Pflanzen sowie durch Wassergebrauch in Küche und Bad) muss daher in jedem Fall zu über 95% durch Lüften abgeführt werden.

Raumklimatisch bedeutsam ist allerdings die sogenannte „Sorptionsfähigkeit" der raumumschließenden Bauteiloberflächen und der Oberflächen von Einrichtungsgegenständen. Die ist wohl gemeint, wenn der Volksmund von „Wandatmung" spricht. Alle offenporigen Materialien können Feuchtigkeit und Gerüche aufnehmen, speichern und auch wieder abgeben. Diese klimaausgleichende, puffernde Wirkung ist im Haus sehr

Grenzwerte / Empfehlungen für elektrische und magnetische Felder	Elektrisches Feld	Magnetisches Feld
MPR II-Empfehlungen für Bildschirme in 50 cm Abstand	25 V/m	0,25 µT
Empfehlung von König / Folkerts [1)]	50 V/m	1 µT
Empfehlung der Baubiologie [1)]	1 - 10 V/m	0,02 - 0,01 µT
Empfehlung Katalyse [1)]	20 V/m (nachts 10 V/m)	0,4 µT (nachts 0,2 µT)
Durchschnittswert in Wohnungen (starke Abweichungen möglich)	5 - 40 V/m	0,01 - 0,3 µT
1) Für Wohnräume, insbesondere im Schlafbereich.		

Tabelle 3.2
Vergleichende Übersicht über Grenzwerte und Empfehlungen für 50 Hz-Felder.
Quelle: nach Katalyse: „Elektrosmog." 1994

Länderspezifische Grenzwerte für elektromagnetische Strahlung					
Land	Maximale Expositionsdauer pro Tag	Leistungsflußdichte in mW/cm²			
		30-300 MHz, Rundfunk- u. Fernsehsender, B-Netz	460 MHz C-Netz	900 MHz D-Netz	2 - 300 GHz Radar, Mikrowelle
Australien (1985)	24 h	0,2	0,2	0,2	0,2
Deutschland, nach DIN/VDE (1991) und IRPA/INIRC (1988)	24 h	0,2	0,23	0,45	1
Bei berufl. Exposition	6 h	1	1,15	2,25	5
Frankreich	24 h	1	1	1	1
Schweden (1976)	8 h	5	1	1	1
USA, ANSI (1991)	24 h	0,2	0,3	0,6	1,3 - 10
Die Werte beziehen sich auf öffentliche Dauerexposition bzw. berufliche Exposition. Spitzenwerte dürfen z.T. erheblich höher liegen.					

Tabelle 3.3
Vergleichende Übersicht über Grenzwerte für Hochfrequenzstrahlung.
Quelle: nach Katalyse: „Elektrosmog." 1994

erwünscht: bei starker Belastung, z.B. durch Kochen oder Duschen, werden Feuchtigkeit und Gerüche aus der Luft aufgenommen und später beim Lüften wieder abgegeben. Materialien mit guten Sorptionseigenschaften sind Holz, Lehm, Kalk- und Gipsputz, Ziegel, Textilien - sofern die Oberfläche nicht mit einem dichten Anstrich versiegelt wird. Dampfbremsen in Außenbauteilen wirken keineswegs nachteilig auf das Raumklima, wenn sie nur unter einer genügend sorptionsfähigen inneren Wandbekleidung liegen.

„Wohngifte"

Viele Baustoffe geben gesundheitsgefährdende Schadstoffe an die Raumluft ab. Besonders gravierend waren in der Vergangenheit Formaldehyd-Ausdünstungen aus Spanplatten sowie Ausdünstungen aus Holzschutzmitteln. Was zu tun ist, wenn der Verdacht besteht, dass solche Gifte in der Raumluft vorhanden sind, ist in Kap. 16 beschrieben.

Seit 1980 dürfen in Innenräumen nur noch Spanplatten der Emissionsklasse E1 verwendet werden. Der Holzschutzmittelwirkstoff Pentachlorphenol (PCP) darf seit 1989 nicht mehr verwendet werden. Neben diesen erwiesenermaßen schädlichen Produkten gibt es zahlreiche andere Baustoffe, die im Verdacht stehen, die Atem- bzw. Raumluft, alleine oder im Zusammenwirken mit anderen Stoffen, zu vergiften. Die Gesundheits- und Umweltverträglichkeit der einzelnen Baustoffe wird in Kap. 5 ausführlich behandelt und zieht sich als roter Faden durch alle nachfolgenden Kapitel.

3.4 Elektroklima

Durch die Anwendung von elektrischem Strom und durch die Sendeanlagen für Rundfunk und Telekommunikation ist der Mensch in zunehmendem Maße künstlich erzeugten Feldern und Strahlungen ausgesetzt, die sich möglicherweise in einem stärkeren Ausmaß auf das Wohlbefinden und die Gesundheit des Menschen auswirken, als es nach dem heute allgemein anerkannten Stand von Wissenschaft und Forschung angenommen wird.

Vieles deutet darauf hin, dass die elektromagnetische Strahlung, die nicht nur von Hochspannungsleitungen und Transformatorstationen in der Nähe des Hauses, sondern auch von Stromleitungen im Haus und von den Rundfunk- und Fernmelde-Sendern ausgeht, die natürlichen bioelektrischen und elektrochemischen Prozesse im menschlichen Organismus stören und so zu gesundheitlichen Schäden führen kann. Besonders empfänglich für bestimmte elektromagnetische Schwingungen sind das Nervensystem, das Gehirn und die Körperzellen.

Im Themenheft „Elektrosmog" des Bund für Umwelt und Naturschutz eV nennt der Arzt Dr. Braun-von Gladiß („Krankheit durch Elektrosmog", vgl. Literaturverzeichnis) eine Reihe von Symptomen, die durch Felder und Strahlung (mit-) verursacht werden können: Schlafstörungen, Konzentrations- und Leistungsschwäche, Kopfschmerzen, Unruhezustände, Denkblockaden, Schwindelgefühle, das Gefühl „unter Spannung zu stehen", Ohrenpfeifen, Hörsturz, Hormonstörungen, Gereiztheit, Depressivität, erhöhte Blutfettwerte (auch bei gesunder Ernährung), Herzinfarkt, Knochenmarksschwäche (mit verminderter Zahl weißer Blutkörperchen), Krebs und vieles andere. Obwohl es viele Indizien für einen Zusammenhang zwischen elektromagnetischer Strahlung und Wohngesundheit gibt, wird bis heute ein Forschungsbedarf über die Auswirkungen der Felder und der Niederfrequenzstrahlung aus dem häuslichen Stromnetz von staatlicher Seite in Deutschland nicht anerkannt.

Für die Wahl eines Wohnstandortes sollten zur Sicherheit folgende Mindestentfernungen eingehalten werden (nach Werner Hengstenberg, vgl. Lit.):

- zu Hochspannungsleitungen 200 m
- zu Transformatorgebäuden 100 m
- zu elektrifizierten Bahnstrecken 1000 m

Die Forderung von Abständen zu elektrifizierten Bahnstrecken steht im Konflikt zu anderen ökologischen Zielen, z. B. zur Forderung nach einer guten Anbindung der Wohngebiete an das öffentliche Verkehrsnetz.

Bei einer Erneuerung der häuslichen Elektroinstallation sollten alle Räume, die dem längeren Aufenthalt dienen, vor schädlichen Einwirkungen aus der Elektroinstallation geschützt werden. Das gilt besonders für Schlafplätze. Während in einem normalen Haus magnetische Feldstärken von 100 bis 800 nT (Nanotesla) gemessen werden, kann durch eine „baubiologische" Elektroinstallation die Feldstärke auf weniger als 20 nT reduziert werden. Ausführungsempfehlungen dazu werden in Kap. 14.7.3 gegeben.

4. Wärmeversorgung

4.1 Zusammenhänge

Das Haus soll im Winter warm sein, damit wir gesund bleiben und uns behaglich fühlen. Alte Häuser brauchen im Winter viel Heizenergie, um angenehme Raumtemperaturen zu schaffen. Dieser Energieverbrauch hat leider unangenehme Folgen: die Vernichtung begrenzter Rohstoffe und die globale Verschmutzung der Erdatmosphäre. Durch Gebäudeheizung, Verkehr und industrielle Produktion ist der Verbrauch an fossiler Energie seit Beginn es 20. Jahrhunderts exponentiell gewachsen.

Durch bauliche Maßnahmen lässt sich der Energieverbrauch eines Gebäudes erheblich senken. Das schont die begrenzten Energievorkommen und vermindert die Umweltzerstörung. Zugleich verbessert sich durch solche baulichen Verbesserungen das Raumklima und die Behaglichkeit. Beispielsweise lässt sich der Heizenergieverbrauch eines Wohnhauses (ca. 180 m² beheizte Fläche, Baustandard der 60er Jahre) von 8.500 l Heizöl auf ca. 4.000 l reduzieren, indem folgende Maßnahmen durchgeführt werden: Wärmedämmung der Kellerdecke und der obersten Geschossdecke sowie Austausch der Einfachverglasung durch eine Isolierverglasung. Werden auch die Außenwände gedämmt und die alte Zentralheizung modernisiert, vermindert sich der jährliche Heizölverbrauch auf ca. 2.000 l. Das ist weniger als ein Viertel des ursprünglichen Verbrauchs. Die Investitionskosten machen sich schon nach wenigen Jahren bezahlt, und das Haus wird dabei behaglicher. Bei einem Neubau vergleichbarer Größe kann sogar ohne erhebliche Mehrkosten ein Heizenergiebedarf von rund 1.000 l erreicht werden. Mit der Verminderung des Heizenergieverbrauchs sinkt auch der Verbrauch an begrenzt verfügbaren Rohstoffen und der Ausstoß von Abgasen und Schadstoffen.

Neben dem Ziel, den Energiebedarf und -verbrauch zu minimieren, geht es bei der Erneuerung der Heizung darum, einen möglichst umweltverträglichen und risikoarmen Energieträger zu wählen. So sollte elektrischer Strom für jede Art der Wärmeerzeugung (Raumheizung und Warmwasser) grundsätzlich nicht verwendet werden, während Erd- und Flüssiggas eine flexible Wärmeversorgung bei sehr gutem Wirkungsgrad und geringer Schadstoffemission ermöglichen. Moderne Ölfeuerungsanlagen erzielen in Bezug auf den Wirkungsgrad ähnlich gute Werte wie Gaskessel, die Abgaswerte sind jedoch ungünstiger. Durch die Verwendung weitgehend entschwefelten Heizöls können die schädlichen SO_2-Emissionen gesenkt werden. Eine zunehmende Nutzung „sanfter" Energie aus Sonne, Wind- und Wasserkraft sowie Energie aus Biomasse und Umweltwärme wird dazu beitragen, die Umweltbelastungen weiter zu vermindern. Es erscheint daher angebracht, eine spätere Nachinstallation solcher Techniken planerisch zu berücksichtigen.

4.2 Maßnahmen zur effizienten Energienutzung

Sparsamer Umgang mit Energie als wichtiges Ziel eines gesellschaftlich verantwortbaren Bauens und Wohnens wird durch diverse Maßnahmen auf verschiedenen Handlungsebenen verwirklicht, u.z. durch :

- richtiges Nutzerverhalten,
- kleine technische Verbesserungen,
- heizungstechnische Maßnahmen sowie durch
- bauliche Maßnahmen.

4.2.1 Richtig Heizen und Lüften

Durch richtiges Nutzerverhalten kann ohne Investitionskosten bereits eine unter Umständen erhebliche Energieeinsparung erreicht werden. Dies erfordert jedoch die Bereitschaft zum Umdenken und eine Abkehr von Gewohnheiten. Die folgenden Maßnahmen sind aber kein Ersatz für technische und bauliche Verbesserungsmaßnahmen.

- Vor Beginn jeder Heizperiode die Heizkörper entlüften. Luft im Heizkörper ist durch „Gluckergeräusche" erkennbar und verschlechtert die Wärmeabgabe.
- Kessel regelmäßig selbst überprüfen: Sind die Dichtungen in Ordnung? Ist von außen Feuerschein zu sehen? Sind Schamottesteine im Kessel zersprungen? Ist die Kesselwand stark verrußt?
- Einmal im Jahr vor Beginn der Heizperiode die Heizung von einem Fachbetrieb reinigen und warten lassen. Diese Ausgabe lohnt sich.
- Raumlufttemperatur messen: Temperaturen über 20°C sind normalerweise nicht nötig. Mit jedem Grad weniger sinkt der Energieverbrauch etwa um 6%. Schlafzimmer und Räume, die nur dem vorübergehenden Aufenthalt dienen (z.B. Diele, Vorräume, WC), erfordern im allgemeinen nicht so hohe Raumtemperaturen.
- Stoßlüftung ist besser als Dauerlüftung. Mehrmals am Tag für 5 bis 10 Minuten kräftig lüften, so dass die gesamte Raumluft ausgetauscht wird, die Wände und Möbel aber nicht auskühlen. Gegenüber Dauerlüftung durch gekippte Fenster lässt sich auf diese Art eine Menge Heizenergie einsparen.
- Schlafräume besonders gut durchlüften, damit die über Nacht angesammelte Feuchtigkeit entweichen kann. Im allgemeinen genügt ein 30 minütiges Lüften. Bei längerem Lüften wird auch angrenzenden Räumen unnötig Wärme entzogen. Nachts genügt im Winter ein Lüftungsspalt von 1 cm. Ähnliches gilt für Feuchträume wie Bäder, Küchen, Toiletten. Auch hier sollte nach der Benutzung kurz und kräftig gelüftet werden: nach dem Baden oder Duschen maximal 30 Minuten, nach dem Kochen und nach der Toilettenbenützung maximal 10 Minuten.
- Wenig benutzte Räume nur mäßig beheizen und in geringem Maß lüften. Die Türen zu diesen Räumen geschlossen halten. Werden nicht beheizte Räume durch warme Luft aus Nachbarräumen temperiert, können unter Umständen Feuchtigkeitsprobleme mit Schimmelpilzbildung die Folge sein.
- Während der Heizzeit Kellerfenster und Dachluken schließen. Dadurch wird ein verstärktes Auskühlen der angrenzenden beheizten Räume vermieden.
- Raumthermostate und Thermostatventile auch beim Anheizen nur auf die gewünschte Raumtemperatur einstellen. Bei höherer Einstellung geht das Aufheizen auch nicht schneller.
- Duschen statt Baden. Ein Duschbad erfordert wesentlich weniger warmes Wasser als ein Wannenbad.
- Nicht bei laufendem Warmwasser Geschirr spülen oder waschen.
- Umwälzpumpe im (Sommer-) Urlaub abschalten.

4.2.2 Kleine Verbesserungen

Je nach baulichem Ist-Zustand können in vielen Fällen schon kleine technische Verbesserungen in der Summe zu einer merklichen Energieeinsparung beitragen. Die nachfolgend genannten Maßnahmen lassen sich mit einfachen Mitteln und geringen Kosten meist selbst ausführen. Sie können natürlich auf Dauer notwendige heizungstechnische und bauliche Maßnahmen nicht ersetzen:

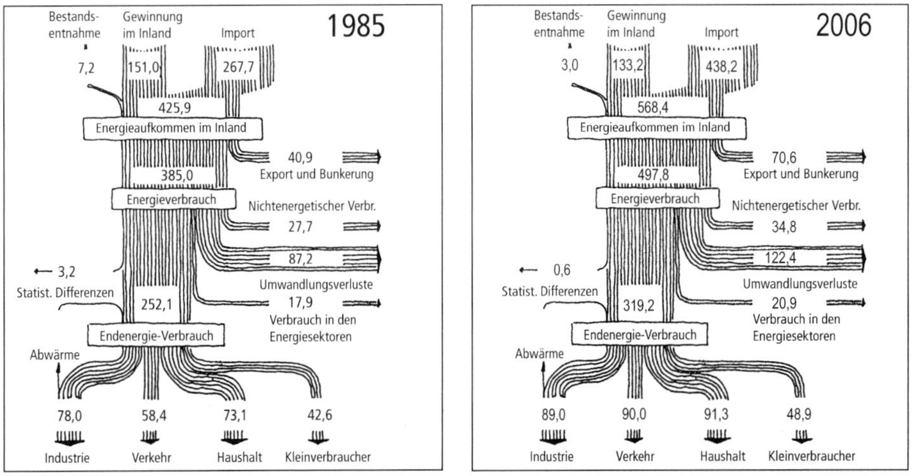

Abb. 4.1
Struktur des Energieaufkommens und -verbrauchs in Deutschland; Vergleich 1985 (BRD) und 2006 (BRD + neue Länder). Energieeinheiten in Mio. t Steinkohle). Quelle: Arbeitsgemeinschaft Energiebilanzen 2007

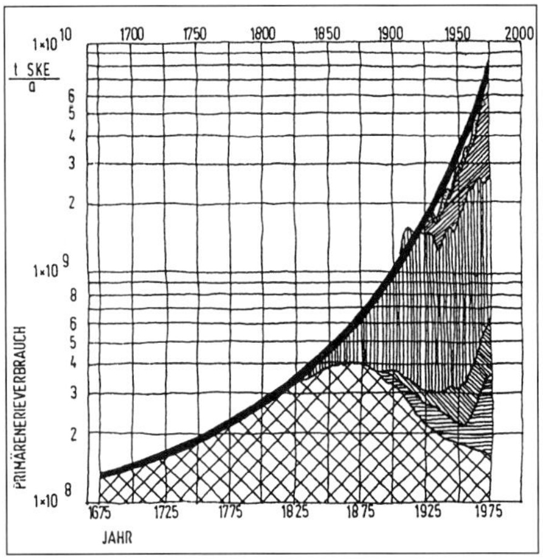

Abb. 4.2
Entwicklung des Primärenergieverbrauchs in der Welt von 1675 - 1975 (in Tonnen Steinkohle-Einheiten pro Jahr). Seit 1975 ist der Primärenergieverbrauch kontinuierlich gestiegen, er beträgt derzeit ca. 13 Mrd. t SKE, gößtenteils gedeckt durch Kohle, Erdöl und Erdgas. Kernenergie und erneuerbare Energien decken jeweils etwa 6% ab.

■ Anstieg des Energieverbrauchs
Naturgas, Steinkohle, Wasserkraft
Erdöl, Braunkohle, Holz/Torf

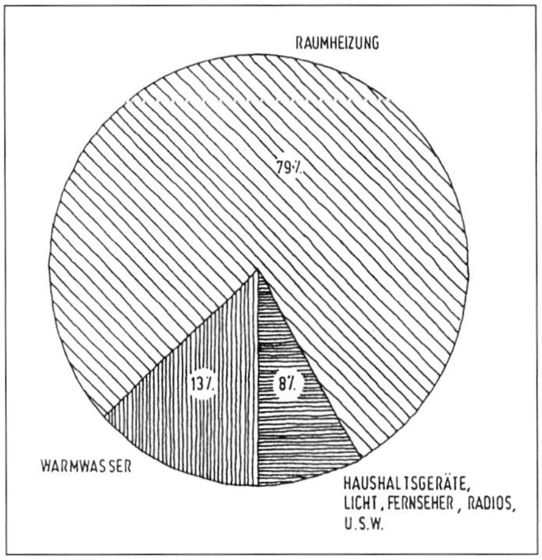

Abb. 4.3
Energieverbrauchsstruktur im Bereich Wohnen/Haushalt. Die größte Energieeinsparung ist im Bereich Raumheizung möglich!

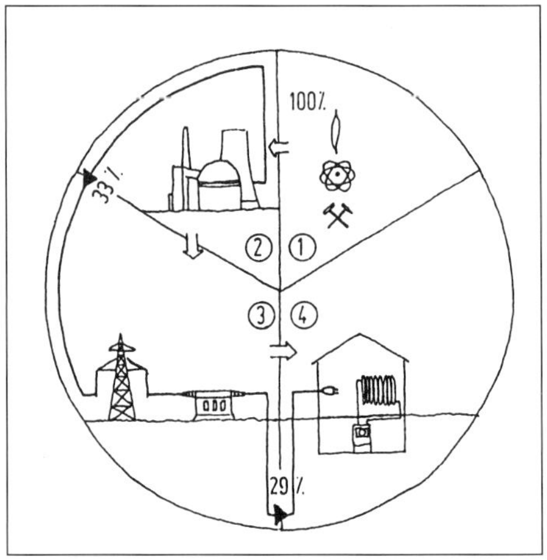

Abb. 4.4
Wirkungsgrade bei stromabhängigen Heizungen.

1	Einsatz der Primärenergie Gas, Kohle, Atomenergie	100%
2	Umwandlungsverluste im Kraftwerk	67%
3	Übertragungsverluste	4%
4	Effektiver Nutzungsanteil des Verbrauchers	29%

Quelle: Merkblatt ökologische Verbraucherberatung, Energieladen Kassel.

- Fenster- und Türfugen abdichten (vgl. Kap. 12.3.1). In Zimmern mit Einzelöfen (Kohle, Gas, Öl) auf ausreichende Luftzufuhr achten, ggf. Schornsteinfeger oder Heizungsinstallateur fragen.
- Haustüre mit einer Tür-Boden-Dichtung ausstatten, z.B. mit einer Bürsten-, Lippen- oder Hubdichtung.
- Einfach verglaste Fenster mit einer Zusatzscheibe oder einem Vorfenster ausstatten (vgl. Kap. 12.3.2).
- Rolladenkästen dämmen: Deckel entfernen, alle an den Wohnraum angrenzenden Flächen, den Fenstersturz und den Deckel mit Dämmplatten (Mineralfaser, Kork) möglichst dick bekleben. Die Plattenstöße müssen dicht sein. Der Rolladenkastendeckel muss dicht schließen, ggf. mit Schaumstoffband abdichten. Auch die Mauerwerksanschlüsse müssen winddicht sein. Der Durchlass für den Gurt kann mit einem geschlitzten Leder-, Gummi- oder Filzstreifen gegen Zugluft abgedichtet werden.
- Wo keine Rolläden oder winddichte Klappläden vorhanden sind, können schwere Vorhänge die Wärmeverluste am Fenster mindern. Der Vorhang muss mit der Fensterbank abschließen, keinesfalls darf er den Heizkörper oder das Thermostatventil abdecken.
- Heizkörpernischen dämmen: Am besten Heizkörper abmontieren lassen. Die Dämmschicht sollte nach Möglichkeit 4 bis 8 cm dick sein, was unter Umständen ein Versetzen der Heizkörper erforderlich macht. Wo der Platz knapp ist, bringt auch eine 1 – 2 cm dicke Dämmschicht mit Reflexionsfolie schon eine merkliche Verbesserung. Rippen- und Lamellenheizkörper können direkt an die Dämmschicht anschließen, Heizkörper mit glatter Rückseite sollten 2 –3 cm Abstand halten, um die Wärmeabgabe dort nicht zu behindern.
- Kalte Fußböden über Kellerräumen oder gegen Erdreich mit Teppich und Filzunterlage dämmen. Wirksamer ist es, auf der Unterseite der Kellerdecke Dämmplatten anzubringen (vgl. Kap. 9.2.3).
- Außenmantel des Heizkessels durch nicht brennbare Dämmplatten zusätzlich dämmen. Ein warmer Heizraum ist ein Zeichen für große Energieverluste der Heizungsanlage.

- Sichtbar verlegte Heizleitungen in unbeheizten Räumen mit Dämmschalen aus Mineralfaser oder Schaumstoff ummanteln (im Installationshandel zu beziehen).
- Heizkörper-Thermostatventile einbauen: Für Räume, die nur zeitweise genutzt werden, gibt es Ausführungen mit automatischer Zeitsteuerung.
- Gegebenenfalls Drosselung der Kesselleistung durch Einbau einer kleineren Düse bei Öl- oder Gasbrennern; außerdem Einstellung einer möglichst niedrigen Kesseltemperatur im Heizbetrieb.

4.2.3 Bauliche und heizungstechnische Maßnahmen

In vielen älteren Häusern müssen trotz der oben aufgeführten Sofortmaßnahmen auf längere Sicht größere Veränderungen an einzelnen Gebäudeteilen und an der Heizungsanlage durchgeführt werden, um den Heizenergieverbrauch und den thermischen Komfort dem heute üblichen Standard anzupassen. Da sich viele Maßnahmen gegenseitig bedingen, ist es im allgemeinen wünschenswert, sie zusammenhängend im Rahmen einer größeren Modernisierungs- oder Umbauaktion durchzuführen. So sollte z.B. bei allen größeren Wärmedämmaßnahmen auch die Leistung der Heizungsanlage dem verminderten Energiebedarf angepasst werden. Umgekehrt ist es zweckmäßig, eine fällige Kesselerneuerung mit Dämmaßnahmen am Haus und einer Neuberechnung des Wärmebedarfs zu verbinden.

Ein Teil der folgenden Maßnahmen lässt sich durchaus in Eigenleistung ausführen. Bestimmte Maßnahmen können auch zurückgestellt und in einer zweiten Ausbaustufe realisiert werden. Um den gewöhnlich begrenzten Finanzrahmen (ökonomisch und ökologisch) optimal zu nutzen, ist der folgende Katalog nach wirtschaftlichen Gesichtspunkten geordnet; die Maßnahmen a) bis d) bringen bei „normalen" Verhältnissen ein sehr gutes Kosten-Nutzen-Verhältnis und entsprechend kurze Amortisationszeiten.

a) Einbau einer zeit- und witterungsgeführten Steuerung mit Zeitschaltuhr, Außenthermostat und Raum- bzw. Heizkörper-Thermostat. Für Gebäude mit mehr als 3 Wohnungen ist eine entsprechende Nachinstallation seit '87 obligatorisch.

b) Abdichten undichter Fenster- und Türfugen zwischen Rahmen und Flügel, zwischen Rahmen und Bauwerk und zwischen Tür und Boden (Kap. 12.3).

c) Wärmedämmung der Gebäudehülle: Dachflächen (Kap. 8.4.3), Kellerdecke bzw. Fußboden des untersten beheizten Geschosses (Kap. 9.2.3), Fenster (Kap. 12.3), Rolläden- bzw. Klappläden (Kap. 12.5), Außenwände (Kap. 7.3). Als anzustrebende Dämmstoffdicke gilt der *Niedrigenergiehausstandard* (Tab. 4.2).

d) Einbau eines Niedertemperatur-Heizkessels mit sorgfältig angepasster (d.h. knapp dimensionierter) Brennerleistung; nach Wärmedämmaßnahmen kommt eine bestehende Heizung mit niedrigeren Vorlauftemperaturen aus (Umstellung auf Niedertemperaturbetrieb); Brauchwassererwärmung in einem separaten, für einen Tagesvorrat bemessenen Standspeicher (Kap. 14.3) mit Temperaturbegrenzung auf 50 bis 55°C.

e) Einbau einer Anlage zur Abluftwärme-Rückgewinnung (Kap. 14.1).

f) Nicht geheizte Wintergarten-Vorbauten oder großflächige, südorientierte Verglasung zur „passiven Sonnenenergienutzung" und Wohnraumerweiterung.

g) Einbau von Flach- oder Vakuumkollektoren zur solaren Brauchwassererwärmung, um in der heizfreien Zeit die Zentralheizung ganz abschalten zu können.

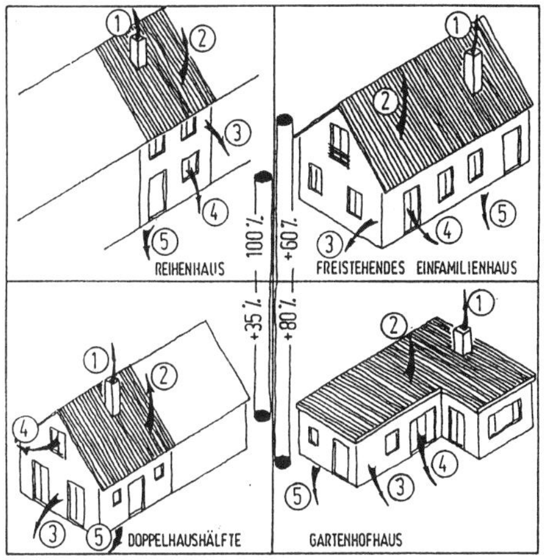

	Reihenhaus	Freistehendes Einfam.-Haus	Doppelhaushälfte	Gartenhofhaus
1 Schornstein	32%	32%	32%	32%
2 Dach	15%	16%	11%	20%
3 Außenwand	15%	18%	24%	12%
4 Fenster	31%	28%	27%	26%
5 Keller	7%	6%	6%	10%

Abb. 4.5 *oben*:
Wärmeverlust am Gebäude.

Die Verluste sind abhängig von:
- dem Verhältnis Hüllfläche zu Rauminhalt,
- den Wetterseiten,
- der Wärmedämmung,
- der Gebäudeform und
- dem Bewohnerverhalten.

Erläuterungen siehe Tabelle 4.1 (unten)

Quelle: LBS: Bausparfibel, Modernisieren und Energiesparen

Tabelle 4.1 *unten*:
Typische Wärmeverlustanteile durch Außenhülle und Heizung bei verschiedenen Altbau-Typen.

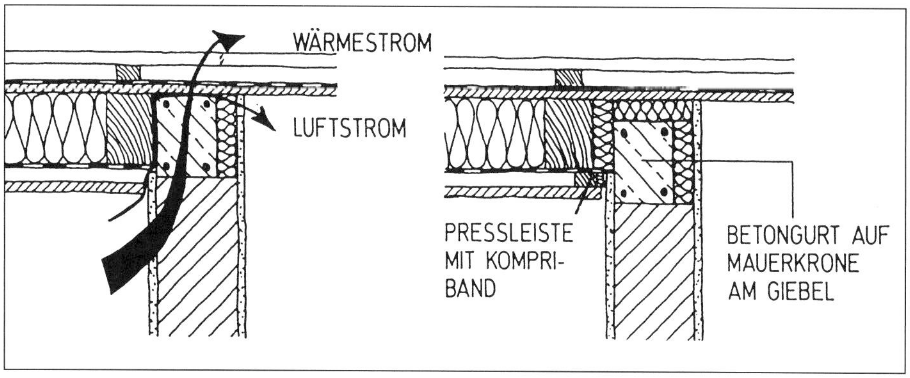

Abb. 4.6 Typische Wärmebrücke und Undichtigkeit am Übergang von Giebelwand und Dachfläche.

Die Auflistung zeigt, dass die konventionellen Maßnahmen zur Verbesserung des baulichen Wärmeschutzes und die Modernisierung der Heizungsanlage gegenüber alternativen Techniken Vorrang genießen. Sinnvolle Sonnenenergienutzung setzt im allgemeinen ein Ausschöpfen der konventionellen Energiesparmaßnahmen voraus.

Andere Alternativtechniken sind nur bedingt sinnvoll: Elektrisch betriebene Wärmepumpen sind aus grundsätzlichen Erwägungen abzulehnen („Strom ist zum Heizen zu schade"), öl- oder gasbetriebene Wärmepumpen (ggf. mit Wärme-Kraft-Kopplung) sind nur für Wohnanlagen ab etwa 600 m^2 Wohnfläche geeignet. Nach dem derzeitigen Stand der Technik kommen Luftkollektoren und Langzeit-Wärmespeicher noch nicht für den allgemeinen Gebrauch in Frage.

4.3 Wirtschaftlichkeit energiesparender Maßnahmen

Die Wirtschaftlichkeit einer Maßnahme zur Energieeinsparung errechnet sich aus dem Verhältnis der Investitionskosten zu den eingesparten Energiekosten. Ein gebräuchliches Maß für die Wirtschaftlichkeit ist die Amortisationszeit. Das ist der Zeitraum, in dem die Investitionen für eine Maßnahme unter Einschluss der Finanzierungskosten (z.B. Zins- und Tilgungsleistungen bzw. Kapitalverzinsung, aber auch Zuschüsse, Steuerermäßigungen) durch Einsparungen kompensiert werden. Genauere Berechnungen berücksichtigen zusätzlich Faktoren wie die anzunehmende Energiepreisentwicklung und ggf. auch die Entwicklung der Inflationsrate. Das Ergebnis dieser Rechnung, die Amortisationszeit, hängt natürlich von den getroffenen Annahmen ab. Grundsätzlich gilt: Je höher die Energiepreise sind bzw. werden, um so schneller amortisieren sich Maßnahmen zur Energieeinsparung.

Bei Wirtschaftlichkeitsbetrachtungen sind weitere Vorteile, die sich nicht in Geld messen lassen, in der Regel nicht einbezogen, wie z.B. eine behaglichere Wohnung, gesteigerter Komfort, eine Minderung der volkswirtschaftlichen Kosten (die der einzelne Bürger mitzutragen hat, z.B. Luftverschmutzung, Gewässerverunreinigung, Krankheitskosten, Berufsunfähigkeitsrenten), sowie eine langfristige Rohstoffsicherung und Umweltvorsorge.

Modernisierungsmaßnahmen, die der Energieeinsparung dienen, werden staatlich gefördert (vgl. Kap. 1.5).

4.4 Gesetzliche Regelungen zur Energieeinsparung

Zum 1.1.2002 löste die Energieeinsparverordnung EnEV 2002 die bis dato gültige Wärmeschutzverordnung '95 ab. An Neuerungen brachte die EnEV nicht nur eine Verschärfung der Anforderungen an einzelne Bauteile. Zusätzlich wurde eine Verknüpfung der „Wärmeschutzverordnung ´95" mit der „Heizanlagenverordnung" geschaffen. Dadurch ist bereits in der Planungsphase eine ganzheitliche Betrachtung des Ener-gieaufwands für ein Gebäude notwendig, worin die Faktoren Baukörper, Dämmung der Hüllflächen, Wärmebrücken, solare Wärmegewinne durch Fenster, Lüftungsverluste, Heizungsanlage mit Energieträger und Einbindung von erneuerbaren Energien (Solaranlage, PV-Anlage, Erdwärme u.a.) einfließen.

Im Zuge der Energieeinsparverordnung wurden neue Standards wie der KfW-60- und der KfW-40 Standard etabliert, die ergänzend zu den EnEV-Anforderungen formulieren, wann ein Anrecht auf Förderprogramme der KfW-Bank besteht. Der KfW-60 Standard entspricht ungefähr dem früheren „3-Liter-Haus" und schreibt vor, dass der Jahresprimärenergiebedarf nicht mehr als 60 kWh/m^2 Gebäudenutzfläche betragen darf, und der auf die wärmeübertragende Umfassungsfläche des Gebäudes bezogene spezifische Transmissionswärmeverlust den in der EnEV angegebenen zulässigen Höchstwert um mindestens 30% unterschreiten muss. Beim KfW-40-Standard gelten maximal 40 kWh/m^2 Gebäudenutzfläche und eine Unterscheitung des spezifischen Transmissionswärmeverlusts von mindenstens 45%.

Mit der novellierten EnEV 2007 wurde der Energieausweis für bestehende und neue Gebäude eingeführt. Der Ausweis bewertet

Dämmstoffdicken für die einzelnen Bauteile - Standards und Anforderungen für die thermische Gebäudehülle								
Zu änderndes Bauteil	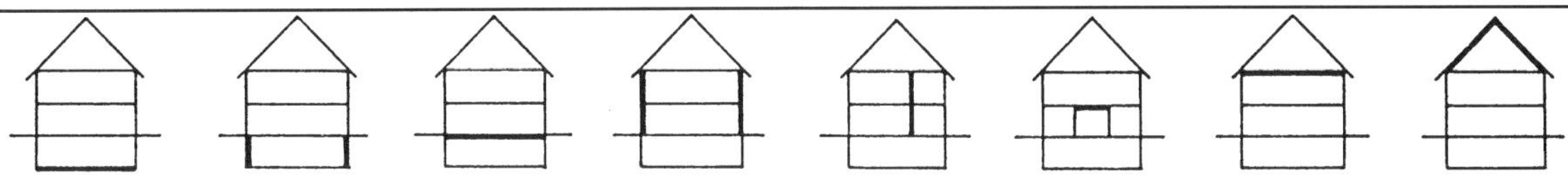							
	Kellerboden (Kellerräume beheizt)	Kellerwände (Kellerräume beheizt)	Kellerdecke (Kellerräume nicht beheizt)	Außenwand	Wand gegen unbeheizte Räume	Decke über offener Durchfahrt	Oberste Geschossdecke (DG unbeh.)	Dach (Dachgeschoss beh.)
Angenommene Grundkonstruktion [2]	Beton, 12 - 15 cm	Beton-Hohlblocksteine, 30 cm, zweiseitig verputzt	Stahlsteindecke, 16 cm	Hochlochziegel, (1,4) 30 cm, aussen und innen verputzt [4]	Vollziegel, (1,8), 24 cm, einseitig verputzt	Stahlbeton, 16 cm	Holzschalung, Holzbalken, 2,5 cm Leichtbauplatte, Putz	Holzdachstuhl, 2,5 cm Holzwolle-Leichtbauplatte, Putz
Erforderliche Verbesserung der Wärmedämmung								
Altbau Vorschrift (nach EnEV 2002 / 2007)								
maximal zulässiger U-Wert (in W/m²K):	0,40	0,40	0,40	0,35 - 0,45	0,40	0,30	0,40	0,30
erforderliche Dicke der Dämmschicht [3]	10 cm	10 cm	10 cm	8 - 10 cm	8 cm	12 cm	12 cm	16 cm
Neubau-Standard (in Anlehnung an die EnEV 2002 / 2007)								
maximal zulässiger U-Wert (in W/m²K):	0,35	0,35	0,35	0,35	0,35	0,22	0,22	0,22
erforderliche Dicke der Dämmschicht [3]	12 cm	12 cm	12 cm	12 cm	10 cm	18 cm	25 cm	25 cm
Ehemaliger Niedrigenergiehaus-Standard (Bezug auf WSchVO '95 [5])								
empfohlener U-Wert (in W/m²K):	0,24	0,24	0,24	0,24	0,24	0,15	0,15	0,15
erforderliche Dicke der Dämmschicht [3]	17 cm	17 cm	17 cm	17 cm	14 cm	26 cm	35 cm	35 cm
KfW-Energiesparhaus 60 / KfW-Energiesparhaus 40								
Die Kreditanstalt für Wiederaufbau (KfW) vergibt zinsgünstige Darlehen für Projekte , bei denen der Jahres-Primärenergiebedarf Q_P nicht mehr als 60 kWh/m² Gebäudenutzfläche (bzw. 40 kWh/m²) beträgt. Bereits der KfW-60-Standard stellt deutlich höhere Anforderungen an Wärmeschutz und Haustechnik als die in der EnEV formulierten Mindestanforderungen. Da die Bedeutung der haustechnischen Anlagen mit höherem Anspruch an niedrigen Primärenergieverbrauch deutlich steigt, ist eine Aussage zu den Dämmstärken einzelner Bauteile nicht mehr sinnvoll bzw. möglich.								

Anmerkungen

1) Dieser Übersicht liegt das "Bilanzverfahren" der Energieeinsparverordnung zugrunde. In Abhängigkeit von den Gegebenheiten des Einzelfalls werden sich beim rechnerischen Nachweis andere Anforderungen an die Dämmschichtdicke ergeben.
2) Ist eine andere Grundkonstruktion vorhanden, so ergibt sich eine andere erforderliche Dämmschichtdicke.
3) Die angebene Dicke gilt für Dämmstoffe der Wärmeleitfähigkeitsgruppe 040 (nach DIN 18165). Bei geringerer Wärmeleitfähigkeit kann die Dämmung entsprechend dünner sein, bei höherer muß sie dicker sein. Wenn die Dämmschicht unterbrochen wird, z.B. durch Kanthölzer oder Sparren, so ist die Dämmschicht entsprechend dicker auszubilden.
4) Die Werte gelten für die Außenwandflächen (ohne Fenster), wenn der Anteil der Fensterflächen an der Fassade etwa 30% beträgt und Fenster mit Holzrahmen und Wärmeschutzverglasung eingesetzt werden.
5) Die hier genannten U-Werte sind nur Anhaltspunkte, da die Niedrigenergiehaus-Förderrichtlinien je nach Bundesland unterschiedlich waren. In Baden-Württemberg z.B. gelten Gebäude als Niedrigenergiehaus, die max. 70% des nach der EnEV zulässigen Heizenergiebedarfes benötigen.

Tabelle 4.2 Anforderungen an den Wärmeschutz von Bauteilen [1] ein Gebäude energetisch. Er ist bei der Errichtung, Änderung und Erweiterung von Gebäuden vorgeschrieben. Für bestehende Gebäude muss bei Verkauf, Neu-Vermietung und Verpachtung dem Interessenten auf Verlangen ein Energieausweis zugänglich gemacht werden. Hauseigentümer, die weder verkaufen oder vermieten möchten, benötigen keinen Energieausweis. Bei Bestandsgebäuden sollen auch Hinweise auf kostengünstige Modernisierungsmaßnahmen zur Verbesserung der Energieeffizienz gegeben werden.

Es gibt zwei Arten von Energieausweisen: Beim *bedarfs*orientierten Ausweis werden die relevanten Bauteilflächen (Dach, Wand, Fenster, etc.) mit ihrer jeweiligen Dämmqualität und der Standard der Heizungsanlage für die Berechnung des Energiebedarfes herangezogen. Beim *verbrauchs*orientierten Energieausweis werden die Heizkostenabrechnungen von mindestens drei aufeinanderfolgenden Heizperioden für die Berechnung genutzt. Für Wohngebäude mit max. 4 Wohnungen und einem Bauantrag vor 1.11.1977 müssen Energieausweise ab dem 1.10.2008 auf der Grundlage des Energie*bedarfs* ausgestellt werden. Für Wohngebäude mit mehr als 4 Wohnungen und für Nichtwohngebäude besteht Wahlfreiheit. Wer die Energieausweise ausstellen darf, ist in der EnEV genau geregelt. Grundsätzlich kann man sagen, dass der verbrauchsorientierte Ausweis einfach und billig ist und oftmals von Handwerkern mit bestimmten Weiterbildungen ausgestellt werden kann. Der bedarfsorientierte Ausweis ist deutlich aufwändiger und teurer und wird eher von Architekten oder Ingenieuren ausgestellt. Er hat jedoch den Vorteil , dass er aufgrund der Bauteilanalyse ein differenzierteres Ergebnis liefert, das die energetischen Schwachstellen am Gebäude benennt. Die Erstellung eines bedarfsorientierten Energieausweises ist aber nicht mit einer gründlichen Energieberatung gleichzusetzen, sie kann höchstens als Einstieg in diese betrachtet werden.

Bei der Wärmedämmung einzelner Bauteile (Außenwände, Dächer, Decken gegen nicht beheizte Räume) sind auch bei der Altbausanierung respektable Dämmstärken erforderlich. Eine erste Orientierungshilfe zu den erforderlichen Dämmstärken findet sich in Tabelle 4.2. Der detaillierte rechnerische Nachweis unter Berücksichtigung der Dampf- und Luftdichtigkeit wird im Zuge der Planung vom Architekten oder einem Fachplaner (Statiker, Bauphysiker) erstellt.

Die EnEV-Grenzwerte gelten allerdings erst bei umfangreicheren Sanierungsmaßnahmen. Wenn weniger als 20% eines Bauteils verändert wird, fordert der Gesetzgeber keine zusätzlichen Dämmmaßnahmen.

Zweifellos liegt in der Verbesserung des Energiestandards in Altbauten ein weit höheres Einsparpotential als bei den heute ohnehin schon hochgedämmten Neubauten. Um dieses Potential zu mobilisieren, wurden folgende Nachrüstungsverpflichtungen geschaffen. Ausgenommen davon sind selbstgenutzte Ein- und Zweifamilienhäuser, bei denen die Verbesserungen des Energiestandards erst bei einem Verkauf mit einer Frist von 2 Jahren nach Eigentumsübergang auszuführen sind:

1. Öl- und Gasheizkessel, die vor dem 1.10.78 in Betrieb genommen wurden, sind bis 31.12.2006 auszutauschen. Erfolgte ein Brenneraustausch nach dem 1.1.96 gilt eine verlängerte Austauschfrist bis 31.12.2008
2. Nicht begehbare, aber zugängliche oberste Geschossdecken mussten bis 31.12. 2006 nachträglich gedämmt werden. Der U-Wert darf nach dieser Maßnahme 0,30 W/m^2K nicht überschreiten.
3. Heizungs- und Warmwasserrohre in nicht beheizten Räumen sind bis 31.12.2006 nach DIN zu isolieren.

Eine vom Bundesamt für Wirtschaft geförderte Vor-Ort Beratung (vgl. Kap. 1.5) durch einen fachkundigen Energieberater ermöglicht einen raschen Überblick über die energetischen Mängel eines Gebäudes und die angemessenen Verbesserungsmaßnahmen, die zu treffen sind. Vergünstigte Kredite für fachgerechte Modernisierungsmaßnahmen werden von der Kreditanstalt für Wiederaufbau (KfW) erteilt, Zuschüsse vom Bundesamt für Wirtschaft und Ausfuhrkontrolle (BAFA).

Zum 1.1.2008 wurde in Baden-Württemberg als erstem Bundesland das Erneuerbare-Wärme-Gesetz (EWärmeG) eingeführt. Dieses gilt für Neubauten, für die der Bauantrag nach dem 1.4.2008 eingereicht wurde; es schreibt vor, dass mindestens 20% des jährlichen Wärmebedarfs aus erneuerbaren Energien gedeckt werden müssen. Im Gebäudebestand muss ab dem 1.1.2010 ein 10%iger Anteil des jährlichen Wärmebedarfs mit erneuerbaren Energien gedeckt werden, sofern die Heizungsanlage ausgetauscht wird. Derzeit (2008) wird ein ähnliches, aber umfangreicheres Bundesgesetz im Bundestag beraten und voraussichtlich 2009 als Eneuerbare-Energien-Wärme-Gesetz (EEWärmeG) bundesweit eingeführt.

4.5 Wärmedurchgangsverluste vermindern

Das wirksamste Mittel zur Verminderung des Heizenergiebedarfs in Altbauten ist eine zusätzliche Wärmedämmung der „thermischen Gebäudehülle", d.h. aller Bauteile, die beheizte von unbeheizten Räumen oder von der Außenluft trennen. Der Austausch von einfach verglasten Fenstern gegen solche mit Wärmeschutzverglasung, der Einbau von Dämmschichten an den Dachflächen bzw. an der obersten Geschossdecke und an der Kellerdecke gehören zu den häufigsten

U-Wert Berechnung für eine Außenwand Stoff		Dicke d m	λ_R W/(mK)	$1/\Lambda$ m^2K/W
Wärmeübergangswiderstand außen	$1/h_e$	-	-	0,04
Putz aus Kalkzementmörtel		0,025	0,87	0,03
Steinwolle 040		0,100	0,04	2,50
Putz		0,020	0,87	0,02
Mauerziegel (1600 kg/m³)		0,240	0,68	0,35
Innenputz		0,015	0,87	0,02
Wärmeübergangswiderstand innen	$1/h_i$	-	-	0,13
Gesamtkonstruktion		0,400	1/U =	3,09
U - Wert der Konstruktion:		$U = 1/\Lambda = 1/3{,}09 = 0{,}32\ W/(m^2K)$		

U Wärmedurchgangskoeffizient in $W/(m^2K)$; "Bauteileigenschaft"
$1/h_i$ Wärmeübergangswiderstand innen: z.B. 0,13 m^2K/W (Tabellenwert)
$1/h_e$ Wärmeübergangswiderstand außen: z.B. 0,04 m^2K/W (Tabellenwert)
$1/\Lambda$ Mittlerer Wärmedurchlaßwiderstand in $m^2 K/W = s/\lambda_R$
d Schichtdicke in m λ_R Wärmeleitfähigkeit in W/(mK), Tabellenwert als Baustoffeigenschaft

Tabelle 4.3
Beispiel einer U-Wert Berechnung für eine Außenwand mit Wärmedämmung

Wärmeschutzmaßnahmen. Weitergehende Dämmmaßnahmen betreffen die Außenwände, die waagerechten Flächen von Balkonen, Loggien, Dachterrassen und offene Durchfahrten sowie die Wandflächen zwischen beheizten und unbeheizten Räumen, z.B. von Treppenhauswänden.

Bei der Planung von Wärmeschutzmaßnahmen gilt es, eine ganze Reihe von teilweise recht komplexen Fragen zu klären:

a) Welche Bauteile sollen gedämmt werden? Die Entscheidung wird im wesentlichen bestimmt durch praktische Erwägungen wie fällige Erneuerungsarbeiten (z.B. Fenstererneuerung, neuer Außenputz oder -anstrich), durch die Kosten der Maßnahmen, den Finanzierungsrahmen und die Wirtschaftlichkeit.
b) Welcher konstruktive Aufbau kann bzw. soll gewählt werden und mit welchen Kosten ist er verbunden? Diese Fragen werden in den jeweiligen Bauteilkapitel (Kosten siehe Anhang 1) behandelt.
c) Welche Dämmstoffe sollen verwendet werden? Hier geht es im wesentlichen um technische Baustoffeigenschaften und um eine Abwägung zwischen Kosten und Belangen des Umwelt- und Gesundheitsschutzes. Die Eigenschaften verschiedener Dämmstoffe sind in Kap. 5.4 näher beschrieben.
d) Welcher Dämmstandard soll erreicht werden und welche Dämmstoffdicke ist dazu notwendig? Diese Frage wird im folgenden behandelt.
e) In welchem Zusammenhang steht eine bestimmte Maßnahme zu anderen vorgesehenen oder empfehlenswerten Maßnahmen? Hier geht es vor allem um eine Abstimmung mit den jeweils angrenzenden Bauteilen (bei Fassaden z.B. um Fenster, Dachüberstand, Gebäudesockel) sowie um die neue Dimensionsierung der Heizungsanlage.

Einen guten Anhaltspunkt für den energetischen Modernisierungsbedarf eines Gebäudes gibt der jährliche Heizenergieverbrauch bezogen auf einen Quadratmeter beheizte Wohnfläche. Der durchschnittliche „spezifische Energieverbrauch" von freistehenden Altbauten im Baustandard der 60er Jahre liegt bei jährlich 300 kWh pro m² Wohnfläche (entspr. 30 l Heizöl pro m² Wohnfläche). Ein modernisiertes Haus mit dem Etikett „umwelt- und gesundheitsverträglich" sollte je nach Kompaktheit mit einem Heizenergiebedarf von weniger als 30 - 60 kWh/m² (entsprechend etwa 3 - 6 l/m² Heizöl) im Jahr auskommen. Daraus ergeben sich für die einzelnen Bauteile bestimmte Mindestanforderungen an das Dämmvermögen, das durch den Wärmedurchgangskoeffizienten, den sogenannten U-Wert, beschrieben wird. Bei Umbau- und Modernisierungsmaßnahmen im Altbau schreibt die neue Energieeinsparverordnung (2002) maximale U-Werte für einzelne Bauteile vor. Darüber hinaus beschreibt sie ein Rechenverfahren, mit dem der spezifische Energieverbrauch berechnet werden kann; in diesem Rechenverfahren werden die Energieverluste durch Transmission und Lüftung berechnet und auch die Energiegewinne, z.B. durch Sonneneinstrahlung sowie die Effektivität der Wärmeerzeugung berücksichtigt. Das Ergebnis, der Heizenergieverbrauch, wird in einem Wärmebe-

Tabelle 4.4
Dämmwerte und davon abhängiger Energieverbrauch einiger typischer Außenwandkonstrutionen [1].

[1] Bei der Berechnung von U-Wert und Heizkosten wurden jeweils 2 cm Außenputz und 1,5 cm Innenputz eingerechnet.
[2] Die angegebenen Heizkosten beziehen sich auf 1 m² Außenwand ohne Fenster für einen Zeitraum von 20 Jahren. Für die Berechnung wurde ein Heizölpreis von 0,38 €/l (ohne MWST), eine Energiepreissteigerung von 7% jährlich und eine mittlere Klimalage in Deutschland zugrunde gelegt (nach RWE-Bau-Handbuch Technischer Ausbau).
[3] Dämmstoff der Wärmeleitfähigkeitsgruppe 040 auf der Außen- oder Innenseite der Wand. Wenn die Dämmschicht durch Latten oder Kanthölzer unterbrochen wird, ist die Dämmschicht entsprechend dicker auszubilden.

Beschreibung der Außenwand in Klammern: Rohdichte in kg/dm³	**Schichtdicke** in cm	**U-Wert** in W/(m²K)	**Heizkosten** [2] in €/m²
Sandstein (2,6)	24	3,6	540
	36,5	2,7	405
Vollziegel (2,0)	24	2,2	310
oder	36,5	1,7	255
Lehm	50	1,4	205
Hochlochziegel (1,4)	11,5	2,5	370
oder Kalksand-Lochsteine (1,2)	24	1,6	240
oder Hüttensteine (1,4)	36,5	1,2	180
Stahlbeton	15	3,6	535
	20	3,3	490
Bimsbeton-Vollsteine (0,5)	24	0,49	73
mit Leichtmauermörtel	30	0,40	60
	36,5	0,33	50
Strohlehm	24	1,3	190
	36,5	0,91	135
	50	0,70	105
Gasbeton-Blocksteine (0,5)	11,5	1,1	160
	24	0,58	85
	30	0,48	73
Dämmstoff [3] einschl. Putz-	8	0,62	93
träger aus 2x 1,5 cm	12	0,38	57
Holzwolle-Leichtbauplatte	16	0,28	42
Mauerwerk mit U = 1,6 W/m² K	5	0,53	77
(z.B. 24 cm Hochlochziegel) in Verbin-	10	0,32	48
dung mit einer Dämmschicht der ange-	15	0,23	35
gebenen Schichtdicke [3]	20	0,18	27

darfsausweis dokumentiert, der dem Nutzer einen Richtwert für den zu erwartenden Heizenergieverbrauch des Hauses gibt.

Welcher U-Wert für die einzelnen Bauteile sinnvoll ist, hängt von Form, Größe, Bauart und Standort des Gebäudes ab. Tabelle 4.2 enthält Dämmschichtdicken für bestimmte, als vorhanden angenommene Grundkonstruktionen. Bei einer anderen Grundkonstruktion oder anderen Dämmstoffen kann die Dämmschichtdicke mit Hilfe des in Tab. 4.3 dargestellten Verfahrens berechnet werden.

In Tab. 4.2 wird zwischen drei Dämmstandards unterschieden: Als Minimalstandard gelten die vom Gesetzgeber für Altbauten bei Umbaumaßnahmen geforderten Werte, als mittlerer Standard die Anforderungen an den Wärmeschutz bei Neubauten; als guter Standard gelten die Werte, die den Energiedurchlass gegenüber dem Neubaustandard nochmals um 1/3 vermindern. Unter Umweltschutzgesichtspunkten sollte der Neubaustandard nach Möglichkeit auch bei Altbauten realisiert werden. Die sich daraus ergebenden Dämmschichtdicken lassen sich in der Regel mit wirtschaftlich vertretbarem Aufwand einbauen. So sollte z.B. die Dämmung der obersten Geschossdecke (bei nicht ausgebautem Dachraum) ca. 25 cm dick sein. Die anzustrebende Dämmschichtdicke bei Außenwänden liegt je nach Gebäudeform und Fensterflächenanteil bei 10 bis 20 cm. Wo die konstruktiven und finanziellen Möglichkeiten es erlauben, sollte der Niedrigenergiehaus-Standard angestrebt werden. Die dort üblichen Dämmstärken sind unter Wirtschaftlichkeits- und Umweltgesichtspunkten ermittelt worden und führen auch hierzulande zu optimalen Ergebnissen.

In Tab. 4.4 sind die U-Werte für einige altbautypische Außenwandkonstruktionen zusammengestellt und zum Vergleich auch die entsprechenden Heizkosten jeweils für ein 1 m² großes Wandstück. Das Beispiel einer Ziegelwand im unteren Abschnitt dieser Tabelle zeigt, wie sich der Energieverlust durch Anbringen einer Dämmschicht reduzieren lässt. So können die Heizkosten durch eine 2,5 cm dicke Dämmschicht z.B. von 240 €/m² auf 120 €/m² gesenkt werden;

bei einer 15 cm dicken Dämmung betragen die Heizkosten nur noch 35 €/m² (bezogen jeweils auf einen Betrachtungszeitraum von 20 Jahren unter Berücksichtigung von Energiepreissteigerungen).

Der U-Wert (Wärmedurchgangskoeffizient) eines Bauteils errechnet sich aus der Dicke der einzelnen Bauteilschichten und deren Wärmeleitfähigkeit λ. Hinzu kommen jeweils die Wärmeübergangswiderstände α an den beiden Bauteiloberflächen. Das Rechenverfahren und die Tabellenwerte für h_i, h_e und λ sind in DIN 4108 (Wärmeschutz im Hochbau) festgelegt.

Die stellenweise vehement vertretene Meinung, dass durch zuviel Wärmedämmung das Ziel (Einsparung von Heizenergie) verfehlt würde, ist falsch. Dies zeigen zahlreiche Untersuchungen an realisierten Beispielen. Auch die Dämmung von Südfassaden führt zu Energieeinsparungen, denn die möglichen solaren Gewinne einer ungedämmten Südwand sind, bezogen auf die Heizperiode, stets erheblich geringer als die Energieeinsparung durch eine gute Wärmedämmung. Untersuchungen, wonach der Energieverbrauch infolge von Wärmedämmmaßnahmen gestiegen ist, sind nicht nachvollziehbar. Auch die Diffusions- und Sorptionsfähigkeit der Außenwände, die häufig angeführte „Wandatmung“, wird durch richtig ausgeführte Dämmmaßnahmen nicht beeinträchtigt (vgl. Kap. 3.2.1).

Die Dämmwirkung von Fassadenbegrünungen und Dämmputzen (nicht zu verwechseln mit der verputzten Dämmfassade, siehe Kap. 7.3.2) wird oft erheblich überschätzt. Sie sind kein wirksamer Beitrag zur Energieeinsparung.

Dicke Dämmstoffschichten nützen allerdings wenig, wenn an den Übergängen der verschiedenen Bauteile „Wärmebrücken“ vorhanden sind und obendrein große unkontrollierte Lüftungsverluste infolge mangelnder Luftdichtigkeit entstehen. Deshalb müssen überall da, wo zwei oder mehr Bauteile aufeinandertreffen, die Anschlüsse sorgfältig durchdacht werden; besonderes Augenmerk verdienen die Übergänge Wand - Fenster, Wand - Decke, Wand - Dach und Decke - Dach. Gebäudeecken sowie Vor- und Rücksprünge in der Fassade sind ebenfalls potentielle thermische Schwachstellen. Bei allen Bauteilanschlüssen müssen die in den folgenden Kapiteln gezeigten Konstruktionen und Schichtfolgen funktionieren und vor allem zusammenpassen. Die Wärmedämmebenen von Dach und Wand sollten z.B. vollflächig durchgehend konstruiert sein; denn wird das eine Bauteil innen gedämmt, ein anderes aber außen, so ist die Wärmebrücke an der Nahtstelle fast unvermeidlich.

Besonders kritisch sind alle Durchdringungen: auskragende, thermisch nicht entkoppelte Deckenplatten, Kamine und andere Durchbrüche durch die Dachhaut wie Gaupen, Entlüftungsrohre usw. Wird die Wärmedämmung an der Innenseite angebracht, muss sie mit einer Dampfbremse gegen Durchfeuchten geschützt werden. Diese muss sehr sorgfältig ausgeführt werden, darf keine Lücken haben und muss an allen Fugen/Anschlüssen dampfdicht verklebt werden. Eine Durchfeuchtung der Dämmung muss generell vermieden werden (Verlust der Dämmwirkung, Verrottungsgefahr).

4.6 Lüftungsverluste vermindern

Durch Undichtigkeiten an Fenstern, Türen oder Fachwerkwänden und durch das gezielte Öffnen von Fenstern und Türen kommt nicht nur „frische“ Luft von außen ins Haus, gleichzeitig entweicht auch die in der Raumluft enthaltene Wärmeenergie. Lag beim Dämmstandard der 60er Jahre der Anteil der Lüftungsverluste noch bei etwa 30% des gesamten Heizenergiebedarfs, so geht heute in einem gut gedämmten Haus mehr Wärme durch die Abluft verloren als durch Wärmeleitung (Transmission). Aus diesem Grund ist es wichtig, neben der Wärmedämmung auch der Be- und Entlüftung sowie der Winddichtigkeit des Gebäudes besondere Aufmerksamkeit zu widmen.

Der notwendige Luftaustausch ergibt sich aus den hygienischen Anforderungen an unsere Atemluft: der Kohlendioxyd- und Wasserdampfgehalt, Geruchs- und Schadstoffe sollen bestimmte Grenzwerte nicht überschreiten und müssen daher laufend abgeführt werden. Dazu ist ein Mindest-Luftaustausch von 30 m³/h und Person im Haus erforderlich. In der Praxis sollte ein 0,5-facher Luftwechsel pro Stunde (alle 2 Stunden ein vollständiger Luftaustausch z.B. durch Stoßlüftung bei dichtschließenden Fenstern) erreicht und aus energetischen Gründen nicht wesentlich überschritten werden. Bei dieser Luftwechselrate werden Schimmelbildung und Feuchteschäden durch Kondensat vermieden. Wegen der besseren Dosierbarkeit finden mechanische Be- und Entlüftungsanlagen, ggf. in Verbindung mit einer Wärmerückgewinnung aus der Abluft, in "Energiesparhäusern" zunehmende Verbreitung.

Alte Fenster sind oft so undicht, dass die Raumluft auch bei geschlossenen Fenstern oft mehr als zweimal je Stunde ausgetauscht wird, bei Wind oder bei Dauerlüftung mit gekipptem Fenster noch sehr viel häufiger. Diese überhöhte Lüftung hat nicht nur erhebliche Energieverluste zur Folge, sondern führt auch zu Zugerscheinungen und trockener Raumluft. Entgegen einer weit verbreiteten Meinung wird zu trockene Raumluft nicht durch die Art der Heizung verursacht, sondern dadurch, dass die von außen einströmende Luft im Raum erwärmt wird und sich dabei die relative Luftfeuchtigkeit vermindert.

5. Baustoffe

5.1 Gesundheits- und Umweltverträglichkeit von Baustoffen

Baustoffe können in vielfältiger Weise die Umwelt und die menschliche Gesundheit schädigen: bei der Herstellung, bei der Weiterverarbeitung, im eingebauten Zustand und am Ende auch noch bei der Beseitigung.

Als wichtiges Maß für die Bewertung der Schadstoffbelastung bei der Herstellung und Verarbeitung wird neben anderen der Energieaufwand für Rohstoffgewinnung, Transport und Produktion der Baustoffe herangezogen. Immerhin beträgt der Energieaufwand zur Herstellung aller Baustoffe für einen Neubau (je nach Bauweise) ein Mehrfaches dessen, was bei gut wärmedämmender Bauweise dort in 10 Jahren verheizt wird.

Bei der Beseitigung von Baustoffen können Boden, Grundwasser und Luft belastet werden, landen doch gerade beim Umbau alter Häuser viele problematische Stoffe als „Bauschutt“ im Container und damit auf den Deponien oder in der Müllverarbeitung. Daher sollten schon bei der Baustoffwahl die Wege und Gefahren der späteren Beseitigung von Baustoffen berücksichtigt werden.

Ganz unmittelbar und tagtäglich kann die Gesundheit der Bewohner durch Schadstoffe belastet werden, die von manchen - auch von sogenannten „natürlichen“ Baustoffen - beim Einbau und im eingebauten Zustand abgegeben werden. Selbst wenn in der Vergangenheit einige Inhaltsstoffe als besonders gesundheits- und umweltbelastend erkannt wurden und ihre Verwendung eingeschränkt oder verboten wurde, so gehen doch von vielen, nach wie vor gebräuchlichen Materialien schwer kalkulierbare Risiken für Mensch und Umwelt aus, z.B. durch:

- Formaldehyd in Spanplatten, Ortschäumen und Teppich-Rückenbeschichtungen,
- Restmonomere in Kunststoffen wie Polystyrol und PVC,
- Lösungsmittel und andere Inhaltsstoffe in Lacken, Lack-Lasuren und Klebern,
- Wirkstoffe (Biozide) in Holzschutzmitteln, insbesondere Lindan und Pentachlorphenol (PCP),
- Asbestfasern in Asbestzementprodukten und in Spritzasbest,
- Benzpyren in manchen Blähkorkprodukten,
- radioaktive Strahlung insbesondere in vulkanischem Gestein und Hochofenschlacke (Schlackenwolle).

Welche Gefahr im Einzelfall von solchen Stoffen ausgeht, lässt sich jedoch nicht allgemein sagen; schließlich ist dabei z.B. von Bedeutung, wie hoch die Konzentration des Schadstoffes ist, ob das Material mit der Raumluft in Verbindung steht oder nicht, ob es in trockener oder nasser Umgebung verwendet wird und welchen Temperaturunterschieden es ausgesetzt ist.

Metalle und Kunststoffe sollten grundsätzlich nur sparsam eingesetzt werden (Metalle z.B. als Verbindungsmittel, Kunststoffe als Dichtungsmittel und Feuchtigkeitssperren), da ihre Herstellung in der Regel mit hohem Energieeinsatz und beträchtlichen Emissionen verbunden ist; bei vielen Kunststoffen kommt noch die dauernde Abgabe von Schadstoffen an die Raumluft (durch Ausgasen) sowie giftige Emissionen bei ihrer Beseitigung (Verbrennung) hinzu. Das im Bauwesen hauptsächlich als Folie (Dampfbremse, Dichtungsbahn) eingesetzte Polyäthylen (PE) ist ein vergleichsweise umweltverträglicher Stoff; er gibt keine giftige Spurengase ab und kann schadlos beseitigt oder gegebenenfalls zu Recycling-Kunststoff verarbeitet werden.

Die Anforderungen bei der Baustoffwahl unterscheiden sich bei der Althauserneuerung grundsätzlich nicht von denen beim Neubau, nämlich:

- Materialeinsatz und - aufwand sollen der Bauaufgabe angemessen sein.
- Die Baustoffe sollen mit möglichst niedrigem Energieaufwand schadstoffarm bzw. -frei hergestellt werden.
- Regenerierbare und wiederverwendbare Baustoffe sind zu bevorzugen.
- Durch Einsatz von Materialien, die vor Ort gewonnen oder hergestellt werden, werden aufwendige Transporte vermieden.
- Erscheinung und Inhaltsstoffe der Materialien sollen nicht negativ auf Wohlbefinden und Gesundheit wirken.

Tab. 5.1 zeigt den Versuch einer (subjektiven) Wertung; einige gebräuchliche Baustoffe wurden nach Bauteilen geordnet entsprechend ihrer ökologischen Verträglichkeit in 3 Kategorien eingeteilt.

5.2 Wandbaustoffe

5.2.1 Natürliche Steine

Naturstein (Sandstein, Schiefer, Kalkstein usw.) wird heute vorwiegend in Form von geschnittenen und geschliffenen Platten für Mauerwerk, Bodenbeläge und Fenstersimse verwendet. Gebrochene Steine sind zwar wesentlich weniger (energie-) aufwendig in der Herstellung, jedoch wird Bruchsteinmauerwerk wegen der hohen Lohnkosten im Hausbau kaum noch eingesetzt.

Natursteine haben durchweg eine große Rohdichte und die meisten ein entsprechend gutes Wärmespeichervermögen; ihr Wärmedämmvermögen ist dagegen sehr schlecht. Nicht jeder Naturstein ist witterungsbeständig: Kalkstein ist besonders säureempfindlich, viele Sandsteinarten säure- und frostempfindlich. Nicht witterungsbeständiges Natursteinmauerwerk sollte verputzt oder imprägniert werden. Die sehr harten Tiefen- und Erstarrungsgesteine wie z.B. Granit, Basalt, Porphyr aber auch die vulkanischen Auswurfgesteine wie z.B. Tuff und Bims weisen je nach Herkunftsort zum Teil eine erhöhte natürliche Radioaktivität auf; solche Steine sollten nur dann eingebaut werden, wenn diese Strahlung nicht in Aufenthaltsräume gelangt.

Natursteinplatten werden im Handel mit spaltrauher, geschnittener oder geschliffener Oberfläche in rechteckiger oder polygonaler Form angeboten. Italienischer Marmor gehört zu den preisgünstigen und großformatigen Platten.

Bezüglich der Materialpreise gilt ansonsten: harte Gesteine sind teurer als weiche, große Formate sind teurer als kleine, geschliffene Oberflächen sind teurer als spaltrauhe, geschnittene Kanten sind teurer als gebrochene.

Lehm ist einer der ältesten und umweltverträglichsten Baustoffe. Der Lehmbau verlor mit der Industrialisierung des Bauwesens an Bedeutung, erlebte aber gegen Ende der vierziger Jahre, als Ziegel und andere Baumaterialien knapp und teuer waren, an einzelnen Orten erneut einen Aufschwung. Ausgelöst durch ein neues Umweltbewusstsein gibt es seit einigen Jahren Ansätze zur Wiederbelebung und Weiterentwicklung des Lehmbaus (z.B. an der Gesamthochschule Kassel und an der Universität Grenoble), wobei besonders an der Entwicklung rationeller Arbeitstechniken und einer Verbesserung der Materialeigenschaften gearbeitet wird.

Lehm besteht im wesentlichen aus Gesteinsschluff und Feinsand, der mit verwitterten, tonigen Bestandteilen durchsetzt ist. Massiver Lehm hat eine hohe Rohdichte und eine hohe Druckfestigkeit. Massive Lehmwände können aus luftgetrockneten Steinen gemauert, aus feuchten „Lehmbroten" oder

Abb. 5.1
Ausgebesserter Naturstein-Sockel mit später eingebauten Fensteröffnungen - ein sichtbar bleibender Vorgang mit kontrastierenden Materialien

Lehmsträngen aufgesetzt oder in „Stampflehmtechnik" zwischen einer Holzschalung errichtet werden. Durch Beimengung von Stroh, Blähton o.ä. entsteht Leichtlehm mit etwas günstigeren Wärmedämmeigenschaften, der gern zur Ausfachung von Fachwerkkonstruktionen eingesetzt wird. Dennoch benötigen auch Leichtlehm-Außenwände im allgemeinen (außer bei Wandstärken ab

Bauteile (Beispiele)	**Gesundheits- und Umweltverträglichkeit von Baustoffen im Vergleich** hohe Umweltverträglichkeit	mittlere Umweltverträglichkeit	geringe Umweltverträglichkeit
Gründung			
Fundamente	Natursteinmauerwerk	Mauerwerk, Beton	Beton, Stahlbeton
Bauwerkssohle	gewachsener Boden1)	Kies, Schotter, Lehm, Steinpflaster, Steinplatten [1]	Beton, Stahlbeton
Abdichtung	(keine) [1]	Ölpapier, Polyethylen-Folie [1]	Bitumenbahnen, PVC.Folie
Tragkonstruktion			
Außenwände (wärmedämmend)	Leichtlehm, Holzfachwerk (mit Ausfachung aus Dämmstoff)	Porosierte Leichtziegel[2], Gasbeton, Blähton-Betonsteine, Brettschicht-holz, Holztafelelemente	Betonsteine, Bimsbetonsteine, Schalsteine, Stahl
Innenwände; Außenwände (mit zusätzlicher Wärmedämmung)	Lehm, Naturstein [2], Holzfachwerk	Kalksandstein, Ziegel [2], Holzfachwerk	Betonsteine, Chemiegips, Stahlbeton
Geschoßdecken und Treppen	Rundholz, Schnittholz, Naturstein- und Ziegel-Gewölbe	Schnittholz, Ziegel[2] (Rippen-decke); Gasbeton (Plattendecke)	Stahlbeton
Dach	Rundholz, Knüppel, Schwarten	Schnittholz	Brettschichtholz, Stahlbeton, Ziegel, Gasbeton
Nichttragende Konstruktion			
Wärmedämm- und Füllstoffe	Strohplatten [3], Zelluloseflocken [5], Seegras[3], Holzwolle[3], Korkschrot[3], Flachs, Schlacke[2], Lehm, Sand	Blähkork [4], Kokosfaser, Mineralfaser [5], Schaumglas, Blähperlite, Baumwolle, Wolle	Polystyrol-Hartschaum, Polyurethan-Hartschaum
Dachhaut	Holzschindeln, Stroh, Reet	Dachziegel, Dachbegrünung mit PVC-Wurzelschutzfolie)	Betondachsteine, Blech, Faserzement
Trennwände	(wie Innenwände)	(wie Innenwände)	(wie Innenwände)
Fensterrahmen und Türen	einheimische Kiefer und Fichte	einheimische Kiefer, Fichte, Eiche	exotisches Holz, Kunststoff, Metall
Verglasung	Dreischeiben-Wärmeschutzglas	Zweischeiben-Wärmeschutzglas, Dreischeibenverglasung	Zweischeiben- u. Einfachverglasung
Fensterschutz	winddichter Roll- oder Klappladen aus Holz	winddichter Roll- oder Klappladen	keine oder nicht winddichte Läden
Fassadenbekleidung	Holzschalung, Holzschindeln	Mineralischer Putz, Holzwerkstoffe	Kunstharzputz, hartschaumhal-tiger Dämmputz, Kunststoff, Metall, Faserzementplatten
Wand- und Deckenbekleidungen (innen)	Kalkschlämme, Holzschalung, Lehmputz	Kalkputz, Gipsputz[2], Holzscha-lung, Holzwerkstoffe[4], Gipskarton- und Gipsfaserplatten[2], Fliesen	Putze aus Zement oder Chemiegips, nicht emissionsarme Holzwerkstoffe
Estrichplatten	Holzspanplatten[4], Gipsbauplatten[2], Magnesiaestrich, Anhydridestrich[2]	Zementestriche	Gußasphaltestrich
Fußbodenbeläge	Holzdielen, genageltes Parkett, Spannteppiche aus Naturfasern	Fliesen [2][6], Natur- o. Kunststein[2] Parkett [6], Holzpflaster [6], Kork [6], Linoleum [6], Naturfaserteppich [6]	Werkstein, Fertigparkett, Natur-faserteppich mit Kunstrücken, Kunstfaserteppich, PVC
Oberflächenvergütung	mineralische Anstrichmittel, Leimfarben, (Zellulose-, Kasein-), andere Anstrichmittel nur für (bewitterte) maßhaltige Bauteile	lösungsmittelarme Wachse, Öle, Harze [7], Naturharzdispersionsfarben	lösungsmittelreiche Wachse, Öle, Harze; Kunstharzfarben, Reaktionslacke
Installation			
Abwasser- und Dränleitungen	Steinzeug, Ton	Kunststoff	Kunststoff
Wasserleitungen	verzinkter Stahl, Kupfer	Verzinkter Stahl, Kupfer	Kunststoff
Heizleitungen bzw. -kanäle		Stahl, Kupfer	

Tabelle 5.1: Baustoffe im Vergleich.

Erläuterungen

1) sofern kein Grundwasser oder Sickerwasser ansteht
2) sofern nicht radioaktiv
3) sofern baurechtlich zugelassen
4) sofern emissionsarm
5) sofern staubdicht vom Innenraum abgeschlossen
6) sofern nicht geklebt bzw. sofern mit umweltfreundlichem Kleber verlegt
7) sofern naturnah hergestellt oder mit dem amtlichen Umweltzeichen versehen

Hohe Umweltverträglichkeit heißt: naturnah, traditionelle Bauweise, nach heutigen Anforderungen modifiziert; "sanfte Technologie"; konsequente Berücksichtigung der ökologischen Verträglichkeit; Verarbeitung ist zum Teilzeit- und lohnintensiv; die Arbeitstechniken sind dem Handwerk teilweise nicht geläufig (gut geeignet für experimentierfreudige Selbst bauer) unkonventionelle Gestaltung, ungewohnte Ästhetik, für Altbauten nur bedingt geeignet.

Mittlere Umweltverträglichkeit heißt: "Biologische Bauweise", ökologische Verträglichkeit im "machbaren" Rahmen; kann von Handwerksfirmen nach den technischen Bauvorschriften ausgeführt werden; ist unter Umständen etwas teurer als die konventionelle Bauweise; für Altbau gut geeignet.

Geringe Umweltverträglichkeit heißt: "Konventionelle Bauweise"; technisch-industrielle, heute allgemein übliche Bauweise, niedriger Preis; Schnelligkeit und Bequemlichkeit der Verarbeitung werden höher bewertet als ökologische Verträglichkeit, z.T. geringe Anforderungen an handwerkliche Fertigkeiten; die "unbegrenzten Wahlmöglichkeiten" führen oft zu gestalterisch unbefriedigenden, wenig korrespondierenden Lösungen.

Abb. 5.2 (oben und unten)
Lehm lässt sich vielseitig verwenden!
Lehmwände - Lehmofen - Lehmbett.
aus: Minke, Hrsg: Bauen mit Lehm, Heft 6: Neue Lehmhäuser. Staufen 1987,
Photos: Gernot Minke

60 cm) eine zusätzliche Wärmedämmung, um den Anforderungen an den Wärmeschutz zu genügen. Bauteile aus Lehm müssen bei und nach dem Einbau sorgfältig und dauerhaft gegen Feuchtigkeit geschützt werden, insbesondere gegen Schlagregen und Spritzwasser. Wegen der Gefahr des Auffrierens von nicht ausreichend trockenen Lehmbauteilen ist die Bauzeit auf das späte Frühjahr und den Sommer beschränkt.

5.2.2 Künstliche Steine

Zur Gruppe der künstlichen Steine gehören einerseits die gebrannten Steine (Ziegel aus gebranntem Lehm) und andererseits die mit den Bindemitteln Zement oder Kalk hergestellten Steine, z.B. Beton, Betonsteine, Kalksandsteine.

Abb. 5.3
Ziegelbau des Jugendstils mit Natursteinsockel und kunstvoll bearbeiteter Fensterumrahmung aus Sandstein.

Für die Wahl der Steinart entscheidend sind der Einsatzbereich (Kellerwände, tragende oder nichttragende Außen- und Innenwände usw.), die Lieferformen und die Verarbeitungseigenschaften. Die Umweltverträglichkeit wird im wesentlichen bestimmt durch den Zementgehalt der Steine, durch die Eigenschaften der anderen Zuschläge sowie durch den Energieaufwand und die Umweltbelastung bei ihrer Herstellung (siehe auch Tab. 5.2). Kelleraußenwände werden aus Kostengründen heute meist aus *Stahlbeton* in einer Dicke von 20 bis 25 cm hergestellt, gemauerte Kellerwände müssen zur Aufnahme des seitlichen Erddrucks in der Regel mindestens 30 cm dick sein.

Durch die gesetzlichen Forderungen nach erhöhtem Wärmeschutz kamen seit den 80er Jahren verstärkt *wärmedämmende Mauersteine* für Außenwände auf den Markt. Die wärmedämmende Wirkung wird durch Luftkammern und Luftporen oder durch den Verbund mit einer Dämmstoffschicht erreicht. Bei der Herstellung von Leichthochlochziegeln (Markennamen z.B. Poroton, Thermopor, Unipor) werden dem Lehm-Ton-Gemisch Polystyrol-Kügelchen und/oder Sägemehl beigegeben, die nach dem Brennvorgang die Luftporen hinterlassen. Porenbetonsteine (Markennamen z.B. Ytong, Hebel) bestehen aus Sand und Zement bzw. aus Sand und Kalk, hier entstehen die Luftporen mit Hilfe eines Treibmittels aus Rohaluminium. Bei Bimsbeton- und Blähtonsteinen (Markennamen z.B. Gisoton, Bisotherm, Liapor) ist Kalk und/oder Zement das Bindemittel für die porösen Gesteinskörner.

Die Dämmwerte einiger wärmedämmender Steine für Außenwände sind in Tab. 5.2 aufgeführt. Ein beidseitig verputztes Mauerwerk aus 30 cm dicken Porenbeton-Steinen (Wärmeleitfähigkeit 0,12 W/mK) erreicht heute immerhin einen U-Wert von 0,36 $W/(m^2K)$. Da Steine dieser Art eine geringe Rohdichte haben, ist darauf zu achten, dass ihre Druckfestigkeit und Schalldämmung den baulichen Anforderungen genügen. Bei der Materialbestellung bzw. im Leistungsverzeichnis müssen neben der genauen Bezeichnung des Steins auch seine Wärmeleitfähigkeit und der zu verwendende Mörtel angegeben werden. Steine mit guten Dämmeigenschaften sollten mit Leichtmauermörtel vermauert werden, um die Wärmeleitfähigkeit der Mörtelfuge der des Steins anzupassen. Bei manchen Steinarten wird heute nur noch die Lagerfuge vermörtelt, die Stoßfuge kann dagegen durch passgenaue Fertigung mörtelfrei verzahnt werden.

Mauersteine mit einer höheren Rohdichte, z.B. Loch- oder Vollziegel und Loch- oder Vollkalksandstein werden für tragende und nichttragende Innenwände eingesetzt, oder in Kombination mit einer Wärmedämmschicht auch als Außenwandmauerwerk.

Fassaden mit Sichtmauerwerk werden aus Vormauerziegeln (Klinker) oder aus Vormauerkalksandsteinen hergestellt, die ein geringes Wasseraufnahmevermögen aufweisen und dadurch unempfindlich gegen Schlagregen und Frost sind.

Beton besteht aus einer Mischung von Zement und Zuschlagstoffen wie Sand, Schotter, Splitt - gegebenenfalls mit chemischen Zusätzen, die nach Beigabe von Wasser erhärten. Beim sogenannten „Bio-Beton" wird das Kies-Sand-Gemisch durch Kalksplitt (in geeigneter Kornzusammensetzung) ersetzt.

Asbestzement (Markenname: Eternit) gehört ebenfalls zu den künstlichen Steinen. Asbestzementplatten wurden in großem Maße für Wandverkleidungen und zur Dacheindeckung verwendet, Rohre aus Asbestzement für feuerbeständige Zu- und Abluftkanäle. Die feinen, lungengängigen Asbestfasern sind krebserregend, weshalb dieser

Stoff in neuen Bauprodukten durch Kunststoffasern ersetzt wird. Asbesthaltige Produkte dürfen nur mit staubarm arbeitenden Geräten und bestem Atemschutz bearbeitet werden. Besonders gefährlich ist der Spritzasbest, der im Wohnungbau allerdings kaum eingesetzt wurde und der schon seit 1979 nicht mehr verarbeitet werden darf.

Für die Beseitigung und Entsorgung großflächiger Asbestverkleidungen sind in jedem Fall Spezialfirmen hinzuzuziehen.

Eine weitergehende Bewertung der ökologischen Verträglichkeit der verschiedenen Steinarten ist schwierig. Einige Aussagen lassen sich wie folgt zusammenfassen:

- Ein gesundes Raumklima wird überwiegend von den in Kap. 3 und 5.1 genannten Faktoren bestimmt. Andere gesundheitliche Beeinträchtigungen durch Baustoffe sind nur in Ausnahmefällen festzustellen.
- Bimsbeton und Chemiegips verursachen eine Erhöhung der Radonkonzentration in der Raumluft und erhöhen die radioaktive Belastung für den Menschen. Auch andere Betonsteine mit Zuschlägen vulkanischen Ursprungs sowie rotschlammhaltige Ziegel und Blähtonsteine können u.U. eine erhöhte Radioaktivität aufweisen.
- Die Herstellung von Kalksand- und Porenbetonsteinen erfolgt mit vergleichsweise geringem Energieaufwand und geringer Umweltbelastung.
- Die Ermittlung der Radioaktivität und des Energieinhalts eines einzelnen Produktes ist in der Praxis fast unmöglich. Hier ist der Gesetzgeber gefordert, eine amtliche Güteüberwachung mit Deklaration durch den Hersteller einzuführen.

5.2.3 Mauer- und Putzmörtel

Mörtel werden heute überwiegend als fertige Trockenmischung geliefert und an der

Baustoff		Rohdichte kg/m^3	Wärmeleitfähigkeit 1) W/mK	Wärmespeicherzahl 2) kJ/m^3K	Wärmespeicherfähigkeit	Luftschalldämmfähigkeit	Sorptionsfähigkeit	Umweltverträglichkeit 3)
für wärmedämmende Außenwände (mit Leichtmauermörtel)								
Gasbeton-Blocksteine	von	400	0,12	(420)		–	+	+
nach DIN 4165	bis	800	0,29	840		–	+	+
Bims-Vollsteine mit Schlitzen								
nach DIN 18152	von	500	0,12	(500)		–	+	o
"Heklatherm"	bis	800	0,28	(700)		–	+	o
Leicht-Hochlochziegel nach DIN 105 T2, Typ W, elliptische Lochung, verzahnte Stoßfuge		800	0,15	(600)		–	+	+
Leicht-Hochlochziegel nach								
DIN 105 T2	von	700	0,30	(700)		–	+	+
Typ W	bis	1000	0,39	(800)		–	+	+
für Innenwände (tragend und nichttragend)								
Vollziegel (Backstein)	von	1200	0,50	1100	o	o	+	o
oder Lochziegel	bis	2000	0,96	1840	+	+	+	o
Kalksandstein	von	1000	0,50	880	–	–	–	+
	bis	1800	0,99	1500	o	o	–	+
Leichtbeton-Vollstein	von	500	0,29	(700)	–	–	+	o
(z.B. Bims)	bis	2000	0,99	(2000)	+	+	o	o
Lehm massiv	ca.	1800	0,91	1800	+	o	+	+
Gips (massive	von	600	0,29	(700)	–	–	+	+
Dielen oder Platten)	bis	1200	0,58	(1100)	o	o	+	+
Sandstein, Kalkstein	ca.	2400	2,1	2230	+	+		+
Tuff, Bims	ca.	1600	0,55	1290	o	o		o

+ = gut, 0 = durchschnittlich, – = schlecht

1) Mauerwerk incl. Mörtelfugen, mit Leichtmauermörtel bei wärmedämmenden Außenwänden (je niedriger der Wert, umso besser ist die Wärmedämmfähigkeit)

2) nach König, H.: Wege zum gesunden Bauen.; Werte in Klammern ( ): eigene Schätzung

3) besonders bezüglich des Herstellungsprozesses

Tabelle 5.2: Eigenschaften von Mauerwerk.

Zusammensetzung von Mauermörtel								
	Mörtelgruppe	Druckfestigkeit[3] in N/mm^2	Luft- und Wasserkalk: Kalkteig	Luft- und Wasserkalk: Kalkhydrat	Hydraul. Kalk	Hochhydraul. Kalk Putz- und Mauerbinder	Zement	Sand[1] (Natursand)
1	I	-	1					4
2				1				3
3					1			3
4						1		4,5
5	II	> 2,5	1,5				1	8
6				2			1	8
7						1		3
8	IIa	> 5		1			1	6
9						2	1	8
10	III[2]	> 10					1	4

1) Die Werte des Sandanteils beziehen sich auf den lagerfeuchten Zustand.
2) Der Zementgehalt darf nicht vermindert werden, wenn Zusätze zur Verbesserung der Verarbeitbarkeit verwendet werden.
3) Mittelwert nach 28 Tagen.

Tabelle 5.3 Zusammensetzung von Mauermörtel (n.DIN 1053T1). Mischungsverhältnis in Raumteilen

Baustelle mit Wasser angemischt. Gerade für kleine Mengen und für den Selbstbau sind die in Säcken angebotenen „Werktrockenmörtel“ bequemer und in der Handhabung sicherer als das Selbstmischen. Diese Mörtel enthalten meist organische Hilfsstoffe (chemische Zusätze) in der Größenordnung bis zu 10% des Trockengewichts. Wer normale Mauer- und Putzmörtel selbst mischen will, muss auf das Mischungsverhältnis und auf die richtige Körnung und Zusammensetzung des Sandes achten. Mischungen und Anwendungsbereiche von Mauermörtel können Tab. 5.3 entnommen werden. Üblicherweise wird verwendet:

- *Kalkmörtel* für nichttragendes Mauerwerk (Zeile 2: 1 Teil Kalkhydrat, 3 Teile Sand).
- *Kalkzementmörtel* für tragendes Mauerwerk (Zeile 5: 1,5 Teile Kalkteig, 1 Teil Zement, 8 Teile Sand).
- *Zementmörtel* für tragendes Mauerwerk mit höheren Anforderungen an die Druckfestigkeit (Zeile 10).
- Anstelle des Kalkzementmörtels kann für tragendes Mauerwerk auch der etwas umweltfreundlichere *Mörtel aus hochhydraulischem Kalk* (Zeile 7) verwendet werden.
- *Leichtmörtel* für wärmedämmendes Mauerwerk werden ausschließlich aus Werktrockenmörtel hergestellt.

Auch Putzmörtel werden heute als Werktrockenmörtel geliefert und an der Baustelle mit Wasser angerührt. Zu empfehlen sind rein mineralische Kalk-, Zement- oder Naturgipsputze. Oberputze für die Außenanwendung können eingefärbt und durch Zusatzmittel auch wasserabweisend eingestellt werden, so dass ein späteres Streichen nicht erforderlich ist. Außerdem gibt es Kunstharz-, Wärmedämm- und Sanierputze:

Kunstharzputze bestehen im allgemeinen aus dispergierten Kunstharz-Bindemitteln, mineralischen Füllstoffen und Verdickungs- und Stabilisierungsmitteln. Im Vergleich zu mineralischen Putzen sind sie zwar widerstandsfähiger, aber auch stärker dampfbremsend und umweltbelastender. Sie sollten daher nach Möglichkeit nicht verwendet werden.

Wärmedämmputze enthalten neben Sand und Kunstharz-Bindemittel wärmedämmende Zuschlagstoffe, z.B. Hartschaumkügelchen; sie können mehrlagig aufgetragen bis etwa 10 cm Dicke hergestellt werden und erreichen dann die Dämmwirkung einer 3,5 cm dicken Mineralfaserplatte. Wegen ihres hohen Kunststoffgehaltes und der geringen Dämmwirkung können Dämmputze nicht empfohlen werden.

Sanierputze werden da eingesetzt, wo die üblichen Putze durch aufsteigende Mauerwerksfeuchtigkeit immer wieder geschädigt werden, z.B. am Sockelmauerwerk innen und/oder außen. Nach Angaben der Hersteller sind sie aufgrund ihrer speziellen Struktur und Zusammensetzung weniger empfindlich gegen Ausblühungen; sie sind gut wasserabweisend und zugleich gut dampfdurchlässig. Ihr Erfolg - eine trockene Putzoberfläche - ist allerdings nur kosmetischer Natur und von begrenzter Dauer, denn die Ursache, die aufsteigende Wandfeuchtigkeit, kann durch einen Sanierputz nicht beseitigt werden. Um die Feuchtigkeitsabgabe des Mauerwerks nicht zu behindern, dürfen Sanierputze nur mit mineralischen Anstrichmitteln versehen werden.

Innenputze siehe Kap. 11.4

5.3 Bauen mit Holz

5.3.1 Der Baustoff Holz

Der Baustoff Holz ist seit Jahrhunderten bewährt, umweltfreundlich und vielseitiger einsetzbar als jeder andere Baustoff. Und die Haltbarkeit von Holz - eine materialgerechte Verarbeitung vorausgesetzt - ist außerordentlich hoch. Die Vorteile des Baustoffes Holz im einzelnen:

- Der Energieaufwand für die Herstellung von Holzbauteilen ist vergleichsweise niedrig.
- Holz ist fast überall örtlich verfügbar, kann mehrfach verwendet und problemlos in den Naturhaushalt zurückgeführt oder als Brennstoff genutzt werden.
- Holz besitzt hervorragende raumklimatische Eigenschaften, es hat ein günstiges Verhältnis zwischen Wärmeleit- und Wärmespeicherfähigkeit und eine gute „Sorptionsfähigkeit", die allerdings nur erhalten bleibt, wenn auf eine Beschichtung mit dampfdichten Anstrichen verzichtet wird.
- Einfache Holzkonstruktionen sind preiswert.
- Holz besitzt eine hohe Tragfähigkeit. Die Druckfestigkeit entspricht der von Stahlbeton, die Biegefestigkeit ist, bezogen auf das Eigengewicht, zehnmal höher als die von Stahl.
- Holzbalkenkonstruktionen haben einen guten Feuerwiderstand. Sie können auch ohne Verkleidung oder Beschichtung feuerhemmend (F30) ausgebildet werden, was bei Stahlkonstruktionen nicht möglich ist. Hartholztreppen erreichen einen höheren Feuerwiderstand als Stahltreppen.
- Holz ist leicht zu bearbeiten und daher für den Selbstbau besonders gut geeignet.

Schäden an alten Holzkonstruktionen sind meist auf einen ungenügenden Feuchtig-

Putzmörtel Anwendung	**Mörtelart und Zusammensetzung**	**Eigenschaften**
Innenputz in Räumen mit üblicher Luftfeuchte, einschließlich Küchen und Bäder in Wohnungen, Außenputz bei gering beanspruchten Flächen	Kalkmörtel (P Ia) 1 Teil Luft- oder Wasserkalk 3-4 Teile Sand	weich, elastisch, stark saugend, gut wasserdampfdurchlässig, geringe Widerstandsfähigkeit gegen saure Niederschläge, gut umweltverträglich
Außenputz, beanspruchter Innenputz, Putz auf Untergrund aus Beton oder aus Holzwolle-Leichtbauplatten	Hochhydraulischer Kalkmörtel (P IIa) 1 hochhydr. Kalk (Trasskalk) 3 - 4 Teile Sand Kalkzementmörtel (P IIb), 1 Zement, 9-11 Sand[2)] 1,5 - 2 Luft- o. Wasserkalk[1)]	fest, schwach saugend wasserdampfdurchlässig, mittlere Widerstandsfähigkeit gegen saure Niederschläge, umweltverträglich
Außenputz auf erdberührten Wandflächen und auf Sockelmauerwerk	Zementmörtel (P III) 1 Teil Zement 3 - 4 Teile Sand[2)]	hart, spröde, nicht saugend (abdichtend), wenig wasserdampfdurchlässig, gute Widerstandsfähigkeit gegen aggressive Umwelteinflüsse, bedingt umweltverträglich

1) als Kalkhydrat ("Sackkalk") oder als Kalkteig ("Sumpfkalk")
2) Für die verschiedenen Putzarten sollen die Sandkörnungen der Tabelle 5.5 verwendet werden.

Tabelle 5.4 Zusammensetzung und Anwendung von Putzmörteln (in Anlehnung an DIN 18550).

Putzanwendung	**Putzlage**	**Sandkörnung (mm)**
Außenwandputz	Spritzbewurf Unterputz Oberputz	0/7 0/5 0/3 bis 0/7 oder gröber
Innenwandputz	Spritzbewurf Unterputz Oberputz	0/3 bis 0/7 0/3 0/1 bis 0/2
Innendeckenputz	Spritzbewurf Oberputz Unterputz	0/5 0/3 0/1 bis 0/2

Tabelle 5.5 Sandkörnungen für Außen- und Innenputze

Abb. 5.4
Terrassenbelag aus Holzrosten auf einer Unterlage aus Schotter bzw. Kies.

keitsschutz zurückzuführen. Beim Konstruieren und Reparieren von Holzbauteilen kommt es darauf an, einige besondere Eigenschaften des Baustoffs Holz zu kennen und zu berücksichtigen:

- Holz, das unter andauernder Feuchtigkeitseinwirkung steht, wird von Pilzen zerstört. Holz, das nur vorübergehend der Feuchtigkeit ausgesetzt ist, fault dagegen nicht. Eine wichtige Regel lautet daher: Holz ist so einzubauen, dass es keiner dauernden Feuchtigkeitseinwirkung ausgesetzt ist und dass eingedrungene Feuchtigkeit rasch austrocknen kann. Eine chemische Behandlung von Bauholz gegen Fäule ist im Innenbereich nicht sinnvoll.
- Holz „arbeitet": Beim Austrocknen schwindet es, bei Feuchtigkeitsaufnahme quillt es. Neue Holzteile sollten beim Einbau deshalb möglichst trocken sein. Maßhaltige Holzbauteile im Außenbereich (z.B. Fenster) müssen zudem durch einen wasserabweisenden Anstrich geschützt werden.
- Holz kann von holzzerstörenden Insekten befallen werden. Ein vorbeugender Schutz tragender oder nicht zugänglicher Teile soll mit chemischen Mitteln erfolgen, die möglichst ungiftig sein sollten.
- Die Wärmedämmfähigkeit von Holz wird häufig überschätzt. Sie ist zwar siebenmal besser als die eines Vollziegels, jedoch ist die Wirkung eines Dämmstoffes (z.B. Zellulosefasern) andererseits dreimal besser als die von Holz.

Für fast alle Zwecke am Bau gibt es geeignete einheimische Hölzer. Die weichen, schnellwachsenden Nadelhölzer werden überwiegend für tragende Bauteile, für Wandschalungen, Fußböden, Türen und Fenster verwendet, die harten, langsamer wachsenden und wertvolleren Laubhölzer dagegen hauptsächlich für Treppen und Fußböden (vgl. Tab. 5.6).

Für den stark bewitterten Außenbereich (Gartenanlage, Terrassenboden) kann es sich anbieten, wegen der höheren Widerstandsfähigkeit Tropenholzsorten wie Bangkirai, Teak u.a. in geringem Umfang einzusetzen. Um dem Raubbau in der Herkunftsländern (Indonesien, Brasilien, Westafrika) keinen Vorschub zu leisten, wird empfohlen, ausschließlich Material aus nachhaltig ökologischer Forstwirtschaft, ausgewiesen mit dem weltweit anerkannten FSC-Siegel der internationalen Dachorganisation "Forest Stewardship Council" zu verwenden. Als Bauholz kommt im allgemeinen Schnittholz (Vollholz) mit rechteckigem oder quadratischem Querschnitt zur Anwendung. Ist eine erhöhte Tragfähigkeit, Maßhaltigkeit und Dauerhaftigkeit einzelner Holzprofile erforderlich, bietet der Markt seit einigen Jahren interessante Alternativen zum Schnittholz:

1. Brettschichtholz (BSH): Nadelholzbohlen werden technisch auf weniger als 15% Holzfeuchte heruntergetrocknet und visuell sortiert, Fehlstellen werden herausgeschnitten. Je nach erforderlicher Dimension werden die Lamellen zu einem Gesamtprofil verklebt. Brettschichtholz ist formstabil und bekommt kaum Risse.
2. Duo- und Triobalken: Herstellung wie BSH, jedoch nur zwei oder drei Lamellen.
3. Konstruktionsvollholz (KVH): Sortiertes und getrocknetes Vollholz wird mittels Keilzinkungen aneinander gefügt.
4. Furnierschichtholz: Fichteschälfurniere werden in Lagen zusammengeklebt. Dabei ist die Furnierrichtung entweder immer gleich oder sie wechselt mit jeder Lage. Die entstehenden Platten werden in Längen bis zu 23 m produziert und sind aufgrund hoher Zug-, Biege- und Druckbelastbarkeit universell für schlanke Balken, Pfette, Sparren und Stützen anzuwenden. Alternativ kann die Plattenware auch

Abb. 5.5
Balkonanbau und Außentreppe zum Garten. Bei entsprechender Verarbeitung ist Holz ein fähiger Baustoff auch für den Außenbereich.

für Wand- und Deckenkonstruktionen oder als Wand- und Deckenverkleidungen eingesetzt werden.

5. Thermoholz: Eine sehr umweltfreundliche Behandlungsmethode um eine höhere Widerstandsfähigkeit gegen Holzzersetzungsprozesse zu erreichen besteht in einer Thermobehandlung des Schnittholzes. Dabei wird das Holz unter Vakuum auf ca. 210°C unter Zusatz von Wasser 25 Stunden erhitzt. Thermoholz ist chemisch nicht behandelt. Es behält seine Dauerhaftigkeit auch nach der Bearbeitung durch Sägen, Bohren, Schrauben u.ä. Nachteilig sind die verminderte Biege- und Spaltfestigkeit und der dunklere Farbton.

Wichtig für die Bestellung von Schnittholz sind neben Holzart und Abmessungen die Angaben zur Güteklasse, zur Schnittklasse und zum Feuchtigkeitsgehalt.

In Abhängigkeit vom Querschnitt wird unterschieden zwischen Leisten, Brettern, Bohlen, Kanthölzern und Balken (vgl. Tab. 5.7). Gehobelte Bretter und Bohlen werden in verschiedenen Formen lagermäßig angeboten. Die Zahl der Äste bestimmt im wesentlichen die Güteklasse. Für tragende Holzteile wird im allgemeinen Schnittholz der Güteklasse II verwendet, bei höheren Anforderungen an die Tragfähigkeit auch Güteklasse I. Bei Brettern und Bohlen kommt in der Regel Holz der Güteklasse A/B bzw. I/II zum Einsatz. Bretter der Güteklasse A bzw. I weisen weniger Aststellen auf, Bretter der Güteklasse C bzw. III dürfen dagegen Durchfalläste haben und ausgeprägt drehwüchsig sein.

Die Schnittklasse sagt aus, in welchem Maße beim Zusägen der Hölzer Baumkanten stehengeblieben sind. Im allgemeinen wird „vollkantiges Holz“ (Schnittklasse A) mit wenig Baumkanten verwendet. „Scharfkantiges Holz“ (Schnittklasse S) darf keine Baumkanten aufweisen, „fehlkantiges Holz“ (Schnittklasse B) zeigt deutliche Baumkanten (Abb. 5.6).

Der Feuchtigkeitsgehalt des Holzes ist von Bedeutung, um zu beurteilen, inwieweit

Holzart	Farbe Splint	Farbe Kern	Eigenschaften der Hölzer	Preisverhältnis [1)]	Verwendung: Konstruktionsholz (Dach, Fachwerk)	Verschalungen innen/außen	Vertäfelungen	Fenster, Innen- und Außentüren	Fußböden	Tragende Teile von Treppen	Treppenstufen, Handläufe
Fichte Tanne	weiß bis rötlichgelb (ohne Kernfärbung		Im Holzhandel wird nicht zwischen Fichten- und Tannenholz unterschieden. Das ist leicht zu verarbeiten, jedoch wenig widerstandsfähig gegen Witterungseinflüsse, Pilze und Insekten. Fichtenholz kann Harzgallen enthalten.	0,8	✔	✔			✔	✔	
Kiefer	weiß	rötlich	Kiefernholz ist härter als Fichte/Tanne. Der Splint ist bläueanfällig. Recht dauerhaftes Holz, besonders der Kern. Gut zu verarbeiten. Vor einer Oberflächenbe- handlung muß das Holz entharzt werden.	1	✔		✔	✔	✔	✔	
Lärche	gelblich	rötlich braun	Lärchenholz ist härter als Kiefer. Oft sehr Harzreich (schlecht zu beizen), recht dauerhaft. Schlechter zu verarbeiten als Kiefer, da es schwierig zu hobeln ist und leicht splittert.	1	✔			✔	✔		
Eiche	grau	graubraun bis dunkel braun	Schweres Hartholz; Wetter-, Pilz und Insektenbeständigkeit gut. Nur den Kern verwenden. Amerikanische Roteichen wachsen schnell, sind nicht so beständig gegen Umwelteinflüsse und für den Außenbereich wenig geeignet.	3	(✔)			(✔)		✔	✔
Rotbuche	gelblich-rötlicher Ton oder wolkig rotbraun		Das Holz arbeitet sehr stark. Für den Außenbereich wenig geeignet.	1,1			✔		✔	✔	✔
Esche	weiß sehr breit	grau bis oliv wolkig gestreift	Holz arbeitet mäßig, ist sehr elastisch, ähnlich hart und abriebfest wie Eiche, für den Außenbereich nicht geeignet.	1,2			✔		✔	✔	✔

1) 1 = 600 €/m^3 . Die Preise beziehen sich auf ungehobelte Bohlenware.

Tabelle 5.6 Eigenschaften und Einsatzgebiete ausgewählter einheimischer Hölzer.
Quellen: Schriften der Entwicklungsgemeinschaft Holzbau (EGH) in der Deutschen Gesellschaft für Holzforschung, München.
Weissenfeld, P.; König, H.: Holzschutz ohne Gift. Staufen 2001

Bezeichnung	Beschreibung	Bevorzugte Abmessungen
Latte (Leiste)	Schnittholz mit einer Querschnittsfläche bis 32 cm^2 und einer Breite bis 8 cm.	24/48, 30/50, 40/60 (mm)
Brett	Schnittholz von mindestens 8 mm und weniger als 40 mm Dicke und mind. 8 cm Breite	Dicken, ungehobelt: 18, 22, 24, 28, 38 Dicken, gehobelt: 15,5; 19,5; 25,5 Breiten: 115, 150, 180 (mm)
Bohle	Schnittholz von mindestens 40 mm Dicke. Die große Querschnittsseite ist mindestens doppelt so groß wie die kleine.	Dicken, ungehobelt: 44, 50 Dicken, gehobelt: 41,5; 45,5 Breiten: 115, 150, 180 (mm)
Kantholz	Schnittholz von quadratischem oder rechteckigem Querschnitt bis zum Seitenverhältnis von 1:3. Mindestseitenlänge 6 cm.	6/6 8/8 10/10 12/12 14/14 16/16 6/8 8/10 10/12 12/14 14/16 16/18 6/12 8/12 12/16 (cm)
Balken	Kantholz, dessen größere Querschnittseite mindestens 20 cm ist.	10/20 12/20 16/20 20/20 10/22 12/24 18/22 20/24 (cm)

Tabelle 5.7 Bauschnittholz: Bezeichnungen und handelsübliche Abmessungen.

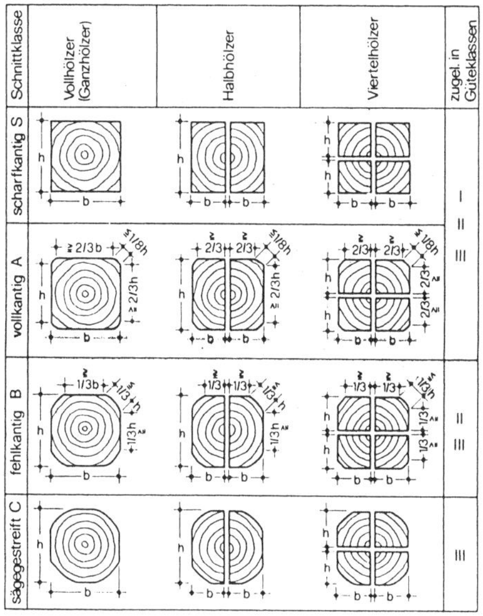

Abb. 5.6: Zulässige Baumkanten der Schnitt- und Güteklassen. Quelle: Götz u.a.: Holzbau-Atlas.

noch mit dem Entstehen von Rissen, Fugen und Verdrehungen durch nachträgliches Schwinden gerechnet werden muss. Eine häufig nicht beachtete Regel (DIN 68800) besagt: „Holz ist mit der Feuchte einzubauen, die bei der späteren Nutzung als Mittelwert zu erwarten ist (*Gleichgewichtsfeuchte*, vgl. Tab. 5.8)". Andererseits dürfen Bauhölzer, z.B. Dachbalken, mit bis zu 30% Holzfeuchte eingebaut werden, wenn sie bald austrocknen können und Beeinträchtigungen für nachfolgende Gewerke nicht zu erwarten sind. Frisch geschnittenes Holz aus abgelagerten, im Winter geschlagenen und deshalb saftarmen Stämmen erreicht durch mehrwöchige Lufttrocknung (je nach Querschnitt, Witterung und Lagerbedingungen) eine Holzfeuchtigkeit von etwa 20%. Geringere Holzfeuchten sind im allgemeinen nur durch künstliche Trocknung oder durch Lagerung in beheizten Räumen zu erreichen. Bei Messungen der Holzfeuchte an Kanthölzern und Balken mittels elektrischer Geräte ist es wichtig, nicht an der Oberfläche sondern im inneren Querschnittsbereich zu messen.

Verleimte Holzplatten jeglicher Art werden als Holzwerkstoffe bezeichnet. Dazu gehören z.B. Sperrhölzer, Spanplatten, Tischlerplatten und Faserplatten (Weichfaser-, MDF- oder Hartfaserplatten. Von besonderem Interesse bei der Althauserneuerung sind die Spanplatten, die in unterschiedlichen Qualitäten für Fußböden und Wandkonstruktionen verwendet werden. Gegenüber den altbekannten Spanplatten gewinnen OSB-Platten (Grobspanplatten) immer mehr an Bedeutung. Neben einem deutlich reduzierten Bindemittelanteil sind diese Platten deutlich stabiler. Grundsätzlich sollte im Innenbereich nur Plattenmaterial der Emissionsklasse 1 verbaut werden.

Gesundheitsverträglicher und zudem auch unempfindlicher gegen Feuchtigkeit sind zementgebundene Spanplatten. Diese sind schwer entflammbar (B1) oder sogar unbrennbar (A2) und ohne weitere Zusätze pilzbeständig. Wegen ihres höheren Gewichtes bringen sie gute Dämmwerte gegen Luftschall. Sie sind allerdings merklich teurer als kunstharzverleimte Spanplatten und wegen ihres Gewichtes und ihrer Härte schwerer zu verarbeiten.

Bei Spanplatten werden folgende Verleimqualitäten unterschieden:

- V 20: nicht wetterbeständige Verleimung (Aminoplaste), nur für Innenausbau in trockenen Räumen.
- V 100: begrenzt wetterbeständige Verleimung (Phenolresorcinharze).
- V 100 G: wie vor, jedoch mit Holzschutzmittel gegen Pilzbefall (giftig!), oder zementgebundene Platte.

5.3.2 Holzschutz

Eingebautes Holz kann durch pflanzliche und tierische Schädlinge (Pilze und Insekten) zerstört werden, wobei die Schäden

Abb. 5.7 (oben und unten)
Vorher - Nachher: Dieses instandgesetzte und neu genutzte bäuerliche Anwesen in ländlicher Umgebung bietet jetzt großzügig Raum für zwei Familien.

durch Pilze viel häufiger und gewöhnlich auch schwerwiegender sind. Ein vorbeugender Schutz des Holzes sollte in erster Linie durch baulich-konstruktive Maßnahmen erreicht werden. Zusätzlich können chemische Mittel (Fungizide und Insektizide) vor Schädlingsbefall schützen. Außerdem werden bewitterte und maßhaltige Bauteile (z.B. Fenster) mit einem Anstrich versehen, um ein zu starkes Quellen und Schwinden des Holzes durch Feuchteschwankungen zu vermeiden.

Ziel eines ökologisch verträglichen und wirtschaftlichen Holzschutzes ist es, mit möglichst wenig Holzschutz- und Anstrichmitteln auszukommen und dabei mindergiftige Produkte zu bevorzugen. Bei Bauteilen, die mit der Innenraumluft in Verbindung stehen, sollte aus gesundheitlichen Gründen kein chemischer Holzschutz angewendet werden.

Maßgebend für den Holzschutz ist DIN 68800, insbesondere:
Teil 2: Vorbeugende bauliche Maßnahmen
Teil 3: Vorbeugender chemischer Holzschutz
Teil 4: Bekämpfungsmaßnahmen bei vorhandenem Befall durch holzzerstörende Pilze und Insekten.

Vorbeugende bauliche Maßnahmen

Holzzerstörende Pilze können sich nur bei anhaltender Holzfeuchte von über 18% (bezogen auf das Trockengewicht des Holzes) entwickeln. Durch Einhaltung einfacher Grundregeln kann die Holzfeuchte in unserem Klimabereich unter diesem Wert gehalten werden:

- Rasche Ableitung des Niederschlagswassers.
- Herstellung von Sperrschichten gegen kapillare Wasseraufnahme aus angrenzenden Bauteilen.
- Verhinderung von kondensierender Feuchtigkeit (Tauwasser) in Holzkonstruktionen durch Undichtigkeiten und Wasserdampfdiffusion in wärmedämmenden Außenbauteilen.
- Belüftung gefährdeter Bauteile, um zu gewährleisten, dass gelegentlich auftretende Feuchtigkeit wieder austrocknen kann.

Prinzipien des konstruktiven Holzschutzes gegen Fäulnis (Pilzbefall):

- Die Oberseite bewitterter Balken schräg ausbilden.
- Bewitterte Hirnholzflächen mit Brett oder Blech abdecken.
- Tropfkanten ausbilden.
- Dichtungsbahn (Bitumenpappe oder Kunststoffolie) zwischen Sockelmauerwerk und Holzschwelle einbauen.
- Wand- und Bodenflächen hinter und unter Dusch- und Badewannen fachgerecht abdichten.
- Zum Schutz gegen Spritzwasser am Gebäudesockel Abstand zum Gelände halten, bei Holzstützen Metallfuß ausbilden (Abb. 5.8).
- Fassadenverkleidung und Dachhaut hinterlüften.
- Dampfdiffusion beachten, ggf. Erfordernis einer Dampfbremse rechnerisch prüfen.
- Dämmstoffen untereinander und an angrenzende Bauteile fugenfrei anschließen.

Werden diese Regeln nicht beachtet, sind auch Maßnahmen des vorbeugenden chemischen Holzschutzes gegen Fäulnis nicht dauerhaft wirksam, d.h. der chemische Holzschutz kann den konstruktiven Holzschutz nicht ersetzen.

Auch gegen *Insektenbefall* kann durch bauliche Mittel ein vorbeugender Schutz erreicht werden, indem die Zugänglichkeit und die Eiablage für die Insekten an tragenden Holzbauteilen erschwert wird.

Prinzipien des konstruktiven Holzschutzes gegen Insektenbefall („Holzwurm"):

- Dichte Bekleidung von Wand-, Decken- und Dachtragwerken mit Putz, Bauplatten o.ä.;
- Hobeln und Wachsen (oder Lackieren) sichtbar bleibender Balkenflächen;
- Kontrollierbare Anordnung tragender Holzbalken (zugänglich und sichtbar).

Vorbeugender chemischer Holzschutz

Tragende oder aussteifende Holzbauteile müssen gemäß Tabelle 5.10 gegen Gefährdung durch Insekten oder Pilze geschützt werden. Es dürfen hierfür nur Holzschutzmittel mit dem amtlichen Prüfzeichen des Instituts für Bautechnik der Bundesanstalt für Materialprüfung verwendet werden. Die Wirksamkeit der amtlich zugelassenen Mittel wird durch ein Kürzel gekennzeichnet (vgl. Tab. 5.9)

Bei der Anwendung sind die Merkblätter mit den Anwendungsvorschriften der Hersteller zu beachten. Für die Gefährdungsklassen 1 und 2 sind unter gesundheitlichen Gesichtspunkten die amtlich zugelassenen Borsalzpräparate am günstigsten. Solche Produkte dürfen auch in Räumen eingesetzt werden, in denen Lebensmittel gelagert sind.

Zu den Borsalzen gehört auch das altbekannte Borax. Eine 5 bis 10%-ige Lösung (in heißem Wasser) ergibt nach baubiologischer Auffassung ein preiswertes Holzschutzmittel (ohne amtliche Zulassung), das auch flammhemmend wirkt, allerdings nicht auswaschbeständig ist. Die Lösung muss einschlägigen Rezepten zufolge mindestens zweimal möglichst heiß aufgetragen werden, um eine genügend große Menge des Mittels möglichst tief ins Holz einzubringen. Sehr trockenes Holz soll vorher angefeuchtet werden. Bei der Verarbeitung von Borsalzen sind Haut und Augen zu schützen und Atemschutzmasken zu verwenden. Da Borsalze wasserlöslich („nicht fixierend") sind, muss das behandelte Holz während der Bauzeit gegen Regen geschützt werden. Werden Borsalzpräparate im Außenbereich benutzt, muss zum Schutz vor Auswaschen der Salze ein Anstrich (z.B. ein Naturharzlack) aufgetragen werden.

Holzschutzmittel sind häufig auch in Holzlasuren und -lacken, z.B. für Fenster- und Fassadenanstriche, enthalten. Von solchen Anstrichmitteln wird abgeraten. Lediglich bei lasierenden oder transparenten Anstrichen auf Hölzern, die vom Bläuepilz befallen werden können, ist ein bläuehemmendes Mittel sinnvoll. Bläuegefährdet ist besonders Kiefernholz.

Bekämpfender Holzschutz

Pilzbefall: Pilzbefall ist immer eine Folge übermäßiger Feuchtigkeit. Bei fachgerechter Konstruktion und normalem Innenraum- oder Außenklima kommt Pilzbefall selten vor. Besonders gefährdet sind Balkenteile, die in Außenwänden aus Mauerwerk oder Beton einbinden, z.B. Balkenköpfe. In der Praxis wird zwischen holzverfärbenden und holzzerstörenden Pilzen unterschieden. Während die holzverfärbenden Pilze (z.B. Bläuepilze) zwar das Aussehen des Holzes nachteilig verändern, aber keine Fäulnis verursachen, bauen die holzzerstörenden Pilze die Zellwände ab und vermindern dadurch die Festigkeit des Holzes.

Die drei häufigsten holzzerstörenden Pilzarten, die im Haus vorkommen, sind

- der Echte Hausschwamm,
- der Kellerschwamm (Warzenschwamm)
- der (weiße) Porenschwamm.

Der *Echte Hausschwamm* ist der gefährlichste und zugleich der am schwierigsten zu

Gleichgewichtsfeuchte von Holz	
Anwendung	relative Holzfeuchte
• Bauholz	12 - 18%
• Fenster, Außentüren	12 - 15%
• Möbel, Innentüren, Parkett in Räumen mit Ofenheizung	10 - 12%
• Möbel, Innentüren, Parkett in Räumen mit Zentralheizung	6 - 10%
• überdachte, offene Bauwerke (keine direkte Bewitterung)	12 - 18%

Tabelle 5.8
Gleichgewichtsfeuchte von Holz.
Quelle: Weissenfeld, P., König, H.: Holzschutz ohne Gift. Staufen 2001

Abb. 5.8 Ausbildung eines Stützenfußes.

1 In der Stütze verankerte Stahlplatte
2 Ausgeklinkter Pfosten
3 Stützensockel

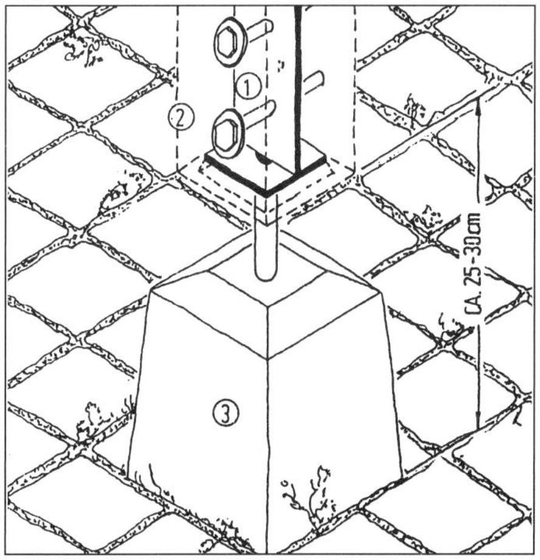

Iv	gegen Insekten vorbeugend wirksam
P	gegen Pilze vorbeugend wirksam (Fäulnisschutz)
W	auch für Holz, das der Witterung ausgesetzt ist, jedoch nicht in ständigem Erdkontakt oder Wasserkontakt
E	auch für Holz, das extremer Beanspruchung ausgesetzt ist (in ständigem Erdkontakt und/oder in ständigem Kontakt mit Wasser sowie bei Schmutzablagerungen in Rissen und Fugen)

Tabelle 5.9
Prüfprädikate für amtlich zugelassene Holzschutzmittel. Auszug aus DIN 68800-3; Ausgabe 1990

bekämpfende Pilz in Altbauten. Er ist als einziger pflanzlicher Holzschädling meldepflichtig, kann sich schon bei 18 bis 20% Holzfeuchte entwickeln und dann auch angrenzendes trockenes Holz und Mauerwerk befallen. Bevorzugt siedelt er sich auf Nadelholz an und ist an seinen bis zu 1 cm dikken Strängen und den bis 1 cm dicken weißlich-watteweichen Fruchtkörper-Fladen mit bis zu 1,50 m Durchmesser zu erkennen.

Der *Kellerschwamm* benötigt eine hohe Holzfeuchtigkeit von 50 bis 60%. Er kommt in feuchten Neu- und Altbauten vor. Gefährdet ist alles Holz vom Keller bis zum Dach im Bereich feuchter Mauern (z.B. Balkenköpfe, Mauerlatten) und in schlecht belüfteten Räumen mit starker Wasserdampfentwicklung (Bad, Küche, etc.).

Auch der *Porenschwamm* ist ein Nassfäulepilz, der zu seinem Entstehen eine höhere Holzfeuchtigkeit benötigt (optimale Wachstumsbedingung bei ca. 40%). Er kommt besonders in sehr feuchten Kellern vor, aber auch in Neubauten, z.B. an Balkenköpfen. Faules, von Pilz befallenes Holz ist weich und riecht oft übel. Der Umfang des Befalls lässt sich durch Prüfung der Festigkeit mit einem Stecheisen oder mit einem Messer ermitteln.

Bei der Bekämpfung des Pilzes kommt es darauf an, den ursächlichen Baufehler oder Bauschaden festzustellen und zu beheben. Wenn der Umfang des Pilzbefalls gering ist, kann es nach Behebung der Schadensursache genügen, das befallene Holz austrocknen zu lassen, am besten bei guter Durchlüftung, evtl. unterstützt durch einen Heizlüfter. Stark geschädigte Teile, deren Funktionsfähigkeit beeinträchtigt ist, müssen verstärkt oder ausgewechselt werden.

Bei Befall durch den echten Hausschwamm müssen allerdings alle sichtbar befallenen Teile und die angrenzenden Bauteile im Umkreis von einem Meter unbedingt vollständig entfernt und verbrannt werden.

Insektenbefall: Die meisten Holzschädlinge befallen frisches, nicht entrindetes Holz, das am Haus generell nicht verarbeitet werden sollte. Trockenes, eingebautes Holz kann hauptsächlich von den Larven der drei folgenden Insektenarten zerstört werden:

- Der *Hausbock* ist sehr wärmeliebend, weshalb er bevorzugt an warmen Orten zu finden ist (z.B. auf sommerwarmen Dachböden), im Keller und an anderen kühlen Orten hält er sich kaum auf. Er befällt nur Nadelholz. Die Fluglöcher sind oval und haben eine Größe von 5 - 10 mm.
- *Klopfkäfer* befallen vorzugsweise Treppen und Möbel. Seinen Namen hat der Käfer von dem tickenden Geräusch, das die Larven beim Fressen von sich geben. Befallenes Holz sieht „wurmstichig" aus, die Fluglöcher sind 0,7 bis 2,2 mm groß und kreisrund.
- Der *Braune Splintholzkäfer* (Lyctus) fühlt sich nur in Laubholz wohl. Er befällt bevorzugt eiweißreiches und stärkehaltiges Holz und ist sowohl in Tropenhölzern wie z.B. Limba aber auch in einheimischen Holzarten wie Eiche zu finden. Befallen werden hauptsächlich Vertäfelungen, Parkett, Türen, Fensterverkleidungen und Möbel. Die Schäden sehen gleich aus wie beim Klopfkäfer.

Der Umfang der Schäden kann durch Abklopfen, Anstechen oder Anbohren des Holzes geprüft werden. Ist nur wenig Holz befallen, wird die betroffene Stelle mit dem Beil weggeschlagen. Der Rest wird mit einer Drahtbürste und/oder mit einem starken Industriestaubsauger gut gereinigt und eventuell noch mit einem chemischen Bekämpfungsmittel behandelt. In ihrer Tragfähigkeit geschwächte Balken werden mit Bohlen verstärkt. Stark befallene Teile müssen ausgebaut, verbrannt und ersetzt werden.

Ein ungiftiges, aber sehr wirksames Verfahren zur Schädlingsbekämpfung vor allem in Dachstühlen ist die Heißluftbehandlung. Hierbei wird erhitzte Luft so lange in den nach außen abgedichteten Dachraum geblasen, bis für die Dauer von etwa 60 Minuten auch im Innern von ungünstig liegenden Holzbalken eine Temperatur von mindestens 55°C erreicht wird. Wenn das gelingt, ist danach jeder Insektenbefall abgetötet. Die Heißluftbehandlung ist relativ energie- und arbeitsaufwendig und somit teuer; sie darf nur von konzessionierten Firmen ausgeführt werden. Unter den chemischen Bekämpfungsmitteln sind die amtlich zugelassenen Hydrogenfluorid-Salze wohl noch am wenigsten gefährlich.

Gift im Haus

Was aber tun, wenn im Haus früher giftige Holzschutzmittel verwendet wurden und diese nun die Raumluft belasten? Sofern das Produkt bekannt ist, kann über die „Interessengemeinschaft der Holzschutzmittelgeschädigten e.V." (Unterstaat 14, 51766 Engelskirchen) die Zusammensetzung erfragt werden. Wenn das Produkt nicht bekannt ist,

Gefährdungsklasse	erforderl. Prüfprädikat	**Anwendungsbereiche**	**Anwendungsbeispiele**
Holzteile, die durch Niederschläge, Spritzwasser oder dergleichen nicht beansprucht werden:			
0	/	Innenbauteile wie Gefährdungsklasse 1, wenn das Holz in Räumen mit üblichem Wohnklima oder vergleichbaren Räumen verbaut ist und	
		a) gegen Insektenbefall allseitig durch eine geschlossene Bekleidung abgedeckt ist oder	a) Innenwände und Geschoßdecken, die so mit Putz, Gipskartonplatten, Dichtungsbahnen usw. dauerhaft "luftdicht" verkleidet sind, daß auch an Fugen und Rändern Insekten nicht eindringen können
		b) Holz zum Raum hin so offen angeordnet ist, daß es kontrollierbar bleibt.	b) dreiseitig freie Deckenbalken und Pfosten mit drei oder vier freien Seiten, in regelmäßig genutzten Räumen in einer Höhe bis zu 3 m
1	Iv	Innenbauteile bei einer mittleren relativen Luftfeuchte bis 70% und gleichartig beanspruchte Bauteile, wenn sichergestellt ist, daß die Holzfeuchte nicht langfristig [1]) über 20% liegt	Innenwände und Geschoßdecken zwischen Aufenthaltsräumen, Küchen, Bädern in Wohn- und Geschäftshäusern; Balkenköpfe in Außenwänden und Naßbereiche an Duschen sind gesondert zu betrachten
2	Iv,P	Innenbauteile bei einer mittleren relativen Luftfeuchte bis 70% und gleichartig beanspruchte Bauteile	Gewerbliche oder landwirtschaftliche Räume mit Kondenswasserbildung
		Innenbauteile in Naßbereichen, die wasserabweisend abgedeckt sind	Duschräume (Küchen und Bäder sind keine Naßbereiche)
		Außenbauteile ohne unmittelbare Wetterbeanspruchung	Regendicht verkleidete Außenwände und Dächer (bei denen die tragenden oder aussteifenden Hölzer der Wetterbeanspruchung nicht unmittelbar ausgesetzt sind)
Holzteile, die durch Niederschläge, Spritzwasser und dergleichen beansprucht werden:			
3	Iv,P,W	Außenbauteile mit Wetterbeanspruchung ohne ständigen Erd- und / oder Wasserkontakt	Sichtfachwerk, nicht regendicht verkleidete Hölzer im Freien, ohne Bodenkontakt
		Innenbauteile in Naßräumen	Tragende oder aussteifende, nicht verkleidete Hölzer in der Spritzwasserzone von Duschen [3])
4	Iv,P,W,E	Holzteile mit ständigem Erd- und / oder Süßwasserkontakt [2]), auch bei Ummantelung	Sonderfälle [3])

1) etwa 3 bis 6 Monate

2) Besondere Bedingungen gelten für Kühltürme sowie Holz im Meerwasser

3) Soche Bauteile sollten nach Möglichkeit vermieden werden (siehe "konstruktiver Holzschutz")

Tabelle 5.10 Geforderter chemischer Holzschutz für tragende oder aussteifende Bauteile (in Anlehnung an DIN 68800-3, Ausgabe 1990, Tabelle 2 und 3).

kann es eventuell durch eine Blutuntersuchung und eine chemische Analyse der Raumluft, des Hausstaubes oder des holzschutzverseuchten Materials ermittelt werden. Analysen werden von privaten Labors, z.T. auch von örtlichen Gesundheitsämtern, Umweltämtern oder chemischen Untersuchungsämtern durchgeführt. Giftige Holzschutzmittel können nur unschädlich gemacht werden, indem die verseuchten Teile entfernt werden (Sondermüll). (vgl. Kap.16)

5.4 Dämmstoffe für den Wärme- und Trittschallschutz

Dämmstoffe werden in Baumärkten überwiegend in Form von Platten und Matten angeboten. Daneben gibt es aber auch Trokkenschüttungen wie z.B. Korkschrot oder Perlite, die sich sehr gut für die Dämmung in Holzbalkendecken und unter Estrichplatten sowie zum Verfüllen schwer zugänglicher Hohlräume eignen. Für die Auswahl des günstigsten Dämmstoffes sind neben der ökologischen Verträglichkeit auch die bautechnischen und bauphysikalischen Erfordernisse des jeweiligen Bauteils zu beachten. Bei größeren Maßnahmen spielt auch der Preis eine nicht unwesentliche Rolle.

Im Bauwesen dürfen nur genormte oder bauaufsichtlich zugelassene Dämmstoffe verwendet werden; sie müssen mindestens normal entflammbar (Baustoffklasse B2) sein; leicht entflammbare Dämmstoffe (B3) dürfen nicht am Bau verarbeitet werden. Die Mineralfaser- und Hartschaumdämmstoffe werden nach ihrem jeweiligen Einsatzgebiet sogenannten „Anwendungstypen“ zugeordnet, die durch ein entsprechendes Kurzzeichen kenntlich gemacht werden (vgl. Tab. 5.11). Unter Estrichen dürfen für Wärmedämmzwecke nur Platten des Types WD eingebaut werden. Wird bei hinterlüfteten Konstruktionen der Typ W, WZ oder WL eingebaut, so ist das nachträgliche Aufquellen des Dämmstoffes zu berücksichtigen. Wärmedämmstoffe werden außerdem in Wärmeleitfähigkeitsgruppen, Trittschalldämmstoffe in sogenannte Steifigkeitsgruppen eingestuft. Die Einstufung ist ein Maß für die Wärme- bzw. Schall-Dämmqualität des jeweiligen Produktes. Alle wichtigen Daten müssen vom Hersteller auf dem Beipackzettel angegeben werden. Gut geeignet zur Trittschalldämmung sind Produkte, deren Eigensteifigkeit möglichst gering ist; Materialien zum Wärmeschutz dämmen umso besser, je kleiner ihre Wärmeleitfähigkeit ist.

Die Wärmedämmwirkung der aus baubiologischer Sicht zu bevorzugenden naturnahen Stoffe wie Zellulose, Kork, Kokos u.ä. ist teilweise etwas schlechter als die der künstlichen Dämmstoffe; obendrein sind sie auch z.T. merklich teurer als die Industriedämmstoffe. Es wäre jedoch verfehlt und sicherlich auch kein Beitrag zum Umweltschutz, wenn der höhere Preis durch geringere Dämmschichtdicken ausgeglichen würde.

Die Wahl von Mineralfaserdämmstoffen kann nur dann als Kompromiss zwischen ökologischer Verträglichkeit und Preis akzeptiert werden, wenn die Verarbeitungsrichtlinien (Verarbeitung mit Feinstaubmaske, usw., vgl. Kapitel 5.4.2) insbesondere beim Selbstbau eingehalten werden. Die ökologisch bessere Alternative ist in vielen Fällen die Verwendung von Zellulose-Flokken, bei der jedoch die Eigenleistungsmöglichkeit beschränkt ist (siehe Tab. 5.12; Kosten von Dämmstoffen siehe Anhang 1).

5.4.1 Naturnahe Dämmstoffe

Kork wird aus der Rinde der Korkeiche gewonnen und ist damit ein natürlicher, aber nur begrenzt verfügbarer Rohstoff. Kork kann sowohl in unbehandelter Form als Granulat (Schüttgut) als auch in Form von expandiertem Schrot oder Backkorkplatten für Dämmzwecke eingesetzt werden. Expandierter Kork (Platten und Schrot) entsteht durch die Behandlung von Korkgranulat mit heißem Wasserdampf (über 300°C) unter hohem Druck; dabei wird der geblähte Schrot durch Austritt natürlicher Harze ohne zusätzliche Bindemittel zu großen Blöcken zusammengebacken und anschließend in Platten geschnitten. Wegen des starken Eigengeruchs sollte expandierter Kork vor dem Einbau einige Tage bis Wochen gut auslüften können. Durch Herstellungsfehler (z.B. durch zu hohe Temperaturen) kann bei der Expansion die krebserzeugende Substanz Benzpyren entstehen, erkennbar an einem besonders starken, üblen Geruch. Daher sollte nur expandierter Kork aus laufend kontrollierter Produktion, der nachweislich kein Benzpyren enthält, eingebaut werden. Korkplatten sind zur Wärmedämmung von Wänden gut geeignet, Korkschrot zur Wärme- und Schalldämmung von Decken (Wärmeleitfähigkeit 0,045 - 0,055 W/(mK)). Aus baubiologischer Sicht ist ohne Fremdstoffe expandierter Kork (auch „reinexpandiert“ genannt) bzw. naturbelassener Korkschrot ein sehr empfehlenswerter Dämmstoff. Wegen seiner begrenzten Verfügbarkeit, aufgrund des Transportaufwandes (Anbaugebiete im Mittelmeerraum) und des sich daraus ergebenden hohen Preises kann er jedoch nicht als der ökologische Standarddämmstoff für alle Anwendungen angesehen werden.

Kokosfasern von der Kokospalme werden zu Matten und Platten verfilzt. Sie sind durch Zusatz von Ammoniumsulfat normal entflammbar (Baustoffklasse B2). Kokosfaserplatten eignen sich wegen ihrer Steifigkeit sehr gut für die Trittschalldämmung, die

Kurzzeichen	Verwendung im Bauwerk
W	Wärmedämmstoffe, nicht druckbelastbar, z.B. für Decken, Dächer Wände
WZ, WL	Wärmedämmstoffe mit leichter Zusammendrückbarkeit, nicht druckbeanspruchbar, z.B. für Dämmung zwischen Sparren und Balkenlagen
WD	Wärmedämmstoff, druckbeanspruchbar, z.B. in Estrichböden (ohne Trittschallanforderung), Dächer
WV	Wärmedämmstoff mit Beanspruchung auf Abreiß- und Scherfestigkeit, z.B. bei Fassaden-Vorsatzschalen ohne Unterkonstruktion
T	Trittschalldämmstoff, z.B. unter schwimmendem Estrich
TK	Trittschalldämmstoff mit geringer Zusammendrückbarkeit, z.B. unter Trockenestrich

Tabelle 5.11
Anwendungstypen von Mineralfaser- und Hartschaum-Dämmstoffen.

Dämmstoffe für den Wärme- und Trittschallschutz	Haupteinsatzbereich		notwendige Dicke [1]	Wärmeleitfähigkeit [2]	Gesundheits- und Umweltverträglichkeit
Material	Wärmedämmung	Trittschalldämmung	in cm	W/(mK)	
Weiche Dämmstoffe (Matten und Schüttgut)					
* Zellulose (Altpapier) [3]	✓		11	0,045	+
* Korkschrot gebläht / ungebläht [3][4]	✓		11	0,045	+
Blähton	✓		40	0,160	+
Blähperlite	✓	(✓)	15	0,060	+
Kokosfaser (Rollfilz) [3]	✓		11	0,045 - 0,055	+
* Flachs	✓		11	0,040	+
* Hanf	✓		11	0,040	+
* Schafwolle	✓		11	0,040	+
* Baumwolle	✓		11	0,040	+
Mineralfaser (Granulat)	✓		10	0,035 - 0,040	o
Mineralfaser Typ W bzw. WL	✓		10	0,035 - 0,040	o
* Holzfaser (weich)	✓		11	0,039-0,045	+
Feste Dämmstoffe (Plattenware)					
* Schilfrohr(Leichtbauplatte) [3]	✓	(✓)	11	0,045	+
* Blähkork [3], [4]	✓	(✓)	11	0,045 - 0,055	+
* Holzfaserplatte [3]	✓	✓	14	0,050	+
Holzwolle-Leichtbauplatte	(✓)	(✓)	27	0,093	+
Kokosfaser (Estrichdämmp.) [3]		✓	11	0,045 - 0,055	+
Mineralfaser, Typ T		✓	10	0,045	o
Mineralfaser, Typ WV	✓		10	0,035 - 0,040	o
Mineralfaser, Typ WD	✓		10	0,040 - 0,050	o
Schaumglas	✓		11	0,045 - 0,060	o
Polystyrol-Hartschaum (EPS)	✓	✓	10	0,030 - 0,040	-
Polyurethan-Hartschaum (PUR)	✓		7	0,025 - 0,040	o
Polystyrol-Extruderschaum XPS	✓		10	0,035 - 0,040	-
Vakuumisolationspanel (VIP)	✓	✓	1-2	0,004 - 0,005	o

* Produkte im "baubiologischen" Fachhandel erhältlich
Angaben in ( ): bedingt sinnvoll

1) Die angegebene Dicke bezieht sich auf eine Dämmschicht mit einem Wärmedurchlaßwert von $1/\Lambda = 0{,}40\ W/m^2K$ entsprechend 10 cm Dämmstoff der Gruppe 040.
2) Die Wärmeleitfähigkeit ist ggf. bei der Materialauswahl bzw. -bestellung anzugeben (Kürzel für die Wärmeleitfähigkeitsgruppe).
3) Aus Gründen des Brandschutzes dürfen nur Materialien verwendet werden, die mindestens der Baustoffklasse B2 (normal entflammbar) oder B1 (schwer entflammbar) angehören.
4) Bei Verwendung in Innenräumen sollte der Hersteller garantieren, daß die Korkplatte kein Benzpyren ausdünstet.

Tabelle 5.12
Dämmstoffe für den Wärme- und Trittschallschutz.

losen Matten sind recht praktisch beim Wärmedämmen von Fugen und schwer zugänglichen Hohlräumen (Wärmeleitfähigkeit 0,045 W/(mK)). Bei der Verarbeitung kann das Zuschneiden ein wenig mühsam und die Staubentwicklung lästig sein. Einer großflächigen Nutzung als Dämmmaterial stehen die begrenzte Verfügbarkeit von Kokosfasern und der recht hohe Preis entgegen.

Zelluloseflocken werden durch mechanisches Zerkleinern von Altpapier hergestellt (Markenname z.B. Isofloc), wobei die Papierfasern zum Brand- und Fäulnisschutz mit Borsäuresalzen (Borax u.ä.) imprägniert sind. Als Recyclingmaterial ist dieser Schüttdämmstoff eine gute Alternative zu anderen Dämmaterialien. Das lockere, watte- bis staubartige Material wird in handlichen Säcken geliefert und vorzugsweise zur nachträglichen Dämmung von Hohlräumen eingesetzt. Mit Hilfe eines Einblasgerätes kann das Material auch in schwer zugängliche Hohlräume gepresst werden. Bei fachgerechtem Einbau werden ein guter Wärmedämmwert und eine gute Winddichtigkeit erreicht (amtliche Zulassung auch für Wände und Dächer). Durch das maschinelle Einblasen mit Überdruck wird das Material so verdichtet, dass ein nachträgliche Setzungen der Dämmschüttung im Hohlraum (Wände, Dachschrägen) weitgehend ausgeschlossen sind. Für Selbstbauer ist dieser Dämmstoff nur bedingt geeignet, das Einblasen muss in jedem Fall ein Fachmann ausführen, Eigenleistung ist möglich beim Herstellen der Hohlräume.

Der Energieaufwand für die Herstellung ist sehr niedrig, die Kosten im Vergleich zu anderen ökologisch verträglichen Dämmstoffen zwar geringer, dennoch im Vergleich zur Dämmung mit Mineralwolle um 30 bis 50% teurer. Inzwischen ist auch ein Plattendämmstoff aus Zellulose im Handel erhältlich; derzeit liegen jedoch - im Gegensatz zur Schüttdämmung - noch keine Langzeiterfahrung zu Haltbarkeit, Anwenderfreundlichkeit usw. vor.

Baumwolle besteht zu 90% aus Zellulose, so dass das Material nur für wenige Insekten interessant ist. Die Brandschutzklasse B2 und die nötige Schädlingsresistenz wird durch die Zugabe von 3 bis 4% Borsalz erreicht. Baumwolle wird lose, in Zöpfen und in Bahnen (Dicke 5 bis 18 cm), teilweise filz-kaschiert geliefert. Die Dämmwirkung ist gut (λ_R = 0,040 W/(mK)), der Preis liegt bei etwa dem Doppelten von Mineralwolle. Langzeiterfahrung bzgl. Haltbarkeit, etc. fehlen.

Der Anbau von Baumwolle geschieht in der Regel in Monokulturen unter starker Verwendung von Pflanzenschutzmittel.

Schafwolle hat dasselbe Dämmvermögen wie Baumwolle, wird in ähnlichen Lieferformen hergestellt und entspricht der Baumwolle auch im Preis. Gegen Schädlingsbefall wird eine vorbeugende Borsalzbehandlung eingesetzt.

Flachs: Dämmstoffe aus Flachs haben einen guten Wärmedämmkoeffizienten (λ = 0,040 W/(mK)). Auch Flachs wird vorbeugend mit Borsalz behandelt.

Hanf: Seit 1996 ist der Anbau von rauschgiftarmen Hanfsorten in Deutschland wieder erlaubt. Der Dämmstoff wird aus dem Stroh der schnellwachsenden Pflanze hergestellt. Bei der Produktion wird noch ein geringer Anteil Kunststofffasern zugesetzt. Zusätzlich werden die Produkte noch mit Soda zur Verbesserung der Brandeigenschaften behandelt. Da Hanf keine Eiweiße enthält kann auf eine Behandlung gegen Insektenbefall verzichtet werden. Die Dämmung gibt es als Platten wie als Rollenware. Die Dämmwirkung ist gut (λ_R = 0,040 W/(mK)).

Holzfaser: Die Dämmplatten wurden früher oft als Holzweichfaserplatten bzw. poröse Holzfaserplatten bezeichnet. Sie werden aus zerfaserten Resthözern und Holzabfallspänen hergestellt. Sie können heute ohne die Zugabe von Klebstoffen hergestellt werden. Alternativ dazu wird das im Holz enthaltene Bindemittel Lignin über die Zuführung von Wärme und Druck aktiviert. Um die Festigkeits- und wasserabweisenden Eigenschaften zu erhöhen, werden bei bestimmten Produkten harz- oder bitumenhaltige Zusatzmittel beigemischt. Einsetzen kann man die Platten heute fast überall dort, wo am Gebäude eine Art von Dämmung ausgeführt werden soll. In ihrer weicheren Form besitzen die Dämmplatten eine Wärmeleitfähigkeit von 0,039- 0,045 (W/(mK) und können vergleichbar wie Mineralfaserdämmungen sogar als Wärmedämm-Verbundsystem an der Fassade eingesetzt werden. Dämmplatten mit größerer Rohdichte haben eine etwas schlechtere Dämmwirkung (Wärmeleitfähigkeit 0,045 – 0,055). Sie eignen sich dann hervorragend für die Herstellung eines festen Unterdachs oder einer Trittschalldämmung, bei Materialstärken von 20 – 80 mm.

Holzwolle-Leichtbauplatten (Markenname z.B. „Heraklith") bestehen aus Holzwolle, die durch Zement oder Magnesit gebunden und konserviert ist. Sie werden hauptsächlich als Putzträger in Verbindung mit anderen Wärmedämmstoffen, z.B. für Holzständerwände, verwendet. Wegen der schlechten Dämmeigenschaften (0,093 W/(mK)) sind die Platten bei den heutigen Dämmstandards nicht als alleiniger Dämmstoff sinnvoll.

Schilfrohr wird zu 2 bis 10 cm dicken Platten gepresst und mit Drähten gebunden. Schilfrohr-Leichtbauplatten haben eine gute Dämmfähigkeit. Sie lassen sich zur Wärme-

und Trittschalldämmung auch bei Rundungen verwenden. Die für die Verwendung erforderliche brandschutztechnische Zulassung liegt vor. Schilfrohrplatten können direkt verputzt werden, allerdings muss ein rasches Austrocknen des Putzes (durch richtiges Lüften und einen trockenen Untergrund) gewährleistet sein. Im Vergleich zu anderen ökologisch verträglichen Dämmstoffen ist Schilfrohr recht preiswert.

Wärmedurchgang U-Wert in W/m^2K	Erläuterung	Beurteilung der Dämmwirkung
über 1,2	die meisten Altbauwände	sehr schlecht
0,45	Vorgeschriebener Mindestwert bei der Altbaumodernisierung	mittelmäßig
0,35	Werte bei Neubauten, die nach der EnEV errichtet werden	mittel - gut
unter 0,2	anzustrebender KfW-60-Standard oder besser	gut - sehr gut

Tabelle 5.13: U-Werte für Außenwände: Bewertung.

5.4.2 Mineralische Dämmstoffe

Blähperlite wird in der Altbausanierung vorwiegend als Trockenschüttung zur Wärmedämmung und zum Niveauausgleich unter Estrichen verwendet. Aufgrund seiner Feuerbeständigkeit (A1) wird es auch gerne als Schüttdämmstoff bei der Sanierung von Kaminen eingesetzt. Das Material ist ein bei hohen Temperaturen geblähtes vulkanisches Gestein, das zu 75% aus Siliziumdioxid (SiO_2) besteht und auch in wasserunempfindlicher Form erhältlich ist. Der Energieaufwand bei der Herstellung ist relativ hoch, der Dämmwert verhältnismäßig gut.

Blähton wird aus Jura-Ton hergestellt, dessen natürliche organische Bestandteile nach dem Brennvorgang die Luftporen hinterlassen. Die bei 1200°C geblähten Tonkügelchen sind vielen Blumenfreunden als Substrat für Hydrokulturen bekannt. Blähton ist nicht brennbar und wird als Schüttgut gern zum Niveauausgleich unter Estrichen eingesetzt. Die Wärmedämmfähigkeit ist wesentlich schlechter als die von Perlite.

Mineralfaserdämmstoffe werden in zahlreichen Varianten lose oder als Platten und Matten mit oder ohne Kaschierung (Pappe, PVC, Aluminium) für verschiedene Einsatzgebiete und Beanspruchungen angeboten (Tab. 5.11). Je nach Rohdichte haben Mineralfasern ein sehr gutes bis gutes Dämmvermögen (Wärmeleitfähigkeit 0,035 - 0,050 W/(mK)). Der Energieaufwand bei der Herstellung ist recht hoch, und doch wird die für die Herstellung nötige Energie beim Einsatz (z.B. in einer Außenwanddämmung) in weniger als einer Heizperiode wieder eingespart.

Unterschieden wird zwischen Glas- und Steinwolle, als Bindemittel werden vielfach Phenol- und/oder Harnstoffharze zugesetzt.

In der MAK-Liste („Maximale Arbeitsplatz Konzentrationen") sind Mineralfaserprodukte seit 1994 so eingestuft, als ob sie krebserregend seien. Ein Nachweis für das Krebsrisiko konnte bisher nicht erbracht werden. Es gibt jedoch ernstzunehmende Aussagen, dass die bei der Verarbeitung eingeatmeten feinsten Faserpartikel Lungenkrebs auslösen können; deshalb rät beispielsweise die Verbraucherzentrale Baden-Württemberg Heimwerkern von der Verarbeitung ab. Von eingebauter Mineralwolle geht in der Regel keine Gefahr aus, wohl aber vom Ausbau bereits eingebrachter Mineralwolle - deshalb bestehende Mineralwolldämmschichten im Zweifel lieber eingebaut lassen!

Da Mineralwolle aufgrund des günstigen Preises, der guten Verfügbarkeit und der Anwendungsfreundlichkeit bei Selbstbauern äußerst beliebt ist, sei denen, die auf diese Stoffe nicht verzichten wollen, die Verarbeitungsvorschriften der Hersteller nahegelegt:

- für gute Durchlüftung sorgen,
- Aufwirbeln von Staub vermeiden,
- auf fester Unterlage schneiden (nicht sägen!),
- bei Abbruch befeuchten,
- Feinstaubmasken P2 benützen.

Unter den Mineralfaserprodukten ist Glaswolle der Dämmstoff mit dem größten Anteil an feinen Fasern. Die Hersteller sind derzeit dabei, Ihre Produkte so zu verändern (Begrenzung der Zahl der kleinsten lungengängigen Fasern im Produkt), dass das Krebsrisiko ausgeschlossen werden kann.

Schaumglas wird aus Naturstein, z.B. silikathaltigem Mergel, gewonnen. Schaumglas (Markennamen z.B. „Foamglas") gibt es mit offenzelligen und mit geschlossenzelligen Poren. Geschlossenzellige Platten sind dampfsperrend, verrottungsbeständig und feuchtigkeitsunempfindlich. Trotzdem kann ständig anstehendes Wasser das Material allmählich korrodieren. Daher muss auch Schaumglas vor andauernder Wassereinwirkung geschützt werden. Wegen des sehr hohen Preises wird Schaumglas sparsam und nur in Sonderfällen eingesetzt, z.B. bei ausgebauten Untergeschossen und bei „Umkehrdächern".

Vakuumisolationspanel (VIP): Es handelt sich dabei um ein Wärmedämmprodukt, das durch seinen Vakuumkern bei gleichem Wärmedurchgangskoeffizienten (U-Wert) eine 5 bis 10-fach geringere Dicke aufweist als herkömmliche, am Bau eingesetzte Dämmmaterialien wie Polystyrol, Polyurethan oder Mineralwolle. Die Panele bestehen aus einem druckstabilen Kern aus einem verpressten, mikroporösen Pulver (z.B Kieselsäure; Materialien auf Kunststoffbasis sind ebenfalls möglich) und einer evakuierten Hochbarrierefolie meist auf Aluminiumbasis. VIP's werden seit mehreren Jahren im Baubereich eingesetzt. Die ersten Produkte erhielten im Juli 2007 ihre allgemeine bauaufsichtliche Zulassung für den Einsatz im Innenbereich (Innendämmung Wand, Decke, Dach, Dämmung auf der Bodenplatte). Zusätzlich wurden Projekte verwirklicht, bei denen VIP's auch bei der Dämmung von Fassaden in hinterlüfteten Konstruktionen zum Einsatz kamen.

Allgemein handelt es sich bei den VIP's um ein noch sehr teures Produkt im Vergleich zu herkömmlichen Dämmstoffen. Ihr Einsatz kann aber überall dort in Erwägung gezogen werden, wo aus konstruktiven und gestalterischen Gründen große Dämmstärken kaum oder gar nicht möglich sind. Ein Beispiel ist der weiterhin stufenfreie Ausgang bei der nachträglichen Dämmung eines Balkons.

Zu beachten ist, dass die Platten vor Ort nicht mehr bearbeitet oder zugeschnitten werden können bzw. auch nicht beschädigt werden dürfen, da sie sonst ihr Vakuum und somit einen großen Teil ihrer Dämmwirkung verlieren würden. Der Einsatz der VIP erfordert daher eine passgenaue Planung und Bestellung.

5.4.3 Dämmstoffe aus Hartschaum

Polystyrol-Hartschaum ist ein aus Erdöl synthetisierter Kunststoff, der durch Polymerisation (Verkettung) von Styrol hergestellt und mit Kohlendioxid aufgeschäumt wird (Markennamen „Styropor" u.a.). Während Polystyrol (d.h. die polymerisierte Form von Styrol) ungiftig ist, steht das Monomer Styrol im Verdacht, krebserregend und mutagen (erbgutverändernd) zu sein. In Wohnräumen ist jedoch auch bei ungewöhnlich hohen Raumtemperaturen nicht mit gesundheitlichen Beeinträchtigungen durch ausgasende Restmonomere zu rechnen. Die gemessenen Konzentrationen in der Raumluft betragen nach ca. 10 Wochen noch 0,1 bis 0,05% des MAK-Wertes (maximal zulässige Arbeitsplatzkonzentration).

Im Brandfall und wenn das Material - wie üblich - nicht als Sondermüll beseitigt wird, wird jedoch das gefährliche Styrol freigesetzt. Die Herstellung erfordert einen recht hohen Energieaufwand. Wegen der Umweltbelastung bei der Herstellung und Entsorgung sollte Polystyrol möglichst nicht verwendet werden. Die große Verbreitung des Materials ist dem günstigen Preis und der einfachen Handhabung zuzuschreiben.

Extrudierter Polystyrolschaum in Plattenform (Markenname z.B. „Styrodur", „Roofmate") ist geschlossenzellig und daher weniger feuchtigkeitsempfindlich als expandiertes Polystyrol. Extrudierte Polystyrolplatten werden heute gern zur Dämmung von Flachdächern und wärmegedämmten Kelleraußenwänden eingesetzt, doch dürfen sie nicht unter ständiger Feuchtigkeitseinwirkung stehen.

Die früher zum Aufschäumen verwendeten Fluor-Chlor-Kohlenwasserstoffe (FCKW) sind von den meisten Herstellern durch andere, weniger schädliche Mittel ersetzt worden. Beim Einkauf von geschlossenzelligem Polystyrol sollte daher auf FCKW-freie Produkte geachtet werden.

Polyurethan-Hartschaum ist ebenfalls ein aus Erdöl durch Polymerisation synthetisierter Kunststoff. Im Brandfall werden sehr giftige Dämpfe abgegeben, u.a. Blausäure, Isocyanate, Kohlenmonoxid. Die Herstellung erfordert einen hohen Energieaufwand. Die Platten sind wesentlich teurer als Polystyrol-Hartschaum, haben aber merklich bessere Dämmeigenschaften (λ_R = 0,025 - 0,040 W/(mK)). Wegen ihrer guten Temperaturbeständigkeit werden sie gern zur Flachdachwärmedämmung verwendet sowie für die Dämmung technischer Anlagen, wo wenig Raum für Wärmedämmung zur Verfügung steht.

Wie beim geschlossenzelligen Polystyrol haben die meisten Hersteller das früher zum Aufschäumen verwendete FCKW durch andere Mittel bzw. Verfahren ersetzt. Beim Einkauf von Polyurethan sollte daher auf FCKW-freie Produkte geachtet werden.

Polyurethan-Ortschäume sind zur Befestigung und Abdichtung von Tür- und Fensterrahmen weit verbreitet. Die bei der Verarbeitung entweichenden Gase sind giftig und sollten daher nicht eingeatmet werden. Als Alternative können Fugen auch mit Rohseidestricken oder mit weichen Schaumstoffbändern abgedichtet werden.

In der Vergangenheit wurden Dächer teilweise mit einem Ortschaum aus Harnstoff-Formaldehyd (UF-Ortschaum) nachträglich gedämmt. Es gab Fälle, wo nach solchen Maßnahmen sehr hohe Formaldehydkonzentrationen in der Raumluft gemessen wurde. UF-Ortschaum wird heute kaum noch verwendet; von seiner Verwendung im Haus ist abzuraten.

6. Erdberührte Bauteile

6.1 Zusammenhänge

Bauteile im Erdbereich werden häufig in ihrer Bedeutung unterschätzt, obwohl Mängel an Fundamenten und Kellerwänden oft auch darüberliegende Bauteile und deren Haltbarkeit beeinträchtigen.

Die häufigsten Schäden im Bereich erdberührter Bauteile sind Folgen von Feuchtigkeitseinwirkung. Erst seit der zweiten Hälfte des 19. Jahrhunderts werden bituminöse Abdichtungen (Feuchtigkeitssperren), Filterschichten und Dränleitungen zum Schutz von Grundmauern und Kellerböden verwendet.

Eine weitere Gruppe von Schäden betrifft die Tragfähigkeit der Fundamente, Gewölbe und Kellerwände. Veränderungen des Baugrundes durch Unterspülungen, Absinken des Grundwasserspiegels oder ungleichmäßige Setzungen von Gebäudeteilen können zu Rissen im Mauerwerk führen und die Standfestigkeit eines Gebäudes gefährden.

Neben den eben genannten Maßnahmen, bei denen es um die Schadensbehebung bzw. Instandsetzung alter Bausubstanz geht, fallen Fundamentarbeiten bei Modernisierungs- und Umbaumaßnahmen an. Sollen z.B. nicht unterkellerte Räume, die bisher untergeordneten Zwecken (als Stall, Abstellkammer, o.ä.) gedient haben, zu Wohnzwecken umgenutzt werden, müssen möglicherweise die lichte Raumhöhe durch Tieferlegen des Bodens und der Fundamente vergrößert, sowie Boden- und Wandflächen trockengelegt und wärmegedämmt werden.

Um es gleich zu sagen: Der erforderliche Aufwand solcher Maßnahmen wird von Laien gern unterschätzt. Sind Raumreserven z.B. im Dachgeschoss vorhanden, so sollten feuchte, an das Erdreich grenzende Räume besser nicht zu Wohnzwecken genutzt werden, sondern eher als Lager für Gemüse, Obst, usw., als Hausanschluss- und Technikraum, als Öllager, zur Aufstellung des Behälters für eine Komposttoilette oder für einen Regenwassertank.
Alle Eingriffe in tragende oder aussteifende Bauteile bedürfen einer vorherigen Baugenehmigung (vgl. Kap. 2.1.6). Vorsicht bei Abgrabungen neben Gewölben!

6.2 Fundamente und Fundamentmauerwerk

Fundamente haben die Aufgabe, die Gebäudelasten aus dem Mauerwerk auf den Baugrund zu übertragen. Ihre Tiefe und Breite ist abhängig von der Bodenart des Baugrunds und kann nur vom Fachmann festgelegt werden. Die Fundamentsohle muss auf jeden Fall im frostfreien Bereich liegen, im allgemeinen also zwischen 80 und 120 cm unter der Geländeoberfläche.

Schäden an den Fundamenten sind oft Zeichen für ungleiche Setzungen von Gebäudeteilen und zeigen sich in Form von Rissen im Kellermauerwerk oder im aufgehenden Mauerwerk, bei Fachwerkbauten auch durch Schieflage. Zur Festlegung der richtigen Sanierungsmaßnahme muss zunächst festgestellt werden, ob der Setzungsvorgang noch andauert und wodurch die Setzung verursacht wird.

Ob eine Setzung andauert, lässt sich bei Steinwänden durch eine Reihe von Putzmarken (Batzen aus Gipsmörtel) feststellen, die im Verlauf des Risses aufgebracht werden. Sind die Mörtelbatzen noch nach Monaten rissfrei, so hat im Beobachtungszeitraum keine Setzung mehr stattgefunden. Reißen die Putzmarken, so gilt es die Ursachen für die andauernde Setzung zu erkunden.

Mögliche Ursachen für Risse im Mauerwerk:

- Fundamentmörtel und/oder Steine des Fundamentmauerwerks sind infolge feuchtigkeitsbedingter Alterung verrottet.

Abb. 6.1
links oben und unten
Schäden durch Setzungen im Fundamentbereich.

oben rechts
Durch Putzmarken (Batzen aus Gipsmörtel) lässt sich feststellen, ob der Setzungsvorgang noch andauert. Photo: Archiv ökobuch

- Der Baugrund gibt nach, z.B. weil aufgrund zunehmender Bodenversiegelung dcr Grundwasscrspicgcl gcsunkcn ist, oder weil das Gebäude an einem Hang steht.
- Die Fundamentsohle liegt nicht in frostfreier Tiefe.
- Die Fundamentsohle wird von Oberflächenwasser unterspült, z.B. weil die Dachrinne defekt ist oder weil eine Hoffläche zum Haus hin geneigt ist.
- Die Belastung hat sich erhöht, z.B. durch Umnutzung, Umbau, Aufstockung oder ähnliches.

Darüber hinaus gibt es Risse, die nicht durch Setzungen bedingt sind. Es empfiehlt sich daher, zur Ermittlung der Schadensursache und zur Festlegung der Instandsetzungsmaßnahme in jedem Fall fachlichen Rat einzuholen.

6.2.1 Fundamentmauerwerk ausbessern

Die meisten Schäden an Fundamenten werden durch Feuchtigkeit verursacht, die aus dem Boden eindringt, ins Keller- und Sokkelmauerwerk wandert, dort kapillar aufsteigt und verdunstet. Dabei wird der (früher nichthydraulische) wasserlösliche Kalk aus dem Mörtel ausgespült, so dass das Fundamentmauerwerk seine Festigkeit verliert. Es kann auch vorkommen, dass wenig widerstandsfähige Steine in ähnlicher Weise verrotten. Die Instandsetzung der Fundamentmauern erfolgt wie beim Kellermauerwerk (siehe 6.3). Bei stark zerklüftetem Fundamentmauerwerk kann es notwendig sein, eine Vorsatzschale aus Beton herzustellen. Um sich das Aufgraben des Erdreichs auf der Außenseite zu ersparen, kann eine raumseitige Ausbesserung des Fundamentes z.B. dann sinnvoll sein, wenn der angrenzende Fußboden ohnehin erneuert werden soll.

6.2.2 Fundament verbreitern

Die Verbreiterung des Fundamentes senkt den Druck auf den Baugrund, indem die wirksame Last des Gebäudes auf eine größere Fläche verteilt wird. Diese Maßnahme ist sinnvoll

- wenn sich die Tragfähigkeit des Baugrunds vermindert hat, z.B. durch Absinken des Grundwasserspiegels oder bei einer Hanglage;
- wenn die Belastung des Gebäudes oder eines Gebäudeteils zunimmt bzw. zugenommen hat, z.B. bei Umnutzung oder Aufstockung.

Zur Verbreiterung wird unter dem vorhandenen Fundament durch Unterfangen ein neues Streifenfundament betoniert oder gemauert. Bei Hanglagen kann es erforderlich sein, das neue Fundament als Stahlbeton-Ringgurt nach Angaben des Statikers auszubilden.

Verbreiterung des Fundamentes:

- Arbeitsraum auf der Innen- oder Außenseite der Wand bis auf die Tiefe der neuen Fundamentsohle herstellen, dabei Boden unter dem vorhandenen Fundament schräg stehenlassen. Der zulässige Böschungswinkel ist von der Bodenart abhängig und wird vom Statiker festgelegt.
- Vorhandenes Fundament abschnittsweise unterfangen (Abb. 6.7): die Wand in Abschnitte von 1 m Länge einteilen. Im ersten, vierten, siebten ... Abschnitt wird der Boden unter dem alten Fundament entfernt und das neue Fundament hergestellt. Anschließend folgen der zweite, fünfte,

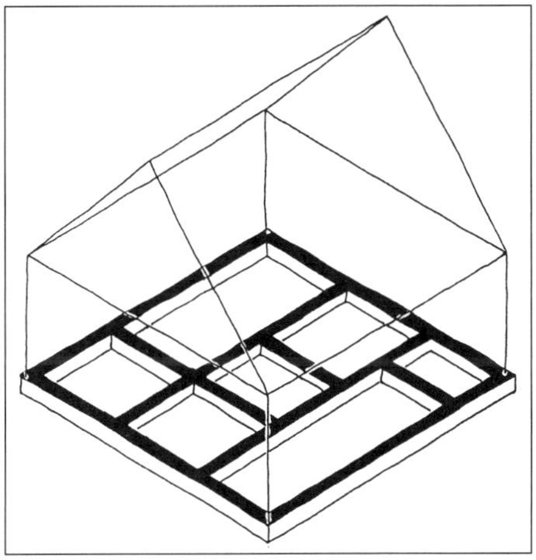

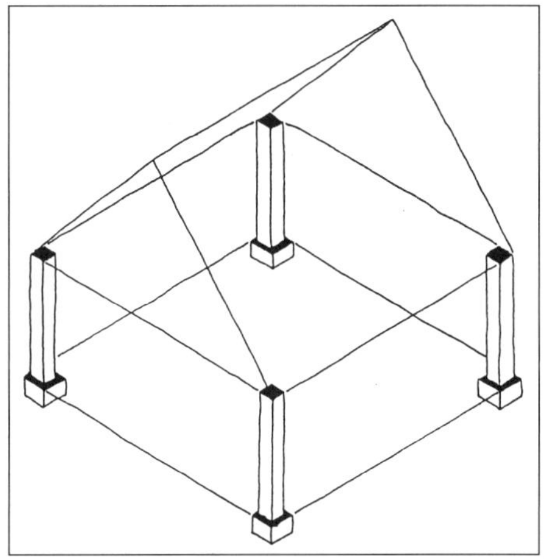

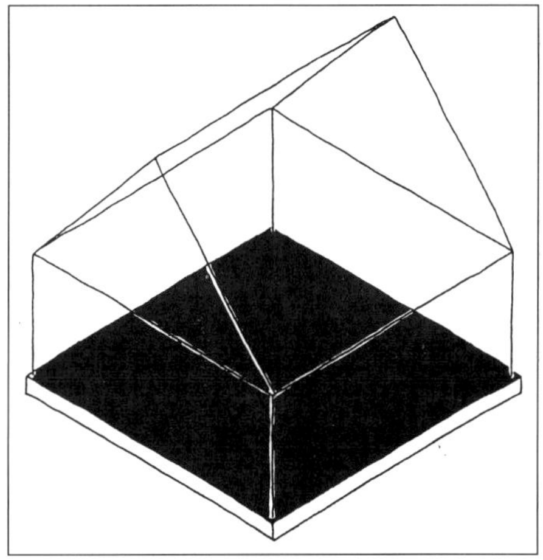

Abb. 6.2 oben links
Streifenfundament.

Abb. 6.3 oben rechts
Einzel- oder Punktfundament.

Abb. 6.4 rechts
Plattenfundament oder Bodenplatte.
Größe und Tiefe stets nach Angaben des Statikers

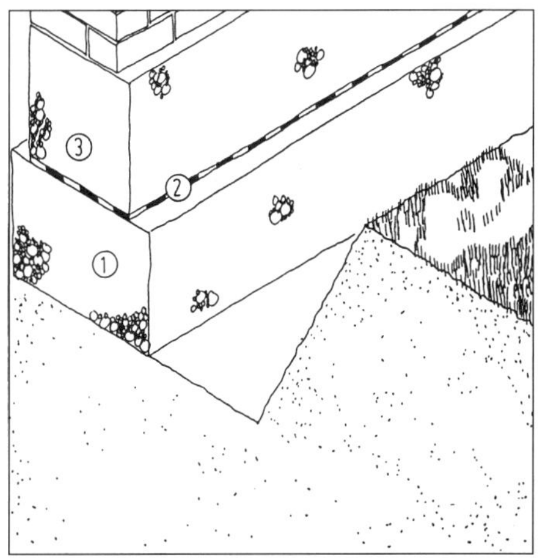

Abb. 6.5
Verbreiterung eines Fundaments

1 Neues Fundament, Größe nach Angabe des Statikers
2 Eingelegte Sperrschicht
3 Altes Fundament

achte ... Abschnitt usw.. Es wird also so gearbeitet, dass von der Wand- bzw. Fundamentlänge jeweils max. $^1/_3$ unterfangen wird und $^2/_3$ die Stützfunktion übernehmen. Dabei ist zu beachten, dass der Boden unter der neu herzustellenden Sohle nicht aufgelockert und vor Regen und Frost geschützt wird.

- Zwischen vorhandenem und neuem Fundament eine Bitumenpappe (333er) als waagerechte Feuchtigkeitssperre einlegen und Anschlussfuge dicht mit Mörtel verpressen.
- Arbeitsraum in Lagen verfüllen. Zur Vermeidung von Setzungen des Bodens wird in Schichten verdichtet, oder es wird zum Verfüllen Siebschutt verwendet.

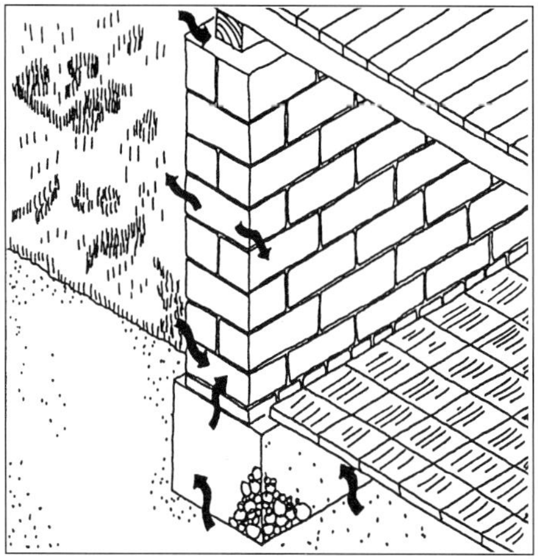

Abb. 6.6
Feuchtigkeitsaufnahme und -abgabe bei altem Außenmauerwerk.

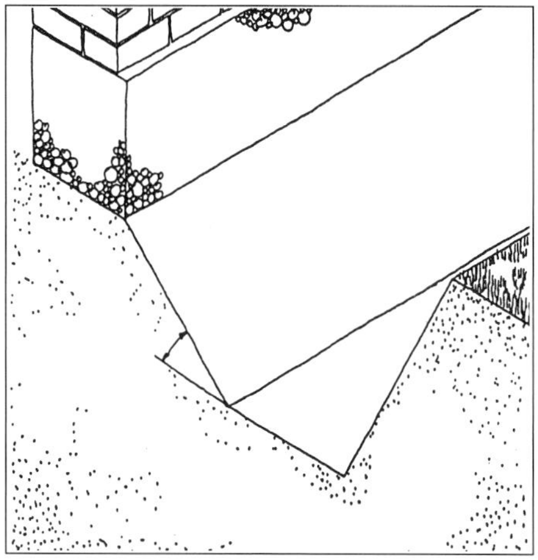

Abb. 6.7
Bei Arbeiten unterhalb der Fundamentsohle sollte der Böschungswinkel des Arbeitsraumes nach den Angaben des Statikers ausgeführt werden.

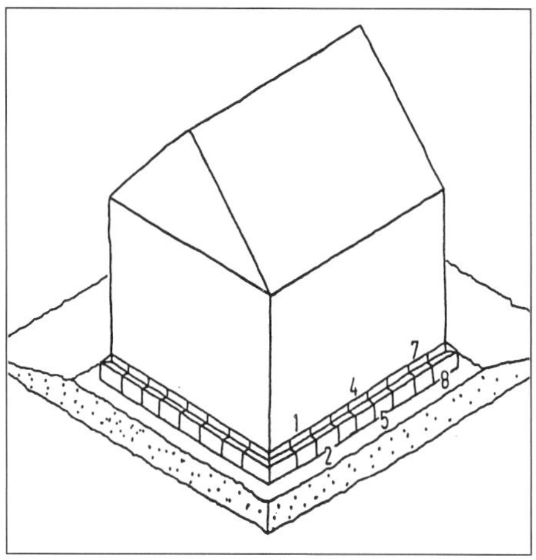

Abb. 6.8
Fundament abschnittsweise unterfangen.

6.2.3 Fundament tieferlegen

Das Tieferlegen eines Fundamentes ist sinnvoll,

- wenn die Sohle des vorhandenen Fundamentes nicht in frostfreier Tiefe liegt;
- wenn der Boden des untersten Geschossen (Boden gegen Erdreich) tiefergelegt werden soll;
- wenn das Gelände am Haus tiefergelegt werden soll.

Das neue Fundament wird aus Beton oder aus Mauerwerk durch Unterfangen hergestellt, und zwar abschnittsweise wie oben beschrieben. Für Fundamentmauerwerk im Frostbereich sind frostbeständige Steine zu verwenden. Im Zusammenhang mit dieser Maßnahme empfiehlt sich auch der Einbau einer senkrechten Filterschicht und/oder einer Dränleitung (vgl. Kap. 6.3), wobei dann von der Außenseite her gearbeitet werden muss.

6.3 Keller- und Sockelmauerwerk

Bei sehr alten Häusern und bei ländlichen Bauten wurden die Kellerwände und das Sockelmauerwerk aus behauenen oder unbehauenen Natur- bzw. Feldsteinen errichtet. Bei städtischen Häusern und im norddeutschen Raum mit geringem Natursteinvorkommen wurden Ziegelsteine verwendet, der Mauermörtel mit dem Bindemittel Kalk hergestellt. Seit Anfang dieses Jahrhunderts wurden Kellerwände zunehmend aus Stahlbeton hergestellt, weil dadurch der Erddruck mit geringeren Wandstärken als beim Mauerwerk aufgenommen werden kann. Da bis zum Beginn des 20. Jahrhunderts die heute üblichen Feuchtigkeitssperren noch nicht bekannt waren, konnte Bodenfeuchtigkeit in das Mauerwerk eindringen und im Mauerwerk aufsteigen. Diese Feuchtigkeit verdunstet im Bereich des Sockelmauerwerks ins Freie, im Bereich der Wand wird die Feuchtigkeit in die angrenzenden Räume abgegeben. Deshalb wurden Kellerräume und ebenerdige Räume in der Regel nur für untergeordnete Zwecke, nicht jedoch für Wohnzwecke genutzt. Die Wohnebene lag mindestens 1 m über dem Gelände, auch um tragende Holzteile wie Fachwerkwände und Holzdecken vor Feuchtigkeit zu schützen. Das Austreten von Feuchtigkeit im Bereich des Gebäudesockels und der unteren Wandabschnitte und die damit verbundenen Probleme beim Putz und bei Anstrichen sind also in gewissem Umfang normal.

Übermäßige Feuchtigkeit zu beseitigen, ist allerdings in mehrfacher Hinsicht eine wichtige Maßnahme: Durch Feuchtigkeit kann Mauerwerk nicht nur seine Tragfähigkeit verlieren, feuchte Bauteile schaffen auch ein ungesundes Raumklima und führen während der Heizperiode zu erhöhten Energieverlusten, denn Feuchtigkeit vermindert die wärmedämmende Wirkung von Baustoffen. Schimmelpilze gedeihen an feuchten Wänden, die Pilzsporen können zu Allergieerkrankungen der Atemwege führen. Aufsteigende Feuchtigkeit lässt sich durch starkes Heizen nicht beseitigen, im Gegenteil. Es verstärkt die Verdunstung an den Wandoberflächen und lässt die Feuchtigkeit dadurch nur noch schneller nachströmen, was wiederum die Verwitterung der Oberfläche und den Alterungsvorgang der betroffenen Bauteile verstärkt.

Schäden infolge Feuchtigkeit im Mauerwerk:

- Am Gebäudesockel: sich lösender Anstrich, bröselnder Putz.
- An Holzteilen im Bereich des Sockelmauerwerkes: morsche Schwellen, Pfosten, Balkenköpfe.
- An Mauerwerksoberflächen innen und außen: weißliche, gelbliche oder rötliche „Ausblühungen" (salzartige Ablagerungen).
- An Stallwänden: Salpeterausblühungen (Kalziumnitrat).
- Am Mauerwerk: lockerer, sandender Fugenmörtel, bröselnde (sandende) Steinoberflächen, lockere Steine, Ausbeulung von Kelleraußenwänden.
- Raumseitig im unteren Bereich der Erdgeschosswände: sich ablösende Anstriche oder Tapeten, Stockflecken und Schimmelpilzbefall, bröselnder Putz.

Abb. 6.9
Vorher - Nachher:
Unterfangen, sprießen, flicken, austauschen - es war eine Menge Arbeit, bis der Unterbau durch das ehemalige Scheunentor betreten werden konnte.

Feuchtigkeitsschäden können allerdings auch andere Ursachen haben: In bewohnten Räumen wird stets Feuchtigkeit an die Raumluft abgegeben, die an der Innenseite schlecht wärmedämmender Außenwände und anderer kalten Bauteile wie Gebäudeekken, Deckenanschlüsse oder Fensterstürze (den typischen „Wärmebrücken") kondensiert. Bei vielen Schadensfällen liegt ein Zusammenwirken beider Durchfeuchtungsursachen vor.

Daneben gibt es, wie schon beim Fundament beschrieben, Schäden am Kellermauerwerk, die auf Bewegungen des Baugrundes und/oder zu hohe Gebäudelasten zurückzuführen sind. Sie machen sich in Form von Rissen bemerkbar, die sich auch im darüberliegenden Mauerwerk fortsetzen können.

Mögliche Ursachen für Risse im Kellermauerwerk:

- Mängel am Fundament (vgl. Kap.6.2).
- seitlicher Erddruck, z.B. bei Hanglage, bei nachträglicher Erdanschüttung, bei großflächigen Kellerwänden ohne aussteifende Querwände.
- Kombination dieser Ursachen, meist in Verbindung mit Feuchtigkeitsschäden.

Abb. 6.10 (oben)
Durch „stehendes Wasser" im Sockelbereich zerstörte Schwelle.

Abb. 6.11 (unten)
Kiesschüttung als Spritzwasserschutz.

Mögliche Instandsetzungsmaßnahmen:

- Ausbesserung oder Neuherstellung des Fundaments.
- Herstellung einer Betonwand als Vorsatzschale oder Errichten einer Stützmauer an der Außenseite der Kellerwand.
- Herstellung einer gemauerten oder betonierten Vorsatzschale an der Innenseite der Wand.
- Abriss und Neuherstellung der Kellerwand.

Das Herstellen einer Stahlbetonwand wird am besten einem Fachhandwerker überlassen. Für Eigenleistung geeignet sind das Ausheben und Verfüllen des Arbeitsraumes, die Herstellung einer gemauerten Vorsatzschale (Dicke nach Angabe des Statikers) und - bei Bedarf - das Anbringen einer senkrechten Abdichtung sowie das Verlegen einer Dränage.

6.3.1 Instandsetzung und einfache Entfeuchtung

Zum Schutz gegen eindringende Feuchtigkeit werden seit Anfang des 20. Jahrhunderts bei der Errichtung von Kellerwänden senkrechte und waagerechte Sperrschichten aus bituminösen Stoffen eingebaut und im Bedarfsfall eine Ringdränage verlegt. Nun ist der nachträgliche Einbau von Sperrschichten verhältnismäßig aufwendig und teuer, so dass es in vielen Fällen ausreicht,

- vorhandene Schäden zunächst mit einfachen Maßnahmen (siehe unten) zu beheben und eine „gründliche" Trockenlegung zu einem späteren Zeitpunkt nur bei tatsächlichem Bedarf durchzuführen,
- vermeidbare Feuchtigkeit konsequent vom Gebäude fernzuhalten,

- sich im übrigen - soweit vertretbar - mit der Feuchtigkeit zu arrangieren.

Einfache Maßnahmen zur Beseitigung von Feuchteschäden:

- Schadhaften Sockelputz abschlagen, Steinoberflächen mit Drahtbürste reinigen und von lockeren Schichten befreien, weichen Fugenmörtel 1,5 bis 3 cm tief auskratzen und mit Trasskalkmörtel neu verfugen, ggf. speziellen Sanierputz (Kap. 5.2.3) aufbringen und/oder den Putz mit rein mineralischen Mitteln (Silicat-, Kalk- und Zementfarben, vgl. Kap. 15) streichen.
- Sockelvorsprünge zur besseren Wasserableitung nach außen abschrägen und ggf. mit Steinplatten (z.B. Biberschwanz-Ziegelplatten) oder Blech abdecken.
- Innenseite der Kelleraußenwände reinigen und neu verfugen (wie beim Sockelmauerwerk), lockere Steine neu vermörteln.

Vermeidbare Feuchtigkeit vom Gebäude fernhalten heißt, das Oberflächenwasser gut ableiten; also:

- schadhafte oder fehlende Dachrinnen und undichte Regenfallrohre reparieren oder ersetzen,
- befestigte Flächen (Wege, Hof, Einfahrt) und das Gelände mit Gefälle vom Haus weg anlegen.

Sich mit der Feuchtigkeit zu arrangieren heißt:

- geringe optische Mängel im Sockelbereich hinnehmen,
- salzartige Ausblühungen regelmäßig abbürsten,
- dampfdichte Anstriche und Wandfliesen am Sockel und an feuchten Bereichen der Außenwand-Innenflächen entfernen,
- nur feuchtigkeitsunempfindliche und wasserdampfdurchlässige („atmungsfähige“) mineralische Anstriche und spezielle Sanierputze verwenden; bei feuchten Wänden auf Fliesen, Tapeten oder auf nicht hinterlüftete Holzverschalungen verzichten,
- Kellerräume nur für Zwecke nutzen, die feuchtigkeitsverträglich sind,
- Kellerräume das ganze Jahr über geringfügig lüften.

6.3.2 Trockenlegung

Weil eine Trockenlegung erdberührter Wandflächen vergleichsweise aufwendig und teuer ist, empfiehlt sich das nur,

- wenn der Wasser- bzw. Feuchtigkeitsanfall und die Schäden am Gebäude groß sind, z.B. wenn Grund- oder Hangwasser ansteht,
- bei kulturell wertvollen oder denkmalgeschützten Gebäuden,
- wenn Kellerräume oder nichtunterkellerte Nebenräume zu Wohnzwecken oder zu anderen „Trockenräumen“ umgestaltet werden sollen.

Wirksame Techniken zur Trockenlegung sind:

- Einbau senkrechter Sperrschichten, in der Regel auf der Außenseite der Wand,
- Anbringen von senkrechten Drän- bzw. Filterschichten auf der Außenseite der Wand,
- Verlegen von Dränleitungen mit oder ohne Anschluss an den Abwasserkanal (nach behördlicher Anforderung)
- Einbau waagerechter Sperrschichten in das vorhandene Mauerwerk nach verschiedenen Verfahren.

Abb. 6.12
Wenn der Sockelvorsprung abgeschrägt wird, kann das Regenwasser besser ablaufen.

1 Putz
2 vorhandener Sockelvorsprung
3 Blech, Stein- oder Ziegelplatten

Abb. 6.13
Abdichtung eines feuchten Kellers von innen

1 Bestehendes Mauerwerk
2 Dichtungsbahn
3 Vormauerung 11,5 cm
4 Betonplatte 12 - 15 cm
5 Bestehendes Fundament
6 Sauberkeitsschicht aus Beton 4 - 6 cm
7 Schotter oder grober Kies

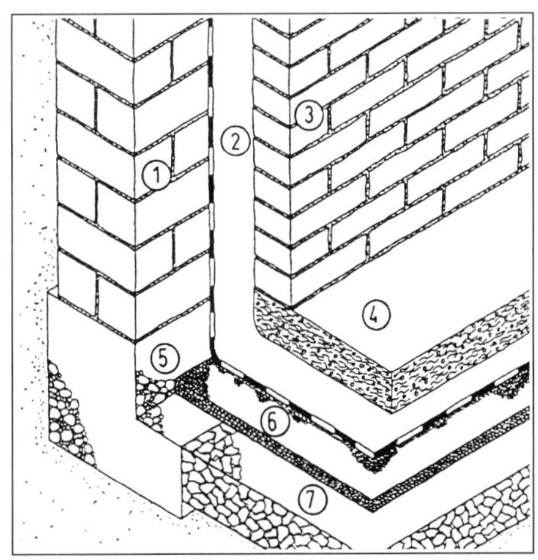

Soll auch der Boden trockengelegt werden, so ist auf einen fachgerechten Anschluss der Wandabdichtung an die Bodenabdichtung zu achten (vgl. Kap. 6.5).

Senkrechte Sperrschichten

Senkrechte Abdichtungen auf Keller- und Fundamentmauerwerk bestehen aus einem wassersperrenden Putz auf der erdberührten Seite - ggf. in Verbindung mit einem Dichtungsanstrich oder einer Dichtungsbahn - und einer senkrechten Schutz- und Filterschicht. Ein richtig zusammengesetzter Zement- oder Trasskalkputz wirkt bereits wasserhemmend, ein bituminöser Dichtungsanstrich oder eine mineralische Dichtungsschlämme (kunstharzvergütete Zementschlämme) verbessert die Wirkung und bewirkt eine Überbrückung kleiner Putzrisse. Dichtungsanstriche sind besonders bei Hanglagen sinnvoll. Bei direkt anstehendem (drückendem) Wasser werden geklebte Dichtungsbahnen auf Bitumen- oder Kunststoffbasis verwendet. Die senkrechte Dränage- bzw. Filterschicht schützt die Abdichtung vor mechanischer Beschädigung und ermöglicht einen raschen Wasserabfluss. Als Dränschicht werden Bitumenwellplatten, Faserzementplatten und Noppenfolien aus Kunststoff verwendet, oder, etwas solider und teurer, Filtersteine aus Beton, die mörtelfrei aufgesetzt werden.

Herstellung senkrechter Kellerwandabdichtungen außen:

- Arbeitsraum bis zur Fundamentsohle ausheben (an der Fundamentsohle etwa 50 cm breit, Böschungswinkel etwa 60° in Abhängigkeit von der Bodenart), Aushubmaterial seitlich lagern.
- Vorsicht bei Abgrabungen neben Kellergewölben! Einsturzgefahr! Das seitliche Erdreich dient als Widerlager (vgl. Kap. 6.4).
- Lockeren Mörtel, Wurzelreste und Humus von der Kellerwand entfernen, Fugen und Steinoberflächen mit hartem Wasserstrahl reinigen.
- Nach etwa zwei Wochen Austrocknungszeit die Schadstellen mit Trasskalkmörtel ausbessern, Fugen auswerfen (Mischungsverhältnis 1 Raumteil Trasskalk und 3 bis 4 Raumteile Sand).
- Nach weiteren 1 bis 2 Tagen Trasskalkputz aufbringen, bei Fundamentvorsprüngen Rundkehle ausbilden, Putz glatt abreiben.
- Zur weiteren Verbesserung: Dichtungsanstriche (z.B. Bitumenemulsion 2 x heiß oder 3 x kalt) oder Dichtungsbahnen (z.B. Bitumenschweißbahn mit Gewebeeinlage, zweilagig) aufbringen.
- Dränschicht lose vor die Wand stellen. Arbeitsraum in mehreren Lagen verfüllen und verdichten (bzw. sich setzen lassen), Traufstreifen anlegen.

Dränleitungen

Häufig wird in Verbindung mit dem Anbringen einer senkrechten Sperrschicht auch eine Dränleitung verlegt. Eine Dränleitung hat die Aufgabe, nach starken Regengüssen oder bei anstehendem Grundwasser das Aufstauen von Wasser oberhalb der Fundamentsohle zu verhindern. Ob eine Dränleitung erforderlich ist, hängt von der Menge und Häufigkeit des Wasseranfalls und von der im Gebäude auftretenden Feuchtigkeitsmenge ab. Auf jeden Fall ist der nachträgliche Einbau wesentlich teurer als der Einbau in Kombination z.B. mit einer senkrechten Abdichtung bei bereits vorhandenem Arbeitsraum.

Die Dränleitung wird in der Regel als Ringleitung um das Gebäude herum verlegt und an eine Sickergrube oder an die Kanalisation angeschlossen. Je nach Niveauunterschied zum öffentlichen Kanal sind ggf. Vorkehrungen gegen einen Rückstau zu treffen. In manchen Fällen ist der Anschluss an die Kanalisation nicht zulässig.

Dränleitungen werden als Tonrohre oder gelochte PVC-Schläuche angeboten, sie haben gewöhnlich einen lichten Durchmesser von 10 cm und werden mit mindestens 1% Gefälle (1 cm pro 1 m Länge) verlegt. Richtungsänderungen dürfen mit Bögen von max. 45° ausgeführt werden. Es empfiehlt sich, an ein oder zwei Stellen ein senkrechtes Rohr zum Spülen der Leitungen einzubauen.

Waagerechte Sperrschichten

Bei Neubauten wird beim Mauern der Kellerwände unter der ersten Steinschicht eine Bitumenpappe verlegt, um das Aufsteigen von Feuchtigkeit zu verhindern. Eine weitere horizontale Sperrschicht aus Bitumenpappe wird in der Außenwand etwa 30 cm oberhalb der Geländekante eingelegt.

Für den nachträglichen Einbau dieser Sperrschichten wurden mehrere Verfahren entwickelt, die aber alle recht aufwendig bzw. teuer sind. Es empfiehlt sich daher, im Einzelfall genau zu prüfen, ob die Anwendung eines der folgenden Verfahren angemessen ist oder ob zunächst die oben beschriebenen Maßnahmen ausreichen (6.3.1 und 6.3.2 a,b). Die Ausführung der folgenden Verfahren - außer dem erstgenannten - sollte erfahrenen Fachfirmen überlassen werden, die auch eine mindestens fünfjährige Gewährleistung übernehmen.

Maueraustauschverfahren

Das Mauerwerk wird abschnittsweise ausgestemmt (Arbeitsweise ähnlich wie beim Unterfangen, vgl. Kap. 6.2) und ausgemauert, wobei eine Dichtungsbahn eingelegt wird, z.B. eine dicke Bitumenbahn mit Gewebe- oder Metalleinlage. Das Verfahren bietet sich an, wenn stark versalzene Wandteile ohnehin ausgetauscht werden sollen oder wenn ein neues Fundament hergestellt wird. Dieses Verfahren ist vergleichsweise kostengünstig und zum Selbstmachen geeignet. Mit Setzrissen am Gebäude muss jedoch gerechnet werden.

Mauersägeverfahren

Das Mauerwerk wird mit einer Säge aufgetrennt. In die entstandene Fuge wird ein Edelstahlblech eingelegt, oder die Fuge wird mit einem Dichtungsmittel unter Druck ausgefüllt. Auch bei diesem Verfahren muss mit Setzrissen gerechnet werden.

Chromstahlblech-Verfahren

In die Lagerfugen des Mauerwerks werden ca. 1 mm dicke nichtrostende Edelstahlbleche maschinell eingeschossen. Das Verfahren kann nur bei Mauerwerk mit durchgehenden Lagerfugen angewandt werden.

Injektionsverfahren

Es werden Bohrlöcher hergestellt, in die mit oder ohne Druck eine abdichtende Flüssigkeit, z.B. ein wasserverdünnbares Silicat-Siliconat-Präparat, eingebracht wird. Silan- bzw. Siloxanpräparate sind möglichst zu vermeiden, da sie organische Lösungsmittel enthalten. Dieses Verfahren eignet sich besonders bei saugfähigem Ziegel- und Natursteinmauerwerk, wobei der Durchfeuchtungsgrad nicht über 50% liegen sollte. Unter Umständen ist eine Nachbehandlung erforderlich.

Elektrophysikalische Verfahren sind eher teurer. Über die Wirksamkeit liegen uns keine gesicherten Erkenntnisse vor. Die manchmal verwendeten Entlüftungsröhrchen sind unwirksam.

6.3.3 Abriss und Neuerstellung

Manchmal kann Mauerwerk so schadhaft sein, dass eine Reparatur nicht mehr möglich ist und die Wand abgerissen und ersetzt werden muss. Der Wandaustausch kann in zwei Verfahren ausgeführt werden: entweder es wird abschnittsweise unterfangen, oder es wird abgesprießt und die Wand als ganzes ausgetauscht. Bei Mauerwerk im Erdreich muss auf der Außenseite der Wand ein Arbeitsraum ausgehoben werden.

Abriss und Wiederaufbau tragender Mauern (Baugenehmigung erforderlich) sollte nur unter fachlicher Anleitung ausgeführt werden. Besondere Vorsicht ist geboten, wenn sich in der Nähe der Wand ein Deckengewölbe oder eine Kappendecke befindet. Unsachgemäße Vorgehensweise kann zum Einsturz führen!

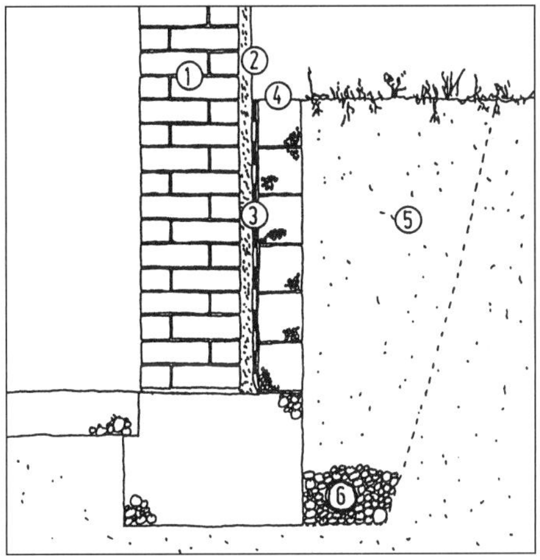

Abb. 6.14
Sanierung einer feuchten Kelleraußenwand von außen; Lösung A.

1 Vorhandene Kellerwand
2 Zementputz als ebener Untergrund für Dichtungsbahn oder Dichtungsanstrich, 2 cm stark
3 Dichtungsanstrich oder -bahn
4 Filtersteine als Schutz vor mechanischer Beschädigung und als Filterschicht, 10 cm
5 aufgeschütteter Arbeitsraum
6 Dränleitung, zur Abführung des Wassers, in Kies gelegt

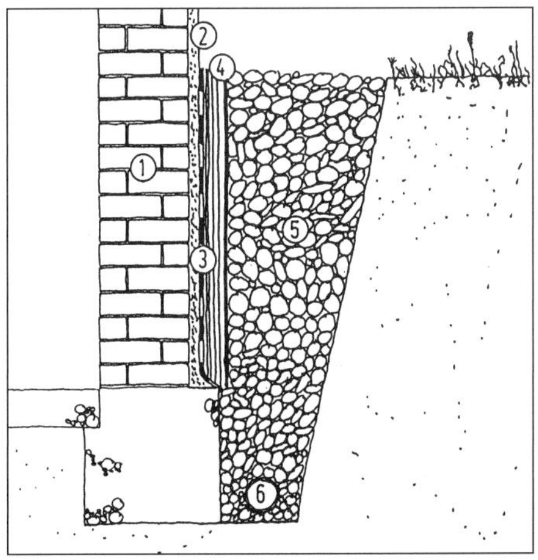

Abb. 6.15
Sanierung einer feuchten Kelleraußenwand von außen; Lösung B.

1 Vorhandene Kellerwand
2 Zementputz 2 cm
3 Dichtungsanstrich oder -bahn
4 Wellplatten als Schutz vor Beschädigung der Dichtung
5 Filterschicht aus Kies
6 Dränrohr zur Ableitung des Wassers

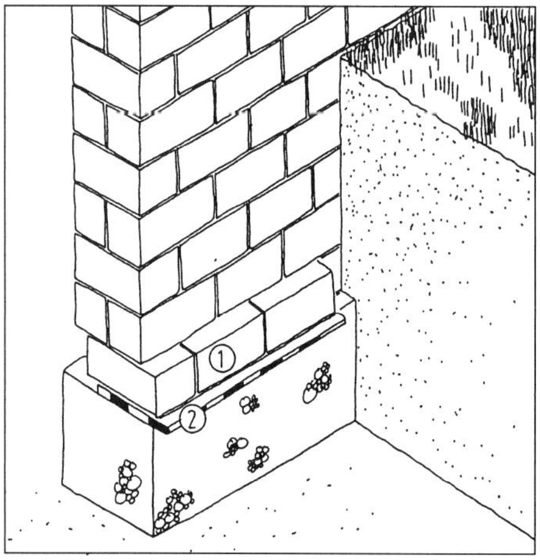

Abb. 6.16
Einlegen einer Sperrschicht.

1 Abschnittsweise Ausbrechen von Mauersteinen direkt über dem Fundament
2 Abschnittsweise Einlegen einer Sperrschicht (Dichtungsbahn) und Wiedereinsetzen der Steine

Der Abriss einer Kellerwand kann unter Umständen vermieden werden, wenn eine neue, tragende Wand neben der vorhandenen schadhaften errichtet wird. Auf eine fachgerechte Gründung und Abdichtung sowie auf eine fachgerechte Verbindung mit den angrenzenden Bauteilen ist unbedingt zu achten.

6.4 Kellergewölbe

Während bei den ebenen Geschossdecken, wie sie heute üblich sind (Stahlbeton-Plattendecken, Stahlbeton-Rippendecken, Holzbalkendecken) die Belastung durch Biegemomente auf die tragenden Wände geleitet wird, werden beim Gewölbe nur Druckkräfte wirksam, ähnlich wie bei einer senkrecht belasteten Wand.

Bei jedem Gewölbe stellt sich bei einer bestimmten Auflast eine charakteristische Stützlinie ein. Im Idealfall ist das Gewölbe so geformt, dass die Stützlinie in der Mitte des Gewölbes verläuft. Unterhalb des Kämpfers verläuft die Stützlinie bei normal dicken Wänden häufig außerhalb des Mauerwerks, d.h. das Mauerwerk lehnt sich seitlich ans Erdreich an; oder es werden Strebepfeiler als seitliche Widerlager ausgebildet, wie sie z.B. aus dem Kirchenbau bekannt sind. Gemauerte Bögen über Fenster- bzw. Türöffnungen und Kappendecken funktionieren übrigens nach dem gleichen Prinzip. Das Tonnengewölbe ist die einfachste und bei Wohn- und Wirtschaftsgebäude häufigste Gewölbeform. Kreuz-, Kuppel- und Rippengewölbe sind in ihrem Trageverhalten wesentlich schwerer zu erfassen.

Schäden an Gewölben machen sich im allgemeinen im Scheitel- und Kämpferbereich in Form von Pressfugen mit Steinabsprengungen und durch klaffende Fugen bis hin zu herausfallenden Steinen bemerkbar. Ursache dafür ist eine Verlagerung der Druckzone (z.B. aufgrund einer zu großen Auflast) in Verbindung mit einem Nachgeben der Widerlager (z.B. weil die seitliche Abstützung oder die Auflast auf dem Widerlager nicht ausreicht). Oft wird eine derartige Änderung des Tragverhaltens überlagert vom feuchtigkeitsbedingten Alterungsprozess des Mauerwerks (Kap. 6.3, 7.1) oder von Mängeln am Fundament (Kap. 6.2).

Verformungen des Gewölbes dieser Art lassen sich nicht beseitigen, ein Fortschreiten muss jedoch verhindert werden. Bei Maßnahmen an und in der Umgebung von Gewölben ist es dringend geboten, eine erfahrene Fachperson einzuschalten. Gewarnt sei vor unsachgemäßen Eingriffen, die zum Einsturz des Gewölbes führen können. So ist es nicht zulässig,

- den Boden seitlich der Gewölbe ohne fachgerechte Abstützung abzugraben,
- das Gewölbe von unten mit Druck abzustützen,
- Öffnungen in Gewölben herzustellen,
- aufgehendes Mauerwerk über den Widerlagern ohne fachgerechte Absprießung zu entfernen.

Für die Sanierung schadhafter Gewölbe kommen z.B. folgende Maßnahmen in Betracht:

- Einbau einer Entlastungsdecke über dem Gewölbe.
- Instandsetzen und ggf. Verstärken der Fundamente.
- Einbau von Stahlankern und Betonringankern.
- Ausbessern des Wand- und Gewölbemauerwerks.

Weil für die Ausführung dieser Maßnahmen besondere Fachkenntnisse erforderlich sind, wird auf eine weitergehende Darstellung verzichtet.

6.5 Böden gegen Erdreich

Bei der Instandsetzung und bei der Neuherstellung von Böden in Aufenthaltsräumen, die ans Erdreich grenzen, ist der Einbau einer waagerechten Feuchtigkeitssperre notwendig. Auf dieser Feuchtigkeitssperre kann dann jeder beliebige Fußbodenaufbau hergestellt werden (vgl. Kap. 10), wobei eine 8 - 12 cm dicke Wärmedämmschicht nicht fehlen darf.

Für Aufenthaltsräume wird baurechtlich in der Regel eine Mindesthöhe von 2,30 m vorgeschrieben. Beim Tieferlegen des Bodens, um z.B. die Dicke des neuen Bodenaufbaus auszugleichen oder um die lichte Raumhöhe zu vergrößern, darf das Erdreich nicht tiefer als bis zur Fundamentsohle ausgehoben werden. Anderenfalls muss auch das Fundament tiefergelegt werden (vgl. Kap. 6.2.3).

Der Bodenaufbau richtet sich nach der geplanten Raumnutzung. Für untergeordnete Nebenräume und bei trockenem Baugrund genügt es, einen kapillarbrechenden Unterbau aus einer 15 cm dicken Grobkies- oder Schotterschüttung und einem Mineralbeton- oder Siebschuttbelag herzustellen (abrütteln). Auf diesem Unterbau können Steinplatten (z.B. Naturstein- oder Betonplatten, eine Backsteinflachschicht o.ä.) in Sand oder Zementmörtel verlegt werden. Für beheizte Aufenthaltsräume kann auf einem solchen Unterbau über einer Dichtungsbahn mit Geovliesunterlage auch ein einfacher, wärmegedämmter Dielenfußboden hergestellt werden.

Der heute als Stand der Technik anzusehende Fußbodenaufbau, der für Wohnräume im Erdgeschoss sowie auf nicht ganz trockenem Baugrund empfohlen wird, kommt allerdings nicht ohne Betonbodenplatte und ohne eine fachgerecht verlegte Dichtungsbahn aus.

Bei drückendem Wasser muss zusätzlich unter der Bodenplatte eine Dränage eingebaut werden. Besondere Aufmerksamkeit erfordert der dichte Anschluss an die senkrechten und waagerechten Abdichtungen der Kelleraußenwände.

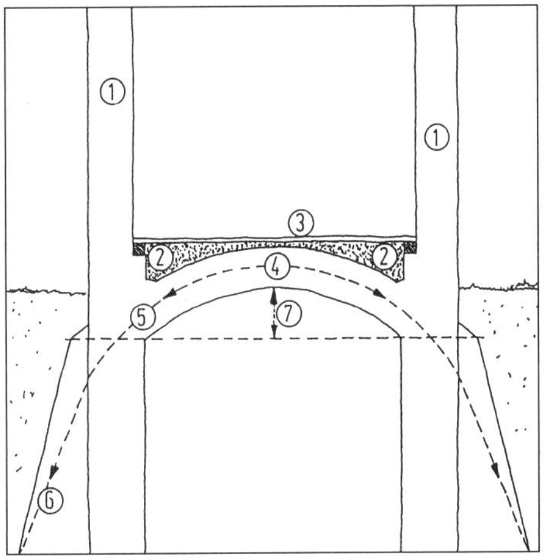

Abb. 6.17
Die Bezeichnungen beim Tonnengewölbe.

1 Aufgehendes Mauerwerk
2 Gewölbezwickel oder Anker
3 Fußboden
4 Scheitel / Kämpfer
5 Widerlager
6 Stützlinie des Gewölbeschubes
7 Stich

Abb. 6.18
Eine zum Wohnhaus ausgebaute Scheune - Südseite; Eingang und Terrasse

Herstellung eines neuen, erdberührten Fußbodens:

- Fußbodenaufbau festlegen, dabei die erforderliche lichte Raumhöhe und die Lage der Fundamentsohle beachten.
- Vorhandenen Fußboden entfernen, es sei denn, er ist als Unterboden zur Aufnahme der Sperrschicht geeignet.
- Boden in der erforderlichen Tiefe ausheben, Aushubmaterial abfahren (oder auf dem Grundstück verwerten).
- Falls erforderlich: Fundament durch Unterfangen tieferlegen (vgl. Kap. 6.2).
- Filterschicht aus Grobkies einbauen, ggf. mit Geovlies und PE-Folie abdecken.
- Sauberkeits- und Ausgleichsschicht aus Zementbeton oder Mineralbeton herstellen, ggf. abrütteln.
- Kunststoff- oder Bitumenbahn als Abdichtung verlegen, Stöße ggf. verschweißen.
- Betonbodenplatte herstellen.
- Fußboden einbauen (vgl. Kap. 10).

Bei Verwendung von keramischen Fliesen oder Natursteinplatten als Bodenbelag in Wohnräumen kann der Einbau einer Fußbodenheizung durchaus sinnvoll sein. Sie ist aber kein Ersatz für eine gute Wärmedämmung - im Gegenteil. Zur Vermeidung übermäßiger Wärmeverluste nach unten muss die Dämmung unter den Heizschlangen besonders dick ausgeführt werden.

Fußböden für Feuchträume können ohne Abdichtung direkt auf dem Erdreich hergestellt werden, z.B. aus Ziegelpflaster, Natursteinplatten, Splitt, Mineralbeton oder gestampftem Lehm.

7. Außenwand und Fassade

7.1 Mauerwerk

Das Mauerwerk alter Häuser besteht oft aus Ziegel- oder Natursteinen, die mit Kalkmörtel vermauert wurden und als Sichtmauerwerk oder mit Verputz ausgeführt sind.

Die häufigsten Schäden an altem Mauerwerk sind:

- Abblättern der Putzoberfläche und Ausblühungen im Sockelbereich.
- Verwitterte Mörtelfugen und verwitternde Steinoberflächen bei Sichtmauerwerk.
- Schadhafter Putz.
- Feuchtigkeit auf der Innenseite der Aussenwände mit Stockflecken, Schimmelbildung, abblätternder Oberfläche.
- Risse im Mauerwerk.

Hauptursache für diese Schäden ist Feuchtigkeit: Regen, aufsteigende Bodenfeuchtigkeit und Luftfeuchtigkeit. Daher müssen die Maßnahmen zur Beseitigung solcher Schäden auch hier ansetzen. Rein oberflächliche Reparaturen wie Überstreichen oder Kitten sind in der Regel kaum die Mühe wert. Darüber hinaus ist bei fast allen Außenwänden älterer Häuser eine Verbesserung des Wärmeschutzes angebracht, bei Erneuerungsmaßnahmen sogar gesetzlich gefordert.

Sockel und Fassaden

Bei altem Sichtmauerwerk aus Natur- oder Backstein sind die Mörtelfugen häufig ausgewaschen, die Steinoberflächen verwittert und oft bröselig geworden. Ursache ist die Beanspruchung der Wand durch Regen und Frost. Altes Mauerwerk wurde oftmals aus nicht frostbeständigem Material hergestellt, obendrein beschleunigen Luftverschmutzungen und der saure Regen die Gesteinsverwitterung.

Der Verwitterungsprozess kann erheblich verlangsamt werden, wenn die lockeren Oberflächen abgetragen, wo nötig mit Gesteinsmehlmörtel (gibt es für alle Gesteinsarten im Handel) ausgebessert, und anschließend durch Hydrophobieren chemisch verfestigt und wasserabweisend imprägniert werden. Sind überwiegend die Mörtelfugen betroffen, so werden der lockere Mörtel 2 bis 3 cm tief ausgekratzt und die Fugen dann mit Trasskalk-Mörtel (Kap. 5.2.3) wandbündig neu verfugt, wobei die Verarbeitungsvorschriften bezüglich Witterung, Vornässen usw. unbedingt beachtet werden sollten. Eine vorherige Reinigung der Fassade durch Abbürsten, Abwaschen oder Dampfstrahlen ist empfehlenswert.

Ist die Verwitterung des Steins weit fortgeschritten, so bleibt nichts anderes übrig als die lockeren Schichten abzuschlagen (z.B. mit Steinmetzhammer, Beil oder Elektrohammer mit Breitmeißel) und die Fassade anschließend zu verputzen oder zu verkleiden (am besten in Verbindung mit einer Wärmedämmung).

Im Sockelbereich verwittern Steinfassaden häufig besonders stark, weil Spritzwasser - eventuell noch in Verbindung mit Streusalz - die Wand zusätzlich beansprucht. Hier ist ein Abschlagen der Wandoberfläche und ein neuer Zementputz oder eine neue Verkleidung mit Steinplatten sinnvoll. Steigt zudem Feuchtigkeit im Sockelmauerwerk auf, so kommt es bei der Sanierung darauf an, eine gute Verdunstung an der neuen Wandoberfläche zu gewährleisten, z.B. durch Verputzen mit einem wasserabweisenden, aber wasserdampfdurchlässigen Sanierputz (Kap. 5.2.3) in Verbindung mit einem Silikatfarbenanstrich.

Feuchtes Mauerwerk mit einem dichten Anstrich oder mit glasierten Fliesen zu überdecken, ist bei aufsteigender Feuchtigkeit keine Lösung, denn ein solcher Belag hält nicht lange und würde das Problem lediglich in die Wandfläche darüber verlagern. In schwierigen Fällen hilft nur eine Trockenlegung des Kellermauerwerks (Kap. 6.3.2).

Feuchtigkeit an der Innenseite von Außenwänden

Abblätternde Farbe, bröseliger Putz, Stockflecken und Schimmel an der Innenseite der Außenwände sind ebenfalls auf Feuchtigkeit zurückzuführen.

Bodenfeuchtigkeit, die im Mauerwerk aufsteigt, bzw. ein schadhafter Außenputz oder verwittertes Sichtmauerwerk auf den Wetterseiten können dazu führen, dass Mauerwerk übermäßig nass wird. Daneben steht heute die Durchfeuchtung infolge Schwitzwasserbildung im Vordergrund, vor allem an so gefährdeten Flächen wie Fensterlaibungen, Hausecken, Deckenauflager und Flächen hinter großen Möbelstücken. Feuchteschäden an diesen Stellen sind fast immer darauf zurückzuführen, dass die Fugen neuer Fenster verhältnismäßig dicht schließen und dass zu wenig gelüftet wird. Infolgedessen enthält die Raumluft vermehrt Wasserdampf, der an den kälteren Wandoberflächen kondensiert. Neben konsequentem Lüften schafft nur eine zusätzliche Wärmedämmung dieser Wandflächen dauerhaft Abhilfe.

Abb. 7.1 *oben rechts*
Tuffstein-Mauerwerk auf einem aus Naturstein gemauerten Sockel.

Abb. 7.2 *oben links*
Verwitterte Sandstein-Fensterbank.
Hier sollte zumindest durch eine Hydrophobierung eine weitere Verwitterung gestoppt werden. Sonst sehen die Fenstergewände bald ähnlich aus.

Abb. 7.3 *unten rechts*
Naturstein-Mauerwerk mit Mörtelfugen.

Abb. 7.4 *unten links*
Abplatzen des Putzes.

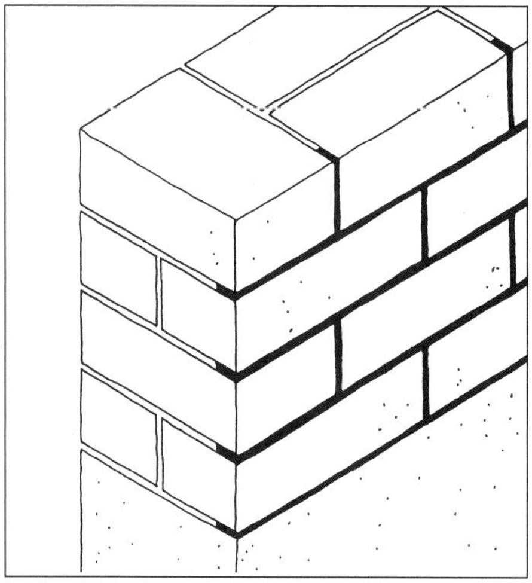

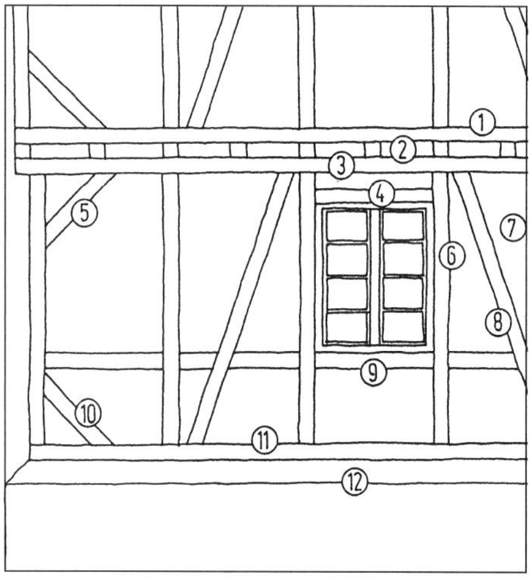

Abb. 7.5 *oben*
So wird schadhaftes Mauerwerk neu verfugt. Auskratzen der schadhaften Fugen (ca. 2 - 3 cm) und anschließend wieder neu verfugen.

Abb. 7.6 *unten*
Die Bezeichnungen bei einer Fachwerkwand.

1 Schwelle	7 Ausfachung
2 Balkenfach	8 Strebe
3 Rähm	9 Brustriegel / Riegel
4 Kopfriegel	10 Fußband
5 Bug oder Kopfband	11 Schwelle
6 Pfosten oder Stiel	12 Sockel

Einfache Maßnahmen zur Vermeidung von Schwitzwasserbildung:

- Möbelstücke 2 bis 5 cm von der Wand abrücken und eine Luftzirkulation von unten nach oben ermöglichen, große Bilder durch Abstandshalter hinterlüften.
- Räume mit hohem Feuchtigkeitsanfall häufiger lüften (Stoßlüftung).
- Feuchträume (Küche und Bad) nicht über offene Türen in die Wohnung entlüften.
- Räume ausreichend beheizen, unbeheizte Räume im schlecht wärmegedämmten Altbau nicht über offene Türen temperieren.

Im übrigen helfen nur möglichst umfassende Wärmedämmaßnahmen an den Außenwänden (Kap. 7.3), denn dadurch erhöht sich die Temperatur der inneren Wandoberflächen; gleichzeitig werden Wärmebrücken an Fenstern, Decken und Gebäudeecken beseitigt, so dass es nicht mehr zur Kondensation des Wasserdampfes an den inneren Wandflächen kommt.

Risse im Mauerwerk

Sichtbare Risse an der Außenwand können z.B. auf Schäden am Putz zurückzuführen sein. Sie sollten möglichst bald geschlossen werden, um das Eindringen von Feuchtigkeit in die Wand zu vermeiden.

Ursachen für Rissbildung im Mauerwerk liegen meist in Mängeln im Fundamentbereich (siehe Kap. 6.1 - 6.3). Andere Ursachen, auf die hier jedoch nicht näher eingegangen wird, können sein:

- Mangelnder Verband bei Bruchsteinmauerwerk.
- Schubkräfte aus Gewölben, Dachstühlen oder Bögen über Wandöffnungen.
- Zu dünnes Mauerwerk ohne ausreichende Queraussteifung.

7.2 Fachwerk-Außenwände

Bei Fachwerkhäusern bildet das Holzwerk das tragende Gefüge, die Ausfachung aus Lehm- oder Mauerwerk ist nichttragend. Fachwerkkonstruktionen können relativ starke Setzungen und Verschiebungen ohne Gefährdung ihrer Stabilität aufnehmen. Probleme bereiten dagegen die zahlreichen Fugen zwischen Ausfachungen und Holzwerk. Diese Fugen führen dazu, dass Sichtfachwerkwände nicht schlagregensicher sind und somit nicht den „Regeln der Baukunst“ entsprechen. Undichte Fugen beeinträchtigen die Winddichtigkeit des Gebäudes, Regen kann eindringen und zum Verrotten des Fachwerks führen.

Viele Schäden sind auf eine mangelhafte Bauunterhaltung, auf eine nicht ausreichende Berücksichtigung des konstruktiven Holzschutzes (Kap. 5.3.2) oder auf Fehler bei zurückliegenden Sanierungsmaßnahmen zurückzuführen - da nützt auch bestes Eichenholz auf die Dauer nichts.

Gerade bei der Instandsetzung von Fachwerkbauten kommt es darauf an, die traditionellen Konstruktionen zu verstehen und die handwerklichen Techniken zu kennen. Auf eine sorgfältige Ausbildung der Details und auf eine materialgerechte Verarbeitung ist großer Wert zu legen.

Häufige Schäden an Fachwerkwänden:

- Oberflächenzerstörung des Weichholzes durch Verwitterung.
- Morsche Schwellen auf dem Sockelmauerwerk, bedingt durch aufsteigende Feuchtigkeit und durch Nässestau z.B. über einem Mauervorsprung.
- Fäulnis an den Holzverbindungen und beschleunigte Verwitterung der Ausfachungen aufgrund einer schadhaften Dachentwässerung oder einer undichten Dacheindeckung.

- Pilzbefall (stets in Verbindung mit Feuchtigkeit).
- Befall durch tierische Holzschädlinge, die die tragende Konstruktion schwächen.
- Verschiebungen im konstruktiven Gefüge des Holztragwerkes.
- Offene Fugen zwischen Ausfachung und Holzwerk, die zu Nässestau und Fäulnis führen.
- Lockerer Außenputz.
- Lockere Lehm- oder Natursteinausfachung.

Fachwerkwände können als Sichtfachwerk oder als verputztes Fachwerk konzipiert sein. Das rein konstruktive, verputzte Fachwerk besteht meist aus dünneren Hölzern und wurde in der Regel ohne gestalterischen Anspruch und ohne Zierformen errichtet. Es ist weniger schadensanfällig, weil die Fugen zwischen Holzwerk und Ausfachungen verdeckt sind. Manchmal wurde Sichtfachwerk nachträglich verputzt, um den Brandschutz oder den Feuchtigkeitsschutz (Schlagregensicherheit der Fugen zwischen Gebälk und Ausfachung) zu verbessern. Gelegentlich dient der Putz auch dazu, eine als wertvoll angesehene Barock- oder Renaissance-Steinwand mit einer aufgemalten Quadrierung zu imitieren.

Eine Fachwerkkonstruktion sollte nur freigelegt werden, wenn sie auch ursprünglich als Sichtfassade angelegt war. Bei der Entscheidung gilt es außerdem den Zusammenhang mit der Nachbarbebauung und die Auswirkung auf das Ortsbild zu berücksichtigen. Das Freilegen eines ursprünglich verputzten Fachwerks wirkt oft lächerlich und aufgesetzt. Schlimmer noch ist das Vortäuschen eines Sichtfachwerks durch Bretter oder Bohlen. Eine solche „Scheinfassade“ rückt den Charakter eines Hauses in die Nähe von Disneyland.

Abb. 7.7 *oben links*
Fachwerk mit Sichtmauerwerk.

Abb. 7.8 *oben rechts*
Backsteinfassade, kombiniert mit ausgemauertem Sichtfachwerk.

Abb. 7.9 *mitte links*
Solche mit Brettern vorgetäuschten Fachwerke müssen nicht sein.

Abb. 7.10 *mitte rechts*
Schäden durch abgeplatzten Putz an der Fassade infolge eingedrungener Feuchtigkeit.

Abb. 7.11 *unten rechts*
Schadhafter Sockelbereich.

7.2.1 Reparaturen am Holzwerk

Ausbessern von Holzteilen

Sind nur die oberen Schichten eines Holzbalkens verfault oder von Holzschädlingen zerstört, kann die schadhafte Schicht mit dem Beil entfernt und durch ein neues Brett ersetzt werden. Bei der Arbeit an tragenden Teilen ist der Kräfteverlauf zu berücksichtigen und das Ersatzholz ggf. kraftschlüssig mit dem vorhandenen zu verbinden. Eventuell muss vorher abgesprießt werden - in Zweifelsfällen ist dabei der Rat eines Fachmanns angebracht. Größere Maßnahmen und Abstützungen erfordern unter Umständen sogar einen statischen Nachweis.

Die einzelnen Arbeitsschritte:

- Je nach Umfang des Schadens tragende Holzteile absprießen, ggf. prüfen lassen, ob der verbleibende Holzquerschnitt statisch ausreicht.
- Ausfachungen soweit erforderlich entfernen.
- Schadhafte Holzschicht abbeilen, eventuell Hilfsschnitte mit der Handkreissäge anbringen.
- Abgebeilte Flächen ebnen (mit Stemmeisen, Hobel).
- Bohlenstücke (4 - 6 cm dick), möglichst aus gesundem Abbruchholz oder aus trokkenem Holz der gleichen Sorte, zuschneiden, genau einpassen und kraftschlüssig mit dem Fachwerkbalken verschrauben (beim Nageln kann die Erschütterung zur Beschädigung der Gefache führen).
- Insekten- und pilzbefallende Holzreste verbrennen.

Ersetzen von Holzteilen

Stark zerstörte Holzteile, die sich nicht mehr ausbessern lassen, werden ausgewechselt oder mit einem Beiholz („Aufdopplung") verstärkt bzw. entlastet. Ist z.B. eine Innendämmung vorgesehen, so kann ein morscher Stützenkopf durch ein aufgeschraubtes Konsolholz „ersetzt" werden. Solche Lösungen bieten sich auch an, wenn bei Gebäudeumnutzungen höhere Deckenlasten abgetragen werden müssen, z.B. beim Ausbau einer Scheune.

Ein echtes Auswechseln ist aufwendig. Es ist daher ratsam, den Schadensumfang unter fachlicher Anleitung zu beurteilen und statische, optische, denkmalpflegerische und wirtschaftliche Gesichtspunkte bei der Bauteilerneuerung mit einzubeziehen. Beim Abbruch tragender Teile ist immer eine Baugenehmigung erforderlich.

Arbeitsschritte beim Auswechseln eines Holzteils:

- Angrenzende Ausfachungen entfernen.
- Holzteile säubern.
- Abfangung (Absprießung) mit Anleitung durch einen Zimmermann oder Statiker herstellen.
- Schadhaftes Bauteil entfernen, bei Schädlingsbefall verbrennen.
- Ersatzholz - möglichst intaktes Abbruchholz der gleichen Holzart und mit angeglichener Holzfeuchte - handwerksgerecht einbauen.

Ist die Herstellung gezapfter oder gedübelter Holzverbindungen nicht möglich, so muss stumpf eingefügt und unter Umständen mit Nagelblechen gearbeitet werden.
Bei einer verputzten Fassade kann eine morsche Fachwerkwand vielleicht auch durch Mauerwerk ersetzt werden, sofern keine denkmalpflegerischen Belange entgegenstehen.

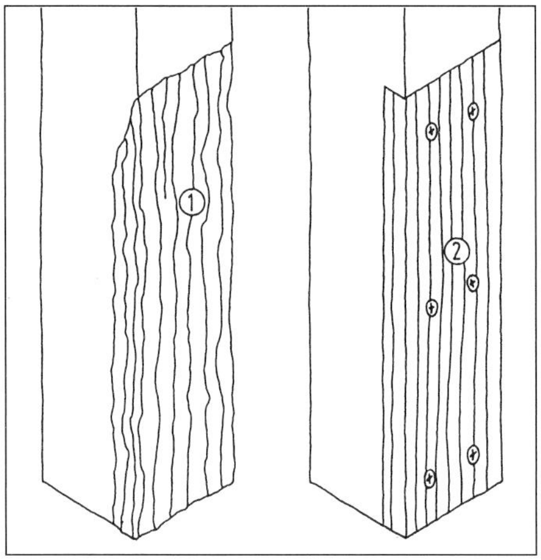

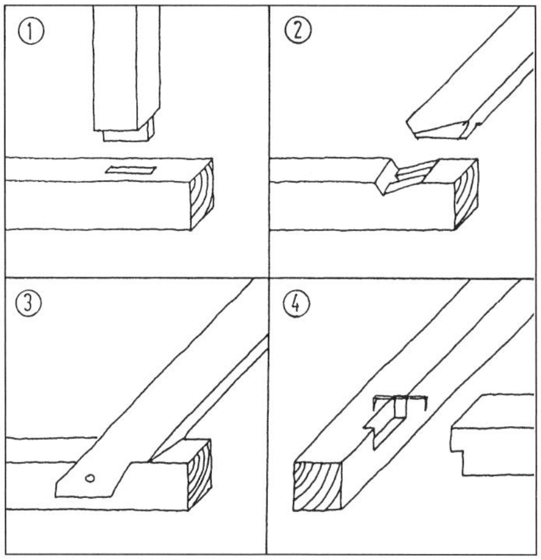

Abb. 7.12 *links*
So werden schadhafte Holzteile repariert.

1 Schadhafte Holzteile ausbeilen/aussägen
2 Neues Holz einsetzen und verschrauben

Abb. 7.13 *rechts*
Alte Fachwerkverbindungen.

1 Zapfen
2 Versatz
3 Verblattung
4 Versatz mit Klammer

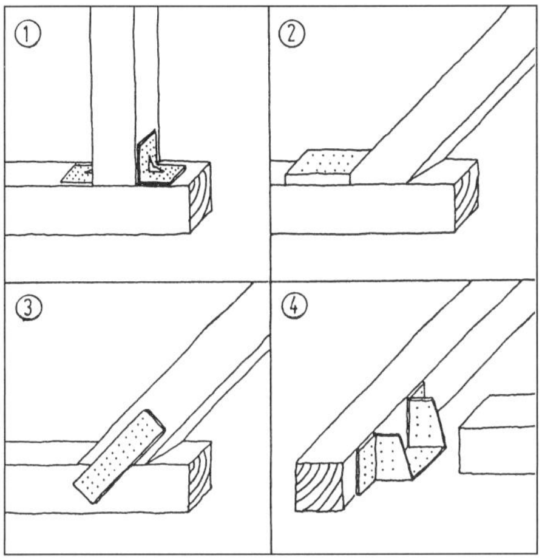

Abb. 7.14
Genagelte, für den Selbstbauer geeignete Fachwerkverbindungen.

1 Winkelblech statt Zapfen
2 Brettlasche statt Versatz
3 Brettlasche statt Verblattung
4 Balkenschuh statt Versatz

Abb. 7.15 *oben rechts und links*
Wiederherstellen des alten Fachwerkes durch Ersetzen der schadhaften Holzteile durch Überblattung mit Holzdübeln.

Abb. 7.16 *Mitte rechts*
Der Versatz, eine traditionelle Holzverbindung.

Abb. 7.17 *unten links*
Wiedereinbau einer alten, aufgearbeiteten Fachwerkkonstruktion. Alt neben Neu bleibt sichtbar.

Abb. 7.18 *unten rechts*
Holzverbindung mit einer eingelassenen Stahllasche und Stahlbolzen.

Abb. 7.19 *oben*
Holzverbindung mit Nagelblechen (Winkelbleche).

Abb. 7.21 *unten*
Holzverbindung mit Nagelblech.

Abb. 7.20 *oben*
Holzverbindung mit Balkenschuhen (genagelt).

Abb. 7.22 *unten*
Hier wurden Holz- und Stahltragwerke kombiniert.

Dazu folgende Regeln:

- Vorrang hat die konstruktions- und materialgetreue Ausführung.
- Klare Trennung zwischen Fachwerk- und Mauerwerkwänden (kein konstruktiver Mischmasch!).
- Steinwände stehen unter oder neben Fachwerkwänden, nie darüber.
- Die gestalterischen Auswirkungen berücksichtigen.

Zur Gestaltung von Reparaturen: in einer Fachwerkfassade können durchaus „Flickstellen“ gezeigt werden. Sie müssen aber formal gelöst und integriert sein. Das bewusst erkennbare, konstruktiv und handwerklich gut ausgeführte Reparieren ist eine ehrliche Architektur und in vielen Fällen einer Scheingeschichtlichkeit vorzuziehen.

Ausrichten des Tragwerks

Ein neues Ausrichten des Fachwerks wird sich in der Regel nicht allein auf eine Außenwandfläche, sondern auf das gesamte räumliche Gefüge des hölzernen Tragwerks erstrecken. Dazu muss das Gebäude bzw. der betroffene Gebäudeteil völlig „entkernt“ und mit Verspannungen und Abstützungen statisch gesichert werden. Das Ausrichten der Fachwerkkonstruktion erfolgt mit Hebegeschirr und Zugvorrichtungen. Die Wechselwirkung zwischen Sicherungsmaßnahmen, Standortveränderungen und sich änderndem Kräfteverlauf erfordert eine sorgfältige Vorgehensweise und kann nicht im Selbstbau durchgeführt werden.

Wegen der hohen Kosten ist das Ausrichten eines Tragwerkes nur in besonderen Fällen, z.B. bei historisch wertvollen Gebäuden, sinnvoll. Im übrigen ist das Atmosphärische eines schiefwinkligen alten Hauses ja auch nicht zu verachten! Die Veränderungen im Hausgefüge sind vielfach bereits vor langer Zeit eingetreten und abgeschlossen, so dass neue Schäden durch Setzungen kaum zu erwarten sind; der Kräfteverlauf ist also wieder im Gleichgewicht. Ein Eingriff in einen Teil des Tragsystems kann dagegen zu neuen, unerwarteten Schäden führen.

7.2.2 Reparaturen an der Ausfachung

Für die Ausfachung des Holzwerks wurde bei alten Fachwerkhäusern sowohl Lehm als auch Mauerwerk verwendet. Alte Lehmausfachungen bestehen aus Holzstaken und z.B. einem Geflecht aus biegsamen Ruten (Weide, Haselnuss etc.) als Armierung für den Lehmbewurf, der dann geglättet und verputzt wurde. Für gemauerte Ausfachungen wurde meistens Ziegel- oder Naturstein eingesetzt.

Häufige Schäden an Ausfachungen:

- Undichte Fugen zwischen Ausfachung und Holzwerk.
- Verwitterter Putz.
- Verwitterter Fugenmörtel und verwitterte Steinoberflächen bei Sichtmauerwerk.
- Schadhafte Lehmausfachung, lockerer Mauermörtel, mangelnder Steinverbund.

Fachwerkaußenwände genügen nicht mehr den heutigen Wärmedämmstandards. Bei Sichtfachwerk wird eine ausreichende Wärmedämmung durch innen aufgebrachte Vorsatzschalen erreicht, bei verputztem Fachwerk wird die Dämmschicht vorzugsweise außen angebracht (Kap. 7.3.2). Bei Sichtfachwerk kann die nach den allgemeinen anerkannten Regeln der Baukunst und der Bautechnik geforderte Schlagregensicherheit praktisch nicht erreicht werden.

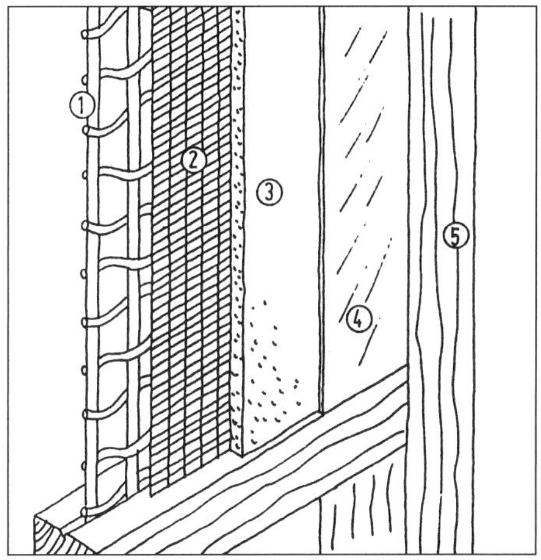

Abb. 7.23 *oben links*
Fachwerk mit Stakung, Weidengeflecht und Lehmbewurf.

Abb. 7.24 *oben rechts*
Sichtfachwerk, ehemals verputzt - wie an der rauhen Holzoberfläche erkennbar. Die Putzoberfläche liegt in der gleichen Ebene wie das Holzwerk. So kann das Regenwasser zügig ablaufen.

Abb. 7.25 *unten links*
Fachwerk mit Strohlehm-Ausfachung.

Abb. 7.26 *unten rechts*
Reparatur einer Ausfachung mit Stakung und Weidengeflecht.

1 Stakung mit Geflecht
2 Verzinktes Metallgewebe, Kunststoffgewebe oder Schilfmatten
3 Putz 2 cm
4 Anstrich
5 Fachwerk

Sichtfachwerk mit Lehmausfachung

Noch vorhandene Lehmausriegelungen sollten aus bauphysikalischen, bauhistorischen und wirtschaftlichen Gründen nach Möglichkeit erhalten werden. Wer Lehmfachwerk in größerem Umfang in traditioneller Technik reparieren will, sollte sich das Herstellen der Lehmmischung und die Arbeitstechnik von einer kompetenten Person zeigen lassen.

Leichte Schäden, wie Risse in der Oberfläche und offene Anschlussfugen, können relativ leicht beseitigt werden:

- Gefachfläche reinigen: lockere Stellen abschlagen, Oberfläche abbürsten oder abwaschen (Wasserschlauch).
- Risse und abgeplatzte Stellen mit Kalkmörtel (Kap. 5.2.3) schließen, Holzanschlussfugen sorgfältig und bündig ausführen.
- Kalkschlämme - evtl. mit Pigmenten eingefärbt - aufbringen (Kap. 15).

Bei stärkeren Schäden, z.B. bei teilweise fehlendem Lehmbewurf oder wenn die Ausfachung nicht mehr fest mit dem Holzwerk verbunden ist, kann folgendermaßen verfahren werden:

- Lose Stakung verschrauben.
- Gefach ganzflächig 2 bis 3 cm tief ausnehmen, Anschlussfuge mit Holz auskratzen.
- Verzinktes Metallgewebe („Streckmetall") als Putzträger an den Seiten am Holzwerk und in der Gefachmitte mit verzinkten Nägeln befestigen. (Wenn genügend Platz ist, kann auch eine 25 mm dicke Holzwolle-Leichtbauplatte als Putzträger verwendet werden.)
- Kalkputz und Anstrich aufbringen.

Die Putzoberfläche sollte bündig an das Holzwerk anschließen oder nur wenig vorstehen; sie darf die Holzkante nicht überdekken. Eine möglichst glatte, feinkörnige Oberfläche ist passender als eine künstliche Struktur oder etwa ein „wurmstichiger" Rauhputz.

Eine Fugenabdichtung mit „dauerelastischem" Kitt ist nicht sinnvoll, da solche Fugen nicht dauerhaft dicht bleiben, die Dichtungsmasse aber ein Austrocknen eingedrungener Feuchtigkeit behindert.

Abb. 7.27
Neues Ausmauern einer Fachwerk-Außenwand (Dämmung nicht dargestellt).

1 Fachwerk 12 - 14 cm
2 Mauerwerk 12 - 14 cm
3 120er verzinkte Nägel

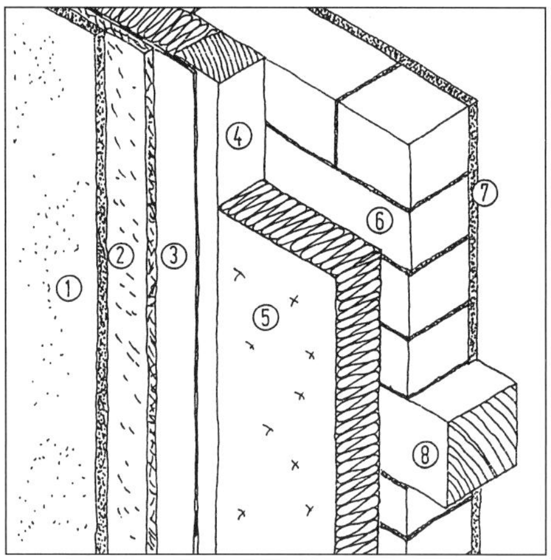

Abb. 7.28
Sichtfachwerk mit verputzter Ausfachung und verputzter Innendämmung.

1 Innenputz 15 mm
2 HWL - Platte 15 mm
3 Dampfbremse
4 Kanthölzer im Anstand entsprechend der Dämmattenbreite
5 Dämmung 40 - 100 mm
6 Gemauerte Ausfachung
7 Außenputz 20 mm
8 Fachwerkriegel

Gefache mit Sichtmauerwerk

Ausfachungen aus sichtbarem Mauerwerk bestehen im allgemeinen aus Klinkern bzw. Vormauerziegeln und sind besonders im norddeutschen Raum verbreitet. Die Instandsetzung erfolgt in ähnlicher Weise wie im Abschnitt über Sichtmauerwerk beschrieben:

- Mauerwerk mit Dampfstrahlgerät reinigen.
- Mörtelfugen 20 mm tief auskratzen, insbesondere die Holzanschlussfuge.
- Sorgfältiges Neuverfugen mit Traßkalkmörtel.

Auch hier ist es nicht sinnvoll, die Holzanschlussfuge mit dauerelastischem Kitt zu füllen.

Gefache mit verputztem Mauerwerk

Wenn sich die vorhandene, alte Ausfachung nicht mehr erhalten lässt, stellt sich die Frage, aus welchem Material die neue Ausfachung hergestellt werden soll. Beidseitig sichtbares Fachwerk ist wegen der unzureichenden Winddichtigkeit grundsätzlich nicht zu empfehlen; abgesehen davon reicht die Wandstärke des Fachwerkes (im allgemeinen ca. 14 cm) nicht aus, um zwischen den Oberflächen innen und außen noch eine ausreichende Wärmedämmung aus Mauerwerk unterzubringen. Soll die Fachwerkkonstruktion außen sichtbar bleiben, kann die neue Ausfachung aus Mauerwerk oder aus Strohlehm (mit raumseitig angebrachter Dämmschicht) oder in Leichtbauweise (Ausfachung mit Dämmstoff) hergestellt werden. Leichte Mauersteine, z.B. aus Bims oder Gasbeton, lassen sich sägen und somit gut an schräg laufende Holzteile anpassen. Schwere Steine, z.B. Ziegel oder Kalksandstein, bringen dagegen eine bessere Schalldämmung.

Beim Vermauern - am besten mit Kalkmörtel - wird in jeder zweiten Lagerfuge ein verzinkter Nagel seitlich ins Holz eingeschlagen, um die Ausfachung zu verankern. Eine bessere Schall- und Winddichtigkeit bieten mittig an den Fachwerkbalken angenagelte Dreikantleisten. Die obere Anschlussfuge wird am besten erst zwei Tage später vermörtelt, weil frisches Mauerwerk sich setzt und die obere Fuge sich öffnen würde. Bei verputztem Fachwerk wird bündig mit dem Holzwerk gemauert; bei Sichtfachwerk wird mit 25 mm Rücksprung gemauert, damit Putz- und Holzoberfläche in einer Ebene liegen.

Leichte Ausfachungen

Muss die vorhandene Ausfachung entfernt werden, so besteht auch die Möglichkeit, die Gefache mit Wärmedämmstoff zu füllen und zu verputzen. Auf diese Weise wird eine gute Dämmwirkung der Wand erreicht. Zur weiteren Optimierung der Wärmedämmung kann auf der Außen- oder Innenseite eine zweite Dämmschicht angebracht werden. Es ist allerdings zu bedenken, dass die schalldämmende Wirkung solch leichter Konstruktionen nur mäßig ist.

Einige Regeln für den Umgang mit Fachwerkwänden:

- Fassadenflächen nicht verfliesen und nicht mit dampfdichten Dämmplatten, Dispersionsanstrichen oder Kunstharzputzen versehen.
- Risse im Holz des Sichtfachwerkes, die mehr als 8 mm breit sind, mit Holz auskeilen, kleinere Risse nur mit Farbe tief ausstreichen.
- Das Schwellenauflager ist so auszubilden, dass aufsteigende Feuchtigkeit von unten

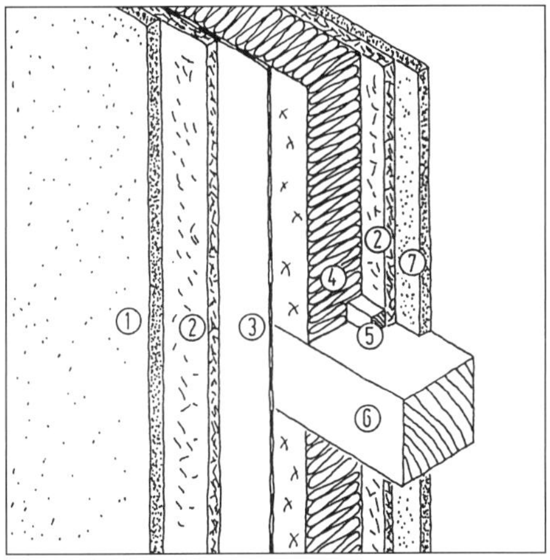

Abb. 7.29
Sichtfachwerk mit wärmedämmender Ausfachung.

1 Innenputz 15 mm
2 HWL - Platte, innen 15 mm, außen 25 mm
3 Dampfbremse
4 Dämmung
5 Holzleiste als Anschlag für HWL - Platte
6 Fachwerkriegel
7 Außenputz 20 mm

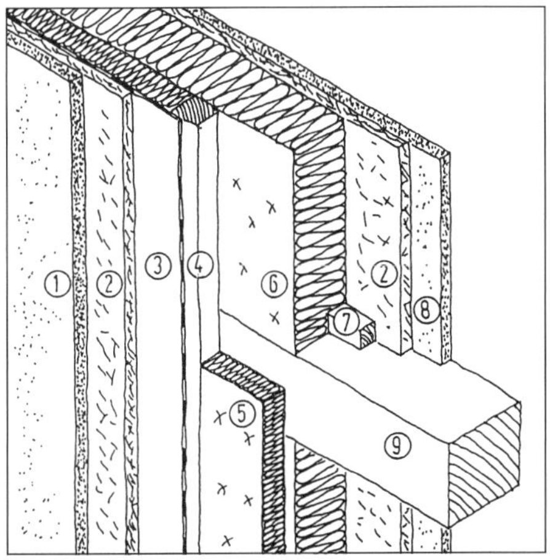

Abb. 7.30
Sichtfachwerk mit wärmedämmender Ausfachung.

1 Innenputz 15 mm
2 HWL - Platte, innen 15 mm, außen 25 mm
3 Dampfbremse
4 Kanthölzer im Abstand entsprechend der Dämmatten
5 Dämmung
6 Dämmung, zusammen 100 - 200 mm
7 Holzleiste als Anschlag für HWL - Platte
8 Außenputz 20 mm
9 Fachwerkriegel

mit einer Bitumenbahn abgesperrt wird und dass Feuchtigkeit von oben nicht gestaut wird oder gar unter bzw. hinter die Schwelle dringen kann.

- Kalkputze auf Lehmausfachungen benötigen einen Putzträger zur Haftung.
- Bei vorstehenden Putzflächen müssen die Putzkanten schräg an die Hölzer herangeführt werden, um einen ungehinderten Wasserablauf auf der Fassade zu gewährleisten.
- Bei allen Reparaturen und Veränderungen soll das statische System nicht verändert werden. Auf das Fachwerk sollen nur Lasten aus Holzkonstruktionen abgetragen werden.

Abb. 7.31
Ausgemauerte Fachwerkwand mit verputzter Wärmedämmschicht und sichtbarem Fachwerk innen.

1 Innenputz 10 – 15 mm
2 Gemauerte Ausfachung (in der Stärke des Fachwerks)
3 Fachwerkriegel 120 - 140 mm
4 Dämmung 80 - 200 mm
5 Unterputz mit Armierung, darüber
6 Außenputz 10 – 25 mm

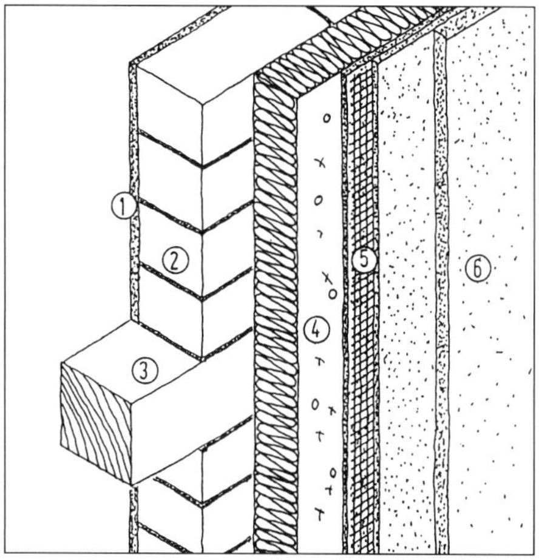

- Fehlstellen sind mit trockenen Holz der gleichen Holzart mindestens 5 cm dick zu sanieren.

7.3 Wärmedämmung der Außenwände

Es gibt so gut wie keinen Altbau, dessen Außenwände die heutigen Anforderungen an einen ausreichenden Wärmeschutz erfüllen. Daher kommt dieser Maßnahme bei der Hauserneuerung eine besondere Bedeutung zu:

- Eine Wärmedämmung vermindert die Wärmeverluste eines Bauteils und senkt den Heizenergieverbrauch - auch bei sonnenbestrahlten Südwänden. Das bedeutet: Senkung der Heizkosten, dadurch Schonung der begrenzten Energievorräte, Entlastung der Umwelt durch geringere Schadstoffemission, erhöhte Behaglichkeit, Beseitigung von Wärmebrücken und von Kondenswasserbildung.
- Entscheidend für das Maß der Dämmwirkung ist die Dicke und technische Qualität des verwendeten Dämmstoffes.
- Die Dämmeigenschaft eines Baustoffes wird durch die Wärmeleitfähigkeit λ (in W/(mK)) beschrieben; sie ist bei Dämmstoffen auf der Verpackung angegeben (vgl. Tab. 5.12).
- Die Dämmwirkung eines Bauteils wird durch den Wärmedurchgangskoeffizienten U (in W/(m^{2}K)) beschrieben. Sie errechnet sich aus dem Dämmwert λ und der Dicke der einzelnen Bauteilschichten. Je niedriger der U-Wert, umso geringer sind die Wärmeverluste (vgl. Tab. 4.3).
- Mit der Energieeinsparverordnung hat der Gesetzgeber Mindestanforderungen (maximale U-Werte) für Modernisierungs- und Neubaumaßnahmen festgelegt.
- Die Wärmedämmung der Außenbauteile ist eine wirtschaftliche Energiesparmaßnahme; sie bringt bei gleichem finanziellen Einsatz gegenüber Maßnahmen wie Sonnenkollektoren oder Glasanbauten eine größere Energie- und Kostenersparnis.

Die einzelnen Dämmstoffe sind in Kap. 5.4 aufgeführt. Die Dicke des Dämmstoffs errechnet sich aus dem angestrebten U-Wert. Unter Umweltaspekten sollte ein Dämmstandard gewählt werden, der über den Mindestanforderungen der Energieeinsparverordnung (vgl. Kap. 4.4.1) liegt. Bei normalen Heizgewohnheiten in Wohnhäusern ist es für den Heizenergieverbrauch ohne Bedeutung, ob die Dämmschicht auf der Außen- oder Innenseite der Wand liegt. Trotzdem bleibt die Frage: Außen- oder Innendämmung?

7.3.1 Außen- oder Innendämmung?

Bei der praktischen Anwendung haben beide Lösungen ihre Vor- und Nachteile. Grundsätzlich ist die *außenliegende Dämmung* aus bau- und wärmetechnischen Gründen zu bevorzugen, weil dabei

- Wärmebrücken im Bereich der Fenster, Wand- und Deckenanschlüsse und damit die Gefahr der Schwitzwasserbildung vermieden werden;
- die massive, wärmespeichernde Wand eine ausgleichende Wirkung auf das Raumklima hat;
- der Einbau einer Dampfbremse in der Regel nicht erforderlich ist.

Eine *Außendämmung* bietet sich besonders dann an, wenn die Fassade ohnehin instandgesetzt wird oder eine Erneuerung der Fenster geplant ist. Wo es möglich ist, sollte die Außendämmung der Innendämmung vorgezogen werden.

Sie kann jedoch nicht ausführbar oder von Nachteil sein,

- wenn durch zahlreiche und schwierige Anschlüsse an der Fassade ein hoher Arbeitsaufwand entsteht;
- wenn nur Teile des Gebäudes beheizt sind und gedämmt werden sollen - was z.B. bei alten Bauernhäusern oft vorkommt - denn es ist praktisch kaum möglich, lediglich eine Teilfläche der Fassade mit einer Wärmedämmung zu versehen;
- wenn eine wertvolle Fassade in ihrem Aussehen erhalten werden soll, z.B. Backsteinfassaden mit Fenstergewänden und Gesimsen aus Naturstein;
- wenn Außenwände auf der Grenze zum Nachbargrundstück stehen und mit dem Nachbarn keine Einigung möglich ist. Baugrenzen und Grundstücksgrenzen zu öffentlichen Flächen, z.B. Gehwegen, Straßen, dürfen im allgemeinen nach Absprache mit der Baurechtsbehörde überschritten werden.

Eine *Innendämmung* hat den Vorteil, dass Wärmebrücken wie Rolladenkästen wirkungsvoll gedämmt und dass in der Ebene der Dämmschicht neue Installationsleitungen verlegt werden können: das Herstellen von Wandschlitzen mit den zugehörigen Folgearbeiten entfällt also. (Vorsicht jedoch bei Wasserinstallationen in der Wand: Frostgefahr! Nach einer Innendämmung kann der Frostpunkt in der Wand liegen.)

Reparaturen am Fachwerk, z.B. mit aufgesetzten Beihölzern, lassen sich bei einer Innendämmung problemlos verdecken. Innendämmungen, in der Regel zwischen 5 und 15 cm dick, können zwar Zimmer für Zimmer und ohne Gerüst angebracht werden, haben jedoch den Nachteil, dass sie die häufig kleinen Räume noch kleiner machen. Bei Innendämmungen ist raumseitig vor der Dämmschicht in der Regel eine Dampfbremse anzuordnen, um eine Durchfeuchtung der Wand durch kondensierenden Wasserdampf zu verhindern. Eine Beeinträchtigung des Raumklimas und der sogenannten Wandatmung ist dadurch nicht zu befürchten (vgl. Kapitel 3.2.1).

Wärmedurchgang U-Wert in W/(m²K)	Erläuterung	Beurteilung der Dämmwirkung
über 1,2	die meisten Altbauwände	sehr schlecht
0,45	Vorgeschriebener Mindestwert bei der Altbaumodernisierung	mittelmäßig
0,35	Werte bei Neubauten, die nach der EnEV errichtet werden	mittelmäßig
unter 0,2	anzustrebender KfW-60-Standard oder besser	gut

Tabelle 7.1: U-Werte für Außenwände: Bewertung.

7.3.2 Außendämmung

Entscheidende Kriterien bei der Auswahl der Konstruktion sind das gewünschte Aussehen und die Kosten. Es bieten sich folgende Möglichkeiten:

- Die verputzte Fassade.
- Die holzverschalte Fassade.
- Die Fassade aus Sichtmauerwerk.

Verputzte Dämmfassade

Die Konstruktion der verputzten Dämmfassade besteht im wesentlichen aus einer angedübelten oder angeklebten Dämmplatte,

Abb. 7.32
Das waagerechte Kantholz über Tür- und Fensteröffnung begrenzt die verputzte Wärmedämmschicht.

deren Festigkeit und Oberfläche zum Verputzen geeignet ist. Als Alternative zu Polystyrol-Platten eignen sich Mineralfaserplatten und Holzwolle-Leichtbauplatten, die mit dem Untergrund verklebt und verdübelt werden. Damit der Putz an den Plattenstößen nicht reißt, wird in den zwei- oder dreilagig hergestellten Verputz vollflächig ein Kunststoff- oder Glasfasergewebe eingearbeitet. Naturfasergewebe sind an dieser Stelle ungeeignet, weil sie bei Feuchtigkeit nicht formstabil bleiben.

Derartige Dämmkonstruktionen bietet die Industrie als komplette Systeme an, bei denen die einzelnen Komponenten genau aufeinander abgestimmt sind. Wegen der einfachen Verarbeitung und der angeblich höheren Dauerhaftigkeit werden diese Systeme vielfach jedoch mit einem dünneren, leichteren und aufgrund chemischer Zusätze elastischeren Kunstharzputz angeboten, seltener mit dem dickeren traditionellen Mineralputz. Zur Vermeidung von späteren Mängeln oder Schäden sind die Verarbeitungshinweise der Hersteller exakt einzuhalten.

Zellulose-Schüttdämmstoff kann auch in Verbindung mit einer Putzfassade eingesetzt werden, wenn auf die bestehende Wand in 12 bis 16 cm Abstand eine Vorsatzschale aufgeschraubt wird, indem entsprechend breite Holzdielen (mit Winkeln angedübelt) außen mit Holzwolleleichtbauplatten als Putzträger beplankt werden.

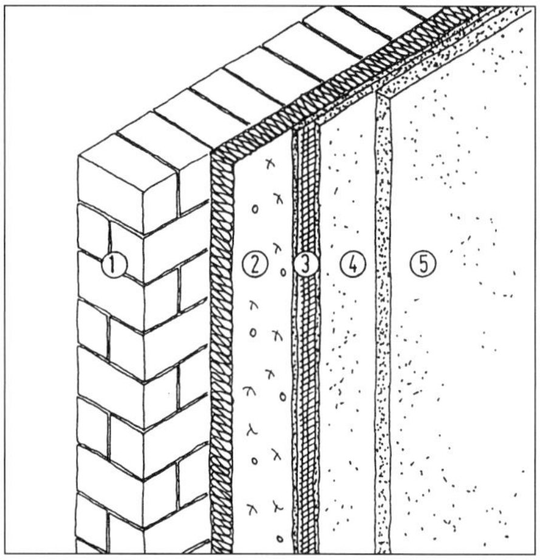

Abb. 7.33
Der Aufbau einer verputzten Dämmfassade.

1 Außenwand
2 Dämmschicht
3 Glasfasergewebe, eingebettet in den Unterputz
4 Unterputz
5 Oberputz; Dicke von Unter- + Oberputz: 10 – 25 mm

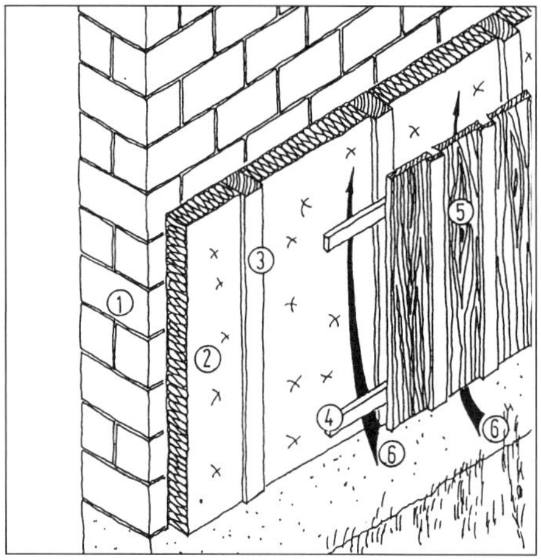

Abb. 7.34
Aufbau einer holzverschalten Dämmfassade mit Mineralfaserdämmung.

1 Bestehende Außenwand
2 Dämmung aus Mineralfaserplatten
3 Unterkonstruktion aus Kanthölzern
4 Lattung
5 Holzschalung
6 Hinterlüftungsebene

Besondere Überlegungen erfordert bei Putzfassaden die Ausbildung des Sockels und der Anschluss an das Gelände, denn die gebräuchlichen Wärmedämmaterialien sind feuchtigkeitsempfindlich.

Für den Sockel gibt es mehrere Lösungen:

- Als Wärmedämmstoff werden (teure) wasserunempfindliche Dämmplatten aus Schaumglas verwendet.
- Der Sockel erhält eine neue, gemauerte Vorsatzschale, was jedoch ein neues, frostsicheres, d.h. ausreichend tiefes Fundament erfordert.
- Anstelle des Fundaments kann auch eine Vorsatzschale aus Beton gegossen werden, die mit eingeschlagenen Edelstahlbolzen (rostfrei) oder rostfreien Stahlwinkeln am Mauerwerk verankert ist.

Unter Umständen muss der Dachvorsprung an den Giebel- und Traufseiten verlängert werden. Dazu wird die Dacheindeckung bis zum 2. Sparren entfernt. Der neue Ortgang wird bei Ziegeldeckung mit längeren Latten hergestellt, die bis zu 50 cm auskragen können.

Holzverschalte Dämmfassade

Zum Selbermachen besonders geeignet, bauphysikalisch gut und ökologisch günstig ist die „vorgehängte" Holzschalung mit Wärmedämmung und Hinterlüftung. Die Wärmedämmung sollte 10 bis 20 cm dick sein. Als Dämmstoffe eignen sich alle halbsteifen und steifen Platten, z.B. Kork,

Kokos- oder Mineralfaserplatten. Ungeeignet sind gerollte, weiche Matten, weil sie auf Dauer absacken oder aufquellen können und die Hinterlüftung dann beeinträchtigen. Bei der Verwendung von Zelluloseflocken muss durch Anbringen einer äußeren Platte erst ein Hohlraum geschaffen werden, in den das Dämmgut maschinell eingeblasen wird.

Die Hinterlüftung, ein unten und oben offener, mindestens 25 mm tiefer und durchgehender Hohlraum zwischen Dämmschicht und Holzschalung, gewährleistet ein rasches Austrocknen jeglicher Feuchtigkeit von innen oder außen. Die Unterkonstruktion besteht aus Kanthölzern, deren Abstand (50 - 100 cm) auf die Lieferbreiten des Dämmstoffes abgestimmt sein sollte. Mögliche Schalungsarten werden in Kap. 7.4 dargestellt.

Bei Fachwerkwänden empfiehlt sich der Einbau eines Windschutzes, denn die Anschlussfugen zwischen Holzwerk und Ausfachung sind in der Regel nicht richtig dicht. Für die winddichtende Schutzschicht gibt es spezielles Winddichtpapier, das unter oder auf der Wärmedämmschicht angebracht wird. Diffusionsdichte Bahnen z.B. aus Bitumen oder Kunststoff dürfen hier nicht verwendet werden.

Durch die Luftschicht und die Holzschalung zusätzlich zur Dämmung wird die Außenwand erheblich dicker. Vor allem an Fenstern und Türen führt dies oft zu tiefen Laibungen. Hier muss überlegt werden, ob das Fenster etwas nach außen verlegt werden kann.

Der Anschluss Fenster - Wand - Dämmung erfordert sorgfältige Detailplanung und ist in der Praxis häufiger Schadenspunkt: Wärmebrücken, die zu Tauwasser und faulenden Fensterrahmen führen können, sind unbedingt zu vermeiden.

Vorgemauerte Dämmfassade

Wegen der hohen Kosten ist eine gemauerte Vorsatzschale nur sinnvoll, wenn aus gestalterischen Gründen ein Sichtmauerwerk gewünscht ist. Die neue Mauerschale übernimmt dabei die Funktion des Regenschutzes und verbessert unter Umständen den Schallschutz der Wand. Für den Wärmeschutz wird zwischen beiden Schalen eine Dämmschicht eingebaut, ähnlich wie bei der Holzschalung. Bei einer Ausführung ohne Luftschicht ist zu prüfen, ob eine Dampfbremse erforderlich ist. Die Vorsatzschale könnte zwar auch aus wärmedämmendem und verputztem Mauerwerk hergestellt werden, der Dämmwert wäre aber trotz hoher Kosten vergleichsweise niedrig.

Abb. 7.35 *oben und unten*
Herstellung einer holzverschalten Dämmfassade. Zunächst werden die Kanthölzer mit Stahlwinkeln an der Fassade befestigt. Darauf folgen die bituminierten Weichfaserplatten und die Leisten für die Hinterlüftungsebene. Der Hohlraum zwischen den Kanthölzern wird mit Dämmstoff gefüllt. Als letztes folgt eine waagerechte Holzschalung.

7.3.3 Innendämmung mit Putz oder Platten

Für die Innendämmung hat sich die Konstruktion mit einer Holzlattung als Unterbau bewährt. Die Dicke der Kanthölzer richtet sich nach der Stärke der Dämmschicht, ihr Abstand nach der gewählten Innenschale bzw. Oberfläche. Die „Rahmenschenkel" werden an die Wand geschraubt oder gedübelt und ggf. zum Ausgleich von Unebenheiten mit dünnen Brettchen hinterlegt. Für Auswahl und Dicke des Dämmstoffs gelten die weiter vorne dargestellten Überlegungen (Kap. 5.4).

Beim Einbau des Dämmstoffs ist stets darauf zu achten, dass an den Stößen und Rändern keine ungedämmten Fugen zurückbleiben. Anschließend wird die Dämmung raumseitig mit einer Dampfbremse „eingepackt". Geeignet sind 0,2 mm dicke Folien aus Polyethylen („PE-Folie") oder folienbeschichtete Dampfbremspapiere (z.B. „Percalor"). Die Dampfbremse wird an möglichst vielen Punkten mit Edelstahlklammern auf die Rahmenhölzer getackert. Stöße, Randanschlüsse und alle Verletzungen der Dampfbremse sind mit einem dauerhaften Klebeband sorgfältig zu dichten, um spätere Bauschäden zu vermeiden. Bei Fachwerkwänden übernimmt diese Schicht gleichzeitig die Windabdichtung. Sie sollte daher auch an ihren Rändern und an den Bahnenstößen winddicht angeschlossen werden. Die „Innenschale" der Wand besteht je nach gewünschtem Aussehen und bevorzugter Arbeitstechnik

- aus (nass) verputzten Trägerplatten, z.B. Kalk-Gipsputz auf Holzwolle-Leichtbauplatten,
- aus einer streich- oder tapezierfähigen Bauplatte, z.B. einer Gipskarton- oder Gipsfaserplatte (Trockenputz) oder
- aus einer Holzverschalung.

Die wärmedämmende Schale kann auch ohne Unterkonstruktion mit „Ansetzbinder" auf die Wand geklebt werden. Dafür werden im Handel Gipskarton-Verbundplatten in unterschiedlichen Größen und Dicken angeboten (Schichtaufbau z.B. 12,5 mm Gipskarton, Alufolie als Dampfsperre, 3 bis 5 cm Steinwolle). Häufiger werden Verbundplatten mit Styropor als Dämmschicht (lieferbar bis 8 cm Dämmstoffstärke) verwendet.

Innere Vorsatzschalen aus wärmedämmendem Mauerwerk oder aus Strohlehm haben eine schlechte Dämmwirkung oder müssen unverhältnismäßig dick sein (siehe Tab. 4.4). Trotzdem kann eine innere Vormauerung sinnvoll sein, um den Schallschutz einer Fachwerkwand zu verbessern. Eine solche zweischalige Wandkonstruktion besteht dann aus der Wärmedämmschicht und einer dünnen, möglichst schweren Vormauerschale, z.B. aus 7 cm dicken Gips- oder Kalksandsteinplatten. Gegebenenfalls ist vorher eine ausreichende Tragfähigkeit des Untergrundes herzustellen.

Ein Nassputz ist das richtige, wenn die Wand nicht tapeziert werden soll und wenn aus gestalterischen Gründen eine verputzte Wand gewünscht ist. Das Aufbringen eines Nassputzes ist von den genannten Techniken die aufwendigste, und die meisten handwerklichen Laien trauen sich eine solche Arbeit nicht zu. Die Arbeit ist aber verhältnismäßig einfach, wenn der Putzmörtel mit

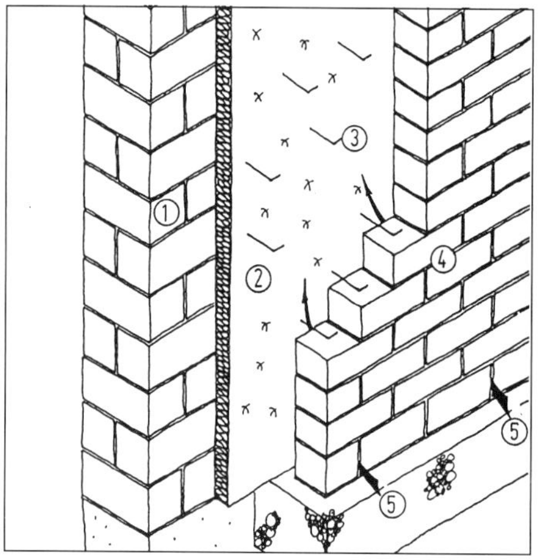

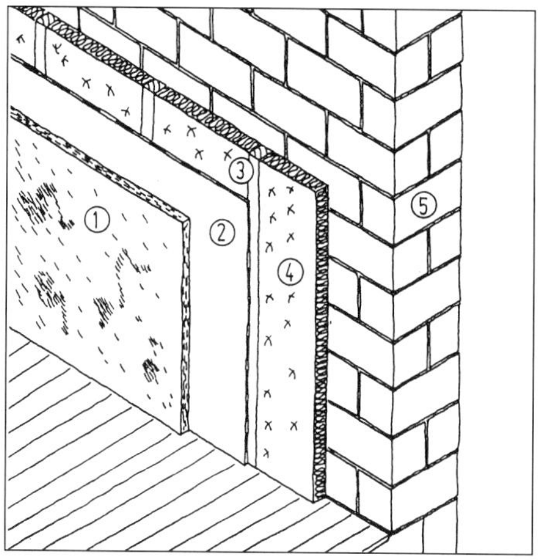

Abb. 7.36
Aufbau einer vorgemauerten Dämmfassade.

1 Außenwand
2 Dämmschicht 8 - 20 cm
3 Anker für die Mauerschale
4 Mauerschale 11,5 cm
5 Hinterlüftung 2,5 cm

Abb. 7.37
Aufbau einer Innendämmung mit Platten.

1 Verkleidung aus Platten 1,5 - 2 cm
2 Dampfbremse
3 Unterkonstruktion in Stärke der Dämmschicht
4 Dämmschicht 8 - 20 cm
5 Außenwand

Abb. 7.38
Aufbau einer Innendämmung mit Putz.

1 Putz 10 -15 mm
2 Holzwolle-Leichtbauplatte 3 - 5 cm
3 Dampfbremse
4 Unterkonstruktion in Stärke der Dämmschicht
5 Dämmschicht 8 - 20 cm
6 Außenwand

Abb. 7.39
Aufbau einer Innendämmung mit Holzverschalung.

1 Holzverschalung 22 mm
2 Lattung 3/5 cm
3 Dampfbremse
4 Unterkonstruktion in Stärke der Dämmschicht
5 Dämmschicht 8 - 20 cm
6 Außenwand

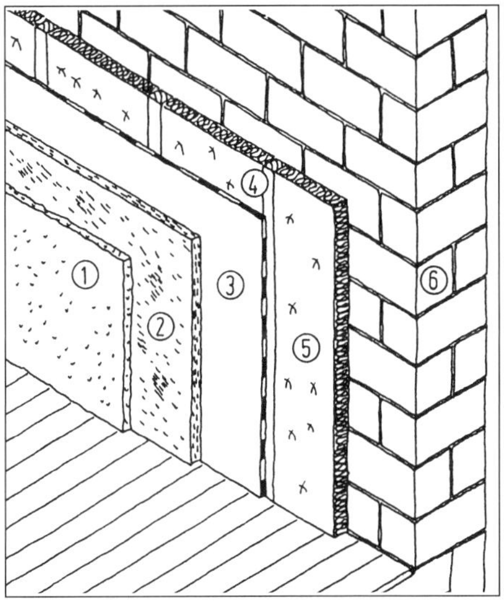

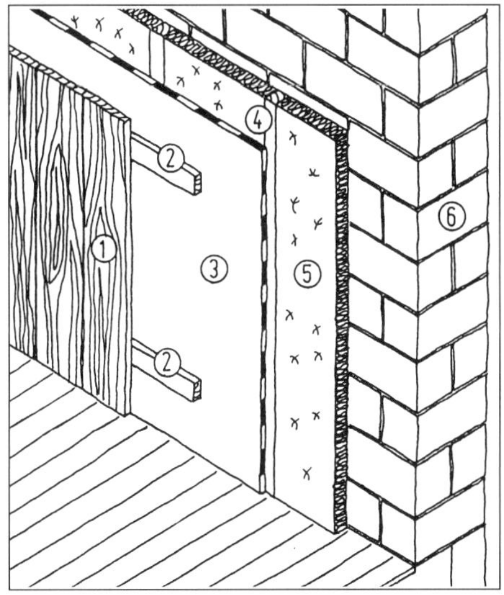

der heute allgemein üblichen Maschine aufgespritzt wird. Bei unebenen Wänden kann das Verputzen sogar weniger aufwendig sein und schöner aussehen als ein planebenes Verkleiden mit Platten. Als Putzträger werden zunächst Holzwolle-Leichtbauplatten mit Spezialnägeln auf den Rahmenhölzern bzw. vor der Dampfbremse angebracht. Die „HWL-Platten" (z.B. Markenname „Heraklith") bestehen aus langfaseriger Holzwolle mit Zement oder Magnesit als Binde- und Konservierungsmittel. Die Platten werden dicht gestoßen und waagerecht im Verband verlegt. Alle Fugen an den Plattenstößen, an Ecken und an Anschlüssen zu anderen Bauteilen werden mit einem 8 bis 10 cm breiten Gaze-Streifen bewehrt. Dieser Streifen ist so anzubringen, dass er später im Mörtel eingebettet ist (Abb. 7.39). Einzelheiten über das Verputzen von Innenwänden findet sich in Kap. 11.4.

7.4 Fassadenflächen

Verputzte Fassaden

Die Haltbarkeit eines Außenputzes beträgt etwa 20 bis 50 Jahre, je nach Qualität des Putzes, des Untergrundes und je nach Beanspruchung durch die Witterung. Alter Putz verliert allmählich seine Festigkeit und seine Haftung am Untergrund, was sich zunächst durch Risse und später an abgelösten Flächen zeigt. Besonders beansprucht sind Sockelflächen, Wetterseiten, Stallmauerwerk und Mauerwerk aus unterschiedlichen Materialien (Mischmauerwerk). Risse und fehlende Putzflächen sind nicht nur Schönheitsfehler. Eindringendes Wasser und Frost führen dazu, dass der Putz sich auch in der Umgebung der Fehlstellen löst und der Schaden sich vergrößert.

Durch Klopfen kann festgestellt werden, wie groß der Anteil der „hohl" liegenden Flächen ist. Sind die Schäden auf einzelne Risse oder kleine Einzelflächen begrenzt, so kann das Ausbessern sinnvoll sein. Die ungleiche Putzstruktur und die Ränder der Flickstellen bleiben jedoch sichtbar. Hat der alte Putz einen mineralischen Anstrich und eine nicht zu glatte Oberfläche, so kann auf der ausgebesserten Wand auch vollflächig ein neuer Oberputz aufgebracht werden, so dass wieder ein einheitliches Aussehen erreicht wird.

Beim Ausbessern größerer Teilflächen oder beim Erneuern ganzer Wandflächen werden die lockeren Putzflächen weggeschlagen, bei Putzrissen in einer Breite von mindestens 6 cm. Anschließend wird das freiliegende Mauerwerk mit Wasser gereinigt und vom Staub befreit. Nach diesen Vorarbeiten wird der neue Putz in zwei Lagen aufgebracht. Bei der Reparatur von Rissen im

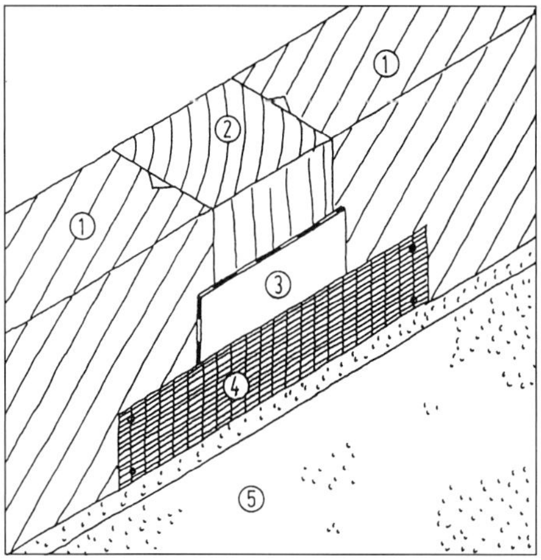

Abb. 7.40 *oben*
Verputzen einer Fachwerkwand.

1 Ausfachung 12 - 14 cm
2 Fachwerk 12 - 14 cm
3 Ölpapier über alle Holzteile gespannt
4 Kunstfaser- oder Glasfaser-Gewebe (Befestigung an der Ausfachung)
5 Putz 1,5 - 2 cm

Abb. 7.41 *unten*
Holzverschalte Fassade - Vergrauung erwünscht.

Mauerwerk kann zusätzlich ein Fugengewebe im Unterputz eingebettet werden.

Das „dauerelastische" Auskitten von Putzrissen kann nur eine provisorische Notlösung sein, denn der Kitt reißt schon nach kurzer Zeit an den Rändern ab.

Einige Besonderheiten sind beim Ausbessern oder Neuverputzen von vollflächig verputzten Fachwerkwänden zu beachten. Beim Abschlagen des alten Putzes ist behutsam zu verfahren, damit die Ausfachung sich nicht lockert. Das Holzwerk darf nicht direkt verputzt werden. Es wird zunächst mit Ölpapier und Streckmetall überspannt und erst dann mit einem Kalkzement- oder Traßkalk-Mörtel so verputzt, dass die Bewehrung im Mörtel eingebettet ist. Um Risse im Bereich des Holzwerks zu verhindern, darf das Streckmetall nicht am Holz, sondern nur an der Ausfachung befestigt werden. Das Ölpapier verhindert, dass das Wasser aus dem Putzmörtel ins Holz gesaugt wird.

Hier einige Putzregeln:

- Der Oberputz darf nicht härter sein als der Unterputz.
- Je grobkörniger ein Putz, um so haltbarer ist er.
- Keine Putzarbeiten bei Frostgefahr oder starker Sonneneinstrahlung ausführen.
- Zwischen Ausführung des Unterputzes und Aufbringen des Oberputzes 2 bis 4 Wochen Wartezeit einlegen.

Holzverschalte Fassaden

Holzverschalte Fassaden können ohne jeden Anstrich sehr alt werden. Voraussetzung ist eine funktionierende Hinterlüftung und eine Beachtung der übrigen Regeln des konstruktiven Holzschutzes. Dass bewittertes Holz regelmäßig gestrichen werden muss, ist ein verbreiteter Irrtum. Anstriche auf Holzschalungen dienen auch im Außenbereich überwiegend der optischen Wirkung. Auf chemischen Holzschutz kann verzichtet werden, wenn die Bewohner das „Vergrauen" des Holzes in Kauf nehmen. Der billigste und umweltschonendste Anstrich ist eben „kein Anstrich".

Eine Fassadenverkleidung aus Brettern ist z.B. sinnvoll, wenn eine alte Verkleidung aus Holz oder Asbestzementplatten erneuert oder die Außenwand mit einer Wärmedämmung versehen werden soll. Auch eine erneuerungsbedürftige Putzfassade oder Fachwerkwand kann mit Brettern bekleidet werden. Die Anschlüsse an Wandöffnungen und angrenzende Bauteile sollten hier sorgfältig durchdacht werden. Eine Baugenehmigung ist erforderlich, wenn die Wand nicht bereits mit Holz verschalt war.

Geeignete Holzarten für Fassadenschalungen sind Kiefer, Fichte und Lärche. Dabei ist es in jedem Fall sinnvoll, zusammen mit der Verschalung eine gute Wärmedämmung einzubauen. Dampfbremsen sind in der hinterlüfteten Außendämmung nicht nur überflüssig, sondern können sogar zu schweren Feuchteschäden führen. Dagegen sind dampfdurchlässige Windschutzpapiere empfehlenswert.

Es gibt zahlreiche Möglichkeiten zur Gestaltung einer Holzfassade. Am häufigsten anzutreffen sind senkrechte Brettschalungen mit Deckleisten oder die senkrechte Boden-Deckel-Schalung, ebenfalls aus geraden („parallel-besäumten") Brettern. Materialsparend und preisgünstig ist die Nut-Feder-Schalung („Spundschalung"). Für einen raschen Wasserabfluss sind senkrecht verlaufende Schalungen günstig, sie erfordern jedoch wegen der Hinterlüftung eine senkrechte und eine waagerechte Lattung als Unterkonstruktion.

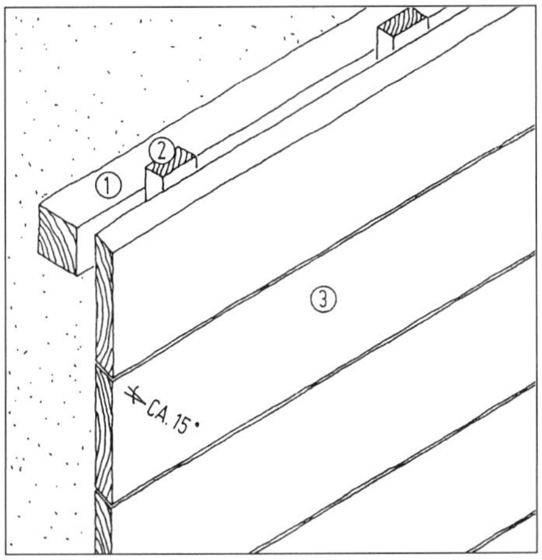

Abb. 7.42 *oben links*
Stumpf gestoßene Schalung, Brettkanten schräg.

1 Lagerholz 5/5 cm
2 Konterlattung 3/5 cm
3 Schalung 22 mm

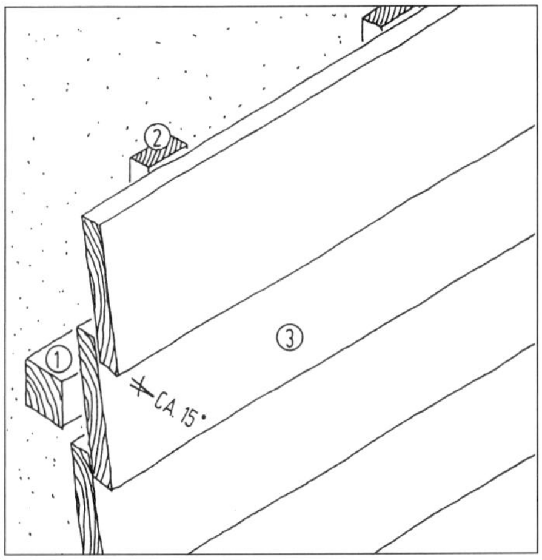

Abb. 7.43 *unten links*
Gestülpte horizontale Schalung.

1 Lagerholz 5/5 cm
2 Konterlattung 3/5 cm
3 Schalung 22 mm

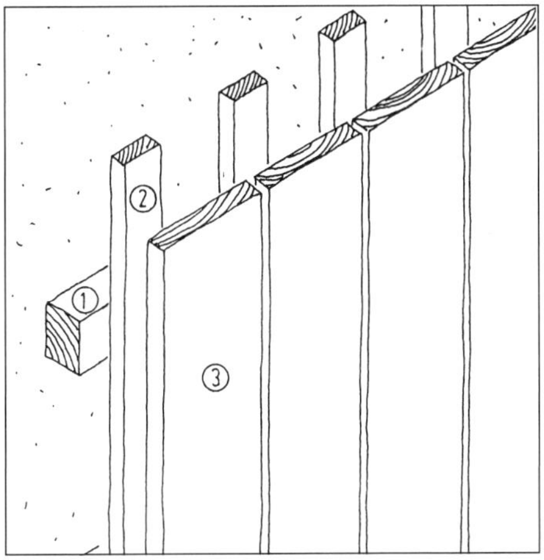

Abb. 7.44 *oben*
Senkrechte Schalung als umgekehrte Deckelschalung.

1 Lagerholz 5/5 cm
2 Konterlattung 3/5 cm
3 Schalung mit Lücke 22 mm

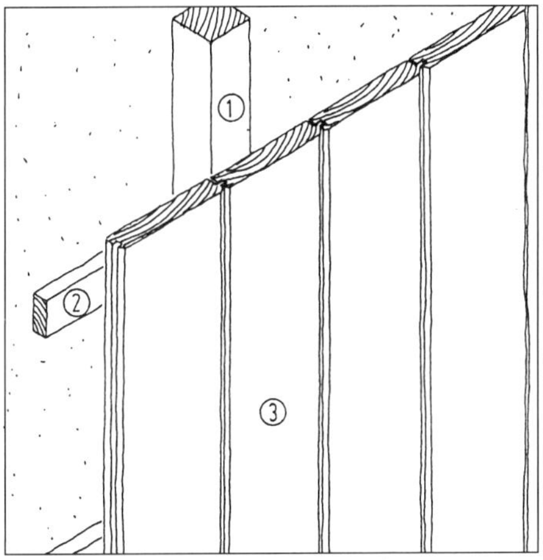

Abb. 7.45 *unten*
Senkrechte Schalung mit Nut + Feder.

1 Lagerholz 5/5 cm
2 Konterlattung 3/5 cm
3 Schalung 22 mm

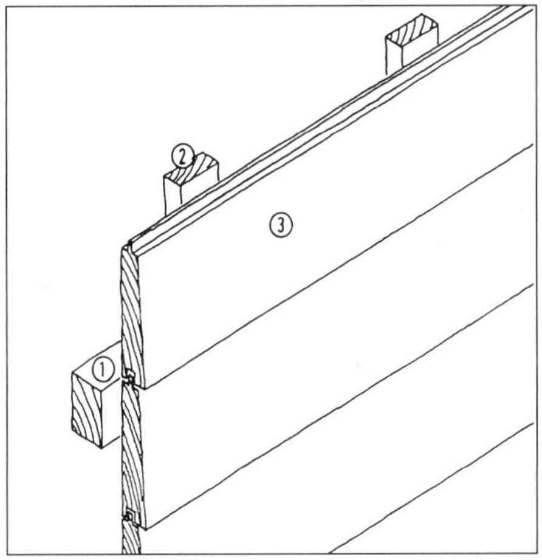

Abb. 7.46 *oben rechts*
Waagrechte Schalung als NF-Trapezschalung

1 Lagerholz 5/5 cm
2 Konterlattung 3/5 cm
3 Trapezschalung 15/25 mm NF

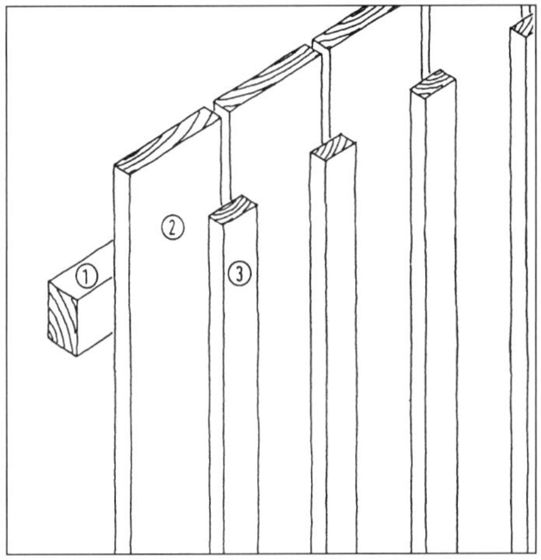

Abb. 7.47 *unten rechts*
Senkrechte Boden-Deckel-Schalung

1 Lagerholz 5/5 cm
2 Konterlattung 3/5 cm
3 Schalung senkrecht + Deckleiste

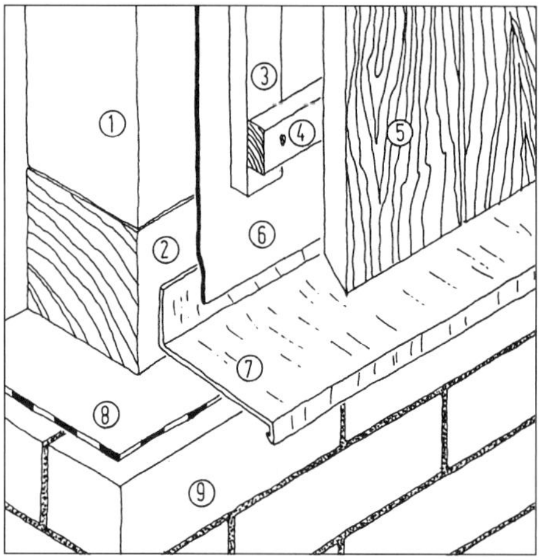

Abb. 7.48
Sockelabdeckung mit Blech.

1 Pfosten 12/12 - 14/14 cm
2 Schwelle 12/12 - 14/14 cm
3 Lattung 3/5 cm
4 Konterlattung 3/5 cm
5 Schalung 22 mm
6 Windsperre (nur bei Fachwerk- und Leichtbauwänden)
7 Blechverwahrung
8 Pappe
9 Mauerwerk

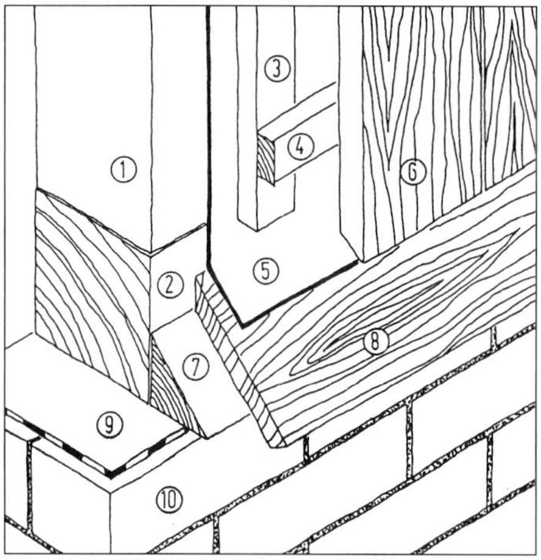

Abb. 7.49
Sockelabdeckung mit Holz.

1 Pfosten
2 Schwelle
3 Lattung 3/5 cm
4 Konterlattung 3/5 cm
5 Windsperre
6 Schalung 22 mm
7 Holzkeil 45° abgeschrägt
8 Eichenbrett 22 mm
9 Pappe
10 Mauerwerk

Ein wichtiger Hinweis bei Holzverschalungen außen:
Alle Befestigungsmittel der Bretter wie Nägel, Schrauben und Klammern müssen verzinkt sein. Bei sichtbaren Nägeln oder Schrauben sollte Edelstahl verwendet werden. Anderenfalls rosten die Befestigungsmittel oder verursachen unschöne Verfärbungen.

Fassadenbegrünung

Für eine Fassadenbegrünung sind mehrjährige Kletterpflanzen geeignet, die ein dichtes Polster bilden. Der Pflanzenpelz schützt die Wandoberfläche gegen die Beanspruchungen durch Schlagregen sowie gegen die Hitze und UV-Strahlung der Sonne, so dass die Lebensdauer des Fassadenputzes bzw. des Mauerwerks erhöht wird. Die Pflanzen haben darüber hinaus auch für die Umgebung eine klimaausgleichende und -verbessernde Wirkung: sie sorgen durch Verdunstung und Schattierung für einen Temperatur- und Feuchteausgleich, sie wirken staubfilternd und schallschluckend. Eine dicht begrünte Fassade ist Lebensraum für Insekten und Vögel, sie ist somit ein Beitrag zum Artenschutz und zur natürlichen Schädlingsbekämpfung.

Die wärmedämmende Wirkung der Fassadenbegrünung wird oft überschätzt. Sie kann kein Ersatz für eine richtige Wärmedämmung sein. Da es schade wäre, die Pflanzen einer schön bewachsenen Fassade zu entfernen, sollte die Fassadenbegrünung erst nach der Ausführung der erforderlichen Dämmaßnahmen in Angriff genommen werden.

Die am häufigsten anzutreffenden Kletterpflanzen sind Efeu und selbstklimmender Wein; sie kommen ohne Kletterhilfen aus, ebenso wie der wilde Wein und die Kletterhortensie. Alle anderen Pflanzen brauchen Drähte, Stäbe oder Stützen, an denen sie sich halten können. Unter den Selbstklimmern ist das Efeu die einzige immergrüne Pflanze, wobei sich die Sorte „Helix Woernerie“ besonders durch Unempfindlichkeit gegen Frost, durch schnelles Wachstum und ein dickes, großblättriges Polster auszeichnet. „Helix Hibernica“ wächst etwas schneller, ist jedoch nur bedingt frosthart. Da es sehr lange dauert bis eine Fassade mit Efeu zugewachsen ist, empfiehlt es sich, am Anfang auch schnell wachsenden wilden Wein zu pflanzen. Der Wein wird später vom Efeu verdrängt.

Mehrjährige Pflanzen für die Fassadenbegrünung	Licht bedarf	Wuchs- tempo	Wuchs- höhe in m	Hinweise
Wurzelkletterer haben Haftwurzeln, brauchen keine Kletterhilfe				
Irländisches Efeu (Hibernica)	☀ ◗ ●	0	> 10	anspruchsvoll, bedingt frosthart
Efeu "Woerneri"	☀ ◗ ●	–	> 10	widerstandsfähiger gegen Frost
Kletterhortensie	◗	–	7 (-10)	anspruchsvoll, bevorzugt saure Böden
Ranker haben Ranktriebe und Haftscheiben, klammern sich - sofern vorhanden - an Drähte und dünne Stäbe				
Wilder Wein	☀	+	12 (-15)	
Selbstklimmender Wein	☀ ◗ ●		8 (-15)	
Echter Wein	☀			anspruchsvoll, nur in geschützter, sonniger Lage
Schlingpflanzen winden sich um Drähte, Stäbe, Stützen				
Pfeifenwinde	☀ ◗ ●	+	6 (-20)	
Knöterich	☀ ◗	+	8 (-15)	robust und "aggressiv"
Immergrünes Geißblatt	☀ ◗ ●		3 - 4	
Glycinie (Blaurebe, Blauregen)	☀		10 (-20)	anspruchsvoll
Hopfen	☀ ◗	+	8	wächst sehr schnell, bedingt frosthart
Spreizklimmer brauchen künstliche Befestigung				
Kletterrosen	◗	+	3	nur frostharte Sorten auswählen
Kletterbrombeere	☀ ◗	+	5 (-6)	immergrün, nur bedingt frosthart

Lichtbedarf: ☀ vollsonnig ◗ halbschattig ● schattig
Wuchstempo: + schnell 0 mäßig – langsam Wuchshöhe: Erreichbare Höhe in m

Tabelle 7.2
Mehrjährige Pflanzen für die Fassadenbegrünung.

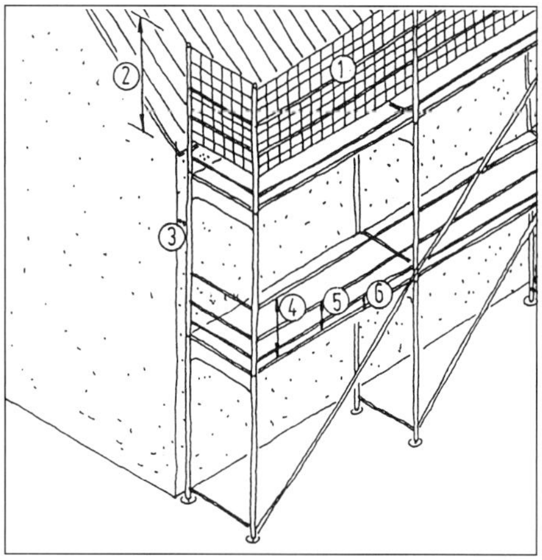

Abb. 7.50
Beim Gerüstbau sollte auf folgendes geachtet werden:

1 Werden Arbeiten am Dach durchgeführt, muss ein Fanggerüst angebracht werden
2 Höhe des Fanggerüstes ab Traufe > 80 cm
3 Der lichte Abstand zwischen Gerüst und Außenwand darf nicht größer als 30 cm sein
4 Die Höhe des gesamten Seitenschutzes muss 1m betragen.
5 Höhe der Kniestange ca. 40 cm
6 Höhe des Fußbrettes > 10 cm

Abb. 7.51
Wichtige Punkte beim Erstellen eines Behelfsgerüstes aus 2 Stehleitern

1 Stützweite entsprechend dem Belag wählen
2 Der Belag sollte immer auf zwei Sprossen einer Leiter aufliegen
3 Die obersten Sprossen sollten nicht belegt werden
4 Belag (Bretter oder Dielen, je nach Stütz weite)
5 Sicherungskette
6 Die maximale Höhe eines Hilfsgerüstes darf max. 3 m betragen, bereits ab 2 m sollte ein Seitenschutz vorgesehen werden.

7.5 Gerüst aufstellen

Gerüste müssen stand- und unfallsicher sein. Gerade beim Selbstbau kommt es häufig vor, dass aus Unkenntnis, Kosten- und Zeitersparnis riskante bis gefährliche Situationen in Kauf genommen werden.

Einfache Arbeitsgerüste geringer Höhe können aus Stehleitern, Gerüstböcken und Bohlen selbst hergestellt werden. Alle übrigen Gerüste werden am besten von Fachfirmen erstellt. Während für die betriebssichere Herstellung der Gerüstbauer verantwortlich ist, haftet für die ordnungsgemäße Erhaltung und Benutzung jeder, der das Gerüst benutzt.

Behelfsgerüste aus zwei Stehleitern und einer Bohle sind für Handwerker aus Arbeitsschutzgründen nur noch in Ausnahmefällen und bis max. 3 m Höhe zulässig. Die Bohle muss bei beiden Leitern auf jeweils zwei Sprossen aufliegen. Liegt die Bohle höher als 2 m, ist auch ein Seitenschutz erforderlich.

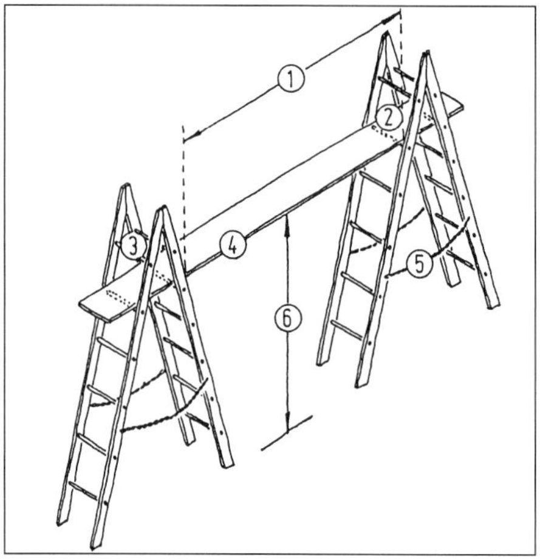

Bockgerüste mit Böcken aus Holz oder Stahl und darüber ausgelegten Bohlen sind bis 4 m Höhe erlaubt. Es dürfen nicht mehr als zwei Gerüstböcke übereinander gestellt werden, der Abstand der Böcke ist auf maximal 3 m begrenzt.

Von *Anlegeleitern* dürfen nur kleinere Arbeiten bis 8 m Höhe ausgeführt werden. Leitern sollten nicht zu steil ausgestellt werden; sie müssen gegen Abrutschen gesichert sein (z.B. Festhalten durch eine zweite Person) und benötigen eine feste, unnachgiebige Unterlage.

Auslegergerüste kragen aus dem Bauwerk hervor. Dazu werden Holz- oder Stahlträger auf der tragenden Rohdecke verankert. Sie dürfen als Schutzgerüste und als leichte Arbeitsgerüste (Belastung max. 1 kN/m^2 = 100 kp/m^2) verwendet werden.

Bei größeren Fassadenflächen werden Gerüste aus Metallrohren verwendet.
Für Gerüste gelten u.a. folgende Vorschriften:

- Bei Arbeiten in mehr als 5 m Höhe sind Schutzgerüste erforderlich.
- Alle Gerüstbeläge, die mehr als 2 m über dem Boden liegen, müssen einen Seitenschutz haben. Er besteht aus Geländerholm, Zwischenholm und Bordbrett.
- Ein Seitenschutz ist dort nicht erforderlich, wo der Abstand zwischen Gerüstbelägen und Bauwerk nicht größer als 30 cm ist.
- Gerüstbeläge aus Brettern und Bohlen müssen dicht und so verlegt sein, dass sie weder wippen noch seitlich ausweichen können.

8. Dächer

8.1 Überblick

Das traditionelle Dach ist geneigt und hat eine Dacheindeckung aus Tonziegeln, Steinplatten, Holzschindeln oder Reet (Riet, Stroh, Schilf).

Dachform, Dachneigung, Art der Dacheindeckung und Dachüberstände haben sich im Laufe von Generationen unter Einflüssen wie Lebensgewohnheit der Bewohner, örtliche Klimabedingungen, verfügbare Materialien, Herstellungs- und Pflegeaufwand herausgebildet. Sie prägen zum Teil heute noch die typischen Bauformen einer Region und schaffen den Reiz eines historisch gewachsenen Ortsbildes. So dominierten im mittleren Deutschland mit Lehm- und Schiefervorkommen die Ziegel- und Schiefersteildächer, im Norden Deutschlands Steildächer aus Reet und Schilf.

Der Dachraum wurde früher als Speicher zur Lagerung von Vorräten und als Abstellraum genutzt. Erst mit der industriellen Herstellung von Falzziegeln, Dichtungsbahnen aus Bitumen oder Kunststoff und Wärmedämmstoffen konnte der Dachraum auch für Wohnzwecke nutzbar gemacht werden.

Die häufigsten baulichen Maßnahmen am Dach:

- undichte Dachdeckung reparieren oder erneuern,
- Schäden am hölzernen Dachstuhl beseitigen,
- Dachraum teilweise oder ganz auszubauen, um ihn für Wohnzwecke zu nutzen.

Dächer sind tragende Bauteile. Eingriffe ins Tragwerk und das Aufbringen zusätzlicher Belastungen erfordern das Hinzuziehen eines Statikers und häufig auch eine baurechtliche Genehmigung.

Eigenleistungen sind bei der Instandsetzung der *Dachhaut* nur bedingt sinnvoll, da z.B. Blechnerarbeiten nicht nur geeignetes Werkzeug, sondern auch Sachkenntnis und Erfahrung erfordern. Und bei Dachdeckerarbeiten ist wegen der Arbeitssicherheit oft ein Gerüst notwendig. Kleinere Reparaturen am *Dachstuhl* können dagegen schon eher von geübten Laien durchgeführt werden.

Der *Dachausbau*, insbesondere der Innenausbau des Dachgeschosses, ist ein beliebtes Betätigungsfeld für Selbstbauer. Voraussetzung für einen gelungenen Dachausbau sind aber auch hier solide Planung und gute Arbeitsvorbereitung. Was nützen die besten Ideen, wenn sich z.B. nachträglich herausstellt, dass das Vorhaben mit dem geltenden Baurecht nicht in Einklang gebracht werden kann, der Platz für eine vernünftige Treppe fehlt oder die Tragfähigkeit der Decke nicht ausreicht.

Es empfiehlt sich also, genügend Zeit für eine gründliche Planung vorzusehen und nicht gleich Hammer und Säge in die Hand zu nehmen. Die in Kap. 4.4 dargestellten Überlegungen hinsichtlich Verbesserung der Wärmedämmung gelten übrigens auch für alle Dächer, die vor 1970 errichtet bzw. ausgebaut wurden.

Ein besonderes Kapitel ist dem Thema *Flachdach* gewidmet. Flachdächer gibt es etwa seit 1920. Auch Loggien und Terrassen über Räumen sind bautechnisch als begehbares Flachdach zu betrachten. Flachdächer sind erheblich schadensanfälliger als geneigte Dächer, weil das Wasser nicht so rasch und zuverlässig abgeleitet wird und weil die Haltbarkeit der Dichtungsbahnen vergleichsweise gering ist. Die Flachdachsanierung erfordert besondere Sachkunde und große Sorgfalt. Das Aufbringen einer Dachbegrünung kann die Haltbarkeit verbessern, ist eine ökologische Aufwertung und kann zu einer Verschönerung des Ortsbildes beitragen.

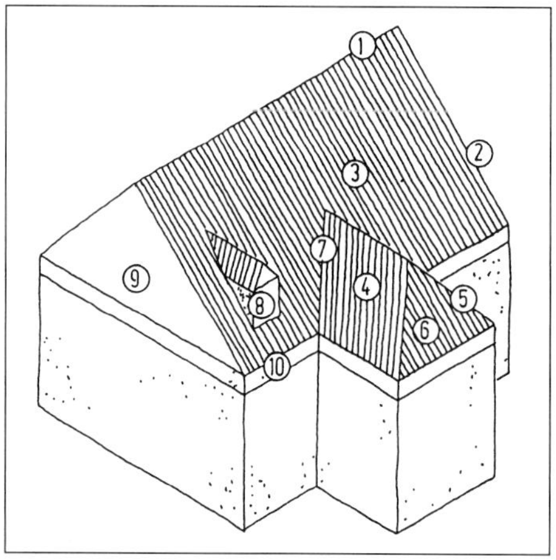

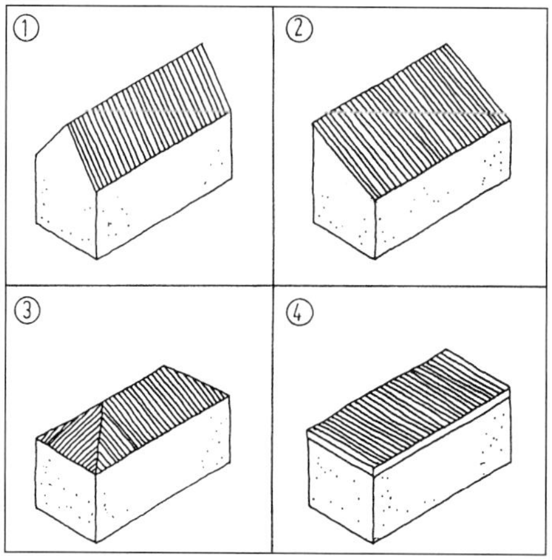

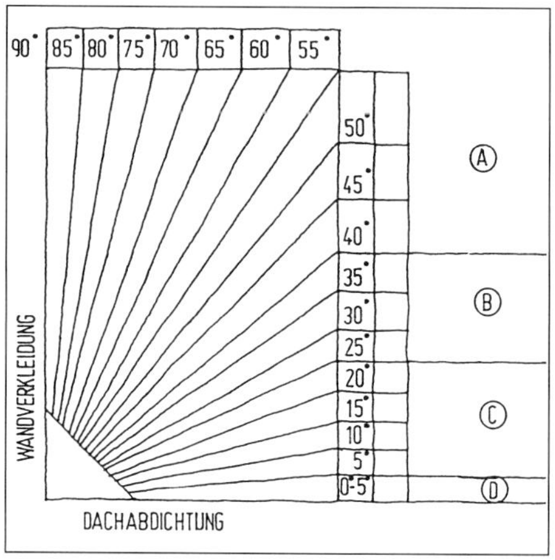

Abb. 8.1 *oben links*
Die Bezeichnungen am Dach.

1 First
2 Ortgang
3 Hauptdachfläche
4 Nebendachfläche
5 Grat
6 Walmfläche
7 Kehle
8 Dachaufbau
9 Giebel
10 Traufe

Abb. 8.2 *oben mitte*
Dachformen.

1 Satteldach
2 Pultdach
3 Walmdach
4 Flachdach

Abb. 8.3 *oben rechts*
Die Art der Dacheindeckung ist abhängig von der Dachneigung.

A Pappe, Glas, Schiefer, Ziegel, Betondachstein
B Betondachstein, Ziegel, Pappe
C Blech, Pappe
D Blech, Dichtungsbahn

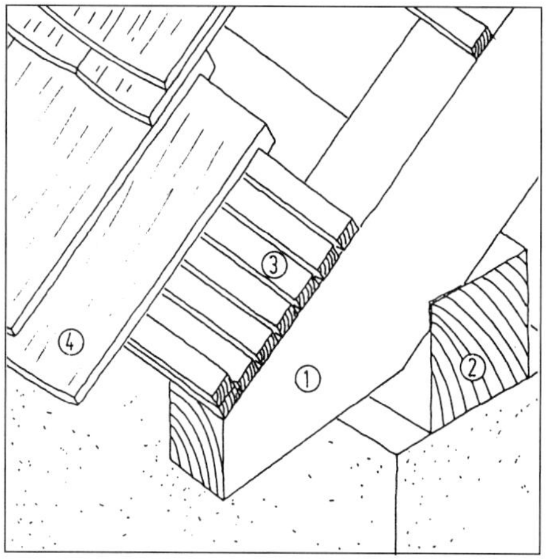

Abb. 8.4
Die Bezeichnungen an der Traufe.

1 Sparrenkopf
2 Fußpfette oder Mauerlatte
3 Lattung
4 Dacheindeckung

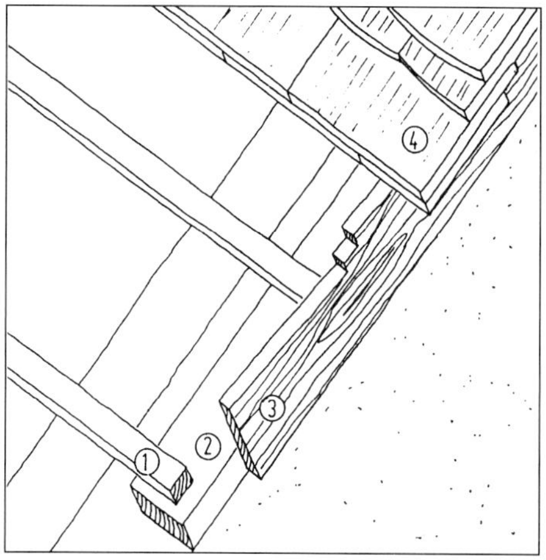

Abb. 8.5
Die Bezeichnungen am Ortgang.

1 Lattung 3/5 cm
2 Windbrett 22 mm stark
3 Zahnleiste 22 mm stark
4 Dacheindeckung

8.2 Dachtragwerk

Der Dachstuhl, das Tragwerk des Daches, muss so konstruiert und bemessen sein, dass er die Dacheindeckung und die Schneelast tragen kann und gleichzeitig dem von der Seite wirkenden Winddruck standhält. Noch heute werden die meisten Dachstühle bei konventionell errichteten Wohnhäusern in Zimmermannsart errichtet. Die Bemessung der Balkenquerschnitte erfolgte bis etwa 1900 nach relativ einfachen Zimmermannsregeln. Nach 1900 wurden genauere Berechnungsverfahren eingeführt, die zu einer besseren Ausnutzung der eingesetzten Holzquerschnitte führten.

Wer Schäden am Dachtragwerk beurteilen und Reparaturmaßnahmen ausführen will oder wer Veränderungen am Dachstuhl plant, muss die Bestandteile des Tragwerkes, den Kräfteverlauf, die Verbindungsmöglichkeiten und die handwerklichen Techniken kennen. Eingriffe in das Dachtragwerk bedürfen daher der Anleitung eines Zimmermanns oder Statikers!

Wichtig für das Verständnis des Kräfteverlaufes ist die Konstruktionsart des Dachstuhls. Die häufigsten Dachkonstruktionen sind das Pfettendach, das Sparrendach und das Kehlbalkendach.

Holzquerschnitte für Dachkonstruktion	Holzquerschnitt nach (1) in cm	Holzquerschnitt nach (2) in cm
Fußfetten, Schwellen	10/12 bis 14/18	10/10 bis 10/12
Rähme und Pfetten, 3,5 bis 5 m Stützweite	12/16 bis 16/22	14/16 bis 16/22
Drempelpfetten	12/14	12/14 bis 12/16
Stiele, Stuhlsäulen unter Rähmen und Pfetten	14/14 bis 16/16	12/12 bis 14/14
Drempelstiele		12/12
Kopfbänder: Ausladung 0,9 bis 1,6 m	10/12 bis 16/18	10/10 bis 10/12
Streben	12/16 bis 18/20	14/16
Doppelzangen	6/12	6/14 bis 8/16
Kehlbalken		8/14 bis 10/20
Sparren	10/14	8/14 bis 10/16
Windrispen	4/6 bis 8/14	
Hauptbalken	16/22 bis 24/32	
Ober- und Unterzüge	16/22 bis 26/32	
Gratsparren		14/18 bis 16/20
Kehlsparren		14/20 bis 16/22

Die angegebenen Werte dienen nur dem Vergleich. Bei erneutem Tragfähigkeitsnachweis ist von dem gegenwärtigen Bauzustand und den zur Zeit verbindlichen Vorschriften auszugehen.

Quellen:
(1) Theuerkorn, M.: Baukonstruktionslehre, Band I, I und III. Leipzig: Fachbuchverlag 1953/54
(2) Frick, O. und Knöll, K.: Baukonstruktionslehre, Teil 2: Holzbau. Leipzig: Verlag B.G. Teubner 1951

Tabelle 8.1 Gebräuchliche Holzquerschnitte für Dachkonstruktionen.

Pfettendach

Charakteristisch für Pfettendächer sind die tragenden First-, Mittel- und Fußpfetten, deren Lasten durch Pfosten bzw. Wände abgetragen werden. Pfettendächer haben mindestens einen „stehenden Stuhl", und zwar in der Mitte unter der Firstpfette. Der „Stuhl" besteht aus einer Pfette, dem dazugehörigen Pfosten (Stielen) und den Kopfbändern (Bug oder Streben), die der Längsaussteifung dienen. Der Pfostenabstand entspricht der Binderentfernung und beträgt bis zu 4,50 m. Der Binder besteht aus dem Binderbalken, den beiden Bindersparren, dem Pfosten und einem Zangenpaar. Binder dienen der Queraussteifung. Zwischen den Bindern liegen Deckenbalken und Sparren ohne statisch beanspruchte Verbindung miteinander. Bei Dachneigungen unter 30° werden die Binder durch zusätzliche Streben verstärkt. Stühle und Binder sollen bei Aus- und Umbaumaßnahmen möglichst nicht verändert werden. Die Sparren dazwischen können dagegen relativ einfach abgetrennt und mit einem Querholz „ausgewechselt" werden.

Sparrendach

Beim Sparrendach bildet ein Sparrenpaar zusammen mit einem Deckenbalken ein stabiles Dreieck, den sogenannten Binder. Die Sparren werden auf Biegung und Druck beansprucht, die Deckenbalken auf Biegung und Zug. Daraus ergeben sich die charakteristischen Merkmale des Sparrendaches: das Vorholz mit Aufschiebling und der freie Dachraum ohne Pfosten, ohne Kehlbalken und ohne tragende Firstpfette. Die Aussteifung in Längsrichtung erfolgt durch eine sogenannte Windrispe, ein Brett, das diagonal zur Dachfläche verläuft. Das Sparrendach wird auch als liegender Dachstuhl bezeichnet.

Die Schwachstellen am Sparrendach:

- Fäulnis im Traufbereich,
- schwache oder fehlende Längsaussteifung,
- wellenartige Verformung des Firstes (wenn das Firstbrett oder die Firstbohle fehlt).

und gängige Reparaturmaßnahmen:

- Balkenkopf und/oder unteres Sparrenende mit Laschen seitlich aufdoppeln,
- unter oder auf den Sparren Windrispen aus Holzbrettern oder verzinktem Flachstahl aufbringen,
- Firstbohle oder Firstlatte zwischen oder unter den Sparren einbauen.

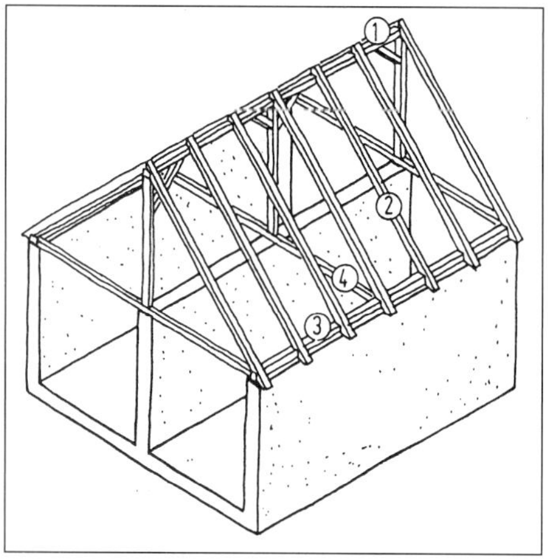

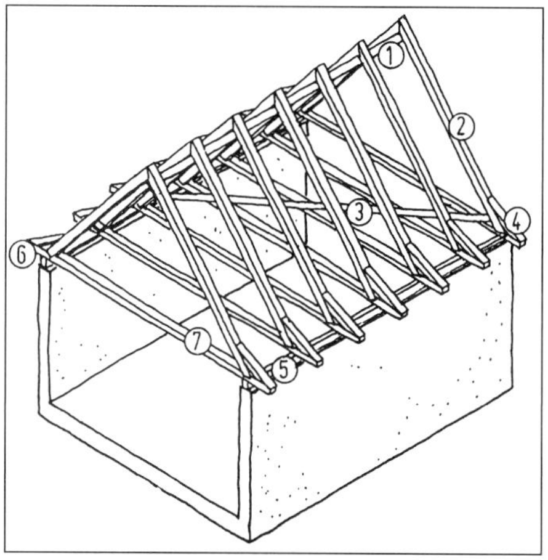

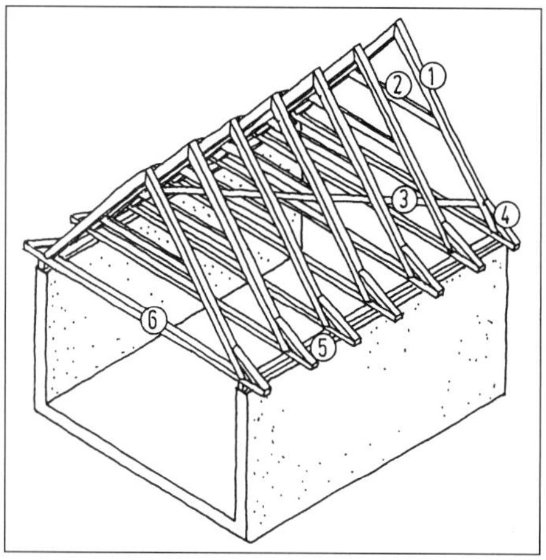

Abb. 8.6 *oben*
Das Pfettendach.

1 Firstpfette	3 Fußpfette
2 Sparren	4 Binderbalken

Abb. 8.7 *mitte*
Das Sparrendach.

1 Firstlatte	5 Mauerlatte
2 Sparren	6 Vorholz
3 Windrispe	7 Dachbalken
4 Aufschiebling	

Abb. 8.8 *unten*
Das Kehlbalken-Dach.

1 Sparren	4 Aufschiebling
2 Kehlbalken	5 Mauerlatte
3 Windrispe	6 Dachbalken

Das Vorholz darf nicht ohne weiteres abgeschnitten werden, weil die Sparren sonst nach außen wegrutschen können. Die Dek kenbalken (Binderbalken) dürfen nur durchtrennt werden - z.B. zur Herstellung eines Treppenloches - wenn die Wechsel und Balken zugfest miteinander verankert werden.

Kehlbalkendach

Wird die Sparrenlänge beim Sparrendach doch größer als 4,50 m, so muss jedes Sparrenpaar durch einen „Kehlbalken" ausgesteift werden. Das Sparrendach wird zum Kehlbalkendach, bei dem die Kehlbalken auf Druck beansprucht werden. Sie bilden mit den Sparren einen Binder. Der Querverband entsteht durch die beiden Dreiecke Sparren-Deckenbalken und Sparren-Kehlbalken, ähnlich wie beim Sparrendach. Kehlbalkendächer können auch mit einfach oder mehrfach stehendem Stuhl oder mit liegendem Stuhl ausgebildet sein. Sie wirken dann wie eine Mischform aus Sparren- und Pfettendach. Der Längsverband und die First- und Fußpunkte werden wie beim Sparrendach ausgebildet.

Reparaturen am Dachtragwerk

Typische Schäden am Dachtragwerk:

- Fäulnis als Folge von Undichtigkeiten der Dachhaut, besonders im Bereich der Traufe und im Bereich von undichten Blechverwahrungen, z.B. an Kaminen, Dachständern, Dachfenstern, Gaupen oder Kehlen.
- Befall durch holzzerstörende Insekten, die das Holz von innen schwächen, erkennbar an den Schlupflöchern der Insekten.
- Zu gering bemessene Holzquerschnitte.
- Nicht vorhandene oder entfernte Längs- und Queraussteifung, fehlende Kopfbänder, Sterben, Windrispen, Firstbretter.

Zu gering bemessene Querschnitte sind an der Durchbiegung zu erkennen. Solange dadurch keine Undichtigkeiten auftreten und die Belastung nicht erhöht wird - z.B. durch eine schwerere Eindeckung - kann der Mangel als reines Schönheitsproblem hingenommen werden. Alle übrigen Schäden sollten so rasch wie möglich behoben werden. Bei Schäden, die auf Undichtigkeiten der Dachhaut zurückzuführen sind, muss selbstverständlich auch deren Ursache beseitigt werden.

Holzzerstörende Pilze können nur in Verbindung mit Feuchtigkeit aktiv sein. Eine Trockenlegung ist die beste Methode der Pilzbekämpfung. Welche Maßnahmen bei Insektenbefall ergriffen werden, ist häufig eine Ermessensfrage (vgl. Kap. 5.3.2).

Möglichkeiten zur Wiederherstellung des Dachtragwerkes:

- Verstärkung durch ein zweites Vollholz, das am vorhandenen Holz befestigt wird, z.B. bei Stützen oder Streben.
- Verstärkung durch Bohlen, die beidseitig an den bestehenden Sparren, Pfetten oder Stützen befestigt werden.
- Abbeilen des weichen Holzes (ca. 4 cm tief), Einsetzen einer Holzbohle, Befestigung wie vor.
- Austausch des schadhaften Holzes gegen ein neues.
- Verstärken vorhandener Pfetten mit Stahlprofilen.

Weitere mögliche Techniken sind in Abb. 8.11 bis 8.14 dargestellt. Geeignete Verbindungs- und Befestigungsmittel sind Schlüsselschrauben, Nägel, Dübel mit Bolzen, Zapfen, Nagelbleche, Versätze im Holz. Einzelheiten über Abmessungen, Abstände und Zahl der Befestigungsmittel werden am besten beim Zimmermann (der das Holz liefert) erfragt.

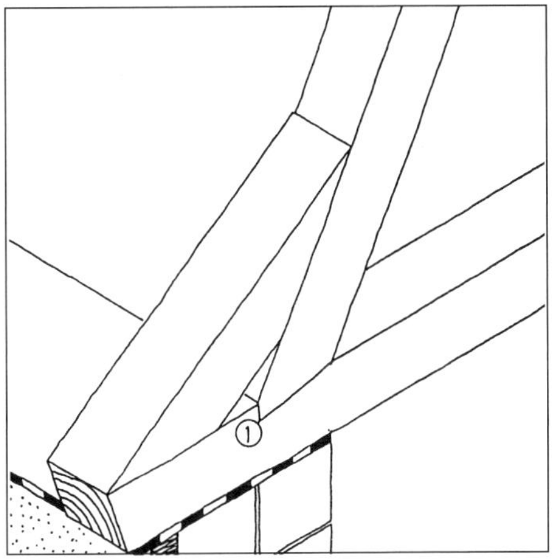

Abb. 8.9
Beim Reparieren eines defekten Traufanschlusses am Sparren-/Kehlbalkendach gibt es 2 Möglichkeiten.

1 Hier wird der Fußpunkt durch einen vorderen Versatz gebildet und vom Zimmermann ausgeführt.

Die 2. Möglichkeit wird in Abb. 8.10 dargestellt.

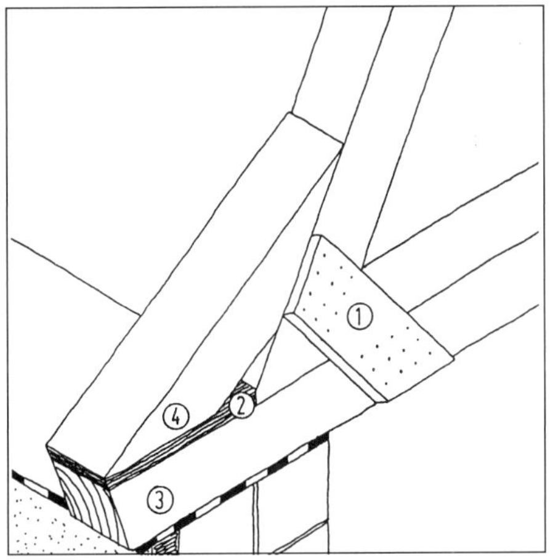

Abb. 8.10
Eine für den Selbstbau geeignete Ausbildung eines neuen Traufpunktes beim Sparren-/Kehlbalkendach.

1 Aufgenagelte Bohlenlasche
2 Aufgenagelte Knagge
3 Vorholz
4 Aufschiebling

8.3 Dacheindeckung, Dachentwässerung, Kaminkopf

Dachstuhl, Dacheindeckung und Blechverwahrungen bilden eine bauliche Einheit und prägen das Erscheinungsbild des Hauses. Die Frage, ob ein Dach ausgebessert, umgedeckt oder neu gedeckt werden soll, hängt ab

- vom Zustand des Dachstuhls,
- vom Zustand der Lattung und ihrer Nagelung,
- von der vorgesehenen Nutzung des Dachraumes,
- vom Zustand der Dacheindeckung und der Blechteile am Dach.

Bei einer Erneuerung der alten Dacheindekkung sollte möglichst die alte ortstypische Deckungsart mit den ursprünglichen Randausbildungen an Traufe, Ortgang und First beibehalten oder wiederhergestellt werden. Viele alte Dachziegelformen sind heute zumindest in ähnlicher Ausführung noch zu erhalten.

Dacheindeckung

Die meisten alten Dächer in Mitteleuropa wurden mit gebrannten Tonziegeln gedeckt, wobei Biberschwanz sowie Mönch- und Nonnen-Ziegel zu den gängigsten historischen Ziegelformen gehören. Beim Ausbes-

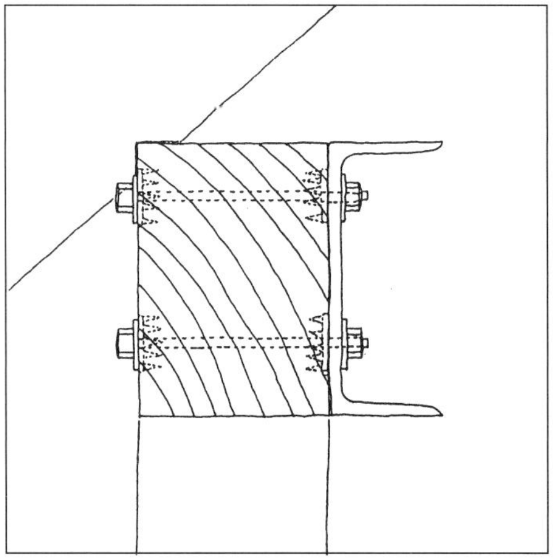

Abb. 8.11 *oben*
Eine schadhafte Pfette kann mit Profilstahl verstärkt werden.

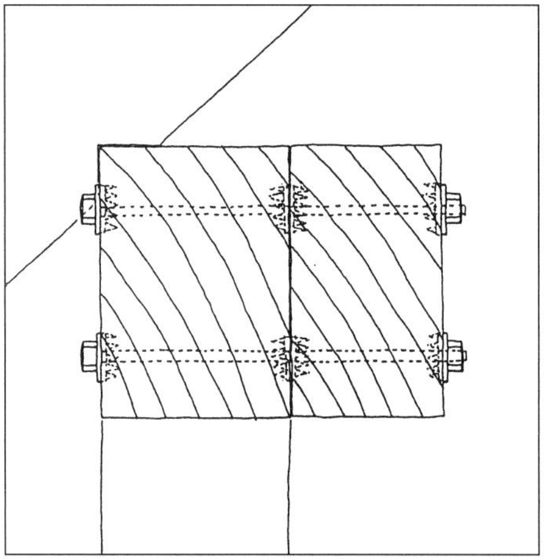

Abb. 8.12 *unten*
Hier wird ein zu schwaches Holzteil durch ein Beiholz über eine Verschraubung mit Krallendübeln verstärkt.

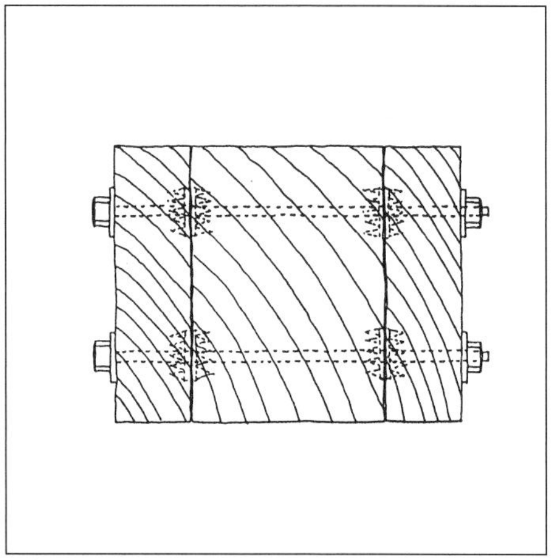

Abb. 8.13 *oben*
So können Holzteile, z.B. Deckenbalken, mit zu schwachem Querschnitt durch beidseitiges Anschrauben von Bohlen verstärkt werden.

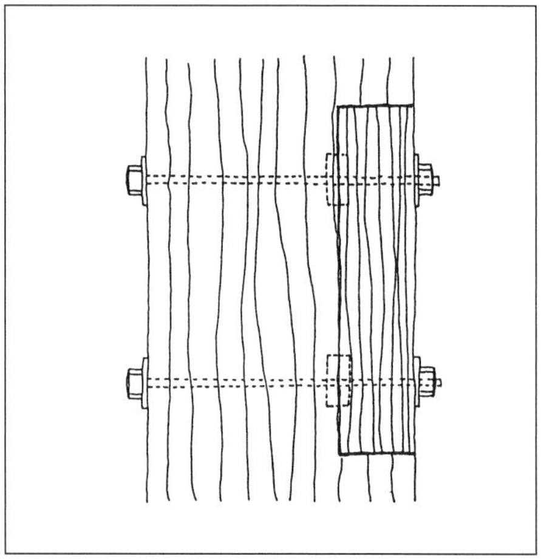

Abb. 8.14 *unten*
Schadhafte Holzteile werden ausgebeilt und ausgesägt und mit neuem Holz aufgefüllt. Die zusammengefügten Holzteile werden dann kraftschlüssig verschraubt.

sern sowie beim Um- und Neudecken ist zu beachten, dass sich die vielfältigen Formen nicht nur im Aussehen und durch den erforderlichen Lattenabstand unterscheiden, sondern auch hinsichtlich der zulässigen Dachneigung.

Ist das Dach nicht ausgebaut, können einzelne Ziegel von innen ohne Gerüst ausgetauscht werden. Wenn mehr als ein Drittel der Ziegel schadhaft ist (brüchige oder mürbe Ziegel; abgefaulte „Nasen“, die den Halt auf der Dachlattung nicht mehr gewährleisten), empfiehlt sich eine Umdeckung oder eine Neueindeckung, wobei gut erhaltene Ziegel wiederverwendet werden können, eingestreut oder durch Verlegen auf einer Dachseite. Das ist besonders bei wertvollen Handstrichziegeln sinnvoll. Allerdings gilt es zu bedenken, dass beim Wiederverlegen alter Ziegel schwer erkennbare Bruchstellen entstehen können. Solche angebrochenen Ziegel müssen u.U. schon nach kurzer Zeit wieder ausgetauscht werden.

Die noch recht häufig anzutreffende Bibereinfachdeckung mit Holzschindel-Unterlage an den Fugen ist wegen der eingeschränkten Dichtigkeit nicht für das ausgebaute Dach geeignet. Diese Deckung sollte durch Falzbiber oder - falls lastmäßig möglich - durch Biberdoppeldeckung ersetzt werden (engere Lattung notwendig, vorhandenes Material kann eventuell mitverwendet werden).

Regional wurden entsprechend dem örtlichen Vorkommen neben Holzschindeln (hauptsächlich in den Alpen) und Reet (norddeutsche Küstenzone) auch Natursteine zur Dacheindeckung verwendet: Schiefer im Rheinischen Schiefergebirge und im Harz, Kalkstein an Main und Altmühl, Buntsandstein im Weserbergland. Das Arbeiten mit Natursteinplatten erfordert besonderes handwerkliches Können. Dächer aus Natursteinplatten sollten immer mit gleichartigem

Dacheindeckungen						
Bezeichnung	Mindestdachneigung mit Unterdach	Mindestdachneigung ohne Unterdach[1)]	Gewicht in kg/m^2	Unterkonstruktion Abstand (in cm)	Ökologische Bewertung	Nutzungsdauer in Jahren
Hohlpfanne	27°	35°	70	Lattung 26	+	
Biberschwanz-Einfachdeckung (mit Spließen)		40°	65	Lattung 22	+	40-80
Biberschwanz-						
- Doppeldeckung	27°	35°	85	Lattung 14-16	+	
- Kronendeckung			95	Lattung 28-33	+	
Falzziegel	22°	30°	55	Lattung 34	+	
Flachdachpfanne	12°	22°	70	Lattung 34	+	
Karat-Ziegel	10°	15°	60	Lattung 33	+	
Schiebeziegel	30°		50	Lattung 26-37	+	
Betondachstein	12°	22°	45	Lattung 31-34	0	40-80
Faserzement-Kurzwellplatten	10°		25	Pfetten 115-145	-	30-60
Faserzement-Wellplatten	7°		25	Pfetten 115-145	-	
Faserzement-Dachplatten						
- auf Lattung	15°	25°	35		-	
- auf Schalung	15°	25°	55		-	
Bitumen-Wellplatten	10°		10	Lattung 60	0	15-30
Dachpappe (doppelt) auf Holzschalung		6°	15	Schalung	0	15-30
Schiefer-Rechteckplatten		25°	55	Schalung m. Pappe	+	40-80
Holzschindeln, dreilagig[2)]		27°	25	Lattung 10-30 oder Schalung	++	20-40
Stroh- und Rohrdeckung		45°	70	Lattung 25-40	++	30-50
Falzbleche auf Schalung		3°	30	Schalung m. Pappe	--	
Glas 6 mm dick		6°	30		0	

1) Heute bei ausgebautem Dachraum nicht mehr zulässig.
2) Aus Fichte, Tanne oder Lärche

Die angegebenen Zahlenwerte dienen der Vorinformation. Im konkreten Einzelfall sind die Herstellerangaben maßgebend.

Tabelle 8.2
Dacheindeckungen: Eigenschaften und Einsatzbereiche.

Abb. 8.15 *oben links*
Wenn Grundriss und Tragwerk schiefwinklig sind, muss auch das neue Dach eine gewölbte Fläche bleiben - gut machbar mit Biberschwanz-Dachziegeln.

Abb. 8.16 *oben rechts*
Ausbildung des Ortgangs mit Zahnleiste und Windbrett.

Abb. 8.17 *unten links*
„Dachlandschaft" mit Biberschwanzdeckung und „leichtem" Ortgang.

Abb. 8.18 *unten rechts*
Kronendeckung aus Biberschwanzziegeln mit glattem Rand. Hölzernes Schneefangbrett, überstehende Rinne ohne Einlaufblech.

Material ausgebessert werden (niemals mit Faserzement- oder Bitumenschindeln). Übliche Deckungsarten bei Schiefer sind die „altdeutsche Deckung“, die „Schablonendeckung“ und die „englische Deckung“. Während die „englische Deckung“ auf einer Lattenkonstruktion aufgebracht werden kann, benötigen die beiden anderen Deckungsarten eine vollflächige Holzschalung als Unterkonstruktion.

Dachentwässerung, Blechverwahrungen

Dachrinnen, Fallrohre, Kehlen und Anschlüsse an Dachaufbauten, wie z.B. Schornsteinköpfe, Gaupen, Wandflächen werden aus Blech oder teilweise aus Kunststoff hergestellt. Früher wurde überwiegend verzinktes Stahlblech und gestrichenes Zinkblech eingesetzt, heute überwiegen Titanzink und Kupfer. Biegsames Blei kommt zum Einsatz, wenn eine Anformung hergestellt werden muss. Die Haltbarkeit verzinkter Blechteile ist ohne aufwendige Pflege geringer als die der Dacheindeckung, so dass eine Überprüfung der Dichtigkeit und eine Erneuerung der Blechteile von Zeit zu Zeit notwendig ist, sollen nicht teure Folgeschäden am Dachstuhl entstehen. Eine regelmäßige und sorgfältige Überprüfung ist besonders bei wärmegedämmten Dächern wichtig, weil Undichtigkeiten sich auf der Dachunterseite erst sehr spät bemerkbar machen. Wenn die Dacheindeckung erneuert wird, ist es meist sinnvoll, auch gleich die Blechteile zu erneuern. Das Zulöten von Löchern oder das Einsetzen von Teilstücken lohnt im allgemeinen nicht.

Alle Metallteile auf dem Dach sollen aus dem gleichen Material sein, denn bei Regen gehen stets Metallionen in Lösung, die bei den in Fließrichtung liegenden unedleren Metallteilen zu beschleunigter Korrosion führen. Durch einen entsprechenden Schutzanstrich sollte auch ein direkter Kontakt zu zementhaltigen Baustoffen und zu Holz vermieden werden.

Kaminköpfe

Kaminköpfe sind besonders stark beanspruchte Bauteile, denn sie sind dem Schlagregen voll ausgesetzt und unterliegen starken Temperaturschwankungen. Sie müssen (nach DIN 18160 Teil 1) wärmedämmend ausgebildet sein, um einen guten Zug zu gewährleisten und ein Versotten zu verhindern. Die erforderliche Dämmwirkung bei einem einschaligen Schornstein ist auch ohne zusätzliche Dämmschicht ausreichend, wenn die äußeren Wände des Schornsteins (auch „Wangen“ genannt), aus mindestens 17,5 cm dickem Mauerwerk bestehen. Bei dünneren Schornsteinwangen ist eine zusätzliche Dämmschicht mit Putz oder Verkleidung erforderlich, wobei verkleidete Schornsteinköpfe weniger schadensanfällig sind als verputzte, sofern die Verkleidung hinterlüftet ist. Die Schornsteinmündung muss den First um mindestens 40 cm überragen (bei harter Bedachung) und mindestens 1 m Abstand von der Dachfläche haben (senkrecht zur Dachfläche gemessen).

Ummantelungen bzw. Verkleidungen dürfen nur aus nicht brennbaren Baustoffen (Baustoffklasse A) hergestellt werden, z.B. aus frostbeständigen Mauersteinen, Steinplatten oder Blech. Die Unterkonstruktion muss ebenfalls aus Baustoffen der Klasse A bestehen. Bei dichter Überdeckung mit mineralischen Baustoffen (Stein, Ziegel, Steinwolle) sind als Unterkonstruktion auch Holzlatten möglich. Die Befestigung kann mit Dübeln erfolgen, nicht jedoch mit Holzdübeln. Dübel, Anker usw. dürfen an den Wangen angebracht werden, wenn die Wangen dadurch in ihrer Stabilität nicht beeinträchtigt werden.

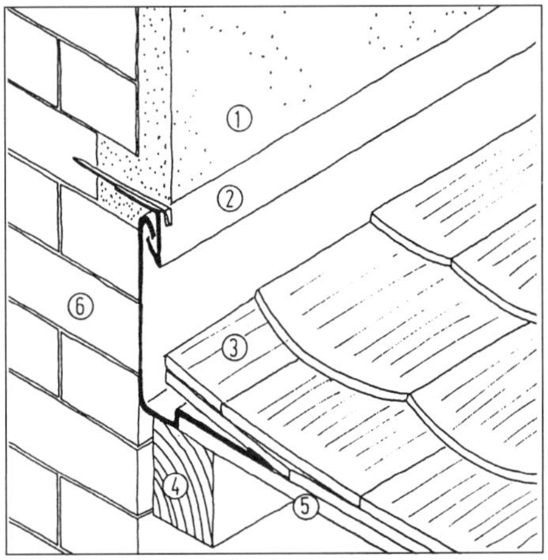

Abb. 8.19
Der Anschluss zwischen Kamin und Dach.

1 Putz
2 Blechverwahrung
3 Dacheindeckung
4 Sparren
5 Lattung
6 Kaminmauerwerk

8.4 Dachausbau

Besonders einfach gestaltet sich der Ausbau des Dachgeschosses, wenn der Dachraum über eine ausreichend dimensionierte Treppe zu erreichen ist und bereits Dachfenster vorhanden sind. Oft muss jedoch erst eine Treppe gebaut werden, was unter Umständen ein Entfernen oder Umsetzen von Wänden im darunter liegenden Geschoss erfordert. Bei der Planung einer solchen Maßnahme müssen auch Stützen, Pfetten, Streben und Schornsteine in die Überlegungen einbezogen werden, um ein optimales Ergebnis zu erzielen.

Eine besondere Aufgabe bietet die Gestaltung und Nutzung der Dachschräge. Es wäre falsch, im Dach „normale" Räume schaffen zu wollen. Der Mangel an Stellflächen für Schränke und Regale kann z.B. durch Einbauten in der Schrägen oder durch Raumteiler ausgeglichen werden. Die besonderen Qualitäten eines Dachraumes kommen zur Geltung, wenn der Blick nach oben nicht an der üblichen Zimmerdecke endet, sondern in den „offenen" Dachraum bis unter den First reicht.

Abb. 8.20 *oben*
Zuganker zur Verbindung von Deckenbalken und Unterzug bzw. Pfette beim Dachausbau. Die Konstruktion bleibt offen und sichtbar.

Abb. 8.21 *unten*
Dachausbau: Errichtung eines Querhauses („Zwerchhaus") mit Stahlrohrgerüst nach Vorschrift (Bordbrett, Holme, Fanggitter an der Traufe).

Die wichtigsten Entscheidungen bei der Planung eines Dachausbaus betreffen die Lage der Treppe, die Belichtung und die Sicht nach draußen. Die Planung der Raumaufteilung, Belichtung und Möblierung beginnt damit, alles genau auszumessen und den vorhandenen Bestand in Grundriss und Schnitt aufzuzeichnen. Beim Grundrissentwurf sollte man darauf achten, dass „ruhige" Zimmer nach Möglichkeit über Räumen mit ähnlicher Nutzung im darunterliegenden Geschoss angeordnet werden. Dasselbe gilt für Nassräume.

Spätestens, wenn sich die angestrebte Lösung herauskristallisiert hat, ist ein Besuch beim Bauamt fällig. Für ein solches Gespräch ist es ideal, wenn die Bauabsichten bereits in einem skizzenhaften Entwurf aufgezeichnet sind. Die Anfrage, ob der vorgesehene Dachausbau grundsätzlich zulässig und ob er genehmigungsfähig ist, sollte frühzeitig erfolgen, bevor allzuviel Planungsaufwand getrieben wird.

Soll ein Dach in 2 Ebenen ausgebaut werden, sind in der Regel kostensteigernde Anforderungen an den Brandschutz der Dachflächen, Treppen und Decken einzuhalten. Es ist daher sinnvoll, in der zweiten Dachebene keine Aufenthaltsräume, sondern allenfalls Nebenräume anzuordnen, z.B. Abstell- und Technikräume oder eine offene Galerie mit Luftverbindung zum ersten Dachgeschoss.

Beim Dachausbau kommen - ausgenommen Erd- und Betonarbeiten - fast alle gängigen Gewerke vor. Im folgenden werden daher einige Bauteile nur kurz unter dem Aspekt des Dachausbaus behandelt, weitere Informationen sind an anderer Stelle dieses Buches nachzulesen.

Gewerk	Baumaßnahme
Maurerarbeiten	Fensteröffnungen in den Giebelwänden herstellen; ggf. Schornstein erneuern und alten Estrich entfernen
Holzschutz- und Zimmerarbeiten	Fehlende Konstruktionshölzer ersetzen oder bei Schädlingsbefall erneuern; Deckenbalkenköpfe an der Wetterseite prüfen, evtl. aufstemmen, abbeilen oder - falls nötig - abschneiden und nach Statik neu erstellen Deckenbalken abbeilen, und - falls nötig - nach Statik beidseitig mit Halbhölzern verbolzen Terrassen- und/oder Balkonausschnitte bzw. Fensteröffnungen herstellen: Dacheindeckung, Dachlatten und Sparren entfernen, bei größeren Fenstern ist Sparrenauswechslung erforderlich (Öffnungen gegen Niederschlagswasser mit bewehrten Folien sichern!)
Fenstereinbau Klempner- und Dachdeckerarbeiten	Soweit wie möglich Fenster sofort einsetzen. Bei großflächigen kittlosen Verglasungen bauseitige Zinkverwahrung durch Klempner anbringen lassen Dach umdecken, Unterspannbahn einbauen; Bauseitige Zinkverwahrung für alle über Dach geführten Bauwerke: Fenster, Terrassenanschlüsse, Dunstabzugsrohre, Traufbleche, Regenrinnen, usw. Terrassenisolierung (mit Längs- oder Querentlüftung)
Heizungs- und Sanitärarbeiten	Verlegung und Anschluß der Be- und Entwässerungsrohre, Heizungsrohre und Heizkörper
Fußbodenarbeiten	Trockenunterboden (z.B. Spanplatten oder Gips-Unterbodenplatten) auf Trockenschüttung
Ausbauarbeiten mit Gipssystemen	Einbringen von Dämmstoffen und Anbringen der Unterkonstruktion für Gips-Bauplatten (Dachflächen, Drempel, Trennwände)
Elektroinstallation	Elektroleitungen verlegen
Ausbauarbeiten mit Gipssystemen	Gipsplatten auf Unterkonstruktion anschrauben
Elektroinstallation	Steckdosen und Lichtschalter ausfräsen, Hohlwanddosen einsetzen
Ausbauarbeiten mit Gipssystemen	Fugenverspachtelung und Nachschleifen der Fugen
Malerarbeiten	Gipsplatten grundieren, zweimal streichen oder tapezieren Türzargen und Türblätter, Heizkörper und Holzkonstruktion streichen
Elektroinstallation	Steckdosen, Lichtschalter, Anschlußdosen usw. anschließen
Fliesenarbeiten	Wand- und Bodenfliesen verlegen
Sanitärarbeiten	Sanitärobjekte montieren
Fußbodenarbeiten	Teppichboden o.ä. verlegen

Tabelle 8.3
Bauablauf beim Dachgeschossausbau (Beispiel). Bauzeit: Für einen Dachraumausbau von 200 m^2 Grundfläche fünf Monate (weitgehend störungsfreie Ausführung vorausgesetzt).

8.4.1 Treppen

Beim Dachausbau wird vielfach eine neue Treppe mit vergrößerter Deckenöffnung notwendig, wenn die vorhandene Dachbodentreppe zu schmal und zu steil ist für eine häufige, sichere Benutzung oder den baurechtlichen Anforderungen nicht genügt. Wohl reicht die vorhandene Dachboden-Luke meist für eine sogenannte Samba-Treppe (Sicherheitssteiltreppe) aus, die aber nur sinnvoll ist, wenn wenig benutzte Räume damit erschlossen werden.

Die richtige Art und Lage der Treppe zu finden, ist, wie schon erwähnt, eine der wichtigsten und oft nicht ganz einfachen Aufgaben, weil die Grundrissaufteilung des Dachraumes mit der des darunter liegenden Geschosses in Einklang zu bringen ist. An jeder Stelle der Treppe ist eine Kopfhöhe von mindestens 2,00 m erforderlich. Spätestens hier wird deutlich, wie wichtig Grundriss- und Schnittzeichnungen von der bestehenden Situation für die Planung sind.

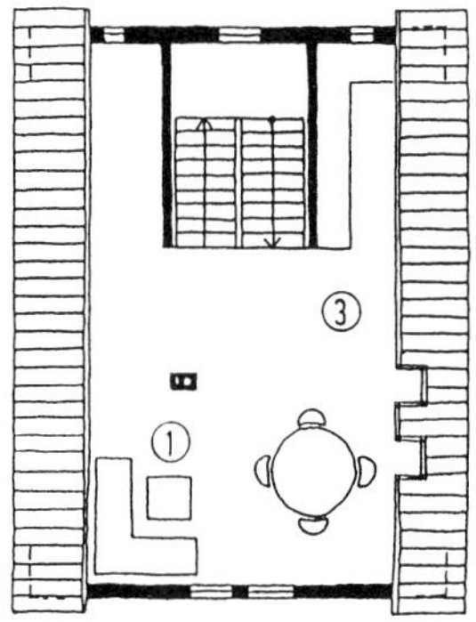

Dachgeschoß

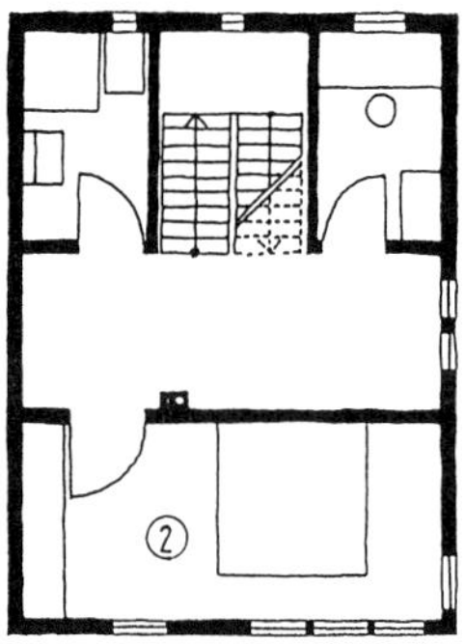

Obergeschoß

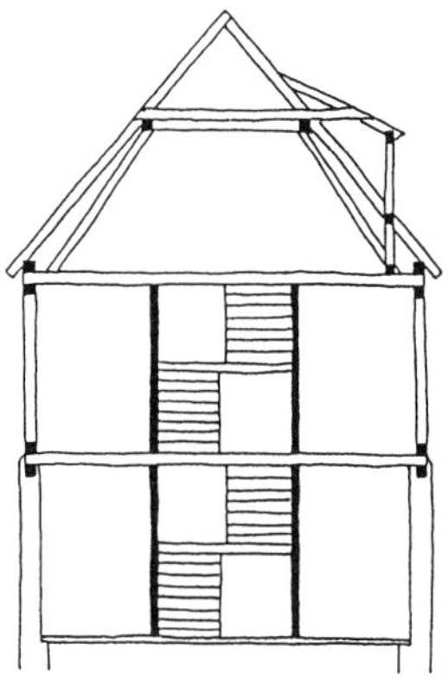

Schnitt

Abb. 8.22 linke Spalte
Die Lage der Treppe innerhalb des Hauses bestimmt die Lage der Räume. Hier ist die Treppe längs angeordnet.

1 Wohnen
2 Schlafzimmer
3 Küche/Essplatz

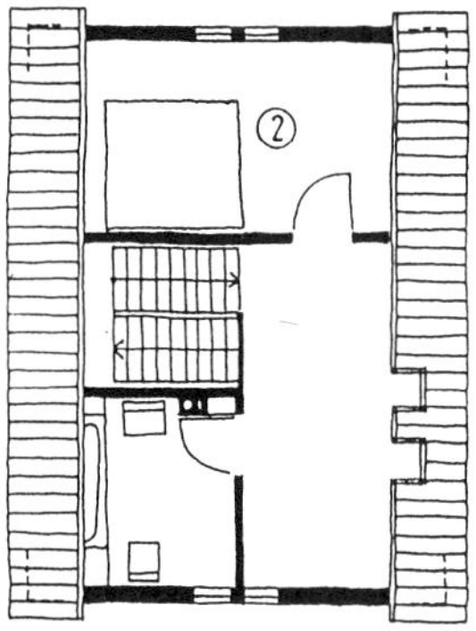

Dachgeschoß

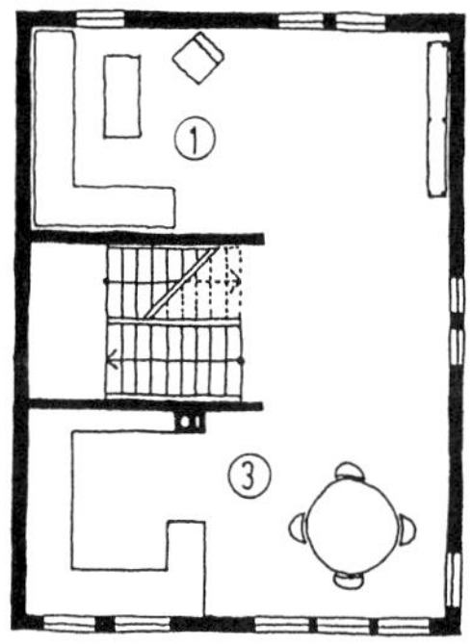

Obergeschoß

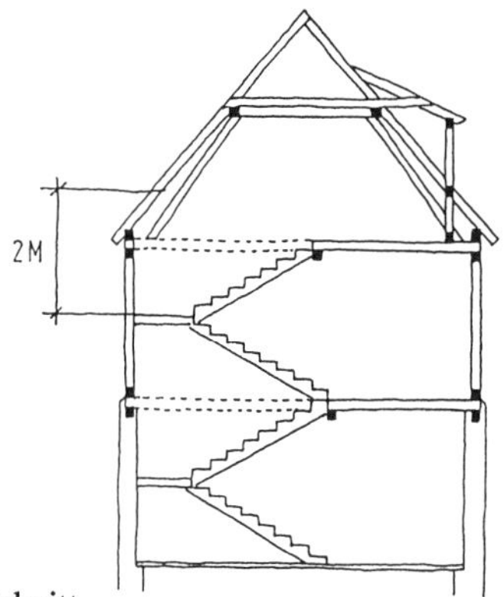

Schnitt

Abb. 8.23 rechte Spalte
Hier ist die Treppe quer angeordnet.

1 Wohnen
2 Schlafzimmer
3 Küche/Essplatz

Der Platzbedarf einer Treppe mit Treppenzugang wird oft unterschätzt: es werden etwa die Grundrissabmessungen eines kleinen Zimmers benötigt. Unter Umständen müssen dazu Wände versetzt werden, und die Herstellung des Treppenlochs in der Decke erfordert in der Regel die Inanspruchnahme eines Statikers oder Zimmermanns. Für weitere Einzelheiten siehe Kap. 10.4.

8.4.2 Dachfenster

Am einfachsten und preiswertesten wird der Dachraum über Dachflächenfenster belichtet, die jedoch am Altbau meist nicht gerade schön aussehen. Sie sind in Sanierungs- und Altstadtgebieten oder bei denkmalgeschützten Gebäuden oft nicht zugelassen. Gestalterisch besser wirken Dachgaupen, besonders beim steil geneigten Dach. Bei Räumen, die an einer freistehenden Giebelwand liegen, ist der Einbau von Fenstern in die Wandfläche sicherlich die günstigste Lösung. Aus Gründen der Gestaltung sollten Fenster in der Dachfläche sparsam und so eingesetzt werden, dass sie in ihrer Größe und Form mit dem Gebäude harmonieren. Das gilt erst recht für Dachterrassen. Fenster, deren unteres Flügelholz weniger als 80 cm (in manchen Bundesländern 90 cm) über der Fußbodenhöhe liegt, müssen mit einem Geländer gesichert werden.

Dachgaupen

Schleppgaupe und stehende Gaupe sind die gebräuchlichsten Gaupenformen. Jede Gaupe ist ein räumliches Element mit einer starken plastischen Wirkung nach innen und außen. Form und Größe neuer Gaupen sollten dem entsprechen, was in der Gegend traditionell üblich ist, und zu den Nachbargebäuden passen. Gaupen können in der Ebene der Fassade oder zurück gesetzt in der Dachfläche liegen. Sie sollten aus gestalterischen Gründen auch nicht zu nah beim Giebel (Ortgang) sitzen. Moderne Formen, z.B. mit seitlicher Verglasung oder Konstruktionen aus Stahl können auch beim Altbau gut aussehen.

Wenn die Gaupe mehr als ein Sparrenfeld einnehmen soll, muss ein sogenannter Wechsel eingebaut werden. Es ist jedoch auch denkbar und kostengünstig, bei einer breiten Gaupe die alten Sparren durchlaufen zu lassen. Das gilt erst recht für Kehlbalken oder Pfetten, die genau an der Stelle liegen, wo eine Gaupe ihren besten Platz hätte. Hier wäre es falsch, Neubauverhältnisse schaffen zu wollen. Gerade solche „unperfekten" Lösungen können den besonderen Charme eines Altbaus ausmachen.

Bei der Dachneigung der Gaupe ist die für die Dacheindeckung vorgeschriebene Mindestneigung zu beachten. Bei Unterschreitung muss ein dichtes Unterdach als wasserführende Dachhaut ausgebildet werden.

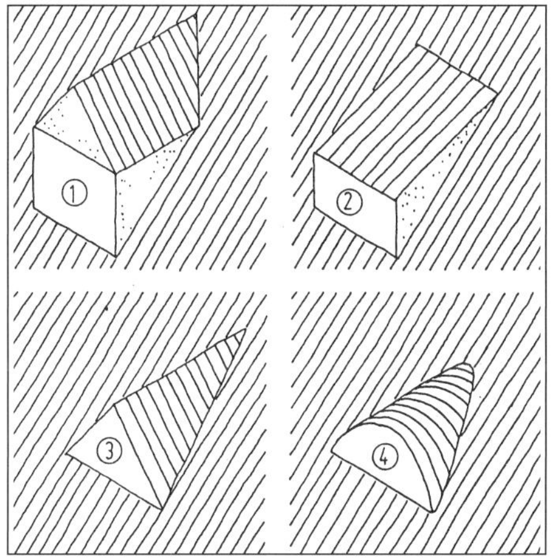

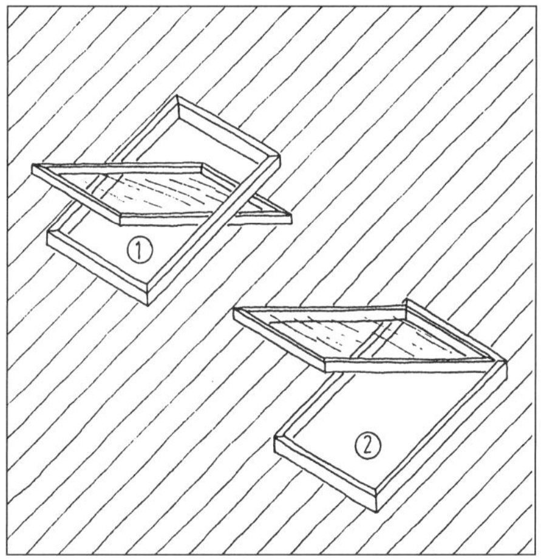

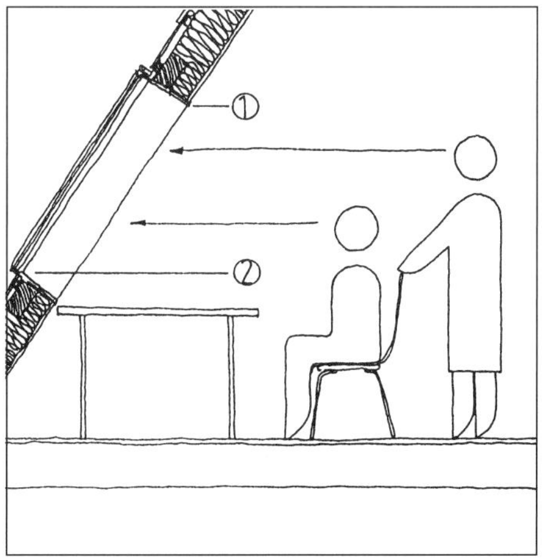

Abb. 8.24 *oben*
Gaupenformen.

1 Stehende Gaupe mit Satteldach
2 Schleppgaupe
3 Dreiecksgaupe
4 Tonnengaupe

Abb. 8.25 *mitte*
Dachflächenfenster.

1 Schwingflügel
2 Klappflügel

Abb. 8.26 *unten*
Einbaumaße von Dachflächenfenstern.

1 ca. 1,80 m
2 ca. 1,10 m

Abb. 8.27
Zu viele (verschiedene) Dachaufbauten nebeneinander.

Abb. 8.28
Neue Gaupen auf altem Dach: traditionelle Form, zeitgemäße Materialwahl und Detailausbildung.

Zum Selbermachen geeignet ist das Dämmen und Verkleiden der Gaupenseiten (vgl. Kap. 8.4.3 und 11.4) und des Gaupendaches sowie die Ausführung der Malerarbeiten. Das Errichten der tragenden Gaupenteile, der eventuell erforderliche Gerüstbau, die Dachdecker- und die Flaschnerarbeiten werden am besten Fachkräften überlassen.

Dachflächenfenster
Dachflächenfenster sollen möglichst nicht breiter als ein Sparrenfeld sein. Eine größere Fensterfläche kann durch Reihung mehrerer Einzelfenster - auch übereinander - hergestellt werden. Der Einbau von Dachflächenfenstern ist verhältnismäßig billig und einfach.

Ein paar Tips für Bestellung und Einbau: Sparrenabstand oben und unten messen (Sparren sind oft nicht genau parallel), Fenster 3 cm schmaler bestellen (das erleichtert den Einbau), Dachneigung und vorhandene Dacheindeckung bei der Bestellung angeben, die Einbauanleitung des Herstellers sorgfältig lesen. Wer die Fensterbreite nach den Abmessungen der Dachziegel bestellt, kann sich das Schneiden der Ziegel ersparen. Beim Einbau des Eindeckrahmens darauf achten, dass Regenwasser überall richtig abläuft (auch beim Anschluss an die Unterspannbahn) und dass die Hinterlüftung der Dachfläche auch oberhalb und unterhalb des Fensters funktioniert.

Dachterrassen
Die Belichtung des Dachraumes kann auch über eine Dachterrasse erfolgen (Baugenehmigung erforderlich). Eine Dachterrasse braucht jedoch viel Platz, ist teuer und kaum ohne Fachleute herstellbar. Von innen wirkt selbst eine kleine Dachterrasse großzügig, andererseits sieht der Dacheinschnitt von außen häufig nicht schön aus; er sollte daher nicht zu groß sein, damit das Dach noch als zusammenhängende Fläche wirkt.

Der Terrassenboden wird wie ein begehbares Flachdach ausgebildet (vgl. Kap. 8.5). Die Dichtungsbahn muss am Wandanschluss 15 cm hochgeführt werden, auch vor der Terrassentür. Der Boden wird über einen Bodenablauf entwässert, der an das Regenfallrohr angeschlossen werden kann. Die Terrassenbrüstung muss mindestens 90 cm hoch sein. Ein Höhenunterschied zwischen Zimmer- und Terrassenboden kann mit 1 oder 2 Holzstufen überwunden werden.

Zur Ausführung kommen folgende Arbeiten:

- Dachdeckung entfernen.
- Sparren oben und unten mit Pfetten und Pfosten abfangen, Sparren absägen.
- Terrassenboden mit Wärmedämmschicht, Entwässerung, Dichtungsbahnen, Dränschicht und Gehbelag herstellen.
- Ortgangziegel und Regenrinne anbringen.
- Fensterwände und Terrassentür einbauen.
- Brüstung und Fensteranschlüsse verkleiden und mit Deckbrett versehen.

8.4.3 Dachaufbau

Die Dachfläche eines ausgebauten Daches muss gut wärmedämmend, wind- und wasserdicht sein. Außerdem soll sie im Sommer vor zuviel Wärme schützen. Um dies zu erreichen, ist ein mehrschichtiger Aufbau nötig, der handwerklich sehr sorgfältig ausgeführt werden muss, wenn es nicht schon nach kurzer Zeit zu schwerwiegenden Bauschäden kommen soll.

Eine wärmegedämmte Dachfläche besteht im wesentlichen aus folgenden Schichten (von innen nach außen):

- Innere Dachbekleidung, z.B. Holzschalung, verputzte Holzwolle-Leichtbauplatten, Gipskarton- oder Gipsfaserplatten.
- Dampfbremse (falls erforderlich) und /oder Windbremse, z.B. PE-Folie o. Baupapier.
- Dachsparren, sichtbar oder verkleidet.
- Wärmedämmschicht, z.B. aus Steinwolle, Kork, usw.
- wasserableitendes und diffusionsoffenes Unterdach.
- Dacheindeckung mit Unterkonstruktion.

Um es gleich vorwegzunehmen:

1. Eine Dampfbremse ist beim gedämmten Dach in der Regel aus bauphysikalischen Gründen notwendig, sie beeinträchtigt das Raumklima nicht.
2. Wer trotzdem ohne Dampfbremse auskommen will, sollte die Unbedenklichkeit durch eine Wasserdampf-Diffusionsberechnung nachweisen lassen.
3. Das Herstellen eines funktionstüchtigen Unterdachs kann (leider) nicht von unten, sondern nur von oben erfolgen. Ein Umdecken des Daches ist also nicht zu vermeiden, sondern kann allenfalls durch eine provisorische Lösung um einige Jahre hinausgezögert werden.

Dächer, die vor 1970 ausgebaut wurden, haben in der Regel keine Unterspannbahn und die Dämmschichten sind nur wenige cm dick - sofern überhaupt vorhanden. Daher sollten auch die Dachflächen von bereits ausgebauten Räumen zusätzlich gedämmt und abgedichtet werden. Die Auswirkungen solcher Maßnahmen auf den Wärmebedarf des Hauses sind bei einer eventuell anstehenden Modernisierung der Heizungsanlage zu berücksichtigen.

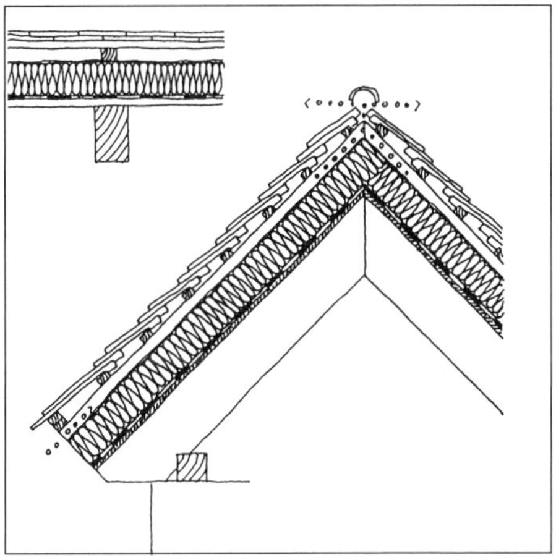

Abb. 8.29
Dachaufbau bei außenliegender Dämmung (Sparren sichtbar).

- Eindeckung
- Lattung 3/5 cm
- Konterlattung 3/5 cm
- Dämmung (kaschierte Platten) 10 - 26 cm
- Dampfbremse
- Schalung 22 mm
- Sparren (nach Angabe des Statikers)

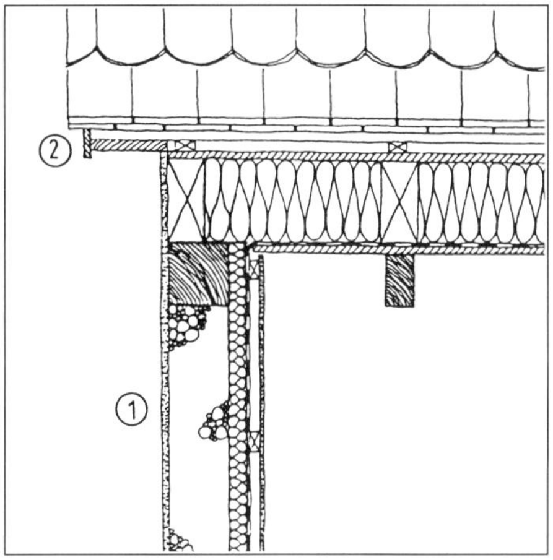

Abb. 8.30
Ortgangdetail zu Abb. 8.29. Um den Dachrand möglichst schmal zu gestalten, wird die Dämmung nur bis zur Wand geführt. Den Dachüberstand bilden lediglich Zahnleiste, Windbrett und Lattung.

1 Giebelwand
2 Dachrand („Ortgang“)

Unterdach

Die Lehrmeinung und die einschlägige Norm sahen bisher in jedem Fall ein Unterdach und dessen beidseitge Belüftung vor, zum einen, um eine zweite Entwässerungsebene für eingetretenen Flugschnee zu bilden, und zum anderen, um Kondenswasser an der Unterseite des Unterdachs ableiten zu können. Inzwischen hat das Fraunhofer Institut für Bauphysik jedoch nachgewiesen, dass bei ausgebauten, winddichten Dächern aufgrund veränderter Strömungsverhältnisse weniger Flugschnee anfällt als bei unausgebauten Dächern. Wird nun das Unterdach nicht als dichte Folie, sondern dampfdurchlässig ausgebildet (z.B. mit bituminierter Holzfaserplatte), kann auf die untere Lüftungsebene verzichtet werden. Der Gewinn: 3 bis 4 cm Raum für zusätzliche Wärmedämmung!

Das Unterdach sollte eine durchgehende Ebene auf den Sparren bilden. Hierzu muss die Dachdeckung entfernt werden. Möchte man die Dachdeckung erst später erneuern, kann das Unterdach auch zwischen den Sparren angebracht werden. Die dann entstehenden Fugen bilden jedoch Schwachstellen, durch die evtl. Wasser eindringen kann. Deshalb sollte diese Lösung als Provisorium angesehen werden

Wärmedämmung und Dampfbremse

Wärmedämmschichten können prinzipiell unter, zwischen und/oder auf den Sparren angebracht werden. Die von der Energieeinsparverordnung EnEV geforderte Mindestdämmstärke beträgt derzeit 16 bis 25 cm

Abb. 8.31 *oben*
Dachaufbau mit Dämmung zwischen den Sparren.

- Eindeckung mit Lüfterfirst
- Lattung 3/5 cm
- Konterlattung 3/5 cm
- bituminierte Holzweichfaserplatte
- Dämmung zwischen den Sparren 16 - 35 cm
- Dampfbremse
- Innenbekleidung

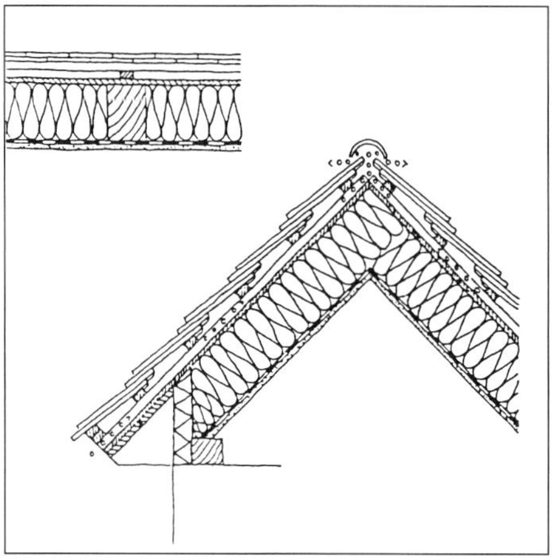

Abb. 8.32 *mitte*
Ausbildung der Traufe zur Belüftung des Unterdaches.

1 Belüftung zwischen Deckung und diffusionsoffenem Unterdach 3 cm
2 Belüftungsschlitz wird mit einem Insektengitter versehen

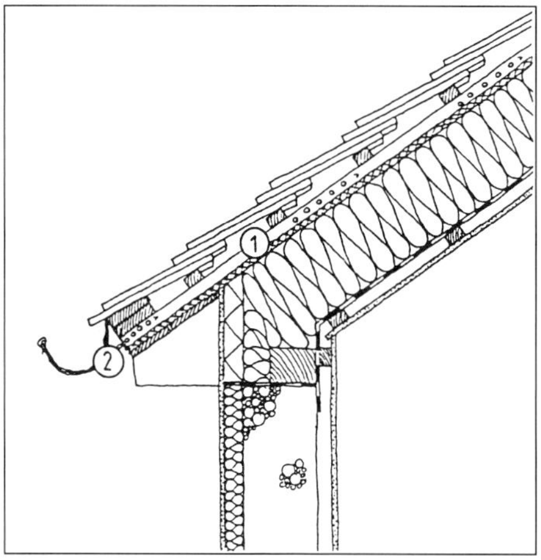

Abb. 8.33 *unten*
Aufbau einer wärmegedämmten Dachfläche.

1 Lattung 3/3 cm
2 Konterlattung 3/5 cm
3 Unterspannbahn oder festes Unterdach (nicht belüftet)
4 Dämmschicht 10 - 26 cm
5 Sparren
6 Dampfbremse
7 Innenbekleidung

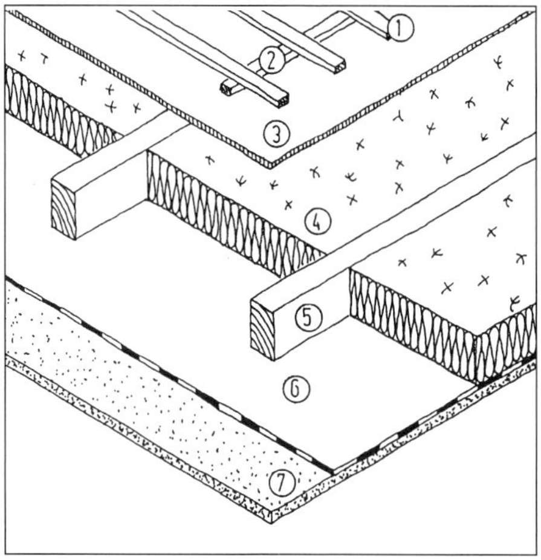

(Dämmstoff der Klasse 040). Um aktuell einen aus energetischer Sicht optimalen Standard zu erreichen , können bis zu 35 cm Stärke sinnvoll sein (vgl. Kap. 4.4). Lage, Dicke und Material bedingen jeweils unterschiedliche Lösungen mit bestimmten Eigenschaften hinsichtlich Gestaltung, Herstellungskosten, späteren Heizkosten und Arbeitsablauf.

Bei den Dämmstoffen ist zu unterscheiden zwischen rollbaren Matten (z.B. aus Mineralfasern und Kokosfasern), halbsteifen oder steifen Platten (z.B. aus Kork, Mineralfasern, Kokosfasern, Hartschaum) und Schüttgut (z.B. aus Zelluloseflocken, Perlite oder Mineralfilz). Eine Beschreibung der Dämmstoffe findet sich in Kap. 5.4.

Für das geneigte Dach ist Platten- und Rollenmaterial gut geeignet. Geschüttete bzw. eingeblasene Dämmstoffe, z.B. aus Zellulose, sind dann wirtschaftlich, wenn raumseitig eine biegesteife Bekleidung, z.B. eine Holzschalung, vorhanden oder vorgesehen ist und wenn schlecht zugängliche Hohlräume mit Dämmaterial ausgefüllt werden sollen. Wer sein Dach selber dämmen und auf Mineralfaserprodukte verzichten möchte, muss auf Matten- und Plattenmaterial z.B. aus Kork oder Schafwolle ausweichen, das jedoch relativ teuer ist. Bei größeren Flächen kann es dann günstiger sein, Zelluloseflocken zu verwenden, auch wenn dies in der Regel nur von Fachfirmen ausgeführt werden kann. Beim Einbau von Platten muss darauf geachtet werden, dass keine durchgehenden Fugen zwischen Dämmplatte und Sparren entstehen. Die Platten sollten zweilagig mit versetzten Stößen eingebaut werden. Ein dichter Anschluss an die Sparren kann erreicht werden, wenn die Platten mit einer kleinen Überbreite geschnitten und beim Einbau etwas gestaucht werden. Hohlräume und Fugen an den Rändern müssen ausgestopft werden.

Wie bereits erwähnt, ist beim gedämmten Dach in der Regel eine Dampfbremse (z.B. PE-Folie) auf der Innenseite erforderlich, die dort auch die Funktion der Abdichtung gegen Wind übernehmen sollte. Neuerdings sind auch sogenannte variable Dampfbremsen am Markt erhältlich. Im Winter funktionieren sie gleich wie herkömmliche Dampfbremsen: Sie verhindern das Eindringen von Wasserdampf aus dem Wohnraum in die Konstruktion. Im Sommer ändert sich hingegen die physikalische Struktur der Folie und sie wird dampfdurchlässig. So kann die im Bauteil angesammelte Feuchtigkeit austrocknen. Für die Hauserneuerung ist die variable Dampfbremse besonders dann von Vorteil, wenn der Einbau einer Wärmedämmung beim Dach von außen her erfolgt und die Innenbekleidung erhalten bleiben soll.

Die Dichtungsbahnen müssen an den Stößen und an allen Anschlüssen (z.B. an Querwänden, Dachgaupen, Installationsleitungen) mit speziellem Klebeband, z.B. Difunorm (Isover), oder mit einem geklebten Streifen Baupapier winddicht verlegt werden. Wird an der inneren Dachfläche eine Gipskarton- oder Gipsfaserplatte angebracht, so genügt u.U. ein Windschutzpapier (Diffusionsberechnung empfehlenswert) anstelle der Dampfbremse.

Beim Verlegen von Installationen (Strom, Heizung, Wasser, Abwasser) ist darauf zu achten, dass die Dampf- und Windbremse nicht durchbrochen wird.

Unterspannbahnen und Unterdächer Material	Wasserdampf-Diffusions widerstand[1] (äquival. Luftschicht in m)	Ökologische Bewertung	Bemerkung
Unterspannbahnen			
Gitterfolie: PE-Folie mit Gewebeverstärkung, gelocht; z.B. "Deltafolie SPF"	4/10 m	-	häufig verwendet
Bitumenbahn: Bituminiertes Kunstfaservlies, z.B. "BUZI-AK"	3,3 m	-	häufig verwendet
Dampfdurchlässige PU-Bahnen z.B. "Difutec"[2]	0,09 m	-	beschichteter Weichschaum, noch keine Langzeiterfahrungen
Faserverstärktes Baupapier mit Kunststoffbeschichtung z.B. "Perkalor-Diplex"	0,008 m	0	empfindlich gegen Beschädigung bei der Verarbeitung
Feste Unterdächer			
Bitumenpappe (333er) auf Holzschalung	> 20 m	0	teuer
Faserzementplatten, z.B: Eternit	0,11/0,28 m	0	teuer, unpraktisch bei der Verarbeitung
Bituminierte Weichfaserplatten mit V-Falz, z.B. "Gutex-Multiplex" 18 mm	0,09 m	+	

1) Die Zahlenwerte unterliegen Veränderungen, sie sind ggf. anhand aktueller Unterlagen zu überprüfen.
+ = wenig umweltbelastendes, 0 = mäßig umweltbelastendes,- = stark umweltbelastendes Material

Tabelle 8.4 Unterspannbahnen und Unterdächer.

Innenverkleidung

Die untere Bekleidung der Dachfläche besteht meist aus einer Holzschalung oder einem Trockenputz. Eine Holzschalung ist gut in der Lage, das „Arbeiten" und die Bewegungen des Dachstuhls aufzunehmen, ohne dass Risse sichtbar werden. Eine waagerechte Schalung kann bei entsprechender Stärke unter Umständen direkt auf die Unterkonstruktion (z.B. die Sparren) genagelt oder geschraubt werden. Eine Hinterlüftung ist nicht erforderlich.

Wenn die Sparren nicht in einer Ebene liegen, oder die Schalung senkrecht angebracht werden soll, ist eine Lattung erforderlich. Der Lattenzwischenraum kann Installationsleitungen und eine zusätzliche Wärmedämmschicht aufnehmen.

Wer seine Dachschrägen lieber glatt und tapezierfähig haben möchte, kann unter oder zwischen den Sparren Gipsfaser- oder Gipskartonplatten auf einer Lattung anbringen. Diese Platten gibt es auch als Verbundplatten mit Wärmedämmschicht und Dampfbremse. Mit diesen Platten ist eine Vergrößerung der Dämmschichtdicke möglich.

Konstruktionsbeispiele

Von der Vielzahl der Möglichkeiten werden nachfolgend 6 Beispielkonstruktionen für typische Situationen dargestellt. Die Art des Dämmstoffs, die Dacheindeckung und die innere Bekleidung können im Rahmen der Angaben frei gewählt werden. Im Aufbau sollten die Konstruktionen aber nicht ohne fachliche Überprüfung geändert werden. Vorab noch einmal folgende, allgemeine Ratschläge:

Abb. 8.34
Nachträgliche Dämmung von innen bei zu kleinem Querschnitt der Sparren (Beispiel 1).

vorhanden:
1 Eindeckung
2 Lattung
3 Sparren
neu
4 Latte 24/48 mm
5 Weichfaserplatte bituminiert
6 Leisten, fest an Sparren geschraubt
7 Bohle
8 Dämmung aus Zellulose
9 Dampfbremse
10 Lattung
11 Innenbekleidung

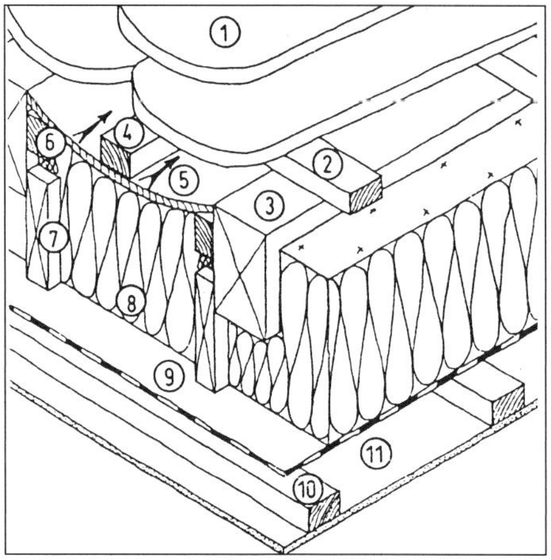

Abb. 8.35
Dachdämmung zwischen den Sparren mit Erneuerung des Unterdaches (Umdecken erforderlich) und statischer Verstärkung der Sparren (Beispiel 2).

1 Lattung
2 Grundlattung
3 bituminierte Weichfaserplatte
4 Belüftungsebene
5 Bohle, seitlich an Sparren geschraubt
6 Sparren (vorhanden)
7 Wärmedämmung
8 Dampfbremse
9 Lattung
10 Innenbekleidung

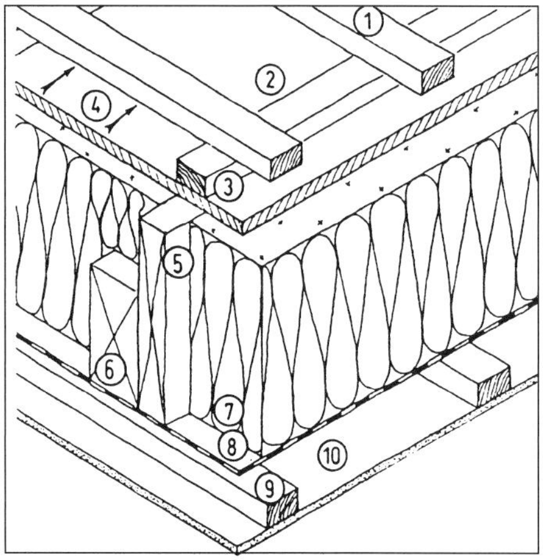

Abb. 8.36
Erhöhung der Dämmstärke durch Verstärkung der Sparren, von innen oder außen (Beispiel 3).

1 Lattung
2 Grundlattung
3 bituminierte Weichfaserplatte
4 Belüftungsebene
5 Sparren (vorhanden)
6 Kantholz
7 Wärmedämmung
8 Dampfbremse
9 Lattung
10 Innenbekleidung

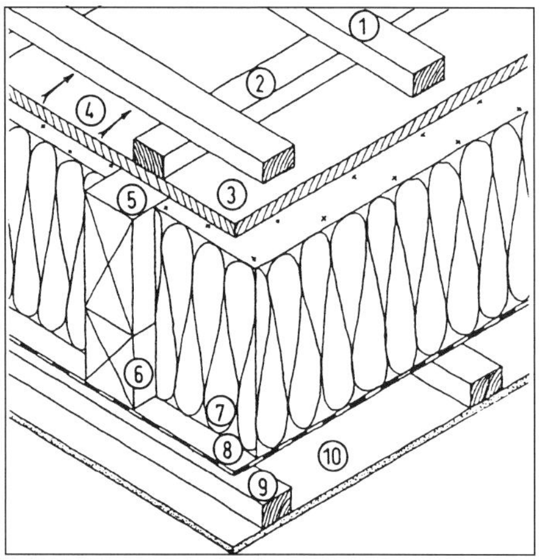

- Wählen Sie eine möglichst dicke Wärmedämmung. Das spart Heizkosten und kommt unserer Umwelt zugute! Einen Anhaltspunkt finden Sie in Tab. 4.2.
- Achten Sie auf eine winddicht verlegte Dampfbremse, insbesondere an den Stößen und Randanschlüssen!
- Achten Sie auch auf eine durchgehende Hinterlüftung zwischen Dachdeckung und Unterdach - auch an Traufe, First, Dachfenstern, Kaminen, usw., und zwar in jedem einzelnen Sparrenfeld.

Beispiel 1

Vorhandene Konstruktion:
Nicht ausgebautes Dach; Ziegel und Bleche in Ordnung.

Neue Konstruktion:
Von unten werden Dachlatten in Feldmitte an die bestehende Lattung geschraubt. Eine Holzweichfaserplatte, etwas breiter als das Feld, wird eingeklemmt, so dass eine Durchbiegung entsteht, die verhindert, dass das Wasser neben den Sparren in die Dämmung läuft. An die Sparren werden seitlich Bohlen geschraubt, um die Dämmstoffdicke zu erhöhen und eventuelle Unebenheiten der Dachkonstruktion auszugleichen. Mit einer Dampfbremse wird das Feld geschlossen und mit Zelluloseflocken vollgeblasen. Diese Konstruktion ermöglicht einen Dachausbau von innen, entspricht aber nicht den „anerkannten Regeln der Technik". Sie sollte daher als Provisorium angesehen werden und durch ein geschlossenes Unterdach oberhalb der Sparren ergänzt werden, sobald das Dach neu gedeckt wird.

Beispiel 2

Vorhandene Konstruktion:
Nicht ausgebautes Dach, Sparren müssen verstärkt werden, Ziegel und Blechverwahrungen erneuerungsbedürftig.

Neue Konstruktion:
An vorhandene Sparren werden seitlich Bohlen aufgeschraubt, die so hoch sind, dass eine ausreichende Dämmstärke möglich ist. Oberhalb der Sparren wird eine bituminierte Holzweichfaserplatte als Unterdach verlegt, es folgen dann Grundlattung sowie Dachlattung und Deckung.

Beispiel 3

Vorhandene Konstruktion:
Nicht ausgebautes Dach mit geraden und ausreichend tragfähigen Sparren, die jedoch für die geplante Dämmstoffdicke nicht ausreichend hoch ist.

Neue Konstruktion:
Ein zusätzliches Kantholz wird unter oder über dem bestehenden Sparren angenagelt. Wird mit Dämmstoffmatten gedämmt, können die Kanthölzer auch quer zur bestehenden Konstruktion angebracht werden.

Beispiel 4

Vorhandene Konstruktion: wie Beispiel 3.

Neue Konstruktion:
Unter den Sparren werden wärmedämmende Verbundelemente angebracht. Verbundelement gibt es in allerlei Formen und Materialien: Mit Gips- und Holzwerkstoff- oder Faserzementträgermaterial im Verbund mit Mineralwolle oder Kunstschäumen in unterschiedlichen Dicken. Verbundelemente eignen sich auch als zusätzliche Dämmung bereits ausgebauter Dächer.

Beispiel 5

Vorhandene Konstruktion:
Nicht ausgebautes Dach, evtl. mit bereits vorhandener Dachschalung (Unterdach aus Holz).

Neue Konstruktion:
Auf den Sparren (innen sichtbar) wird, sofern nicht bereits vorhanden, die sichtbare

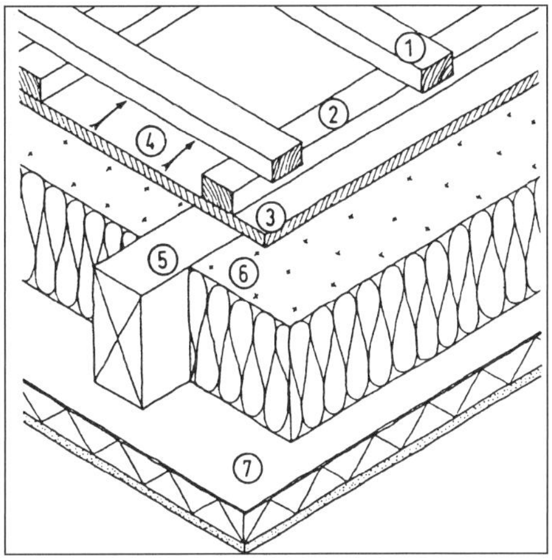

Abb. 8.37
Dachdämmung zwischen den Sparren mit Erneuerung des Unterdaches (Umdecken erforderlich) und Wärmedämm-Verbundelement auf der Innenseite (Beispiel 4).

1 Lattung
2 Grundlattung
3 bituminierte Weichfaserplatte
4 Luftschicht
5 Sparren
6 Wärmedämmung
7 Verbundelement

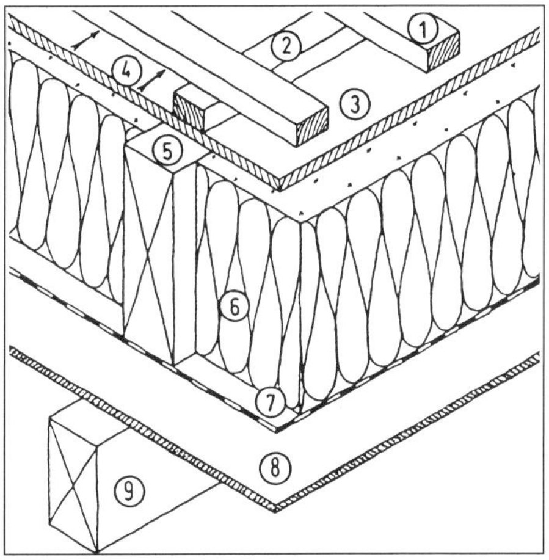

Abb. 8.38
Dachaufbau bei sichtbaren Sparren mit Umdecken des Daches (Beispiel 5).

1 Lattung
2 Grundlattung
3 bituminierte Weichfaserplatte
4 Belüftungsebene
5 neues Kantholz
6 Wärmedämmung
7 Dampfbremse
8 Schalung aus Holz oder Baufurnierplatte
9 Sparren (vorhanden)

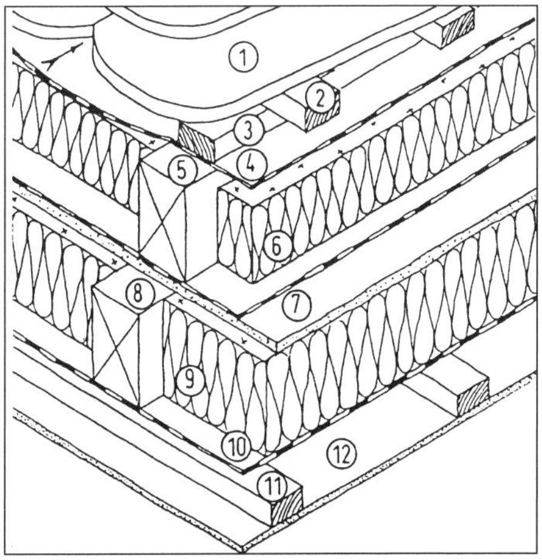

Abb. 8.39
Verbesserung der Dämmung eines ausgebauten bereits gedämmten Daches (Beispiel 6).

1-7 Vorhandener Dachaufbau mit Gitterfolie als Unterspannbahn
8 zusätzlicher Sparren
9 Wärmedämmung
10 Dampfbremse
11 Lattung
12 Innenbekleidung

Holzschalung aufgebracht und darauf die Dampfbremse ausgelegt; Kantholz und die dazwischenliegende Wärmedämmung werden wieder von außen aufgebracht. Zur Ausbildung des Ortgangs siehe Abb. 8.30. Besondere Sorgfalt muss auf die Dichtigkeit des Außenwandanschlusses verwendet werden.

Beispiel 6

Vorhanden Konstruktion:
Ausgebautes, bereits wärmegedämmtes Dach.

Neue Konstruktion:
Kantholz unter bestehende Dachbekleidung schrauben, dazwischen Dämmung, darunter Dampfbremse und Innenbekleidung.

8.5 Flachdach

Das Flachdach wurde durch die Bauhausbewegung in den 20er und 30er Jahren zum charakteristischen Merkmal der modernen Architektur. Es wurde als Stilelement geschätzt, weil es die Möglichkeit zur Gestaltung klarer, kubischer Baukörper bot und weil es sich als Dachterrasse nutzen ließ. In zahlreichen Bebauungsplänen der 50er und 60er Jahre waren Flachdächer vorgeschrieben. Inzwischen hat sich jedoch gezeigt, dass die Haltbarkeit und Wartungsfreiheit wesentlich von einer sorgfältigen Detailplanung und Ausführung abhängen.

Zur Instandsetzung und Verbesserung eines Flachdaches gehören folgende Maßnahmen:

- Dachabdichtung reparieren oder erneuern, ggf. in Verbindung mit der darunterliegenden Wärmedämmschicht.
- Vorhandene Wärmedämmung durch eine zusätzliche Dämmschicht verbessern.
- Dachbegrünung herstellen.
- Begehbaren Terrassenbelag herstellen.
- Gebäude aufstocken und mit einem geneigten Dach versehen.

Flachdächer können nach unterschiedlichen Prinzipien aufgebaut sein. Zur Beurteilung und Auswahl der richtigen Instandsetzungs- und Modernisierungsmaßnahme ist es notwendig, die wesentlichen Konstruktionsarten zu kennen.

Das *nicht wärmegedämmte Flachdach* über nicht beheizten Räumen besteht aus der Rohdecke, z.B. aus Stahlbeton oder Holzbalken mit Schalung, und einer zwei- oder dreilagig verklebten Abdichtung aus Bitumenbahnen. Eine Kiesschüttung schützt die Dachhaut (d.h. die Abdichtung) vor den thermischen Beanspruchungen durch direkte Sonnenstrahlung, ein Dachablauf sorgt dafür, dass sich das Wasser nicht staut und über die Randaufkantung fließt.

Das *wärmegedämmte Flachdach* über beheizbaren Räumen kann mit oder ohne Hinterlüftung konstruiert sein. Beim üblichen, *nicht belüfteten Flachdach* (auch einschaliges Dach oder „*Warmdach*“ genannt), liegt die Dämmschicht (z.B. aus Hartschaum- oder Mineralfaserplatten) zwischen Rohdecke und Dachhaut. Die Dämmschicht kann aber auch als Innendämmung unter der Rohdecke angebracht sein. Oder sie liegt auf der Dachhaut - und besteht dann aus feuchtigkeitsunempfindlichen Platten („*Umkehrdach*“).

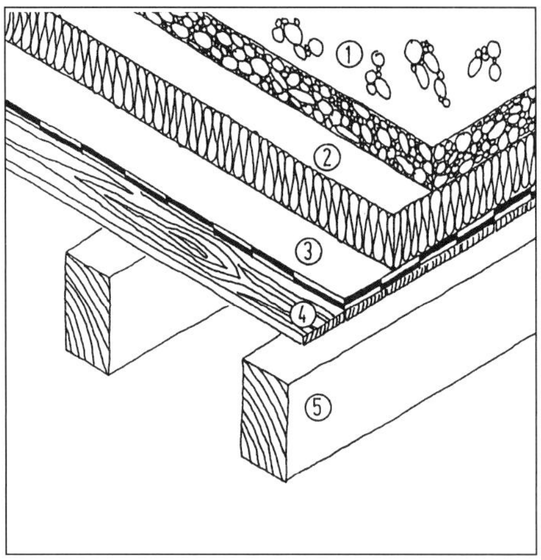

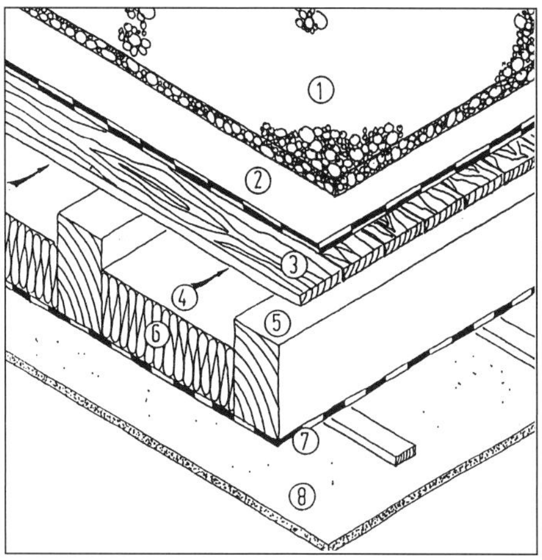

Abb. 8.40 *links*
Aufbau eines Flachdaches als Umkehrdach.

1 Kiesschicht
2 feuchtigkeitsunempfindliche und trittfeste Dämmschicht 15 - 35 cm, z.B. Schaumglas
3 Dachabdichtung, z.B. 3 Lagen Bitumenpappe
4 Schalung 22 mm
5 Tragbalken

Abb. 8.41 *rechts*
Aufbau eines zweischaligen Flachdaches.

1 Kiesschicht
2 Dachabdichtung
3 Schalung 22 mm
4 Belüftung 4 cm
5 Tragbalken 4 cm höher als die Dämmung
6 Dämmung 15 - 35 cm
7 Dampfbremse und Winddichtung
8 Innenbekleidung auf Lattung

Beim *wärmegedämmten, belüfteten Flachdach* (auch zweischaliges Dach oder „*Kaltdach*“ genannt) liegt zwischen Dämm- und Dichtungsschicht ein Luftraum, der an den Dachrändern ein Entweichen des aus dem darunterliegenden Raum eindiffundierten Wasserdampfes ermöglicht, nach dem gleichen Prinzip wie bei der hinterlüfteten Fassade. Die Dämmschicht kann ober- oder unterhalb der Rohdecke liegen. Das hinterlüftete Flachdach mit der Wärmedämmung auf der Rohdecke ist die technisch beste Form, es ist aber auch - wie sollte es anders sein - die teuerste.

Dachabdichtung sanieren

Das Ausbessern der Dachhaut ist nur sinnvoll, wenn die undichte Stelle genau lokalisiert werden kann und die übrige Dachhaut noch völlig in Ordnung ist. Anderenfalls ist eine Erneuerung der ganzen Fläche ratsam, vor allem, wenn die Dachhaut Blasen geworfen hat und die Dachbahnen an der Randaufkantung spröde und rissig geworden sind.

Flachdachabdichtungen können in 2 Verfahren aufgebracht werden:

1. Bitumen- oder Polymerbitumenbahnen werden mindestens zweilagig mit einem Gasbrenner punktförmig oder vollflächig auf dem Untergrund verschweißt. Wenn die Bahnen mit einem Plattenbelag oder mit mindestens 10 cm Boden bedeckt werden, ist auch ein loses Verlegen möglich. Beim punktförmigen Verschweißen oder beim losen Verlegen müssen allerdings die Stöße verschweißt werden.
2. Das Foliendach besteht aus einer einlagigen, lose verlegten Dachbahn aus Kautschuk oder PVC. Nach Verlegen und punktweiser mechanischer Befestigung werden die Bahnstöße homogen verschweißt. Die Dachbahnen sind in der Regel bitumenfest, UV-beständig und wurzelfest. Die Dachbahnen sind nach Beseitigung recyclebar. Aufgrund der gegenüber einer mehrlagigen bituminösen Abdichtung sehr geringen Bahnenstärke ist sowohl bei der Verarbeitung, als auch bei der späteren Wartung strikt darauf zu achten, keine Beschädigungen zu verursachen.

Die zweite Abdichtungsart ist zuverlässiger. Jedoch sollten Arbeiten am Flachdach Fachfirmen überlassen werden, schon wegen der Gewährleistung. Die Ausführung darf nur bei Temperaturen über 4°C erfolgen und nicht bei regnerischem Wetter. Besondere Schwachstellen am Flachdach sind die Anschlüsse an die Dachentwässerung (z.B. Dachgully), an den Dachrand und an angrenzende Bauteile. Bei der Flachdachsanierung sind in der Regel auch neue Blechverwahrungen erforderlich.

Wärmedämmung verbessern

Die Dicke der Wärmedämmung beim Flachdach sollte über beheizten Räumen nicht weniger als 15 cm betragen. Die meisten alten Flachdächer sind wesentlich schlechter gedämmt, so dass eine nachträgliche Verbesserung fast immer sinnvoll ist.

Selbstbaufreundlich ist die nachträgliche, raumseitige Verkleidung der Decke mit Dämmaterial, wobei darauf zu achten ist, dass bei Aufenthaltsräumen eine Mindestraumhöhe von 2,3 m erhalten bleibt.
Es können aber auch feuchtigkeitsunempfindliche Dämmplatten aus extrudiertem, geschlossenporigem Hartschaum oder aus Schaumglas als „Umkehrdach“ auf der Dachhaut verlegt werden (beim „Kaltdach“ unwirksam und daher nicht sinnvoll). Die Dicke der Dämmplatten wird durch die Tragfähigkeit der Decke begrenzt, denn die Platten müssen mit Kies oder ähnlichem in mindestens der gleichen Dicke belastet werden. Egal wie die Wärmedämmung aufgebracht wird, vorher sollte die Dachhaut in jedem Fall auf Dichtigkeit untersucht werden.

Die Arbeitsschritte zur Herstellung eines Umkehrdaches:

- Vorhandenen Kies zur Seite räumen und gegebenenfalls zwischenlagern.

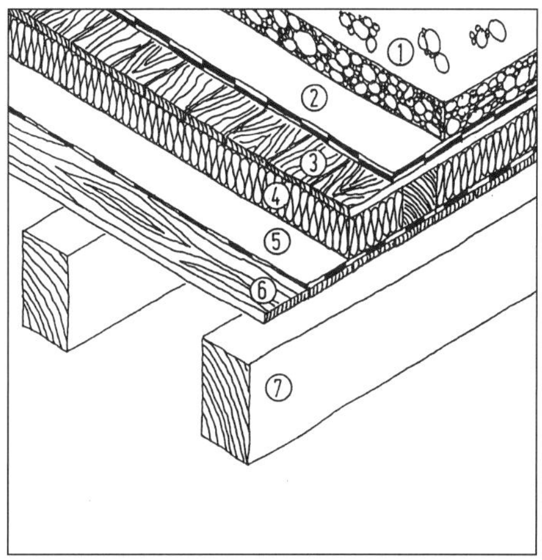

Abb. 8.42
Aufbau eines einschaligen Daches.

1 Kiesschicht 3 - 5 cm
2 Dachabdichtung
3 Schalung 22 mm, Kantholz in Stärke der Wärmedämmung
4 Wärmedämmung 15 - 35 cm
5 Dampfsperre
6 Schalung 22 mm
7 Tragbalken

Abb. 8.43
Begrünter Flachdachanbau - eine Aufwertung, auch ohne Terrassenfunktion.

Abb. 8.44
Begrünung eines nicht belüfteten Flachdaches mit zusätzlicher Dämmschicht.
Hinweis: Eine Feuchteschutzberechnung ist erforderlich, wenn der Wärmedurchlasswiderstand der neuen Wärmedämmung nicht mindestens doppelt so groß ist wie der der vorhandenen Dämmung.

neu
1 Pflanzgranulat
2 wurzelfeste Dichtungsbahn
3 druckfeste Wärmedämmung
vorhanden
4 Dachabdichtung
5 Schalung
6 unzureichende Dämmung
7 Tragbalken

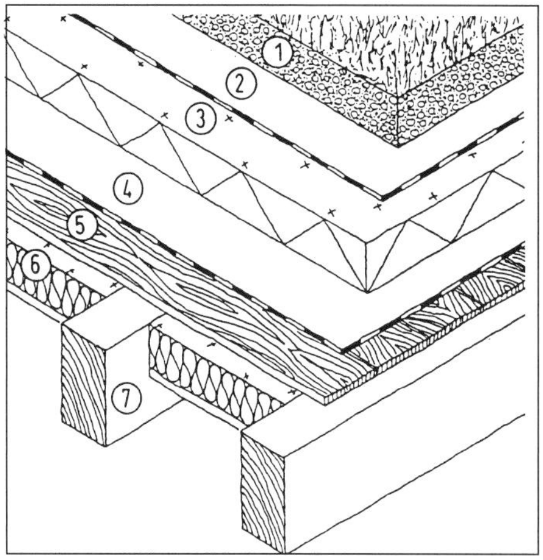

Abb. 8.45
Entwässerung eines begrünten Flachdaches.

1 Vegetationsschicht 15 - 20 cm
2 Filtervlies
3 Kies
4 Wasserspiegel
5 Dränschicht 3 - 5 cm
6 wurzelfeste Dichtungsbahn
7 bestehende Dachabdichtung
8 Dämmung, vorhanden
9 Dampfbremse, vorhanden
10 Schalung, vorhanden
11 Syphon
12 Tragbalken

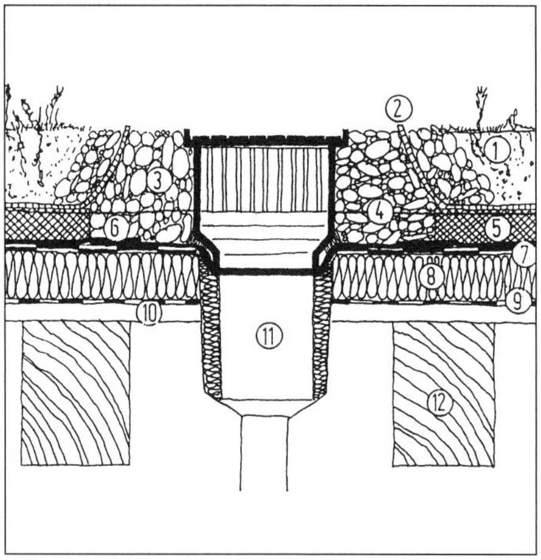

- Vorhandene Dachabdichtung instandsetzen, sofern erforderlich.
- Feuchtigkeitsunempfindliche Dämmplatten verlegen, und zwar einlagig mit Hakenfalz oder zweilagig mit versetzten und dichten Stößen.
- Kiesschüttung, Plattenbelag oder Gründach aufbringen, mindestens so dick wie die Dämmplatten, gegebenenfalls vorher die Tragfähigkeit der Decke prüfen lassen.

Dachbegrünung

Flachdächer bieten sich an für eine Begrünung mit Gräsern und Kräutern. In dicht besiedelten Gebieten können Grasdächer einen merklichen Beitrag zur Klimaverbesserung leisten und Lebensraum für Insekten bieten. Eine Dachbegrünung ist allerdings absolut kein Ersatz für eine Wärmedämmung.

Im allgemeinen kann der vorhandene Kies gegen Boden in gleicher Stärke ausgetauscht werden. Soll die vorhandene Decke die Belastung einer dickeren Bodenschicht aufnehmen, ist dazu auf jeden Fall eine statische Prüfung erforderlich. Ein einfaches Grasdach für ein bestehendes (einschaliges) Flachdach kann so aufgebaut sein:

- Tragende Decke, z.B. Betonplatte oder Holzbalkendecke.
- Wärmedämmschicht unter oder auf der tragenden Deckenkonstruktion.
- Dachabdichtung aus 2 bis 3 Lagen Dichtungsbahnen, lose verlegt mit verschweißten Stößen.
- Wurzelschutzfolie (wurzelfeste Kunststoffolie) als zusätzliche Lage (sofern nicht wurzelfeste Dichtungsbahnen verwendet werden), lose verlegt mit verschweißten Stößen.
- Entwässerung (Dachgully) mit verklebtem Anschluss.
- Dränschicht, z.B. Fadengeflechtmatten, 20 mm dick.

- Filtervlies (verhindert das Fortschwemmen feiner Bodenbestandteile).
- Bodenschicht für extensive Begrünung: Mutterboden vermischt mit Rindenhumus oder Blähton (bzw. Blähschiefer oder Lava).
- Vegetation, z.B. Grassoden (Trockenrasen) oder Einsaat mit Wildkräuterwiese oder mit Spezialmischung. Keine tief wurzelnden Pflanzen einsetzen, die die Dachdichtung beschädigen könnten.

Bei richtiger Auswahl der Pflanzen ist eine Bewässerung und Pflege der Begrünung nicht erforderlich. Im Laufe der Zeit stellen sich von selbst diejenigen Pflanzenarten ein, die diese extremen Standortbedingungen vertragen. Allerdings muss damit gerechnet werden, dass bei lang anhaltender Trockenheit die oberirdischen Pflanzenteile absterben.

Wer eine Dachbegrünung plant, sollte darüber hinaus wissen:

- Solange der Boden nicht durchwurzelt ist, kann das Dach bei Sturm „abgedeckt" und erheblich beschädigt werden. Um die nötige Auflast sicherzustellen, sollten Grassoden bevorzugt oder unter dem Mutterboden eine Kiesschicht angeordnet werden.
- Bisher gibt es noch keine Langzeitsicherheit hinsichtlich der Haltbarkeit von Wurzelschutzbahnen.

Konfektionierte Dachbegrünungssysteme sind in der Regel für anspruchsvolle Pflanzenarten oder für begehbare Dachrasen konzipiert. Für den Einsatz auf bestehenden Flachdächern eignen sich jedoch nur die leichten, nicht begehbaren Systeme mit geringem Gewicht und geringer Dicke.

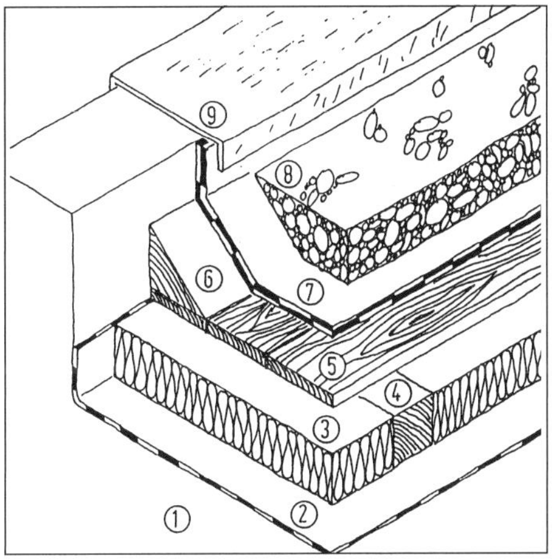

Abb. 8.46
Umwandlung eines Flachdaches mit Kies in ein Grasdach; Lösung A: bestehendes Flachdach mit Kiesschüttung.

1 Dachkonstruktion
2 Dampfbremse
3 Dämmung
4 Kanthölzer
5 Schalung
6 Holzkeil
7 Dachabdichtung
8 Kiesschüttung
9 Blechverwahrung

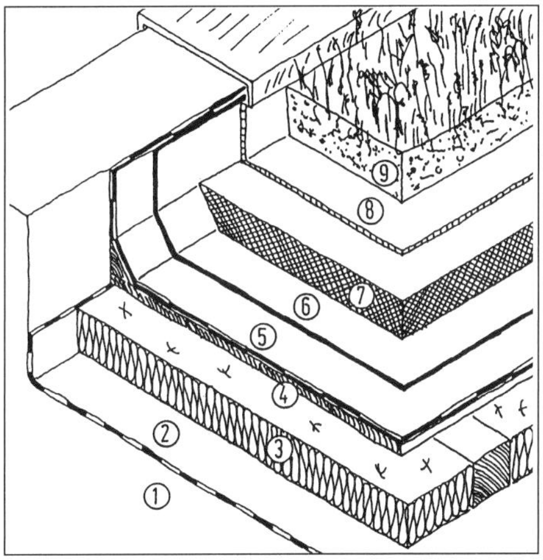

Abb. 8.47
Umwandlung eines Flachdaches mit Kies in ein Grasdach; Lösung B: bestehendes Flachdach mit ausreichend hohem Dachrand.

vorhanden
1 Dachkonstruktion
2 Dampfbremse
3 Dämmung
4 Schalung auf Kanthölzern
5 Dachabdichtung
vorhandenen Kies abräumen
neu
6 Wurzelschutzbahn
7 Dränschicht 3 - 5 cm
8 Filtervlies
9 Vegetationsschicht 15 - 20 cm

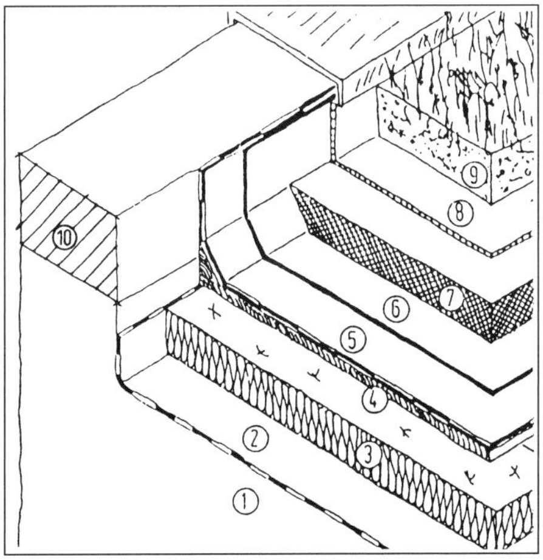

Abb. 8.48
Umwandlung eines Flachdaches mit Kies in ein Grasdach; Lösung C: bestehendes Flachdach mit zu niedrigem Dachrand.

vorhanden
1 Dachkonstruktion
2 Dampfbremse
3 Dämmung
4 Schalung auf Kanthölzern
5 Dachabdichtung vorhandenen Kies abräumen
neu
6 Wurzelschutzbahn
7 Dränschicht 3 - 5 cm
8 Filtervlies
9 Vegetationsschicht 15 - 20 cm
10 zusätzliche Aufkantung (z.B. aus Naturstein) 20 - 25 cm hoch

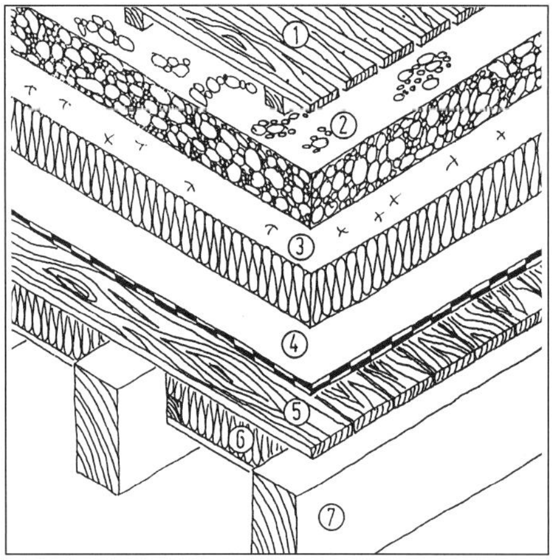

Abb. 8.49
Aufbau einer begehbaren Dachterrasse als Kiesdach mit Holzrost.

neu
1 Holzrost aus Dachlatten 3/5 cm
2 Kiesschüttung, Dicke wie Dämmplatten
3 feuchtigkeitsumempfindliche Dämmschicht 4 - 20 cm
vorhanden
4 Dachabdichtung
5 Schalung
6 bestehende, nicht ausreichende Dämmung
7 Tragbalken

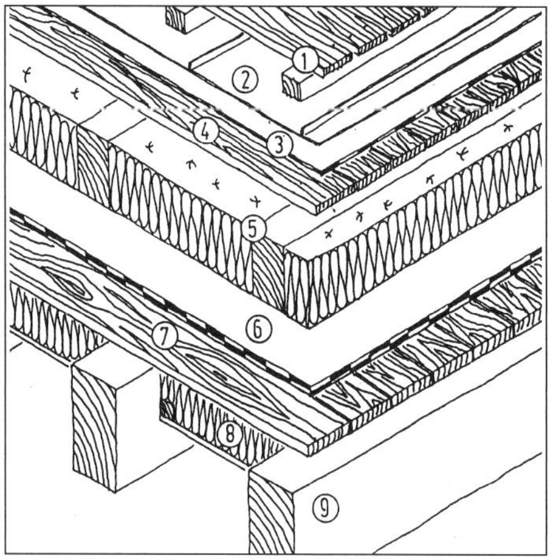

Abb. 8.50
Aufbau einer begehbaren Dachterrasse mit Blechabdichtung.

neu
1 Holzrost aus Dachlatten 3/5 cm
2 Blechdach (als Dachabdichtung)
3 Pappe
4 Schalung
5 Rahmenschenkel mit dazwischenliegender Dämmung 4 - 20 cm
vorhanden
6 Dachabdichtung
7 Schalung
8 bestehende, nicht ausreichende Dämmung
9 Tragbalken

Terrassenbelag

Die Umwandlung eines Kiesdaches in ein begehbares Dach ist aus statischen Gründen nur möglich, wenn die Tragfähigkeit der Decke nachgewiesen ist. Gegebenenfalls muss die Decke verstärkt werden.

Ein einfacher Terrassenbelag, der zum Selbstmachen geeignet ist, besteht aus großformatigen Gehwegplatten oder Holzrosten, die lose in Kies verlegt werden. Damit der Kies nicht in die Dachabdichtung gedrückt wird, müssen feuchtigkeitsunempfindliche Dämmplatten nach dem Prinzip des Umkehrdaches zwischen Dachhaut und Kies ausgelegt werden.

Ein begehbarer Terrassenbelag wird vielfach aus frostfesten keramischen Platten hergestellt. Sie werden in einem bewehrten, mindestens 4 cm dicken Mörtelbett auf einer Dränschicht verlegt, die über einen Gully oder über die Dachrinne entwässert wird. Zwischen Dränschicht und Dachabdichtung ist eine Gleitschicht, z.B. aus zwei PE-Folien erforderlich. Wegen starker, temperaturbedingter Längenänderungen müssen Plattenbelag und Mörtelbett in Abständen von 2 m durch Dehnungsfugen mit Bitumenverguss versehen werden. Die Herstellung eines keramischen Terrassenbelages ist wegen der zahlreichen Fehlerquellen nicht zum Selbermachen geeignet.

Bei allen Terrassen ist darauf zu achten, dass die Dachabdichtung an den Wandanschlüssen 15 cm über den Belag hinaus hochgezogen wird, auch an der Terrassentür, um das Eindringen von Feuchtigkeit zu vermeiden.

9. Geschossdecken

9.1 Zusammenhänge

Geschossdecken wurden etwa bis zur Jahrhundertwende fast ausschließlich als Holzbalkendecken errichtet. Lediglich über Kellerräumen waren wegen der Feuchtigkeit gemauerte Gewölbe üblich. Mit der Einführung industrieller, energieintensiver Verfahren zur Herstellung und Verarbeitung von Zement, Stahl, Beton und Ziegel zu Beginn des 20. Jahrhunderts fanden Stahlsteindekken und kurz darauf Stahlbetondecken rasche Verbreitung - zunächst über dem Sokkel- und Untergeschoss sowie unter Bädern und Küchen. Nach 1945 wurde die Holzbalkendecke mehr und mehr durch Stein- und Betondecken verdrängt. Auch die Unempfindlichkeit gegen Feuer und Schädlingsbefall sowie die besseren Schalldämmeigenschaften trugen zur raschen Verbreitung der Stahlbetondecken bei. Inzwischen gewinnen Holzbalkendecken, die mit vergleichsweise geringem Energieaufwand und kostengünstig hergestellt werden können, wieder zunehmend an Beliebtheit, besonders im Eigenheimneubau. Aufgrund der heute üblichen Konstruktions- und Abdichtungsmethoden können auch bei der Altbausanierung die typischen Schwächen alter Holzdecken weitgehend gemindert werden.

Die Qualität einer Geschossdecke bezüglich Stabilität, Schall-, Wärme- und Brandschutz hängt von dem gesamten Deckenaufbau ab, also von

- der tragenden Rohdecke (Kap. 9.2, 9.3),
- der Deckenbekleidung (Kap. 9.4) sowie von
- dem Fußbodenaufbau (Kap. 10.2).

Der Zustand der tragenden Rohdecke wird meist erst während der Baumaßnahme sichtbar, wenn die Deckenverkleidung entfernt ist. Typische Schäden sind z.B.:

- Bei Holzbalkendecken: Zerstörung durch Feuchtigkeit (Fäulnis), vor allem an den Balkenköpfen oder durch Schadinsekten; Durchbiegung, Vibration oder Schräglage von Holzbalken.
- Bei Stahlsteindecken: Rostbildung an Stahlträgern.

Die Tragfähigkeit einer Decke wird durch die statische Berechnung so ausgelegt, dass die anzunehmende Verkehrslast (Nutzlast in kN/m^2) und das Eigengewicht der Decke mit Sicherheit getragen werden. Bei Eingriffen ins Tragwerk oder bei einer Vergrößerung der Verkehrslast ist ein neuer statischer Nachweis und unter Umständen eine Baugenehmigung erforderlich, z.B. wenn

- tragende Wände ausgebrochen oder eingebaut werden,
- nicht tragendes Mauerwerk eingebaut wird (Gefahr der Durchbiegung und Rissbildung),
- der Dachraum ausgebaut wird (Erhöhung der Verkehrslast),
- Deckenöffnungen hergestellt oder vergrößert werden (z.B. für eine Treppe oder für einen Schornstein).

Decken werden nicht nur durch vertikal wirkende Lasten beansprucht. Mit ihrer Scheibenwirkung tragen sie wesentlich zur waagerechten Aussteifung und zur Standsicherheit des ganzen Gebäudes bei. Daher muss auch der Verankerung zwischen Decken und Wänden Aufmerksamkeit gewidmet werden, bei Holzbalkendecken auch der Verbindung der Deckenbalken untereinander z.B. durch die Schalung oder die Lattung.

Leichte Holzbalkendecken mit einfachem Dielenboden und Beton- oder Steindecken ohne schwimmend verlegten Fußboden erfüllen in der Regel nicht die heutigen An-

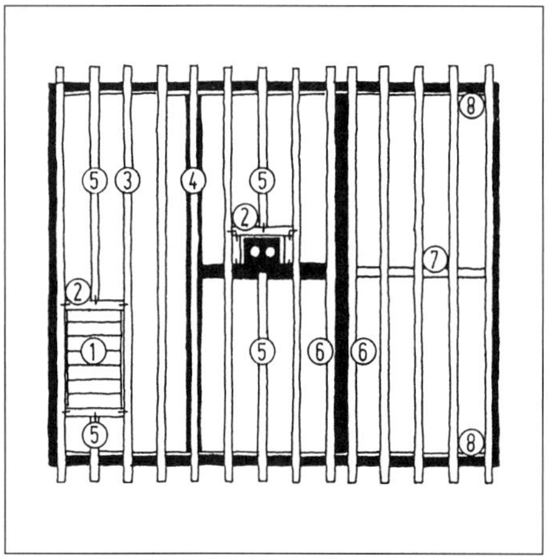

Abb. 9.1 *oben*
Die Begriffe in einer Balkenlage.

1 Treppenloch
2 Wechsel
3 ganze Balken (Binderbalken)
4 Bundbalken
5 Stichbalken
6 Streichbalken
7 Unterzug
8 Mauerlatte

Abb. 9.2 *unten*
Balkenauflager in einer Steinwand (aufgelegt).

1 Mauerwerk
2 Streichbalken (zur Druckverteilung)
3 Deckenbalken

forderungen an Schall- und Wärmeschutz. Ein schlechter Schallschutz ist besonders dann störend, wenn die Decke zwei Wohnungen voneinander trennt.

Die DIN 4109 (Nov. 1989, und Nachträge) fordert beispielsweise für Wohnungstrenndecken einen "bewerteten Norm-Trittschallpegel" von mindestens 53 dB. Wenn vorhandene Schalldämmwerte ermittelt oder Sanierungsvorschläge für geforderte Schalldämmwerte erarbeitet werden sollen, ist die Hinzuziehung eines Fachingenieurs erforderlich.

Die schalldämmende Eigenschaft einer Decke wird geprägt vom Flächengewicht sowie von der Elastizität und der Anzahl der Schichten, die die Deckenkonstruktion bilden. Günstig ist eine Kombination aus schweren und weichfedernden Schichten.

Eine Verbesserung des Schallschutzes kann erreicht werden durch

- einen schwimmenden Fußboden (Nass- oder Trockenestrich auf Dämmplatten),
- eine schwere Füllung in den Feldern einer Holzbalkendecke (z.B. Ziegelsteine),
- eine abgehängte Deckenverkleidung (z.B. aus Bauplatten),
- einen federnden Bodenbelag (z.B. Teppich oder Linoleum-, Kork-Verbundbelag).

Wie beim Neubau gilt auch hier die Regel: je besser die Schalldämmung, umso höher die Kosten.

Wärmedämmschichten in Decken sind grundsätzlich nur zwischen beheizbaren und nicht beheizbaren Räumen erforderlich, z.B. an Kellerdecke und oberster Geschossdecke. Sie können unterhalb oder oberhalb der Rohdecke angeordnet werden, bei Holzbalkendecken auch in den Gefachen (Balkenzwischenräumen). Das Maß der erforderlichen Mindest-Wärmedämmung ist in der Energieeinsparverordnung festgelegt (siehe Kap. 4.4). Diese Bauteile sind möglichst luftdicht auszuführen (vgl. Kap. 4.6).

Baurechtliche Anforderungen an den *Feuerwiderstand* von Decken sind in der jeweiligen Landesbauordnung festgelegt. Im allgemeinen bestehen keine Brandschutzanforderungen für Decken in freistehenden Wohngebäuden mit nicht mehr als einer Wohnung, deren Aufenthaltsräume in nicht mehr als zwei (Voll-) Geschossen liegen (§ 5 Ausführungsverordnung zur Landesbauordung für Baden-Württemberg vom Nov. 1995). Falls notwendig kann der Feuerwiderstand durch entsprechende Deckenbekleidungen und Fußbodenaufbauten verbessert werden.

9.2 Holzbalkendecken

9.2.1 Bauarten alter Holzbalkendecken

Jahrhundertelang war die Holzbalkendecke mit „Windelboden“ üblich: Mit Strohlehm umwickelte Staken wurden zwischen die Holzbalken eingeschoben, sodann Dielen auf die Balken genagelt und die Unterseite der Decke mit Lattung, Rohrgeflecht und Putz verkleidet. Anstelle der Lehmwickel wurde der Zwischenboden auch aus Brettschalung mit einer Schüttung aus Schlacke oder Spreu hergestellt.

Auch wenn zur sicheren Schadensbeurteilung und bei Eingriffen in das Tragwerk Fachleute hinzugezogen werden müssen, ist es von Vorteil, die wesentlichen Teile der Balkenlage mit ihrem Kräfteverlauf, die Ausbildung der Balkenauflager und die üblichen Zwischendeckenarten zu kennen und zu verstehen.

Tragende Balkenlage

Deckenbalken leiten die Deckenlast zu ihren Auflagern, also zu Wänden und Unterzügen. Dabei werden sie vorwiegend auf Biegung beansprucht. Das Maß der Durchbiegung hängt hauptsächlich von der Höhe des Balkenquerschnittes ab. Zur Begrenzung der Durchbiegung und der Vibration werden Deckenbalken heute aufgrund statischer Berechnungen so bemessen, dass die Durchbiegung nicht größer als 1/200 der Spannweite ist, wobei wirtschaftliche Spannweiten zwischen 3 und 4,5 m liegen; größere Spannweiten werden mit Unterzügen, also Balken und Pfetten, sowie mit Stützen überbrückt.

Etwa bis zur Jahrhundertwende wurden die Balkenabstände und -querschnitte nach alten Zimmermannsregeln bemessen. Die üblichen Balkenabstände betrugen

- bis 1,20 m bei handbehauenen Vollholzbalken (etwa bis 1870),
- 80 bis 90 cm bei gesägten Vollholzbalken (etwa 1860 - 1940),
- 60 bis 70 cm bei Halbholzbalken (etwa 1920 bis heute).

Beim Balkenquerschnitt ist ein Seitenverhältnis (Breite zu Höhe = b:h) von 5:7 günstig.

Die Bemessung der Deckenbalken wird im wesentlichen durch Verkehrslast, Spannweite und Balkenabstand bestimmt. Deckenbalken, die nicht bis zum Auflager durchlaufen können, z.B. wegen eines Schornsteins oder eines Treppenlochs, werden „ausgewechselt“: ein Querbalken, der sogenannte „Wechsel“ überträgt die Last auf die benachbarten Deckenbalken.
Vom Schornstein müssen Holzbalken einen Abstand von mindestens 5 cm einhalten. Der Zwischenraum wird mit nicht brennbarem Material gefüllt, z.B. mit vermörtelten Schamotteplatten, Dachziegeln oder Beton. Deckenbalken haben auch die Aufgabe, die Wände, in die sie einbinden, auszusteifen. Hierdurch werden sie auf Druck und Zug in ihrer Längsrichtung beansprucht. Sie müssen daher an allen Balkenstößen und an ihren Auflagern fest verankert sein, z.B. durch Zuganker und Maueranker aus Stahl.

Abb. 9.3 *oben*
Balkenauflager in einer Steinwand (eingemauert).

1 Spaltklinker (sorgt für die Belüftung des Balkenkopfes)
2 Deckenbalken
3 Mauerwerk
4 Betongurt (zur Druckverteilung)
5 Belüftung
6 Pappe
7 Wärmedämmung

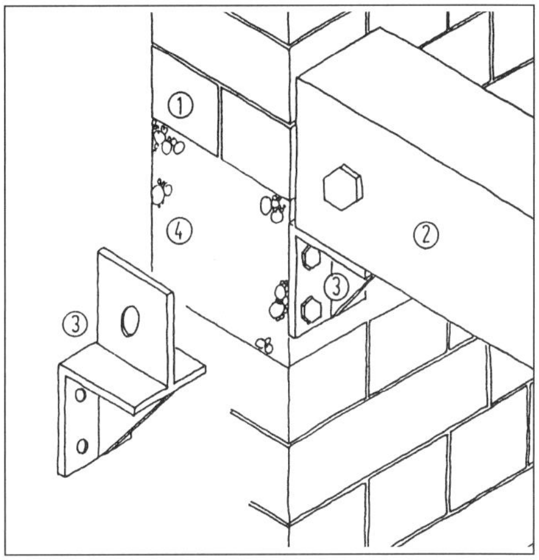

Abb. 9.4 *mitte*
Balkenauflager an einer Steinwand mit Betonquader und Stahl-Konsole.

1 Mauerwerk
2 Deckenbalken
3 Konsole
4 betonierter Quader

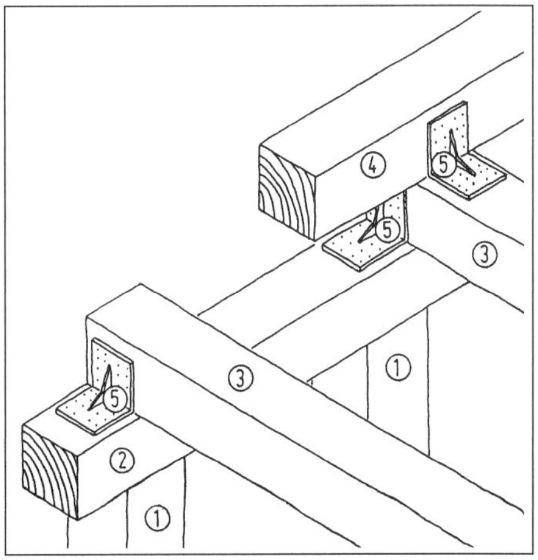

Abb. 9.5 *unten*
Balkenauflager bei einer Fachwerkwand.

1 Pfosten
2 Rähm (Pfette)
3 Deckenbalken
4 Schwelle
5 Nagelbleche

Balkenauflager

Am Balkenauflager werden die Kräfte vom Balkenkopf auf das darunterliegende Mauerwerk oder Fachwerk übertragen. Die Balkenauflager sind beim Altbau besonders gefährdete Stellen, weil die Balkenköpfe in der Wand oft der Feuchtigkeit, z.B. durch Kondensat an einer Wärmebrücke, ausgesetzt sind. Schadensanfällig sind auch Balken, die die Fassade durchdringen, z.B. bei Geschossvorsprüngen oder bei Balkonen. Balkenköpfe müssen am Mauerwerksauflager gegen eindringende Feuchtigkeit mit einer Bitumenpappe unterlegt werden. Das vollständige „Einpacken" von Balkenköpfen ist falsch, weil unvermeidbar eindringende Feuchtigkeit nicht mehr entweichen kann.

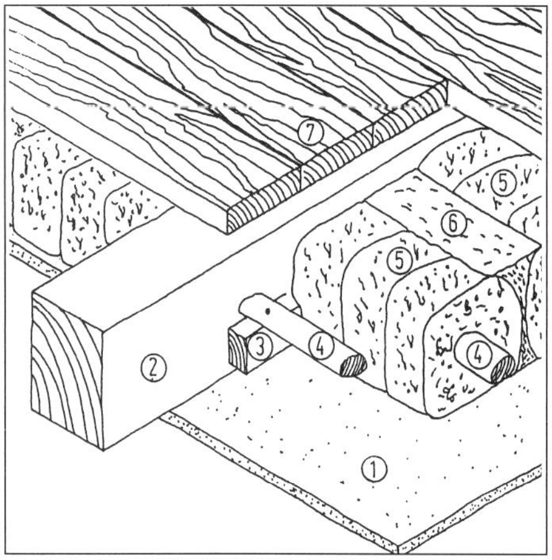

Abb. 9.6 *oben*
Aufbau einer alten Decke mit Strohlehmwickel.

1 Deckenbekleidung
2 Deckenbalken
3 Kantholz als Auflager für Staken
4 Staken
5 Umwicklung aus Strohlehm
6 Auffüllung mit Strohlehm
7 Holzdielen

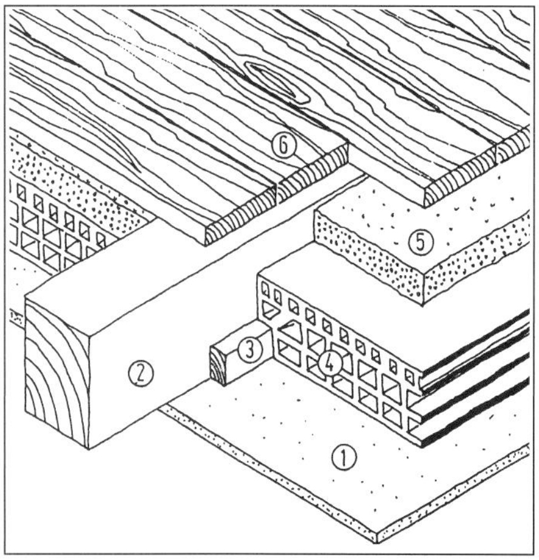

Abb. 9.7 *mitte*
Aufbau einer alten Decke mit Formsteinen.

1 Deckenbekleidung
2 Deckenbalken
3 Kantholz als Auflager für Formsteine
4 Formsteine
5 Sandfüllung
6 Holzdielen

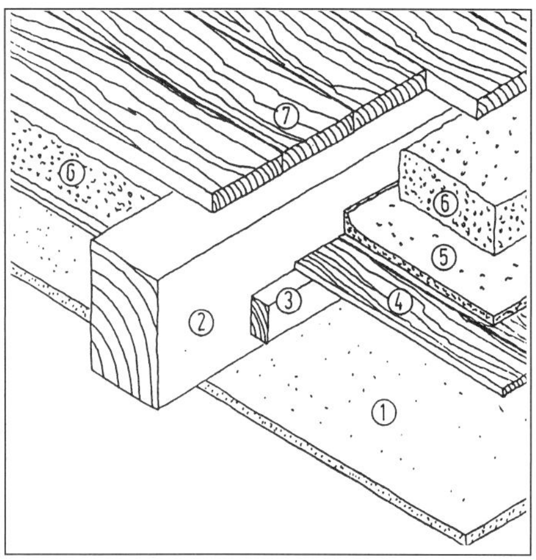

Abb. 9.8 *unten*
Aufbau einer alten Decke mit Blindboden.

1 Deckenbekleidung
2 Deckenbalken
3 Kantholz als Auflager für Einschubbretter
4 Einschub (Holzbretter)
5 Lehmverstrich
6 Füllung aus Schlacke, Lehm oder Spreu
7 Holzdielen

Zwischendecke

Der Teil zwischen den Deckenbalken, die Zwischendecke, erfüllt Schall-, Wärme- und Brandschutzfunktionen. Alte Zwischendecken bestehen z.B. aus:

- mit Strohlehm umwickelten Staken („Windelboden"),
- eingeschobenen Brettern („Blindboden") mit Füllung aus Schlacke, Lehm oder Spreu,
- Formsteinen.

Vorhandene Zwischendecken sollen nach Möglichkeit erhalten werden. Bei Blindböden kann es erforderlich sein, die Lattung nachzuschrauben oder die Gefache schall- oder wärmedämmend auszufüllen. Bei Windeldecken mit fest sitzenden Staken kann der Raum darüber folgendermaßen mit Lehm aufgefüllt werden:

- Jutegewebe auslegen,
- zur Verankerung an den Rändern verzinkte Nägel ein Stück weit in die Balken einschlagen,
- erdfeuchten (krümeligen), humusfreien Lehm einfüllen.

9.2.2 Reparaturen an Deckenbalken

Deckenbalken können durch pflanzliche und tierische Holzschädlinge so geschädigt sein, dass ihre Tragfähigkeit beeinträchtigt ist. Ist ein neuer Fußbodenbelag oder eine neue Deckenbekleidung geplant, sollten die Deckenbalken durch Öffnen des Bodens bzw. der Deckenbekleidung auf ihre Funktionsfähigkeit in den gefährdeten Bereichen geprüft werden.

Zu den Bereichen mit erhöhtem Schadensanfall gehören:

- Balkenköpfe im Mauerwerk,
- die Umgebung alter Ausgüsse, Abwasserleitungen, Dusch- und Badewannen,
- die Balkenauflager in nach unten vorspringenden Fassadenflächen,
- die Balkenauflager bei Sichtfachwerk, insbesondere bei ungeschützten Balkenköpfen (Hirnholz),
- die Auflager bei schadhafter Fassade mit Putzrissen,
- die Umgebung von defekten oder fehlenden Regenfallrohren, besonders auf der Wetterseite,
- Balken des Dachstuhls bzw. der obersten Geschossdecke, besonders in der Nähe der Traufe.

Zur richtigen Ausbildung eines neuen Balkenauflagers einige Hinweise:

- Balkenkopf bei Mauerwerk mit Bitumenpappe unterlegen, zum Schutz gegen aufsteigende Feuchtigkeit.
- Bei einer von unten geschlossenen Decke zwischen Balkenkopf und Mauerwerk seitlich und oben 3 cm Luft lassen mit Verbindung zu den Balkengefachen.
- Zwischen der Stirnseite des Balkens und dem äußeren Mauerwerk eine mindestens 2 cm dicke Wärmedämmplatte einbauen, zum Schutz gegen Tauwasserbildung.

Holzkonstruktionen reagieren im Gegensatz zu hartem, sprödem Mauerwerk und Beton sehr elastisch auf Lastveränderungen. Bei deutlich spürbaren Durchbiegungen, Vibrationen oder Schieflagen sollten die Ursachen zwar erkundet werden, eine Mängelbehebung ist aber nicht in jedem Fall erforderlich.

9.2.3 Modernisierungs-Maßnahmen

Modernisierungsmaßnahmen an Geschossdecken können das Ziel haben, technische Eigenschaften der Decke wie den Wärme- oder Schallschutz zu verbessern, aber auch z.B. durch Öffnungen in Teilen der Decke Grundrissveränderungen zu ermöglichen. Häufig werden mehrere Absichten gleichzeitig verfolgt, wobei die Zahl der technischen Möglichkeiten groß ist. In den nachfolgenden Abschnitten sollen einige typische Lösungsmöglichkeiten dargestellt werden.

Balken freilegen, verstärken, auswechseln

Das *Freilegen* von Deckenbalken kann erwünscht sein,

- um die Balkenlage sichtbar zu machen,
- um die lichte Raumhöhe zu vergrößern,
- um eine offene Verbindung zwischen zwei Ebenen zu schaffen.

Es empfiehlt sich, vor dem Freilegen das Aussehen der Balkenlage zu prüfen. Auch ist zu bedenken, dass beim Weglassen der Deckenbekleidung und der Zwischendecke die schall-, wärme- und brandschutztechnischen Eigenschaften der Decke schlechter werden.

Ein *Verstärken* von Deckenbalken ist sinnvoll,

- um durch Fäulnis oder Schädlingsbefall geschwächte Balken zu verstärken,

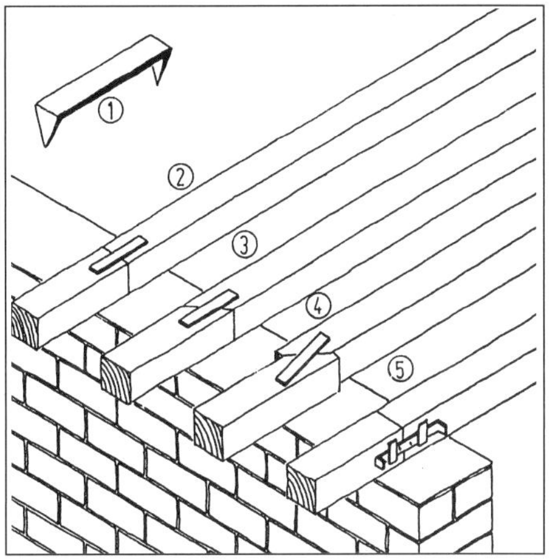

Abb. 9.9 *oben*
Balkenstoß mit Klammern über einem Auflager.

1 - 4 Balkenverbindungen mit Stoßklammern
5 Balkenverbindung mit einer Krampe und Stahllaschen (beidseitig)

Abb. 9.10 *unten*
Reparatur von schadhaften Balkenköpfen am Auflager.

1 schadhafter Balkenkopf
2 Bohlenlaschen
3 Kräfteverlauf

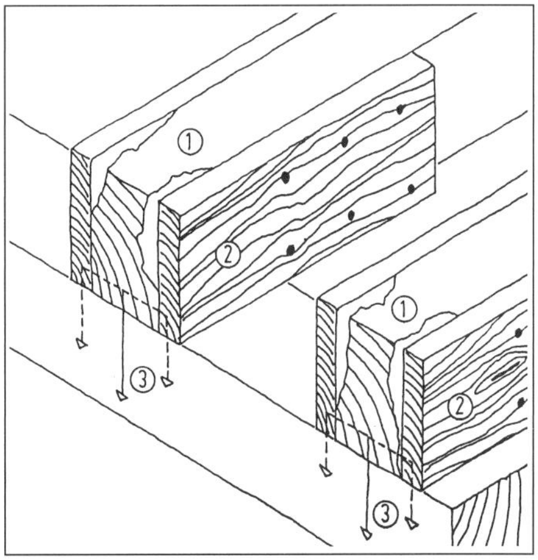

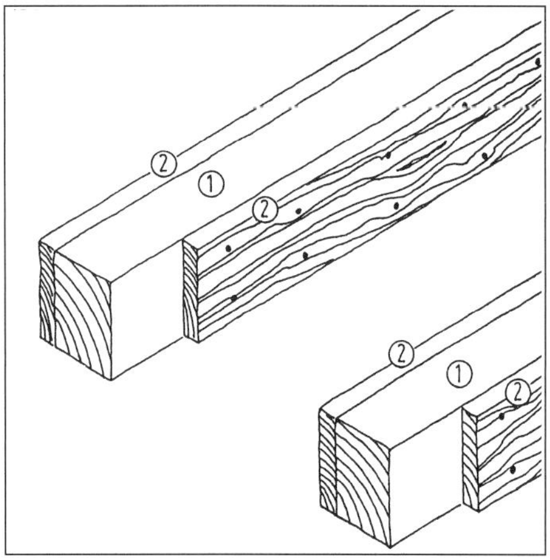

Abb. 9.11
Verstärkung von Deckenbalken durch beidseitiges Aufbringen von Bohlen.

1 vorhandene Deckenbalken
2 aufgebrachte Balken

Abb. 9.12
Balkenstoß beim Austauschen von Balken.

1 angeschifteter Balken verschraubt
2 stumpf gestoßene Balken mit Bohlenlaschen verschraubt

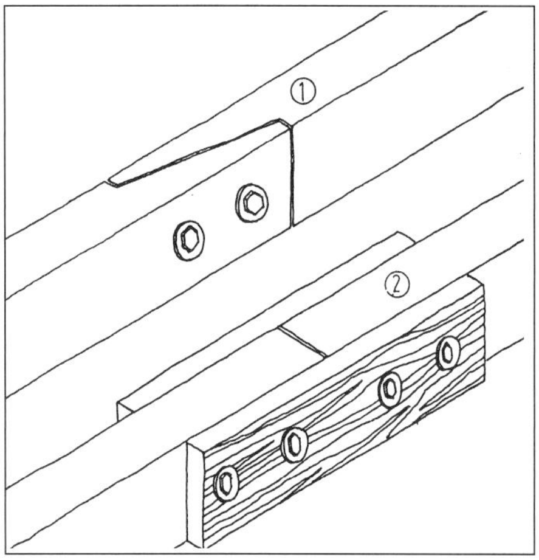

- um das Vibrieren einer Decke (Schwingungen durch Begehen oder durch den Straßenverkehr) zu vermindern,
- um die Tragfähigkeit von Deckenbalken zu vergrößern, z.B. bei Durchbiegung der Balken oder unter geplanten Trennwänden.

Die Tragfähigkeit einer Decke kann erhöht werden, indem an die Deckenbalken ein- oder beidseitig jeweils eine etwa 4 bis 6 cm dicke Holzbohle beigeschraubt oder eine zweite Balkenlage zwischen der vorhandenen Balkenlage eingebaut wird.

Deckenbalken werden *ausgewechselt* (Einbau eines Wechselbalkens),

- wenn eine Deckenöffnung hergestellt werden soll, die breiter ist als ein Balkenfeld,
- wenn ein abgefaulter Balkenkopf entlastet oder eine Fensteröffnung dicht unter einem Deckenbalken hergestellt werden soll.

Das Auswechseln eines Deckenbalkens (Kräfteverlauf siehe Kap. 9.2.1) sollte nur unter fachlicher Anleitung erfolgen. Bei auskragenden Balken (z.B. in der Verlängerung eines Balkons), bei Dachbalken oder bei mehrfeldrig wirkenden Balken kann ein Fehler bei der Ausführung die Standsicherheit gefährden!

Schallschutz verbessern

Die Schalldämmung alter Holzbalkendecken ist im allgemeinen schlechter als die von Stein- und Betondecken. Die maßgebenden Werte für die schalltechnische Qualität sind gemäß DIN 4109 das Luftschall-dämm-Maß R_w und der Trittschallpegel L_w; beide Werte werden in Dezibel (1 dB = 0,1 Bel) angegeben. Diese Unterscheidung wird gemacht, weil sich Bauteile hinsichtlich der Leitfähigkeit von Luftschall (z.B. Sprechen, Radio) anders verhalten als bei Körperschall (Klopfen, Gehen). Je höher die Werte sind, um so besser ist die schalldämmende Wirkung einer bestimmten Deckenkonstruktion.

In der Praxis der privaten Altbaumodernisierung werden gute Schalldämmwerte bei Holzdecken häufig deshalb nicht verwirklicht, weil der technische Aufwand und die Kosten zu hoch erscheinen. Ein schlechter Schallschutz kann jedoch für Bewohner zu lästigen Störungen und zu einer Beeinträchtigung des häuslichen Miteinanders führen.

Gewöhnlich genügt bei Decken eine Betrachtung des Trittschallpegels L_w, denn eine gute Trittschalldämmung beinhaltet fast immer auch eine gute Luftschalldämmung. Die Schalldämmeigenschaft einer Decke ist um so besser, je schwerer die Decke ist (Flächengewicht in kg/m2), je besser die Schichten federn (dynamische Steifigkeit in MN/m3) und aus je mehr Schichten die Decke aufgebaut ist. Eine 14 cm dicke Betondecke mit einem "schwimmend" (d.h. federnd) verlegten Zementestrich und mit Teppichboden hat beispielsweise einen Trittschallpegel von 56 dB.
Betondecken und Estrichplatten haben ein großes Gewicht, die Trittschall-Dämmplatten (z.B. aus Mineral- oder Kokosfilz, zwischen Rohboden und Estrichplatte) und der Teppichbelag wirken als federnde Schichten. Eine weitere Verbesserung des Trittschallpegels um 7 dB könnte z.B. durch eine mit speziellen Metallschienen abgehängte Decke aus Nass- oder Trockenputz erreicht werden.

Bei alten Deckenkonstruktionen hatten die meist 9 bis 11 cm hohen Füllungen aus Lehm, Schlacke oder Sand die Funktion, das Gewicht zu vergrößeren.

Neben dem direkten Schalldurchgang durch die Decke wird der Schall auch über die darunter und darüber liegenden Wände übertragen. Daher sind die Verbesserungs-

Abb. 9.13 *links oben*
Verbesserung der Trittschalldämmung bei sichtbaren Deckenbalken (Lösung A).

1 vorhandene Deckenbalken
2 Schalung, Dielung
neu
3 Rieselschutz
4 Dämmstreifen
5 Lagerholz
6 Sandschüttung
7 Mineralfaser-Platte
8 Holzspanplatte

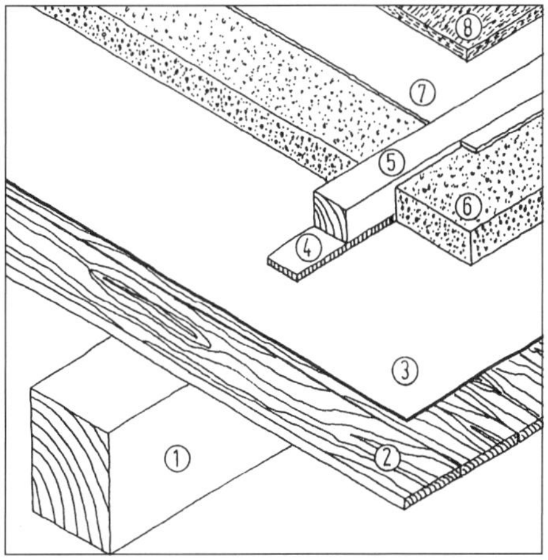

Abb. 9.14 *links mitte*
Trittschalldämmende Deckenkonstruktion bei sichtbaren Deckenbalken (Lösung B).

1 vorhandene Deckenbalken
neu
2 Schalung oder Holzspanplatten
3 Filz
4 Gehwegplatten
5 Mineralfaser-Platten
6 Holzspanplatten

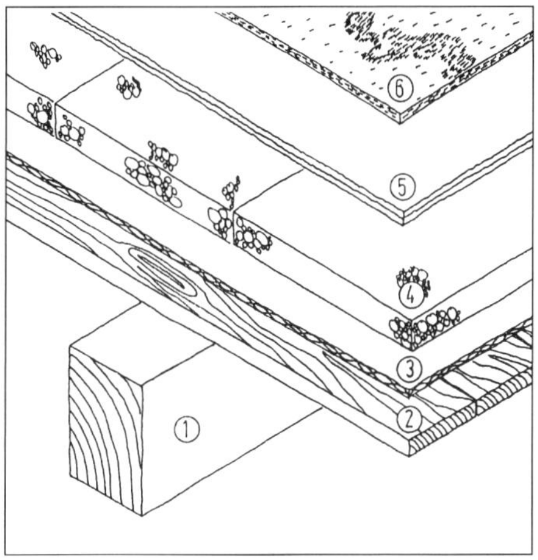

Abb. 9.15 *rechts oben*
Verbesserung der Trittschalldämmung bei teilweise sichtbaren Deckenbalken.

1 vorhandene Deckenbalken
neu
2 Schalung oder Holzspanplatten
3 Kantholz
4 Dämmung
5 Holzspanplatten
6 Mineralfaser-Platten
7 Zement-Estrich oder Holzspanplatte

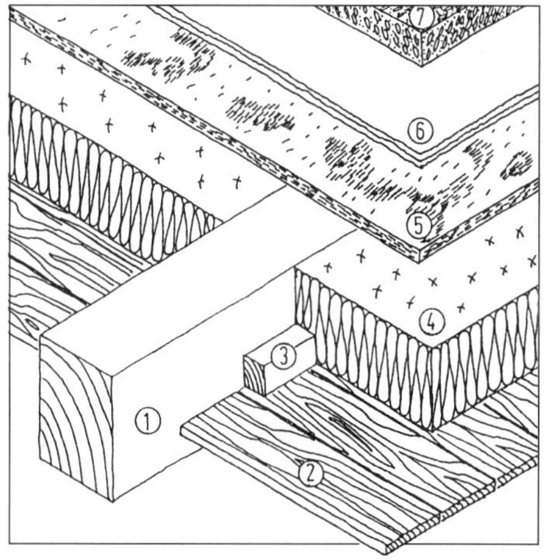

Abb. 9.16 *rechts mitte*
Verbesserung der Trittschalldämmung bei Erhaltung der alten Decke (Lösung A).

1 - 4 vorhandene Deckenkonstruktion
neu
5 Dämmschicht
6 Holzspanplatte
7 Mineralfaser-Trittschallplatten
8 schwimmender Zementestrich

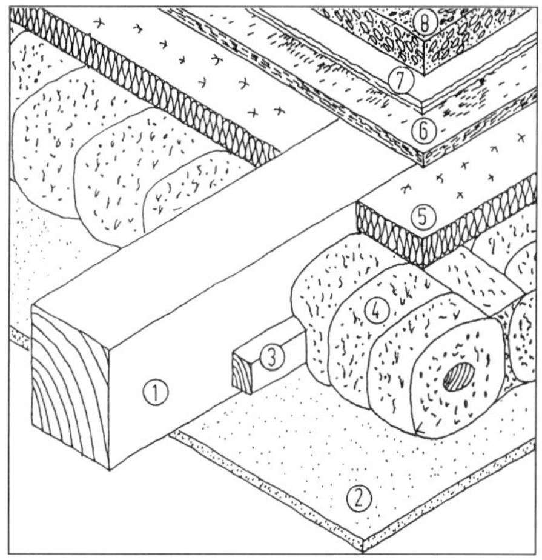

Abb. 9.17 *rechts unten*
Verbesserung der Trittschalldämmung bei Erhaltung der alten Decke (Lösung B).

vorhanden
1 Deckenbalken
2 Kantholz
3 Blindboden
neu
4 Ölpapier
5 Magerbeton
6 Mineralfaser-Trittschallmatten
7 Holzspanplatten

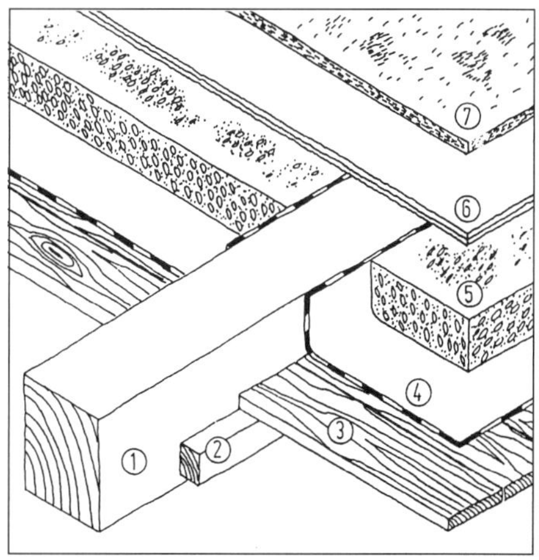

Abb. 9.18
Verbesserung der Trittschalldämmung bei Erhaltung der alten Decke (Lösung C).

1 - 6 vorhandene Deckenkonstruktion
neu
7 Mineralfaser-Platten
8 Weichfaser-Platte, Ölpapier oder PE-Folie
9 Zementestrich oder Gussasphalt-Estrich

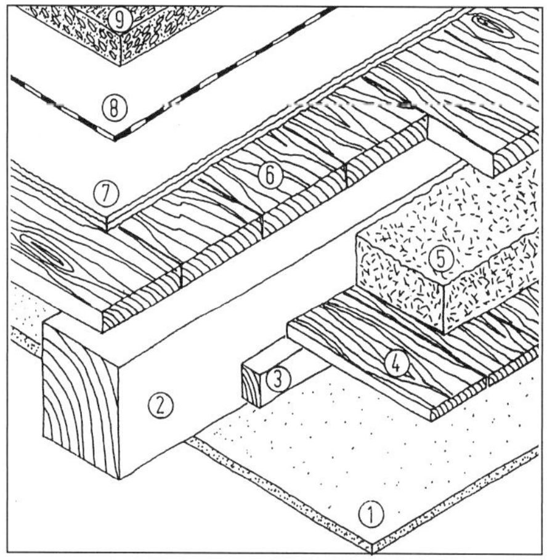

Abb. 9.19
Verbesserung der Trittschalldämmung bei Erhaltung der alten Decke (Lösung D).

1 - 6 vorhandene Deckenkonstruktion
neu
7 Ölpapier oder PE-Folie
8 Dämmstreifen
9 Lagerholz
10 Magerbeton, erdfeucht
11 Mineralfaser-Platten
12 Holzspanplatten

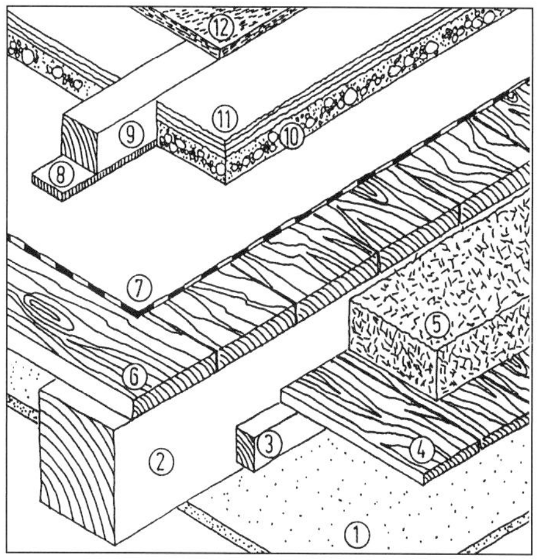

Abb. 9.20
Verbesserung der Tritt- und Luftschalldämmung bei Erhaltung der alten Decke (Lösung E).

vorhanden
1 Putz
2 Putzträger
3 evtl. Sparschalung
4 Deckenbalken
5 Schüttung
6 Traglattung
7 Blindboden
8 Dielenboden
neu
9 u. 10 Hohlraumdämpfung durch eingeblasene Zellulose
11 evtl. Ausgleichsschüttung, z.B. Kalk- oder Ziegelsplitt
12 Trittschalldämmplatte
13 Trockenestrich

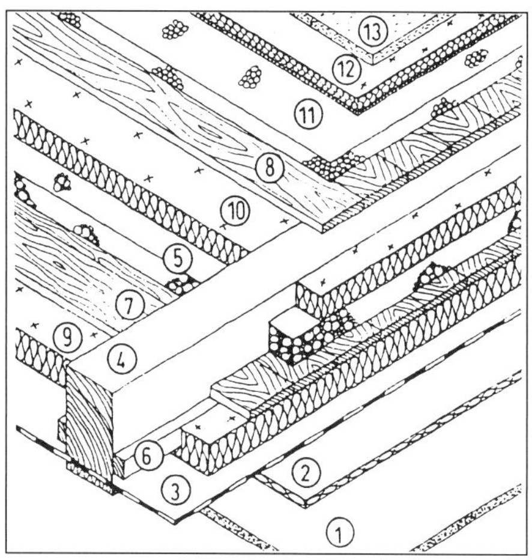

möglichkeiten bei Altbau beschränkt und die Berechnung der Schallübertragung aufwändig. Falls erforderlich oder gewünscht können die Schallschutzwerte für Deckenkonstruktionen von einem Fachplaner für Bauakustik rechnerisch bestimmt werden. In der Praxis begnügt man sich meist mit geschätzten Vergleichswerten aus der DIN 4109 und anderen Veröffentlichungen.

Einige Möglichkeiten zur nachträglichen Verbesserung des Schallschutzes von Geschossdecken:

- Teppich mit 10 mm dicker Filzunterlegbahn verlegen (verbessert nur die Trittschall-, nicht die Luftschalldämmung).
- Aufbringen eines schwimmenden Guss- oder Trockenestrichs auf der vorhandenen Dielung.
- Einbau einer schweren Zwischendecke.
- Herstellung einer Deckenbekleidung mit Federschienen oder Federbügeln.
- Eine Kombination der vorgenannten Möglichkeiten.

Beim selbstbaufreundlichen Trockenestrich, z.B. aus Gipsfaserplatten, können die Platten bei ebenem Untergrund direkt auf den Trittschalldämmplatten verlegt werden. Der Höhenausgleich bei Schräglage einer Decke kann durch eine Schüttung oder durch Rahmenhölzer erfolgen. Ein weiterer Vorteil der Trockenestriche liegt in der geringen Dicke, allerdings ist der Schallschutz nicht so gut wie bei Gussestrichen (siehe Kap. 10.2).

Der Einbau einer schweren Zwischendecke bietet sich an, wenn der Boden ganz geöffnet bzw. entfernt werden muss (z.B. bei einer Verstärkung der Deckenbalken) oder wenn ein guter Schallschutz ohne wesentliche Vergrößerung der Fußbodendicke erreicht werden soll.

Eine schalldämmende Füllung kann z.B. hergestellt werden aus

Abb. 9.21
Verbesserung der Trittschalldämmung bei Erhaltung der alten Decke (Lösung F).

1 - 6 vorhandene Deckenkonstruktion
neu
7 Dämmfilz, alter Teppichboden oder Pappe
8 Gehwegplatten
9 Dämmstreifen
10 Lagerholz
11 Dämmung
12 Dielen

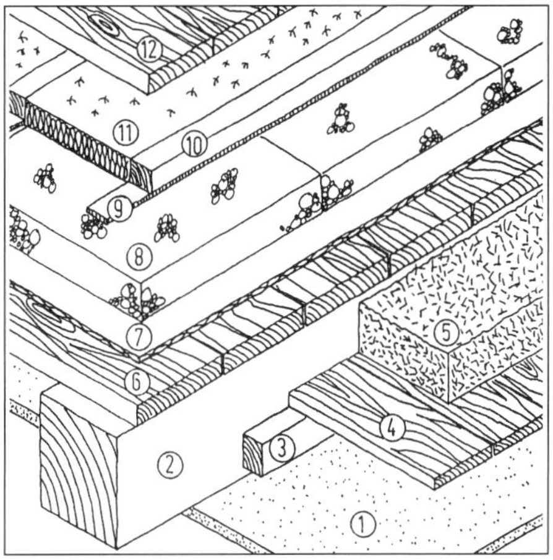

- einer bindigen Schüttung (z.B. Magerbeton, Stampflehm) auf Blindboden,
- Steinplatten oder Mauersteinen mit Filzunterlage (z.B. Gehwegplatten, Vollziegel),
- losem Schüttgut (z.B. Splitt) auf Blindboden.

Sand und Siebschutt sind zwar preiswert und gut schalldämmend, benötigen jedoch einen Rieselschutz, und der ist unter den üblichen Bedingungen kaum dauerhaft dicht zu halten. Bindige Schüttungen wie Lehm werden erdfeucht eingebracht, festgestampft und müssen dann austrocknen können, wobei Holzteile durch eine Trennlage aus Ölpapier zu schützen sind.

Die Abb. 9.13 bis 9.24 zeigen beispielhaft die Bandbreite, wie bei unterschiedlicher Ausgangssitution ein besserer Schallschutz erreicht werden kann. Weitere Beispiele für schall- und wärmedämmende Deckenbekleidungen werden in Kap. 9.4 beschrieben.

Wärmeschutz verbessern

Durch die Keller- und die oberste Geschossdecke geht bei Altbauten viel Heizenergie unnötig verloren. Die nachträgliche Wärmedämmung und die Verbesse-

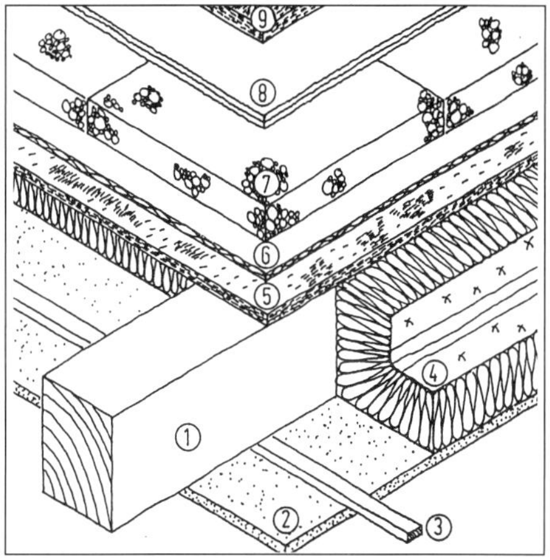

Abb. 9.22 *oben rechts*
Schalldämmende Deckenkonstruktion.

vorhanden
1 Deckenbalken
2 Deckenbekleidung
3 Leisten für Deckenbekleidung
neu
4 Dämmung
5 Holzspanplatte auf Dämmstreifen
6 Filz oder Bitumenpappe
7 Gehwegplatten
8 Mineralfaser-Platten
9 Holzspanplatten

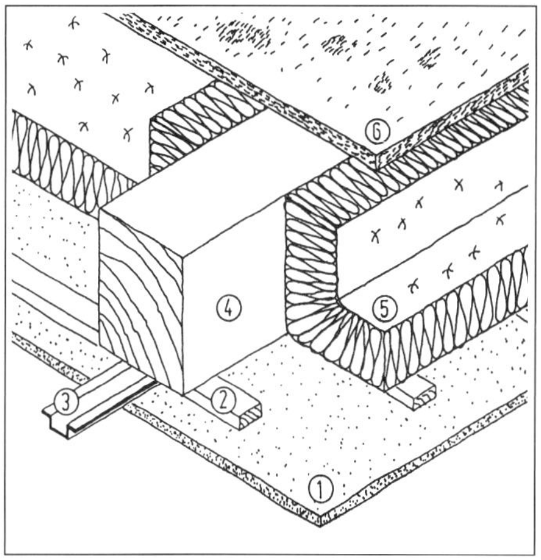

Abb. 9.23 *mitte rechts*
Schalldämmende Deckenverkleidung (Lösung A).

1 Deckenbekleidung
2 Unterkonstruktion
3 Federschiene
4 vorhandene Deckenbalken
5 Dämmung (neu)
6 vorhandener Fußboden

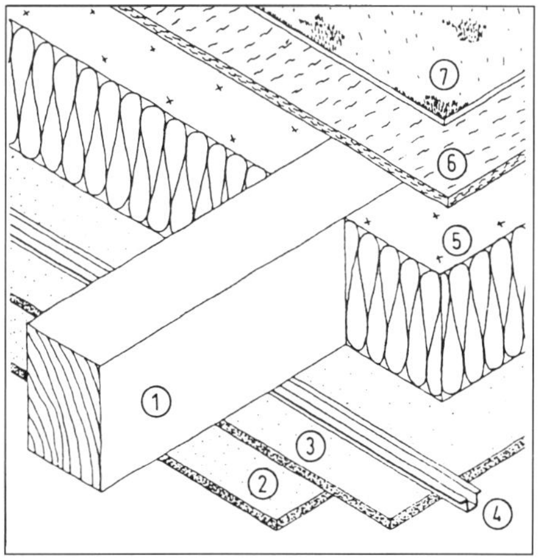

Abb. 9.24 *unten rechts*
Schalldämmende Deckenverkleidung (Lösung B).

1 Deckenbalken
2 u. 3 2 Lagen Holzspanplatten oder Gipskartonplatten
4 Federschiene
5 Dämmung
6 u. 7 vorhandener Fußboden

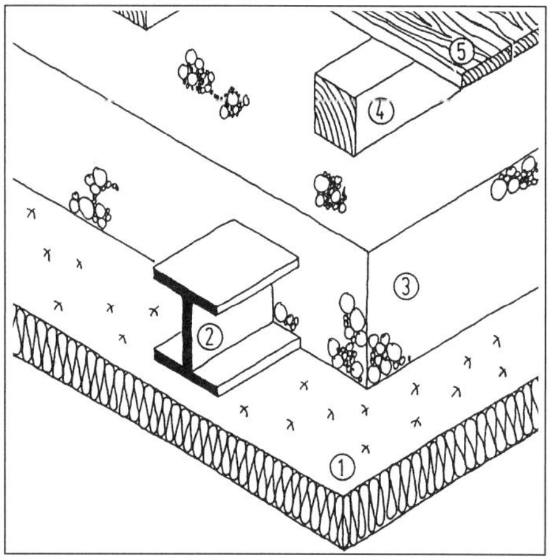

Abb. 9.25
Nachträglich von unten gedämmte Kellerdecke.

1 Kork-, Hartschaum- oder Verbunddämmplatten
2 - 6 vorhandene Stahlsteindecke mit Holzfußboden

Abb. 9.26
Nachträglich von unten gedämmte oberste Geschossdecke.

1 Nassputz
2 Holzwolleleichtbauplatten
3 Dämmung
4 - 6 vorhandene Deckenkonstruktion

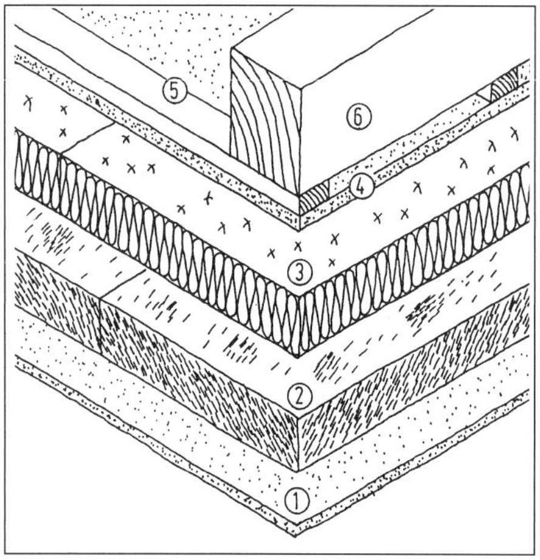

rung der Luftdichtigkeit dieser Bauteile sind deshalb eine wichtige Maßnahme zur Senkung des Heizenergiebedarfs und zur Verbesserung der Behaglichkeit.

Als sinnvolle Dämmschichtdicke (Dämmstoffgruppe 040) werden empfohlen (gemäß Tab. 4.2):

- bei der Kellerdecke (und bei anderen Decken über unbeheizten Räumen) zwischen 10 und 15 cm,
- bei der obersten Geschossdecke (und bei anderen Decken unter nicht beheizten Räumen) 12 bis 30 cm.

Entscheidend für die Dämmwirkung einer Decke ist die Summe der Wärmedurchlasswiderstände der Einzelschichten. Ob die Dämmschichten zwischen, über oder unter der Rohdecke (der Balkenlage) eingebaut werden, hat keinen Einfluss auf die Dämmwirkung, sondern wird durch den praktischen und finanziellen Aufwand bestimmt:

- Bei der Kellerdecke (meist eine Massivdecke) ist es im allgemeinen günstig, Dämmplatten (z.B. aus Kork oder Steinwolle) im Keller unter die Decke zu kleben oder zu dübeln (siehe Kap. 9.4).
- Bei Gewölbedecken oder bei einer Erneuerung des Fußbodens im Erdgeschoss bietet sich die Herstellung eines wärmedämmenden Estrichbodens an (siehe Kap. 10.2). Im Bereich der Türen sind eventuell Schwierigkeiten durch den erhöhten Fußbodenaufbau zu beachten.
- Bei der obersten Geschossdecke (meist eine Holzbalkendecke) ist im allgemeinen eine Dämmung auf oder zwischen den Deckenbalken günstig (siehe Abb. 9.27 und 9.28).
- Möglichkeiten zur nachträglichen Wärmedämmung von Flachdachkonstruktionen und Terrassen sind in Kap. 8.5 dargestellt.

Bei nachträglichen Wärmedämmaßnahmen der Geschossdecken gilt es prinzipiell zu beachten: wird die Wärmedämmung auf der kalten Seite der Geschossdecke aufgebracht, also auf dem Boden des unbeheizten Dachraumes oder unterhalb der Kellerdecke, ist eine Dampfbremse bei trockenen Deckenkonstruktionen meistens unnötig. Eine Dampfbremse kann sogar Schäden verursachen, wenn sie auf der kalten Seite der Wärmedämmung zu liegen kommt. Werden dampfdurchlässige Dämmstoffe wie Mineralwolle auf der warmen Seite der Decke (also z.B. auf der Unterseite der Wohnraumdecke oder auf dem Fußboden im Erdgeschoss) angebracht, so ist eine Dampfbremse in der Regel notwendig; sie muss auf der warmen Seite, also zwischen Wärmedämmung und Deckenverkleidung, angeordnet werden (Abb. 9.28).

Eine Wärmedämmung im unbeheizten Dachraum kann z.B. folgendermaßen vorgenommen werden:

- Bretterboden entfernen.
- Baupapier oder PE-Folie als Dampfbremse so in die Felder einlegen, dass die Ränder seitlich am Deckenbalken anliegen und mit Dachlatten dicht angedrückt und verschraubt werden können.
- Lagerhölzer parallel oder quer zu den Deckenbalken einbauen, z.B. Querschnitt 6 x 12 cm mit 60 bis 70 cm Abstand.
- Dämmfilz (ohne Kaschierung) zwischen den Deckenbalken und den Lagerhölzern auslegen, Bodenbretter wieder verlegen.

Wird der Dachboden selten betreten, kann der Dämmstoff auf dem bestehenden Boden (vorher Dampfbremspapier auslegen) auch einfach ausgebreitet und einzelne Laufbohlen darübergelegt werden. Ist ein späterer Dachausbau vorgesehen, sollte der Boden als Estrich (Kap. 10.2) ausgebildet werden. Bei hohlen Balkenfeldern und „rieselfester", dampfbremsender Deckenbekleidung kann das Abmontieren der Bodenbretter umgangen werden, indem ein flockiger Dämmstoff (z.B. Zellulosedämmstoff) durch Bohrlöcher in den Hohlraum geblasen wird.

Brandschutz verbessern

In den jeweiligen Landesbauordnungen sind Anforderungen an den Feuerwiderstand von Deckenkonstruktionen festgelegt. Diesen Anforderungen genügen auch Holzbalkendecken, wenn:

- die Deckenbalken mit feuerhemmendem Material verkleidet sind,
- Balken mit bestimmten Mindestquerschnitten eingebaut werden,
- der Boden als schwimmender Estrich ausgebildet wird.

So verlangt z.B. die Landesbauordnung Baden-Württemberg für Geschossdecken

- keinen einzuhaltenden Feuerwiderstand (F0) für Einfamilienhäuser („freistehende Wohngebäude mit nicht mehr als einer Wohnung"), deren Aufenthaltsräume in nicht mehr als zwei Geschossen liegen;
- eine feuerhemmende Konstruktion (F30) für Zweifamilienhäuser („Wohngebäude mit nicht mehr als zwei Wohnungen"), wenn jede Wohnung an mindestens einer Stelle mit einer höchstens 8 m langen Leiter von außen erreicht werden kann (Abstand zwischen Gelände und Oberkante Fensterbrüstung);
- eine feuerbeständige Konstruktion (F90) bei sonstigen Gebäuden, also z.B. bei Gebäuden mit gewerblichen Räumen oder mit mehr als zwei Wohnungen.

Die Anforderungen an feuerhemmende Deckenkonstruktionen sind in DIN 4102 Teil 4, Abs. 5.1 und 5.2 beschrieben. Danach gilt z.B. eine Holzbalkendecke als feuerhemmend (F30), wenn

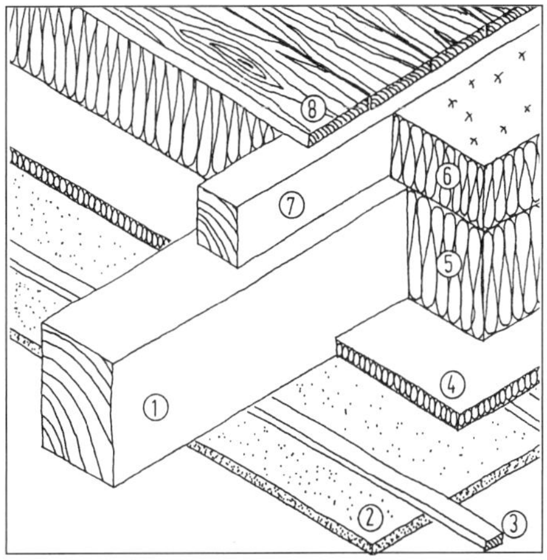

Abb. 9.27
Verbesserung des Wärmeschutzes der obersten Geschossdecke (Lösung A).

1 Deckenbalken
2 Deckenbekleidung
3 Leisten für Deckenbekleidung
4 PS-Hartschaumplatte (als Dampfbremse)
5 Dämmung
6 Lagerhölzer
7 Dielung (mit offenen Fugen)

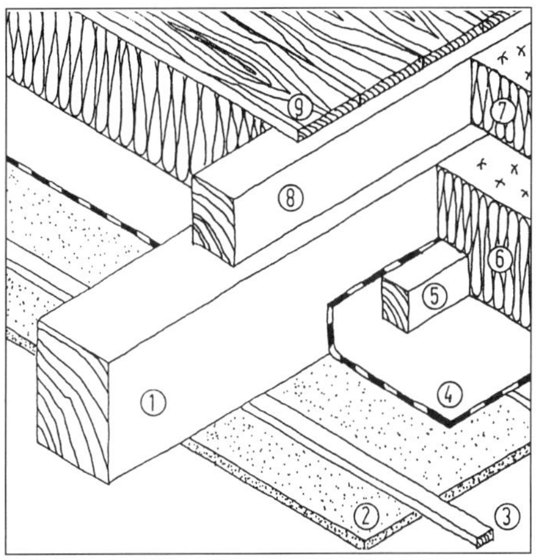

Abb. 9.28
Verbesserung des Wärmeschutzes der obersten Geschossdecke (Lösung B).

1 Deckenbalken
2 Deckenbekleidung
3 Leiste für Deckenbekleidung
4 PE - Folie (als Dampfbremse)
5 Kantholz, verschraubt
6 u. 7 Dämmung
8 Lagerholz
9 Dielung

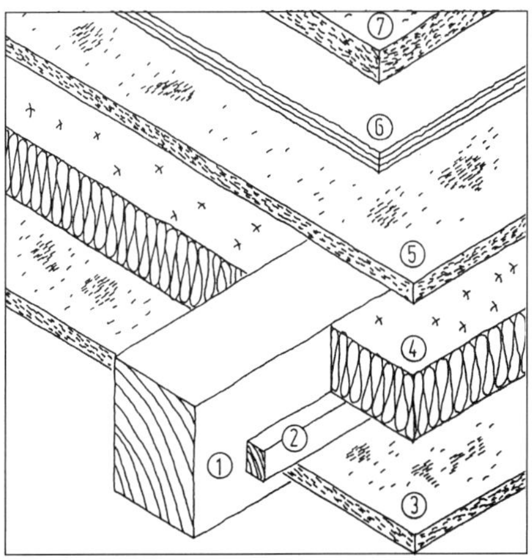

Abb. 9.29
Feuerhemmende Deckenkonstruktion mit teilweise freiliegenden Deckenbalken (Lösung A).

1 Deckenbalken
2 Kantholz
3 Deckenbekleidung
4 Dämmung (brandschutztechnisch nicht notwendig)
5 Holzspanplatten oder Dielung
6 Mineralfaser-Platten
7 schwimmender Estrich

- die Balkenquerschnitte den heutigen statischen Anforderungen entsprechen und
- die Deckenbalken von oben mit Spanplatten oder Holzbohlen beplankt sind und mit einem schwimmenden Estrich (Zementestrich oder Spanplatte auf Mineralfaserplatten) versehen sind, sowie
- die Balken von unten mit Spanplatten, Gipskartonplatten, Holzwolle-Leichtbauplatten oder einer abgehängten Drahtputzdecke verkleidet sind,

wobei die in der DIN vorgeschriebenen Materialqualitäten und Ausführungsarten genau einzuhalten sind. Auch völlig oder teilweise freiliegende Holzbalkendecken können bei entsprechend bemessenen Balkenquerschnitten feuerhemmend sein.

Feuerbeständige Holzbalkendecken (F90) sind in der DIN nicht enthalten. Es gibt jedoch Hersteller, die Systeme für feuerbeständige, nichtbrennbare Unterdecken (F90 A) anbieten. Diese Deckenkonstruktionen bedürfen jedoch eines Prüfzeugnisses und einer amtlichen Zulassung.

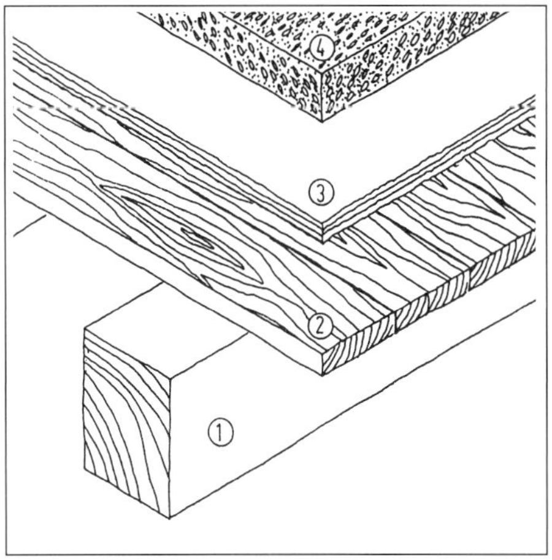

Abb. 9.30 *oben*
Feuerhemmende Deckenkonstruktion mit vollständig freiliegenden Deckenbalken (Lösung B).

1 Deckenbalken
2 Beplankung
3 Mineralfaser-Platten
4 schwimmender Zementestrich

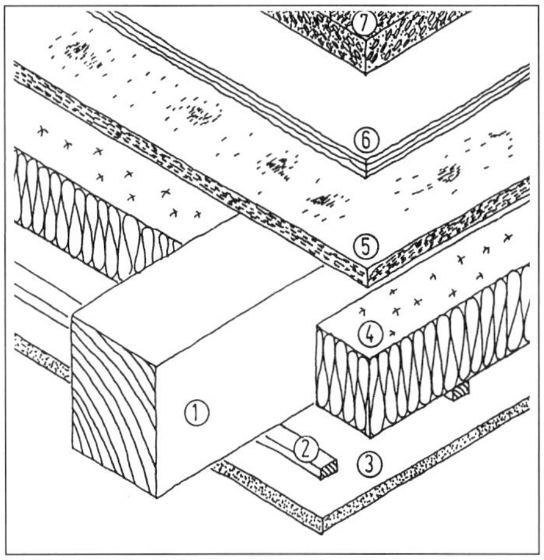

Abb. 9.31 *mitte*
Feuerhemmende Deckenkonstruktion mit vollständig verkleideten Deckenbalken (Lösung C).

1 Deckenbalken
2 Leisten für Deckenbekleidung
3 Gipskartonplatten
4 Dämmung (brandschutztechnisch nicht notwendig)
oder
3 Deckenbekleidung beliebig
4 Mineralfaser-Platten (brandschutztechnisch notwendig)
5 Beplankung (Holzspanplatten oder Holzschalung)
6 Mineralfaser-Platten
7 schwimmender Zementestrich

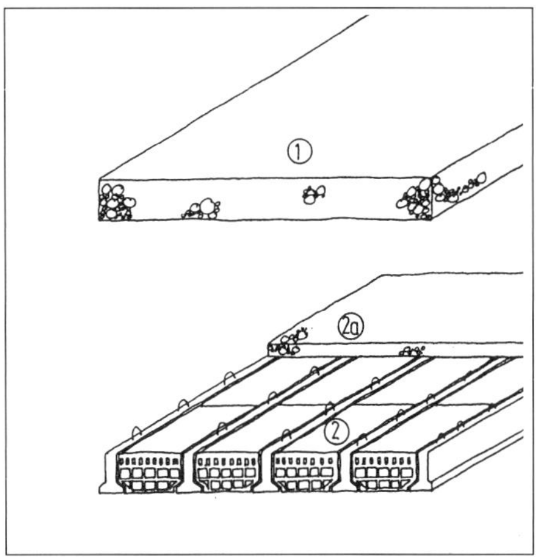

Abb. 9.32 *unten*
Geschossdecken aus Stein.

1 Massiv-Deckenplatte aus Stahlbeton
2 Stahlbeton-Rippendecke mit Füllkörpern aus Ziegeln und
2a Druckplatte

9.3 Massivdecken

Massivdecken ist der Oberbegriff für Steindecken und Stahlsteindecken. Zu den Steindecken gehört z.B. jene oft über Ställen anzutreffende Decke aus Stahlträgern und dazwischenliegenden Steinplatten. Zu den Stahlsteindecken gehört z.B. die Stahlbetondecke. Für das Verständnis des Tragverhaltens ist die Unterscheidung nach Balkendecken und Plattendecken wichtig (siehe Abb. 9.32).

Balkendecken waren nach 1900 in einer Vielzahl verschiedener Bauarten im städtischen Geschosswohnungsbau weit verbreitet. Bei den Balkendecken übernehmen Profilstahlträger oder Stahlbetonträger die Lastabtragung. Die Füllung (Hohlsteine, Platten, Vollziegel) ist statisch nicht mitwirkend - also ähnlich wie bei den Holzbalkendecken. Balkendecken mit gemauertem Gewölbe als Ausfachung (Abb. 9.33 und 9.34) wurden z.B. nach dem System der „preußischen Kappendecke“ hergestellt. Wegen des waagerechten Gewölbeschubs mussten die Randbalken in der Außenwand stärker ausgebildet werden oder es wurden Zuganker im Randfeld angeordnet.

Bei *Balkendecken* mit gewölbten Kappen können Risse im Gewölbe der Randfelder und/oder an der Außenseite der Wand (die den Randbalken stützt) auftreten. Ursache dafür ist ein Gewölbeschub aufgrund einer fehlenden Verankerung oder einer zu geringen Aussteifung der Wand. Geeignete Instandsetzungsmaßnahmen werden am besten gemeinsam mit einem Architekten und einem Statiker festgelegt.

Bei *Plattendecken* ist die ganze Deckenplatte als flächenhaft tragendes Bauteil ausgebildet. Die Herstellung einer Deckenöffnung z.B. für einen Schornstein oder eine Treppe sollte nur in Zusammenarbeit mit einem Architekten und einem Statiker erfolgen. Für die Ausführung von Maßnahmen zur Wärme- und Schalldämmung gelten dieselben Hinweise wie im Kap. Holzbalkendecken.

9.4 Deckenbekleidungen

Traditionelle Deckenbekleidungen bestehen im allgemeinen aus einem glatten Deckenputz. Villen und städtische Bürgerhäuser wurden teilweise auch mit Stuckdecken und Holzvertäfelungen ausgestattet. Heute sind darüber hinaus Deckenverkleidungen in Form von Holzschalungen oder Bauplatten sowie abgehängte „Unterdecken" üblich. Deckenverkleidungen dienen nicht nur der Optik, sondern auch dem Brand- und Schallschutz. Darüber hinaus können sie wärmedämmende und luftdichtende Funktionen übernehmen.

Im folgenden wird der Deckenputz bei Holzbalkendecken behandelt. Putzarten an Stein- und Stahlbetondecken siehe Innenputz (Kap. 11.4).

Deckenputz reparieren oder erneuern

Meist ist die Unterseite der Holzbalkendecke mit einem Putzträger aus Lattung und Rohrmatten versehen. Bei schadhaftem Deckenputz wird zunächst durch leichtes Klopfen festgestellt, ob der Putz noch am Untergrund haftet. Einfache Risse können ausgebessert werden, indem sie mit einem dünnen Gewebe überspachtelt werden. Wenn hohlliegende Flächen festgestellt werden, ist eine vollflächige Erneuerung fällig.

Wer ein Haus mit Stuckdecken oder mit Deckenmalereien besitzt, sollte möglichst

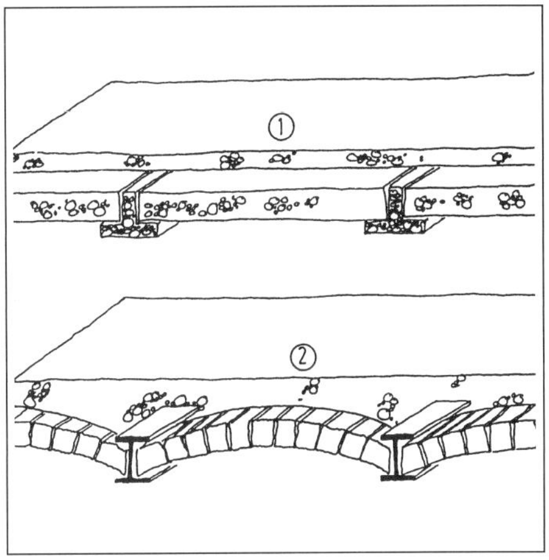

Abb. 9.33 *oben*
1 Stahlbeton-Rippendecke mit Stahlbeton - Plattenfüllung und Druckplatte.
2 Stahl-Profilträger mit gewölbter Ziegelfüllung (preußische Kappendecke) und Druckplatte.

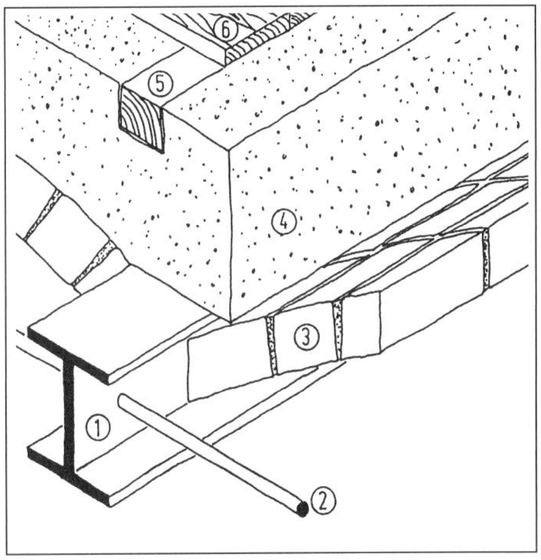

Abb. 9.34 *mitte*
Gewölbte Kappendecke.

1 Stahlprofilträger
2 Zuganker
3 Ziegelgewölbe
4 geglühter Sand, Hüttenbims, Bimssand oder Schaumschlacke
5 Lagerholz
6 Holzdielen

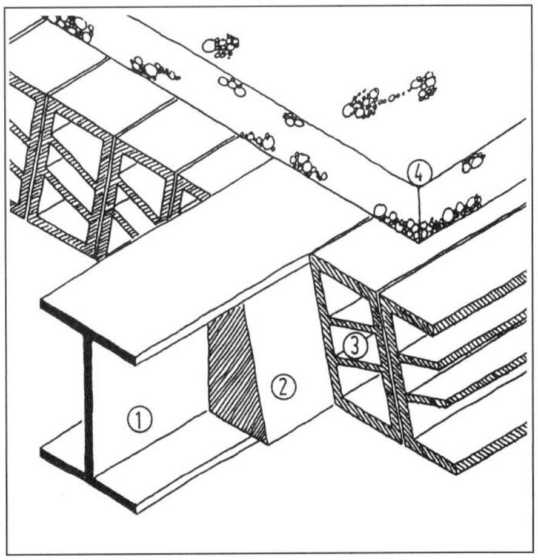

Abb. 9.35 *unten*
Waagerechte Kappendecke.

1 Stahlprofilträger
2 Keilstein
3 Ziegelhohlstein
4 Betonplatte (als Auflast)

Abb. 9.36
Der Aufbau einer Rohrputzdecke.

1 Putz
2 Schilfrohrgeflecht
3 Lattung
4 Deckenbalken

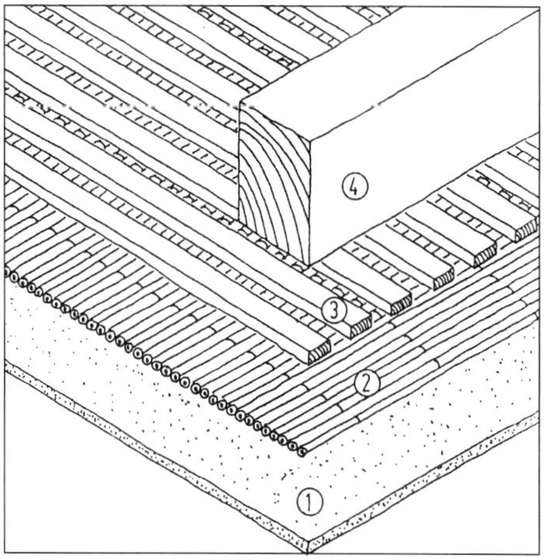

Abb. 9.37
Deckenverkleidung mit Holzverschalung oder Trockenputz.
A Wandanschluss mit Schattenfuge (oben)
1 Mauerwerk (Wand)
2 Holzleiste
3 Holzschalung oder Trockenputz (Gipskartonplatten)
4 Unterkonstruktion
5 vorhandene Decke
B Wandanschluss mit Deckleiste (unten)
1 Mauerwerk (Wand)
2 Deckleiste
3 Holzschalung oder Trockenputz (Gipskartonplatten)
4 Unterkonstruktion
5 vorhandene Decke

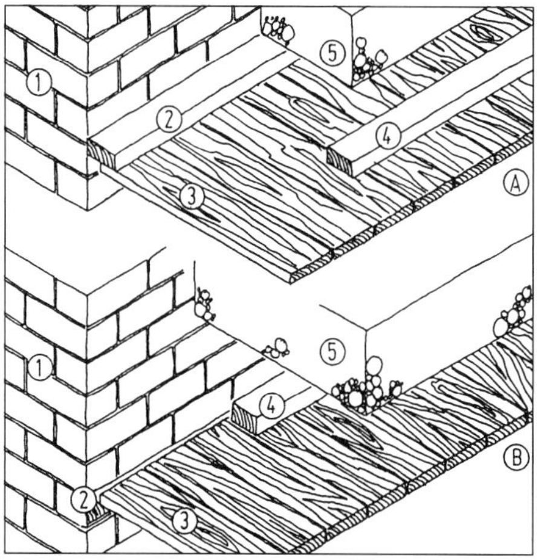

Abb. 9.38
Deckenverkleidung mit Abhängung

1 Deckenbekleidung
2 Lagerholz
3 Abhänger (verstellbar)
4 Deckenbalken

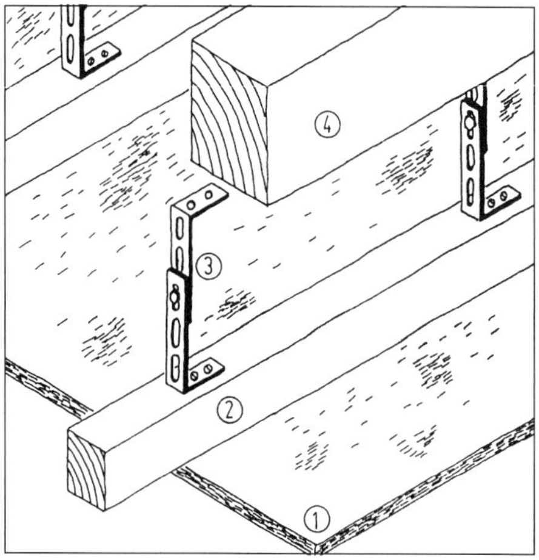

behutsam vorgehen und versuchen, diese Schätze zu erhalten. Voraussetzung dazu ist, dass alle Arbeiten an der Decke erschütterungsarm ausgeführt werden, also dass z.B. die Beseitigung lockerer Putzflächen und das Herstellen von Deckendurchbrüchen nur durch Schneiden und Bohren erfolgen. Stuckstreifen, z.B. am Deckenrand, können mit Hilfe einer Blechschablone verhältnismäßig leicht mit der gleichen Mörtelart (Gips-, Kalkgips- oder Kalkputz) ergänzt oder ausgebessert werden. Deckendurchbrüche für Installationsleitungen sollten vermieden bzw. an zentraler Stelle zusammengefasst werden; weiterhin sollten diese Decken nach Möglichkeit nicht durch den Einbau von Trennwänden verunstaltet werden.

Neuverputzen einer Decke

- Boden mit Wellpappe und Kunststofffolie abdecken, Arbeitsgerüst aufstellen.
- Alten Putz und altes Rohrgeflecht entfernen.
- Deckenbalken auf Schäden untersuchen.
- Vorhandene Lattung neu verschrauben (Schnellbauschrauben).
- Gegebenenfalls Installationsleitungen in die Decke verlegen.
- Neue Rohrmatten oder Holzwolle-Leichtbauplatten an der Lattung befestigen.
- Neuen Putz (Dicke = 10 - 12 mm) aufbringen.

Gips-, Kalk- und Kalkgipsputze haben auf die Raumluftfeuchtigkeit eine ausgleichende Wirkung, sofern sie nicht durch weitgehend dampfdichte Anstriche oder Kunststofftapeten überdeckt werden. Das Nassverputzen einer Decke erfordert Erfahrung und wird am besten Fachleuten überlassen. Anstelle des Nassputzes können auch Trockenputzplatten oder eine Holzschalung an der Decke angebracht werden.

Trockenputz, Deckenverkleidung, abgehängte Decken

Als Trockenputz wird eine Verkleidung mit Bauplatten, z.B. Gipskartonplatten bezeichnet. Diese Bauart ist für den Selbstbau besser geeignet als das Verputzen mit Mörtel. Bei unebenen Decken kann jedoch das waagerechte Ausrichten der Unterkonstruktion (Lattung) für Ungeübte recht zeitraubend sein. Die Deckenverkleidung wird entweder direkt an der Rohdecke bzw. an den Deckenbalken befestigt oder als abgehängte Decke ausgebildet (Abb. 9.37 - 9.39).

Bei Deckenbekleidungen und abgehängten Decken lässt sich mit verhältnismäßig geringem Mehraufwand der Schall-, Wärme- oder Brandschutz der Decke verbessern. Beim Abhängen der Decke sind jedoch mögliche nachteilige Auswirkungen auf die Raumproportionen, Fensteranschlüsse und Elektroinstallationen (Deckenauslässe, Zugänglichkeit von hochliegenden Verteilerdosen) zu bedenken.

Die Befestigung am Deckenbalken bzw. an der Rohdecke muss ausreichend, dauerhaft und sicher sein und mit bauaufsichtlich zugelassenen Befestigungsmitteln erfolgen. Da auch in Innenräumen z.B. zwischen Stahl- und Aluminiumteilen Kontaktkorrosion auftreten kann, ist auf Korrosionsschutz und die Verträglichkeit der Befestigungsmittel mit eventuell verwendeten Holzschutzmitteln zu achten.

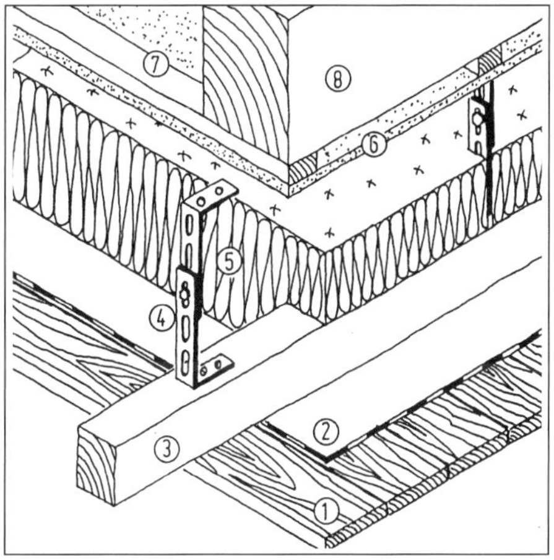

Abb. 9.39
Abgehängte Decke, wärmedämmend.

neu
1 Holzschalung
2 Dampfbremse
3 Lagerholz
4 Abhänger (verstellbar)
5 Dämmung
vorhanden
6 Deckenbekleidung
7 Unterkonstruktion
8 Deckenbalken

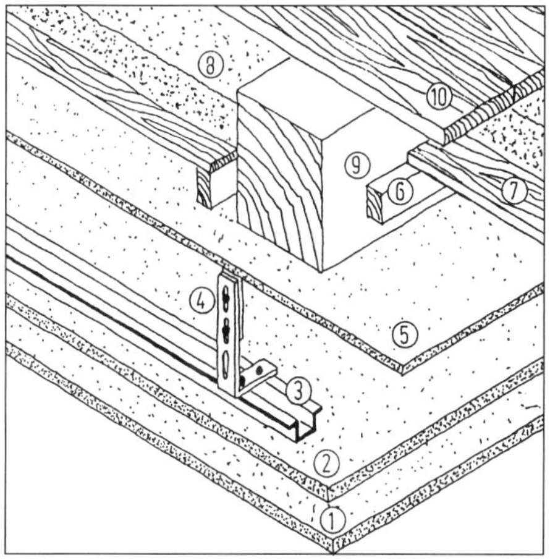

Abb. 9.40
Abgehängte Decke, schalldämmend (TSM = 0 dB).

1 Gipskartonplatte
2 Gipskartonplatte
3 Federschiene
4 Abhänger
5 - 10 vorhandene Deckenkonstruktion

10. Fußböden und Treppen

10.1 Holzdielenböden

Bei der am häufigsten anzutreffenden historischen Fußbodenart, dem einfachen Dielenboden, sind die Bretter zumeist direkt auf die Deckenbalken genagelt. Wegen des besseren Schallschutzes werden Dielenböden heute auf Lagerhölzern verlegt, die mit einem Dämmstreifen aus Kokos- oder Mineralfaser unterlegt werden. Als Fußbodenholz sind gespundete Bretter (Nut-Feder-Bretter) aus Fichte und nordischer Kiefer üblich, daneben werden auch heimische Kiefer, Eiche und Lärche eingesetzt. An den Brettstößen ist immer mit Fugen zu rechnen, denn Vollholz „arbeitet" bei Schwankungen der Luftfeuchtigkeit. Da das Holz alter Dielenböden oft wertvoller ist als das heute verwendete, sollten solche Böden möglichst erhalten werden.

Dielenboden überarbeiten

Im allgemeinen ist ein Ausbessern und Überarbeiten von Dielenböden möglich. Nur wenn größere Flächen von Fäulnis oder Insekten befallen sind oder wenn Schall- und/oder Wärmedämmaßnahmen nicht auf der Deckenunterseite ausgeführt werden können, muss der Dielenbelag entfernt oder überbaut werden. Häufig verbirgt sich auch unter nachträglich aufgebrachten PVC- und Teppichböden ein schöner Dielenbelag, der nur darauf wartet, freigelegt und abgeschliffen zu werden.

Einzelne beschädigte Bretter können ausgetauscht werden. Bei Brettern, die beim Gehen knarren, wird durch Nachnageln oder Verschrauben wieder eine fester Verbund mit dem Untergrund erreicht. Nach solchen Vorarbeiten geht es an die Oberflächenbehandlung: die alte Wachs- oder Farbschicht entfernen, Oberfläche reinigen, Unebenheiten mit der Schleifmaschine (mit direkter Staubabsaugung) glätten, Oberfläche imprägnieren (siehe Kap. 15).

Dielenboden erneuern

Wenn es die Höhenverhältnisse erlauben, sollte ein neuer Dielenboden schwimmend verlegt werden. Das heißt, zwischen Dielen und der tragenden Deckenkonstruktion wird eine starre, schalleitende Verbindung vermieden, indem die Bodenbretter auf Lagerhölzer genagelt oder geschraubt werden und diese Lagerhölzer wiederum auf elastischen Kokos- oder Filzstreifen liegen ("schwimmende" Verlegung, z.B. mit Mineralfilz, Anwendungstyp T oder TK). Die Lagerhölzer dürfen also nicht am Untergrund befestigt werden. Der Raum zwischen den Lagerhölzern wird mit schallschluckendem Material ausgefüllt, z.B. mit Kokosfaser- oder Mineralfilzmatten (Anwendungstyp W oder WZ).

Ein schwimmender Fußbodenaufbau ist im allgemeinen mindestens 6 cm hoch (z.B. 2 cm Dämmung, 4 cm Estrich), was zu Problemen an Türen und Fenstern (Brüstungshöhe) führen kann. Zur Verringerung der Höhe können die Lagerhölzer bei Holzbalkendecken auch im Balkenzwischenraum angeordnet werden (Abb. 10.5), bei ausreichend Platz ist es einfacher, den neuen Fußbodenaufbau auf dem vorhandenen Boden zu errichten. Bei schiefen Holzbalkendecken empfiehlt sich zum Niveauausgleich an den Deckenbalken seitlich eine Bohle von mindestens 45 mm Dicke anzubringen und darauf die Lagerhölzer zu verlegen (siehe Abb. 10.4). Das nicht ganz einfache Ausfluchten der Höhe wird im folgenden Kapitel näher beschrieben. Angaben über den

Abb. 10.1 *links oben*
Traditionelle Holzbalkendecke mit Dielenfußboden (mit leichter Füllung, ohne Blindboden).

1 Dielung 22 - 25 mm
2 Füllung aus Schlacke 5 - 10 cm
3 Deckenbalken
4 Lattung 3/5 cm
5 Schilfrohrmatten 1,5 cm ∅
6 Putz 1,5 cm

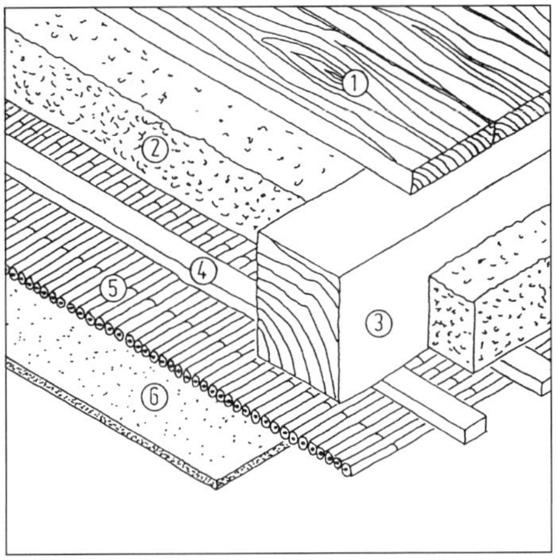

Abb. 10.2 *links unten*
Traditionelle Holzbalkendecke mit Blindboden und Dielenfußboden.

1 Dielung 22 - 25 mm
2 Deckenbalken
3 Füllung aus Schlacke 5 - 10 cm
4 Blindboden (Einschub) 22 mm
5 Holzleiste 5/5 cm
6 Lattung 3/5 cm
7 Schilfrohrmatten 1,5 cm ∅
8 Putz 1,5 cm

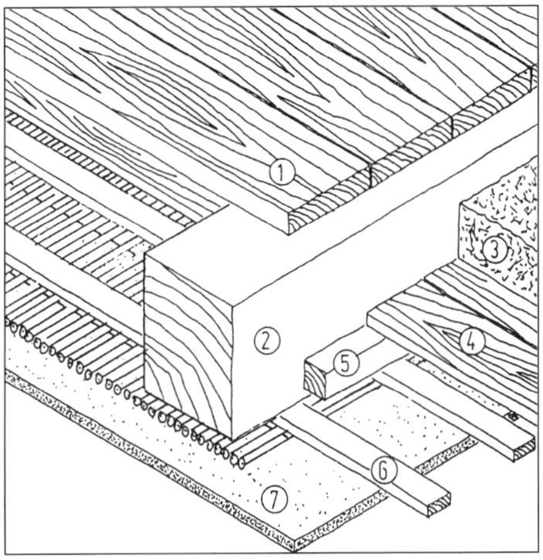

Tabelle 10.1
Empfohlene Abmessungen für Holzdielenböden aus gespundeten und gehobelten Brettern.
nach: Entwicklungsgemeinschaft Holzbau (EGH), Aussteifende Holzbalkendecken. München 1987

Abstand der Lagerhölzer bzw. Deckenbalken	Dicke der Bodendielen
50 cm	19,5 mm
70 cm	22,5 mm
90 cm	25,5 mm
105 cm	28,5 mm
125 cm	35,5 mm
Lagerhölzer (zweiseitig gehobelt)	25,5/50 mm
übliche Brettbreiten	95, 115, 135 mm
Unter schweren Möbeln oder stark belasteten Flächen soll der Abstand der Lagerhölzer kleiner sein.	

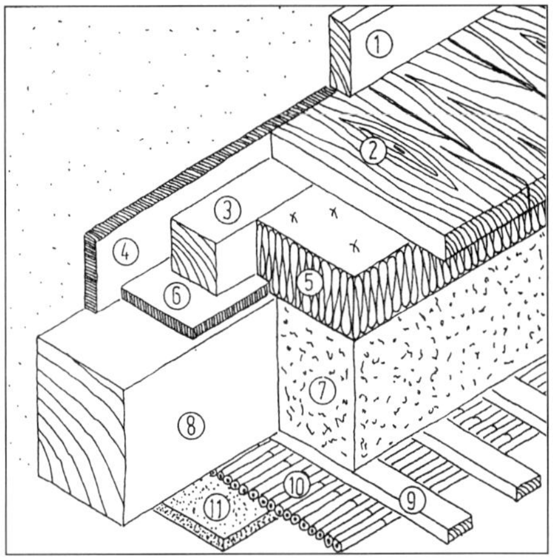

Abb. 10.3 *rechts oben*
Verbesserung des Schallschutzes.

neuer Aufbau
1 Fußbodenleiste als Wandanschluss 3/5 cm
2 Dielung 22 mm
3 Lagerholz 5/5 cm
4 Randdämmsteifen 15 mm
5 Dämmfilz 2 - 3 cm
6 Trittschall-Dämmstreifen 15 mm
7 leichte Schüttung oder Blindboden mit Schüttung, 5 cm
alter Aufbau
8 Deckenbalken
9 Lattung 3/5 cm
10 Schilfrohrmatten 1,5 cm ∅
11 Putz 1,5 cm

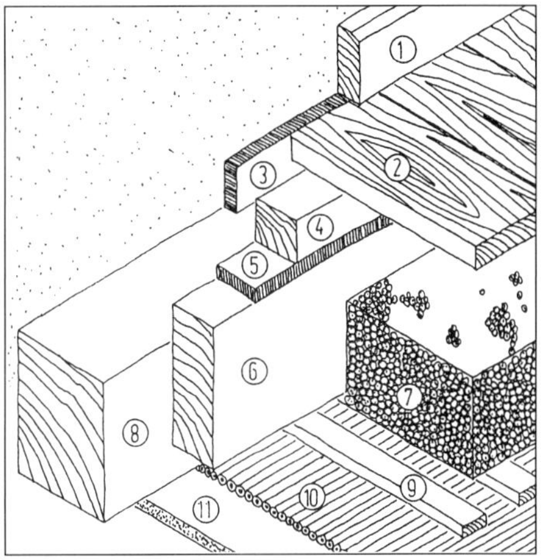

Abb. 10.4 *rechts unten*
Ausrichten schiefer Böden mit aufgeschraubten Bohlen.
neuer Aufbau
1 Fußbodenleiste 3/5 cm
2 Dielung 22 mm
3 Randdämmstreifen 15 mm
4 Lagerhölzer 5/5 cm
5 Trittschall-Dämmstreifen 15 mm
6 aufgeschraubte Bohle 14 cm breit
7 leichte Perlite- oder Blähton-Schüttung oder Blindboden mit Schüttung, 5 cm
alter Aufbau
8 Deckenbalken
9 Lattung 3/5 cm
10 Schilfrohrmatten 15 mm ∅
11 Putz 1,5 cm

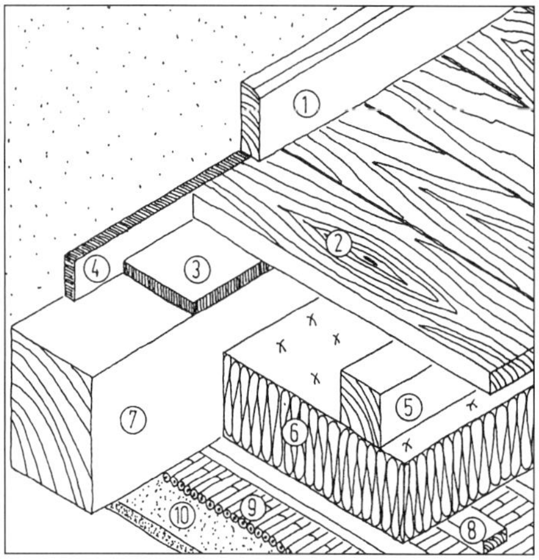

Abb. 10.5
Verbesserung des Schallschutzes mit minimaler Konstruktionshöhe.

neuer Aufbau
1 Fußbodenleiste 3/5 cm
2 Dielung 22 mm
3 Trittschall-Dämmstreifen 15 mm
4 Randdämmstreifen 15 mm
5 Lagerhölzer in Feldmitte, mit der Dielung verschraubt, 5/5 cm
6 Dämmfilz 20 - 30 mm

alter Aufbau
7 Deckenbalken
8 Lattung 3/5 cm
9 Schilfrohrmatten 15 mm ∅
10 Putz 1,5 cm

Plattendicke	bei elastischen Bodenbelägen	Abstand der Lagerhölzer bei keramischen Fliesen	bei erhöhter Linienlast [1)]
18 mm	55 cm	45 cm	15 cm
22 mm	70 cm	55 cm	25 cm
25 mm	80 cm	65 cm	35 cm

1) z.B. unter schweren Einbaumöbeln oder unter Trennwänden, gilt für alle Bodenbeläge

Tabelle 10.2
Gebräuchliche Abmessungen für Trockenestrich aus zementgebundenen Spanplatten.

Wandanschluss sowie weitere übertragbare Lösungen zur Verbesserung des Wärme- und Schallschutzes sind ebenfalls dort zu finden.

10.2 Zwischenböden und Estriche

Als Zwischenboden wird die Fußbodenkonstruktion zwischen der tragenden Rohdecke und dem Geh- oder Bodenbelag bezeichnet. Zwischenböden werden heute fast immer in Form eines schwimmenden Estrichs verlegt. Der Estrich ist eine ebene Bodenplatte zur Aufnahme des Gehbelages. Nur bei Holzdielenböden und Fertigparkett ist ein Estrich nicht erforderlich. Eine trittschalldämmende Wirkung wird beim schwimmend verlegten Estrich durch die weiche, federnde Zwischenschicht erreicht, die die Weiterleitung des Schalls in die Rohdecke und in die seitlich anschließenden Wände unterbricht (Abb. 10.6).

Umweltverträgliche Materialien für die Trittschalldämmung sind z.B. Kokosfilz, Mineralfilz, Weichfaserplatten oder heller Blähkork. Korkschrot, Blähton und Blähperlite sind als Schüttstoffe zum Niveauausgleich geeignet. Bei wärmedämmenden Estrichkonstruktionen muss in der Regel auf der warmen Seite der Dämmschicht eine Dampfbremse verlegt werden. Druckbeanspruchte Wärmedämmschichten, z.B. bei Verlegung ohne Lagerhölzer, müssen so fest sein, dass sie auch bei voller Belastung, z.B. durch schwere Schränke oder Küchengeräte, nicht zusammengedrückt werden. Estrichplatten können als Guss- oder Trockenestrich hergestellt werden. Gussestrichplatten aus Zementmörtel, aus Anhydrid oder aus Asphalt werden an Ort und Stelle als weiche Masse eingebaut und bilden nach dem Erhärten eine fugenlose Fläche. Für die Altbaurenovierung und für den Selbstbau besser geeignet sind Trockenestriche. Bei der Planung eines neuen Estrichs ist die Tragfähigkeit der vorhandenen Deckenkonstruktion zu beachten!

Trockenestrich

Ein Trockenestrich besteht aus Gipskarton-, Gipsfaser- oder Holzspanplatten, die - im Gegensatz zum geschütteten und geglätteten Gussestrich - trocken auf einer Dämmschicht verlegt werden. Unter ökologischen

Gesichtspunkten sollten die zementgebundenen Holzspanplatten gegenüber den kunstharzgebundenen bevorzugt werden, da sie keine Formaldehyddämpfe abgeben.
Im Vergleich zum Gussestrich hat ein Trockenestrich folgende Eigenschaften: geringe Konstruktionshöhe (25 mm), niedriges Gewicht; schlechterer Schallschutz, sofern das Flächengewicht nicht durch zusätzliche Maßnahmen erhöht wird. Er federt beim Begehen und ist für den Selbstbau gut geeignet.

Keramische Fliesen dürfen auf Trockenestrich nur verlegt werden, wenn die Abmessungen 20 x 20 cm nicht überschreiten, und nur in Verbindung mit einem dauerelastischen Kleber und einer dauerelastischen Verfugung. Holzspanplatten sind als Untergrund für Fliesen ungeeignet.

Verschiedene Trockenestrich-Konstruktionen sind in Abb. 10.6 bis 10.10 dargestellt. Die Trittschalldämmwerte beziehen sich auf die gesamte Deckenkonstruktion, wobei als vorhandene Rohdecke eine Holzbalkendekke mit Füllung, unterseitiger Lattung, Putz, Putzträger und Dielenboden zugrunde gelegt wurde. Das angegebene Verbesserungsmaß bezieht sich auf die Estrichkonstruktion allein und gilt für verschiedene Holzbalken-Rohdecken. Zum Vergleich: das Verbesserungsmaß für einen Zementestrich beträgt etwa 16 dB.

Schwimmende Trockenestriche können vollflächig oder auf Lagerhölzern verlegt werden. Am einfachsten und preiswertesten ist die vollflächige Verlegung auf einer ca. 20 mm dicken Dämmschicht, was allerdings nur bei weitgehend ebenem und waagerechtem Untergrund möglich ist. Spielt die Höhe des Fußbodenaufbaus keine Rolle, kann der Estrich auch auf einen vorhandenen Bodenbelag aufgebracht werden.

Ist eine Trockenschüttung zum Niveauausgleich erforderlich, muss unter der Schüttung als Rieselschutz ein Baupapier eingelegt werden, das an allen Wänden etwa 10 cm hochzuziehen und besonders an den Ecken sorgfältig abzudichten ist. Zwischen Schüttung und Estrichplatte sollte eine Trittschallschutz- und Flächendruck-Ausgleichsplatte (z.B. eine Weichfaserplatte oder eine spezielle Mineralfaserplatte) verlegt werden. Wenn die Deckenbalken von oben freigelegt wurden, kann der Niveauausgleich auch durch seitlich an den Balken angeschraubte Bohlen hergestellt werden (vgl. Abb. 10.4), der Estrich wird dann auf Lagerhölzern verlegt.

Die Verlegung auf Lagerhölzern bietet sich auch an, wenn mit dem Estrich zugleich eine Wärmedämmung eingebaut werden soll. Die Lagerhölzer haben die Aufgabe, den für den weichen Wärmedämmstoff erforderlichen Hohlraum zu schaffen (Abb. 10.9) und dienen zugleich, unterlegt mit Trittschall-Dämmstreifen, als Unterkonstruktion zur schallbrückenfreien Befestigung der Estrichplatten.

Der Abstand der Lagerhölzer voneinander bei verschiedenen Estrichstärken und Bodenbelägen ist in Tab. 10.2 angegeben. Im übrigen sind die Verlegehinweise der Plattenhersteller zu beachten.

Die Trittschalldämmung einer Estrichkonstruktion kann wirkungsvoll erhöht werden, indem unter der üblichen Trittschalldämmschicht zusätzlich schwere Platten, z.B. Gehwegplatten auf einer Filzunterlage verlegt werden (Abb. 10.8).

Niveauausgleich durch eine Trockenschüttung (vgl. Abb. 10.7):

- Die Waagerechte in etwa 1 m Höhe an den Wänden umlaufend markieren, z.B. mit einer Schlauchwaage (Wasserpegel in einem durchsichtigen Schlauch), behelfsweise auch mit einem Richtscheit (gerades Brett und Wasserwaage).

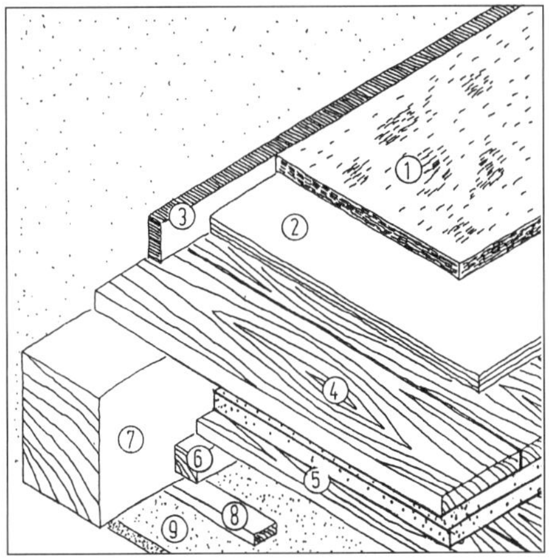

Abb. 10.6
Verbesserung des Schallschutzes mit schwimmend verlegter Holzspanplatte (Lösung A).

neuer Aufbau (Höhe ca. 40 mm)
Verbesserung des Trittschallschutzes VM_H ca. 9 dB
1 Holzspanplatte 22 mm
2 Mineralfaser-Trittschallmatten 25 mm
3 Randdämmstreifen 15 mm

alter Aufbau
vorhandenes Trittschallschutzmaß TSM ca. 10 dB
4 Dielung
5 Blindboden mit Schüttung
6 Holzleiste
7 Deckenbalken
8 Lattung
9 Putz auf Putzträger

Quelle für Abb. 10.6 - 10.10: Gösele, K.: Schallschutz mit Holzbalkendecken. Schriftenreihe Informationsdienst Holz, Entwicklungsgemeinschaft Holzbau, Düsseldorf 1982

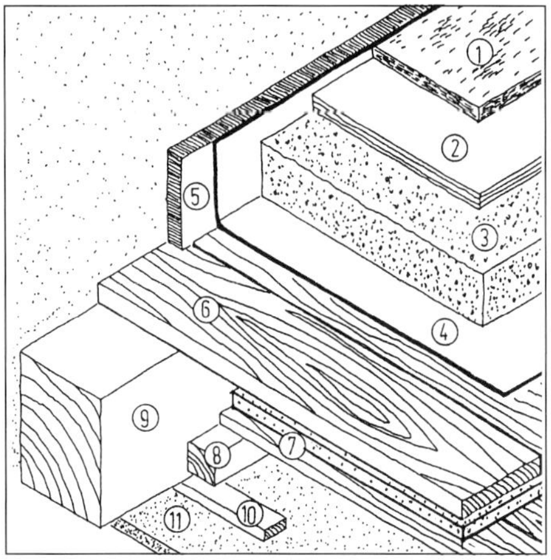

Abb. 10.7
Holzspanplatte auf Trockenschüttung als Niveauausgleich (Lösung B).

neuer Aufbau: Verbesserungsmaß ca. 13 dB
1 Holzspanplatte 22 mm
2 feste Mineralfaser-Trittschallmatten oder weiche Holzfaserplatten 25 mm
3 Trockenschüttung 10 - 50 mm
4 Rieselschutz (auf dichte Eckausbildung achten)
5 Randdämmstreifen

alter Aufbau: Trittschallschutzmaß 10 dB
6 Dielenboden
7 Blindboden und Schüttung
8 Holzleiste
9 Deckenbalken
10 Lattung
11 Putz und Putzträger

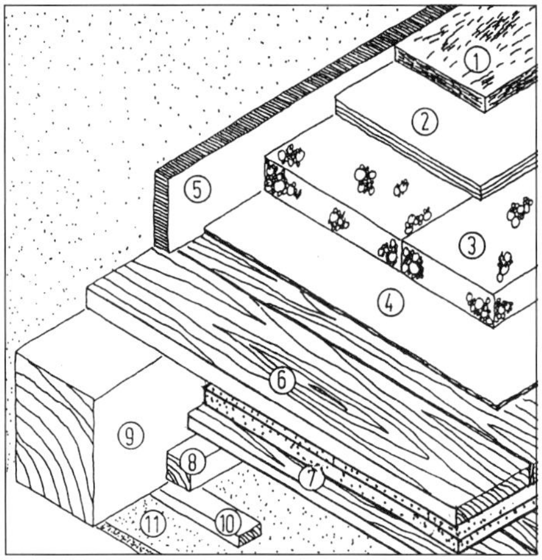

Abb. 10.8
Trittschallverbesserung mit Gehwegplatten (Lösung C).

neuer Aufbau: Verbesserungsmaß$_H$ ca. 31 dB
1 Holzspanplatte 22 mm
2 Mineralfaser-Trittschallmatten 15 mm
3 Gehwegplatten 40 mm
4 Filzunterlage
5 Randdämmstreifen 15 mm

alter Aufbau: Trittschallschutzmaß 10 dB
6 Dielenboden
7 Blindboden und Schüttung
8 Holzleiste
9 Deckenbalken
10 Lattung
11 Putz und Putzträger

- Ein Zentimeter oberhalb der höchsten Fußbodenstelle die Höhe der aufzubringenden Trockenschüttung an der Wand markieren und mit Hilfe der vorher angelegten Markierungen entlang der Wände anzeichnen.
- Bei Holzdielenboden: knarrende Dielen verschrauben, Rieselschutzpapier auslegen.
- Schüttgut zu zwei kleinen, waagerechten Deichen aufschütten, parallel im Abstand von ca. 1,30 m. Jeweils eine gerade Latte auf die beiden Deiche legen und waagerecht ausrichten, Schüttung dazwischen einbringen und mit passend geschnittenem (eingekerbten) Brett abziehen.
- Dämm- und Ausgleichsplatten verlegen (z.B. Mineralfilz-, Weichfaser- oder Korkplatten).
- Bei mehr als 5 cm Schütthöhe die Schüttung mit einem Brettstampfer verdichten.

Zement- und Gussasphaltestriche

Am Einsatzort gegossene Estriche aus Zementmörtel oder Asphalt sind stabiler als Trockenestriche und bei der Altbaurenovierung dort sinnvoll, wo keramische Fliesen verlegt oder Böden wasserdicht ausgebildet werden sollen. Ihre Herstellung erfordert Übung und wird am besten Fachfirmen überlasen. Gegossene Estriche können auf allen festen und ausreichend tragfähigen Untergründen hergestellt werden, ungeeignet sind Holzdecken mit starker Durchbiegung.

Nassestriche werden in der Regel schwimmend auf Kokosfaser- oder Mineralfaser-Trittschalldämmplatten verlegt. Ein Niveauausgleich kann wie beim Trockenestrich durch eine Trockenschüttung hergestellt werden. Für einen wärmedämmenden Estrich dürfen nur feste oder nicht zusammendrückbare Dämmplatten (Anwendungstyp WD) verwendet werden.

Aus *Zementmörtel* hergestellte Estrichplatten sind 40 bis 50 mm dick und entsprechend schwer. Der Mörtel wird üblicherweise maschinell gemischt und mit einem Schlauch zum Einsatzort gepumpt, kleinere Mengen können auch von Hand gemischt und verteilt werden. Sind als Bodenbelag keramische Fliesen vorgesehen, so wird der Estrich mit einem Stahlgewebe bewehrt. Ein Zementestrich kann nach 3 bis 4 Tagen begangen, aber frühestens 4 Wochen mit einem Bodenbelag versehen werden.

Zur Herstellung des etwas teureren, ca. 25 mm dicken Estrichs aus *Gussasphalt* wird der flüssige Asphalt in Eimern heiß zum Einsatzort getragen und bei einer Temperatur von 210 bis 250°C eingebaut - eine Tätigkeit, die recht unangenehm ist. Ein Gussasphaltestrich ist feuchtigkeitsundurchlässig, sofort trocken, kann auch bei winterlicher Witterung verarbeitet, und nach 2 bis 3 Stunden Abkühlzeit benutzt bzw. mit einem Belag versehen werden. Diese Eigenschaften sind es, die den Asphaltestrich gegenüber dem Zementestrich auszeichnen. Im fertigen Zustand sind beide Arten gleichwertig.

Erdberührte Böden

Fußböden, die unmittelbar ans Erdreich angrenzen, also Kellerböden und Böden nicht unterkellerter Räume, müssen gegen aufsteigende Feuchtigkeit geschützt werden, (Kap. 6.5), es sei denn, ein feuchtkaltes Raumklima ist belanglos oder erwünscht, z.B. zur Obstlagerung. Als Bitumen- und Kunststoffbahnen zur Feuchtigkeitsabdichtung noch nicht bekannt waren, wurden Räume mit einem erdberührten Boden nur zu landwirtschaftlichen Zwecken (als Viehstall, Scheune, Milchküche) oder als Nebenräume (Keller, Flur) genutzt. In einfachen Keller- und Wirtschaftsräumen sind als Bodenbelag geeignet: gestampfter Lehm; Lehmsand mit Oberbelag aus Splitt oder Feinkies; gestampfter, gemischtkörniger Schotter (sog. Siebschutt); Natursteinplatten oder -pflaster; Backsteinpflaster (als Flachschicht); Betonplatten.

Möglichkeiten und Maßnahmen zur Herstellung eines feuchtigkeitssperrenden Unterbodens sind in Kap. 6.5 dargestellt. Darauf kann dann jeder Bodenbelag aufgebracht werden.

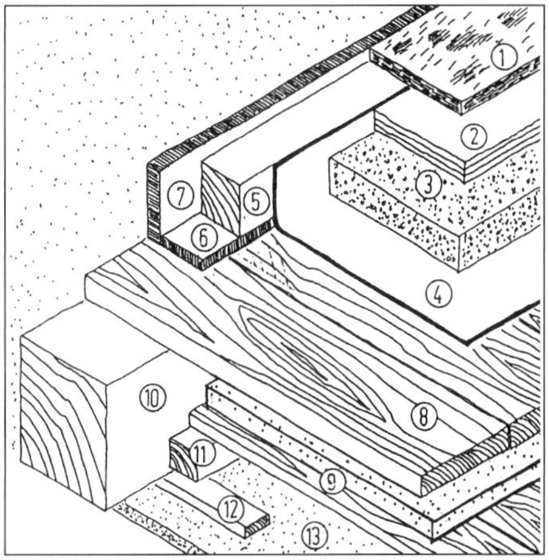

Abb. 10.9
Trittschallverbesserung durch Sandschüttung (Lösung D).

neuer Aufbau: Verbesserungsmaß$_H$ ca. 22 dB
1 Holzspanplatte 22 mm
2 Wärmedämmschicht 30 - 40 mm
3 Ziegelsplittschüttung 30 - 40 mm
4 Rieselschutz (auf dichte Eckausbildung achten!)
5 Lagerholz 5/5 cm
6 Trittschall-Dämmstreifen 20 mm
7 Randdämmstreifen 15 mm

alter Aufbau: Trittschallschutzmaß 10 dB
8 Dielenboden
9 Blindboden und Schüttung
10 Deckenbalken
11 Holzleiste
12 Lattung
13 Putz und Putzträger

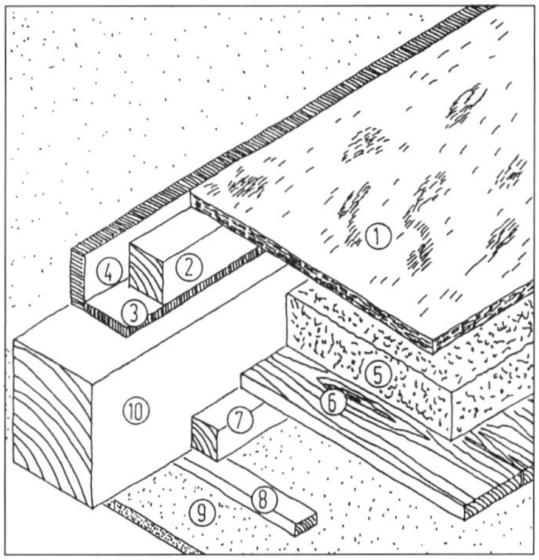

Abb. 10.10
Entfernen des alten Dielenbodens und Neukonstruktion auf Lagerhölzern (Lösung E).

neuer Aufbau
1 Holzspanplatte 22 mm
2 Lagerholz 5/5 cm
3 Trittschall-Dämmstreifen 15 mm
4 Randdämmstreifen 15 mm

alter Aufbau
5 Schüttung
6 Blindboden
7 Holzleiste
8 Lattung
9 Putz auf Putzträger
10 Deckenbalken

10.3 Bodenbeläge

Bodenbeläge werden im allgemeinen auf den Estrich geklebt. Da die meisten Baukleber gesundheits- und umweltbelastende Stoffe enthalten, liegt es nahe, Verlegetechniken zu bevorzugen, die ohne Kleber auskommen, oder die weniger umweltbelastenden Klebstoffe der Naturfarbenhersteller einzusetzen. Bis etwa 1985 wurden teerhaltige Kleber verwendet, z.B. für Parkettboden. Das besonders bei Wärme stark riechende Produkt gibt krebserregendes Benzpyren und andere giftige Stoffe ab. Wo solche Kleber angetroffen werden, ist eine Sanierung zwingend vorgeschrieben. Dabei sind besondere Arbeitsschutzmaßnahmen zu beachten!

Klebfrei verlegt werden:

- keramische Fliesen im Mörtelbett,
- Spannteppiche,
- genageltes Stabparkett.

Auch Holzdielenböden werden ohne Kleber verlegt. Sie gehören jedoch strenggenommen nicht zu den Bodenbelägen, weil sie freitragend (ohne Estrich) verlegt werden (vgl. Kap. 10.1)

Die Wahl eines Fußbodenbelages hängt ab von der Beanspruchung und vom Pflegeaufwand des Bodens, von der gestalterischen Wirkung und von den Kosten (vgl. Tab. A10 im Anhang 1). Aus gestalterischen Gründen sollten auf einem Geschoss nicht zu viele unterschiedliche Beläge verwendet werden. Die bevorzugten Anwendungsbereiche verschiedener Fußbodenbeläge zeigt Tab. 10.3.

Parkett und Holzpflaster

Parkett- und Holzpflasterböden aus Vollholz sind robust, pflegeleicht, „natürlich" und fußwarm. Parkett aus Eiche, Buche und Esche ist in Form von Stab- oder Mosaik-

Fußbodenbeläge							
Baustoff (Hauptinhaltsstoffe)	Verlegeart	bevorzugte Anwendungsbereiche (Empfehlung)	ökologische Verträglichkeit	Eignung für den Selbstbau	Wärmeeindringkoeffizient[1] in $kJ/(m^2hK)$	Fußkälte	Preisgruppe [2]
Holz							
Dielen (Fichte/Tanne)	genagelt	Wohnräume	+	+	24	0	+
Stabparkett(Fi./Ta.)	genagelt	Kinderzimmer	+	+	24	0	+ –
Mosaikparkett (Eiche)	geklebt	Mehrzweckraum	+	0	34	0	0
Fertigparkett	genagelt		+	0	24	0	0
Holzpflaster	geklebt		+	0	24	0	0
Industrieparkett (Eiche)	geklebt		+	0	34	0	0
Fliesen und Platten							
Fliesen o. Platten	im Mörtelbett	Flur, Küche, Bad,	+	0	45-	0 –	0 –
(unglasiert)	geklebt	Wohn- + Mehrzweckr.	–	+	84		0
Fliesen o. Platten	im Mörtelbett	WC	+	0			0 –
(glasiert)	geklebt		–	+			0
Betonwerkstein	im Mörtelbett	Flur, Küche, Bad, WC	0	0	(120)	–	0 -
Naturwerkstein, z.B. Marmor	im Mörtelbett	Flur, Wohnräume	+	0	190	–	+ –
Elastische Beläge (Bahnenware)							
PVC		Bad, WC	–	+	45	0	0
Kork	geklebt[3]	Wohnräume	+	+	(20)	0	0
Linoleum		Flur, Wohnräume, Kinderzi., ggf. Küche, Bad	+	+	32	0	0
Teppich (Bahnenware)							
Kunstfaser	geklebt[3]	Wohnräume	–	+	(15)	+	+
Naturfaser "biologisch"			+	+	(10)	+	0
Naturfaser-Spannteppich	gespannt		+	–	(10)	+	–

1) nach König, H.: Wege zum Gesunden Bauen. Klammerwerte ( ) sind geschätzt.
2) einschließlich Unterkonstruktion (wenn möglich Lattung statt Estrich) + preiswert, – teuer
3) möglichst mit Klebeband, mit Naturharz oder mit Dispersionskleber.

Tabelle 10.3 Fußbodenbeläge.

parkett erhältlich, Holzpflaster kann auch aus Kiefer oder Fichte hergestellt werden. Als Fertigparkett werden industricll hcrgcstellte, fertig versiegelte Fußbodenelemente aus Vollholz oder Holzwerkstoff bezeichnet.

Stabparkett besteht aus 22 mm dicken Parkettstäben oder -riemen, die mit Nut und Feder vollflächig auf den Untergrund geklebt oder - besser - auf eine Holzunterkonstruktion (vorhandener Dielenboden, Spanplatten, Lattung) verdeckt genagelt werden.

Bei *Mosaikparkett* sind 8 mm dicke Lamellen schachbrettartig oder im Streifenmuster auf einem Geweberücken zu Platten zusammengesetzt, die auf den Estrich geklebt werden.

Fertigparkett wird in Platten (in unterschiedlichen Größen und in Dicken von 13 bis 24 mm) mit fertig versiegelter Oberfläche geliefert, meist als furnierte Span- oder Sperrholzplatte mit Nut und Feder. Es kann wie Trockenestrich-Platten z.B. direkt auf einer Filzunterlage oder auf einem vorhandenem Teppichboden verlegt werden.

Holzpflaster besteht aus 25 bis 40 mm dikken Holzklötzen, deren Hirnholzfläche als Lauffläche dient. Durch Quellen und Schwinden des Holzes können Fugen im Bodenbelag entstehen. Dieser Bodenbelag ist sehr strapazierfähig, kann wegen seiner relativ großen Einbauhöhe jedoch im Altbau nicht überall eingesetzt werden. Die Verlegung erfolgt mit einem schubfesten Kunststoffkleber und in Form von geradlinigen, durchgehenden Längsfugen. Bei größeren Bodenflächen und an Wandanschlüssen sind Dehnfugen auszubilden.

Hinweise zur Oberflächenbehandlung von Parkett gibt Kap. 15.1.2.

Laminatboden

Dieser künstliche Bodenbelag ist preiswert und in allen denkbaren Dekors herzustellen, denn er besteht im Wesentlichen aus drei billigen Produkten: Holzspäne, Papier, und Kunststoff. Auf eine Holzspanplatte, die als Trägerplatte dient, ist ein bedrucktes Papier kaschiert, das mit Melaminharz beschichtet ist. Die Spanplatte gibt „gesundheitlich unbedenkliche" Mengen Formaldehyd ab. Die Oberfläche ist kratz- und feuchtigkeitsempfindlich - also nicht mit Straßenschuhen betreten und nicht feucht reinigen! Nach etwa 15 Jahren ist die Oberfläche abgenutzt und muss durch einen neuen Bodenbelag ersetzt werden. Abschleifen und neu versiegeln ist nicht möglich. Eine Bewertung bezüglich Optik, Pflege, Wirtschaftlichkeit und ökologischer Verträglichkeit überlassen wir dem Leser ...

Keramische Fliesen

Bei Tonfliesen wird je nach Rohmaterial und Brenntemperatur unterschieden zwischen Steingut- bzw. Irdengut-Fliesen und (den bei höheren Temperaturen gebrannten) Steinzeugfliesen. Während die Erstgenannten durch das Aufbringen einer Glasur feuchtigkeitsunempfindlich werden, sind Steinzeugfliesen auch ohne Glasur wasserdicht und zudem frostbeständig.

Fliesen sind robust und pflegeleicht, deshalb werden sie gern für intensiv genutzte Böden z.B. in Dielen, Mehrzweckräumen, Bädern, Küchen und in der Umgebung von Feuerstellen gewählt. Dass Fliesenböden fußkalt sind, hängt direkt mit ihrer guten Wärmeleit- und -speicherfähigkeit zusammen und darf nicht mit einer schlechten Wärmedämmung der Fußbodenkonstruktion gleichgesetzt werden.

Eine preiswerte und gute Alternative zu den üblichen Klinkerplatten ist die Verwendung von Biberschwanz-Dachziegeln. Bei der Verlegung wird die Nase auf der Ziegelrückseite abgeschlagen.

Unglasierte Fliesen verschmutzen leichter als glasierte; daher empfiehlt es sich, die Oberfläche unglasierter Fliesen im Wohnbereich mit einer Naturölgrundierung und mit Wachs zu behandeln.

Glasierte Fliesen sind in Küchen und Toiletten beliebt, um eine ungleichmäßige Verfärbung des Bodens durch Fett- bzw. Urinspritzer zu verhindern. Bei Fliesen mit roten, gelben oder braunen Glasuren sind erhöhte radioaktive Werte möglich, ebenso bei unglasierten roten Fliesen, wenn Rotschlamm zu ihrer Herstellung verwendet wurde.

Alle keramischen Bodenplatten können im Mörtelbett („Dickbett") verlegt werden, Platten mit ebener Rückseite können auch geklebt werden („Dünnbett"), möglichst mit umweltfreundlichem hydraulischem Kleber oder mit Dispersionskleber. In Räumen mit starker oder dauernder Feuchtigkeitseinwirkung sollten jedoch bevorzugt mineralische (hydraulisch erhärtende, kunststoffvergütete) Dünnbettmörtel zur Anwendung kommen. Reaktionsharzkleber und andere Kunststoffkleber sind aus Umweltschutzgründen besser zu vermeiden. Die Herstellung eines wasserdichten Fliesenuntergrundes wird in Kap. 13.3 beschrieben.

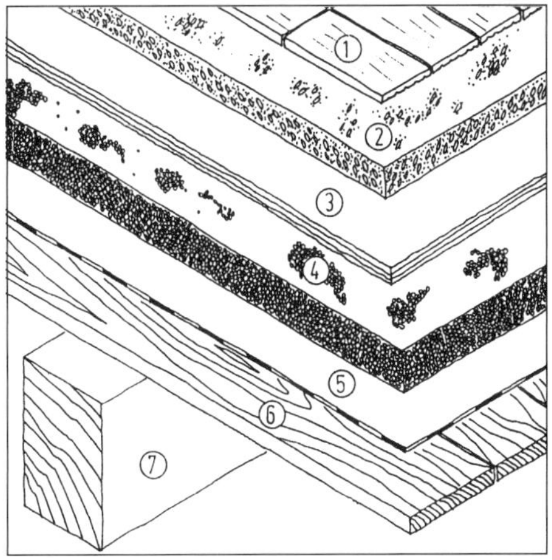

Abb. 10.11
Fußbodenaufbau mit Klinkerbelag auf schwimmendem Estrich (bei sichtbaren Deckenbalken).

1 Klinker geklebt oder im Mörtelbett 1,5 cm
2 Zementestrich (schwimmend) 4 - 6 cm mit Drahteinlage
3 Mineralfaser-Trittschallmatten 20 - 30 mm
4 Perliteschüttung als Niveauausgleich 3-5 cm
5 Bitumenbahn
6 Dielung 22 mm
7 Deckenbalken

Fliesen im Mörtelbett (Dickbett) verlegen

- Ein 25 mm dickes Zementmörtelbett aufbringen (1 Raumteil Zement, 5 bis 6 Raumteile Flusssand) und glatt abziehen.
- Fliesen verlegen, mit Wasserwaage und Gummihammer, Fugenbreite 2 bis 10 mm (saugfähige keramische Fliesen sollten vorher gewässert werden).
- Verfugung mit feinem Zementmörtel - nachdem der Verlegemörtel erhärtet ist (Fliesen vorher vornässen), Mischungsverhältnis 1:3. Randfugen an den Wänden mit Kunststoffdichtungsmasse oder mit Gummi-Fugenband schließen.
- Auf nichtglasierten Fliesen kann der Zementschleier mit 5%-iger Salzsäure beseitigt werden, anschließend mit klarem Wasser nachspülen. Vorsicht! Salzsäure ist stark ätzend. Hände und Augen schützen! Zum Verdünnen Salzsäure ins Wasser gießen, niemals umgekehrt.

Fliesen im Dünnbettverfahren (mit Kleber) verlegen

- Der Untergrund muss völlig eben, ausgehärtet und trocken sein (Alter des Zementestrichs mindestens 28 Tage).
- Kleber 2 bis 4 mm dick auf den Boden mit einer Kammkelle aufziehen.
- Fliesen verlegen.
- Verfugen und Reinigen wie oben.

Teppichboden

Teppichböden sind wegen ihrer Fußwärme, der Behaglichkeit und der schalldämpfenden Wirkung in Wohnräumen besonders beliebt. Sie sind als Bahnenware in zahlreichen Arten und Qualitäten für verschiedene Einsatzbereiche und Anforderungen erhältlich und oft mit einer (nicht immer unbedenklichen) Zusatzausrüstung (Imprägnierung) gegen Verschmutzung, elektrostatische Aufladung, Motten- und Bakterienbefall ausgestattet. Genaue Angaben über die Zusammensetzung ihrer Produkte geben die der „Europäischen Teppichgemeinschaft für Deutschland e.V." angehörenden Hersteller durch Prüfzeugnisse, die kostenlos beim „Deutschen Teppichforschungsinstitut e.V." in Aachen bezogen werden können.

Aus hygienischer Sicht sollten Teppiche als Bahnenware sparsam verwendet werden und eher Einzelstücke, die besser zu reinigen sind, z.B. auf Keramik- oder Holzfußböden ausgelegt werden. Unter ökologischen Gesichtspunkten sind dabei statt Teppichböden aus Kunstfasern solche z.B. aus Baum- oder Schurwolle, Sisal, Kokos *ohne* Zusatzausrüstung (siehe oben) zu bevorzugen.

Das Verspannen von Teppichen ist die beste, allerdings auch teuerste Verlegemethode. Die Mehrkosten machen sich bei hochwertigen Teppichen jedoch im Laufe der Zeit durch eine längere Haltbarkeit bezahlt. Zum Verspannen geeignet sind Textilgewebe, also gewebte Teppiche und Tufting-Teppiche. Ihre Ränder werden dabei unter Spannung auf Nagelleisten aus flachen Holz- oder Metallschienen geheftet, die auf den Untergrund geschraubt sind. Bei größeren Flächen müssen die einzelnen Bahnen vorher zusammengenäht („konfektioniert") werden. Als Unterlage für den Teppich dient ein Spannfilz, der so dick wie die Nagelleiste ist. Diese Technik erfordert Erfahrung und wird nur noch von wenigen Firmen ausgeführt.

Relativ umweltfreundlich und dabei gut und leicht zu handhaben sind alle selbstklebenden Verlegearten: hier ist besonders das Doppelklebeband zu nennen, mit dem der Teppichboden nur an den Rändern und Stößen fixiert werden muss.

Verlegen von Teppichboden mit Doppelklebeband

- Teppich 24 Stunden im Raum auslegen, damit er sich der Raumtemperatur anpassen kann.
- Wenn Stücke angesetzt werden sollen: auf gleiche Florrichtung achten, dünnen Teppich mustergenau aufeinanderlegen und beide Schichten mit einem Schnitt durchtrennen - bei dickem Teppich entlang der Florgasse schneiden.
- Teppich ausrichten und beschweren (damit er beim Arbeiten nicht verrutscht), danach mit Teppichmesser passgenau zuschneiden.
- Teppichränder zurückschlagen, doppelseitiges Klebeband auf dem Boden befestigen, Teppich auflegen und anreiben.
- Fußleisten anbringen.

Ist eine vollflächige Verklebung von Teppichen nicht zu vermeiden, so empfiehlt es sich, lösungsmittelfreie Dispersionskleber und die Kleber der Naturfarbenhersteller zu bevorzugen. Dispersionskleber können jedoch nicht für feuchtigkeitsempfindliche Textilteppiche verwendet werden, z.B. solche mit Juterücken.

Als Untergrund sollte ein sauberer, trokkener, ebener und rissfreier Boden oder ein gut haftender Altbelag (kann auch ein Teppichboden sein) zur Verfügung stehen. Bei unebenem Untergrund, z.B. bei Fliesen oder Holzdielen, wird eine 22 mm dicke Bauplatte mit dünner Filzunterlage wie ein Trockenestrich verlegt (Kap. 10.2).

Linoleum und andere elastische Beläge

Elastische Beläge wie Linoleum, Kork, PVC und Gummi, sind als Platten- oder Bahnenware erhältlich. Die synthetischen Beläge - PVC, Gummi und mit PVC beschichteter Kork - sollten auch hier wegen möglicher umweltschädigender Ausdünstungen besser gemieden werden.

Das Naturprodukt *Linoleum*, das neuerdings wieder in vielen Farben und Mustern hergestellt wird, besteht aus einem gefärbten Gemisch aus feingemahlenem Kork- oder Holzmehl, aus oxidierten Harzen und Leinöl sowie aus einem Jutegewebe als Trägerschicht. Es wird als Bahnenware geliefert. Für eine verbesserte Trittschalldämmung gibt es auch Verbundplatten mit einer Unterseite aus Kork oder Korkment. Linoleum lädt sich elektrostatisch nicht auf, es ist unempfindlich gegen Fette, Öle, Malfarben, Farb- und Filzstifte - und auch gegen Zigarettenglut. Linoleum bekommt jedoch unter starker Punktlast (z.B. unter schmalen Schrankfüßen) bei Dauereinwirkung Druckstellen und verträgt keine länger anhaltende Feuchtigkeit. Da Linoleum bei Kälte brüchig wird, darf es im Winter nicht in ungeheizten Räumen verlegt werden. Dass Linoleum regelmäßig gewachst werden muss, ist ein verbreiteter Irrtum! Eine Pflege mit echter Schmierseife im Wischwasser wirkt reinigend und rückfettend zugleich und sorgt dafür, dass das Linoleum nicht spröde wird.

Korkplatten und *-bahnen* werden hergestellt aus dem Rindenschrot der Korkeiche unter Zusatz von Natur- oder Kunstharzklebern. Korkböden haben ähnliche Eigenschaften wie Holzböden, die Oberfläche kann auch in der gleichen Weise behandelt werden (siehe Kap. 15.1.2). Korkböden sind gegen Dauereinwirkung schwerer Punktlasten etwas weniger empfindlich als Linoleum.

Bahnenware kann mit Klebeband verlegt werden. Für die vollflächige Verklebung von Kork und Linoleum gibt es Naturharzkleber oder lösungsmittelfreie Dispersionskleber z.B. auf Acrylatbasis.

Linoleum und Kork sollten 24 Stunden vor der Verlegung im Raum ausgebreitet werden, damit sie sich der Raumtemperatur anpassen können. Rollen sind stets stehend zu lagern. Für normale Beanspruchung in Wohnräumen wird Linoleum in einer Dicke von 2 oder 2,5 mm verwendet, in Räumen mit Publikumsverkehr auch mit 3 bis 4,5 mm. Kork wird entsprechend seiner Beanspruchung mit einer Stärke zwischen 3 und 6 mm verlegt.

10.4 Holztreppen

Häufig sind alte Treppen das handwerkliche Herzstück des Hauses, das unbedingt erhalten bleiben sollte. Das Reparieren knarrender, ausgetretener Stufen und defekter Geländerstäbe ist in den meisten Fällen preiswerter und im Ergebnis schöner als der Ersatz durch eine neue Treppe. Die Erhaltung alter Treppen ist in Mehrfamilienhäusern auch aus baurechtlichen Gründen empfehlenswert, denn für neue Treppen gelten die aktuellen Vorschriften, die in Altbauten oft nur schwer eingehalten werden können.

Treppen überarbeiten

Knarrt eine Treppe beim Begehen, so sind Wangen, Tritt- und Setzstufen nicht mehr ausreichend fest verbunden. Ist die Treppe von hinten zugänglich, können bei einer gestemmten Treppe die Keile zwischen Stufen und Wange herausgestemmt und neue, dickere Keile eingeleimt werden. Das Knarren kann auch beseitigt werden, indem die Trittstufen hochgekeilt werden, und von hinten in den Falz zwischen Setz- und Trittstufen Dreiecksklötze oder eine Leiste geleimt werden. Dabei wird an der obersten Stufe begonnen und dann stufenweise nach unten gearbeitet. Bei Treppen mit verschraubten oder genagelten Stufen wird Knarren folgendermaßen beseitigt (wieder bei der obersten Stufe beginnend): Verbindungen an der Rückseite der Setzstufe lösen, Trittstufe hochkeilen, Setzstufe hochdrücken, neu vernageln oder anschrauben. Unter Umständen kann es auch sinnvoll sein, die Setzstufen von hinten aufzudoppeln (Sperrholzbrett aufleimen und verschrauben).

Ist die Treppe nicht von hinten zugänglich, erfolgt das Verspannen der jeweils hochgekeilten Stufe durch Aufdoppeln der Setzstufe oder dadurch, dass unter den Stufenvorsprung eine Leiste geleimt und geschraubt wird. Die Schraubenköpfe werden in der Leiste versenkt, die Löcher ausgekittet. Wird die Setzstufe aufgedoppelt, sollte die Trittstufe so hochgekeilt werden, dass sie in der Mitte 0,5% überhöht ist (also 0,5 cm bei 100 cm Treppenbreite) und die Setzstufe mit Spannung eingebaut wird.

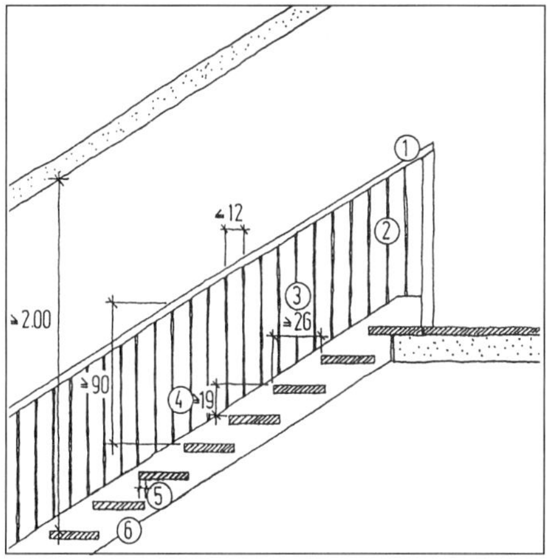

Abb. 10.12
Die Bezeichnungen und Maße der Treppe.

1 Handlauf
2 Geländerstab
3 Auftritt (z.B. 27 cm)
4 Steigung (z.B. 18 cm)
5 Unterschneidung
6 Wange

Abb. 10.13
So können ausgetretene Stufen repariert werden.

1 Sperrholzplatte aus Hartholzfurnier
2 Kunstharz-Zement-Spachtelmasse
3 Hartholzleiste zum Kantenschutz
4 alte Trittstufe
5 Setzstufe

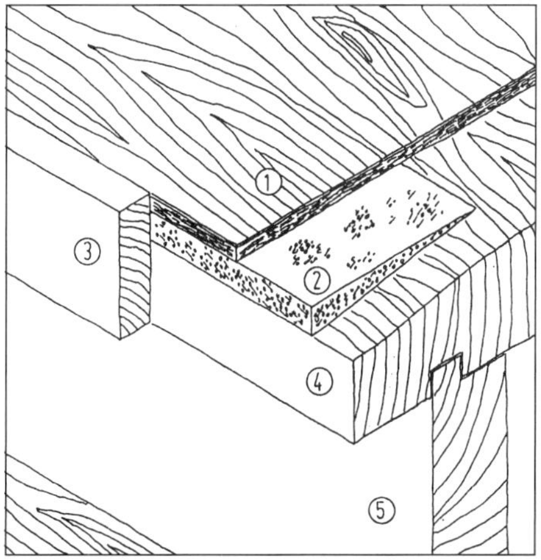

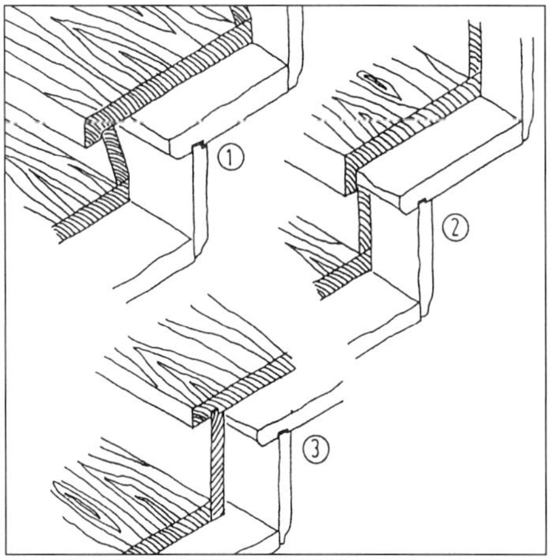

Abb. 10.14
Drei Möglichkeiten, wie eine alte, ausgetretene oder beschädigte Treppe aufgedoppelt werden kann (bei ausreichend hoher Wange).

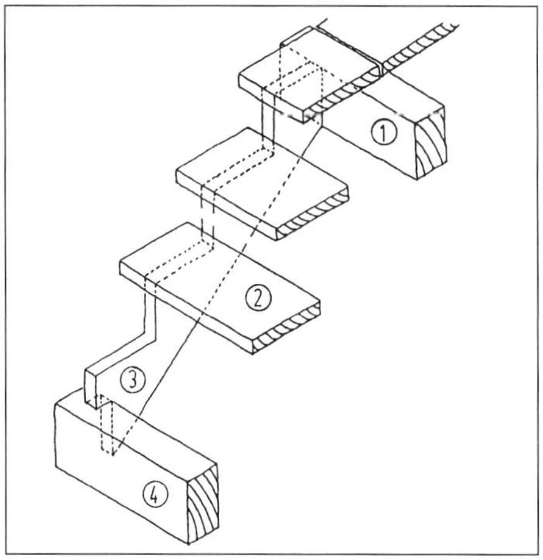

Abb 10.15
Eine einfache aufgesattelte Treppe.

1 Wechsel oben
2 aufgeschraubte Tritte
3 Wange
4 Wechsel unten

Liegen beide Treppenwangen frei, kann das Knarren auch durch den Einbau von Treppenschrauben beseitigt werden. Dazu werden im Abstand von etwa 5 Stufen in Wangenmitte Löcher gebohrt, in die Stahlstäbe mit Gewinde eingesetzt und mit Unterlegscheiben so verschraubt werden, dass die Wangen fest zusammengezogen werden.

Ausgetretene Treppenstufen sind nicht selten Ursache von Unfällen. Sie können auf drei Arten repariert werden:

- durch Herstellen eines neuen Belages,
- durch Aufdoppeln der Tritt- und Setzstufen,
- durch Austauschen bzw. Ersetzen der Trittstufen.

Zur Herstellung eines neuen Belages wird die vorhandene Stufe mit einer Spachtelmasse egalisiert und mit Sperrholz oder Hartholzfurnier wie folgt belegt:

- Treppe gründlich reinigen (heißes Wasser mit Spülmittel), Wachs mit der Ziehklinge entfernen.
- Kantenleiste als „Lehre" zum glatten Abziehen der Spachtelmasse mit dünnen Nägeln an der Stufenkante anheften, dabei Kunststoffolie als Trennlage einlegen.
- Kunstharz-Zement-Spachtelmasse (Spezial-Spachtelmasse) aufbringen, planeben abziehen, trocknen lassen.
- Sperrholzplatte aus Hartholzfurnier aufkleben.

Als dauerhafter Kantenschutz kann zusätzlich eine Hartholzleiste angebracht werden. Dazu wird die alte Treppenstufe bis auf einen 12 mm breiten Überstand abgesägt. Die Hartholzleiste wird so angeleimt und verschraubt, dass sie mit dem aufzubringenden Belag eben ist.

Das vollständige Aufdoppeln der Tritt- und Setzstufen macht zwar unter Umständen weniger Arbeit als das oben beschriebene Neubelegen, ist jedoch nur möglich, wenn die Treppenwange hoch genug ist und wenn die Anschlüsse von Treppenan- und -austritt an den Fußboden passen.

Bei Treppen in Mehrfamilienhäusern kommt es häufig vor, dass die Geländer beschädigt sind oder nicht die heutigen baurechtlichen Anforderungen erfüllen. Weil neue Treppengeländer nicht zur alten Treppe passen und eine historisierende Neuherstellung sehr teuer ist, ist die Erhaltung und Wiederverwendung vorhandener Geländerteile in jedem Fall anzustreben. Dazu zwei Tipps:

- Fehlen einzelne Geländerstäbe, können Stäbe vom obersten Treppenlauf als Ersatzteile verwendet werden. Oben wird ein neues, anderes Geländer angebracht.
- Wenn der Abstand zwischen den vorhandenen Stäben zu groß ist, können neue, glatte Stäbe dazwischen gesetzt werden.

Neue Treppe herstellen

Der Platzbedarf und die Gestaltung einer Treppe wird bestimmt vom menschlichen Schrittmaß und der Geschosshöhe.
Für ein bequemes Steigungsverhältnis gilt die Regel:

2 Steigungen + 1 Auftritt = 61 bis 64 cm

Bei 2,75 m Geschosshöhe ergeben sich z.B. 15 Stufen mit je 18,3 cm Steigung (Stufenhöhe) und 27,5 cm Auftritt (Tiefe). Die Gesamtlänge der Treppe ergibt sich aus der Summe der Auftritte minus 1 (Auftritt der obersten Stufe liegt schon auf Fußbodenhöhe). In unserem Beispiel beträgt die Länge der Treppe also 14 x 27,5 cm = 3,85 m. Wenn nicht genügend Platz vorhanden ist, kann die Treppe auch steiler sein, das Verhältnis Steigung/Auftritt sollte jedoch nicht weniger als 19 cm/26 cm betragen und muss der jeweiligen Landesbauordnung entsprechen.

Maßgebend für den Platzbedarf ist neben dem Steigungsverhältnis die Form des Treppenlaufs. Eine geradläufige Holztreppe mit aufgesattelten Stufen ist zwar gut für den Selbstbau geeignet, sie benötigt aber vergleichsweise viel Platz, besonders wenn die erforderlichen Verkehrsflächen seitlich und am Treppenan- und -austritt berücksichtigt werden. Relativ platzsparend und selbstbaufreundlich ist die zweiläufige gerade Treppe mit Podest (vgl. Abb. 8.22 und 8.23).

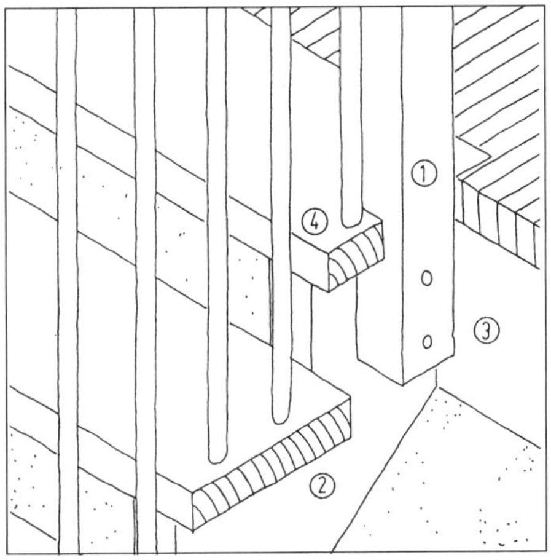

Abb. 10.16
Zum Selbstbauen: eine einfache aufgesattelte Treppe (Detail A).

1 Der Auftrittspfosten wird an der Wange angeschraubt.
2 Von Zimmermann gefertigte Wangen werden an den oberen Wechsel angelehnt und durch das Eigengewicht der Treppe angedrückt.
3 oberer Wechsel
4 Austrittstufe

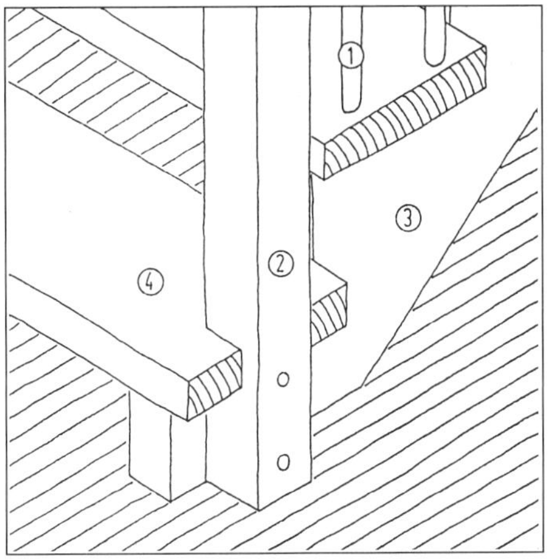

Abb. 10.17
Selbstbautreppe (Detail B).

1 Die Geländerstäbe werden in die Auftritte eingelassen
2 Der Antrittspfosten wird wieder an die Wange angeschraubt.
3 Die Wange wird unten entweder gegen den Wechsel gestoßen oder mit Hilfe von Stahlwinkeln auf dem Rohfußboden verschraubt.
4 Antrittstufe

Baurecht zum Thema „Treppen" (in Baden-Württemberg)

- Treppenbreite mindestens 1 m, in Wohngebäuden mit nicht mehr als 2 Wohnungen und innerhalb von Wohnungen genügen 80 cm.
- Tragende Treppenteile aus Hartholz (Laubholz) oder aus nicht brennbaren Baustoffen; keine Anforderung für Wohngebäude mit nicht mehr als zwei Wohnungen und für Treppen innerhalb einer Wohnung.
- Die Treppe muss mindestens einen festen und griffsicheren Handlauf haben. Ausnahmen für Treppen innerhalb von Wohnungen sind zulässig.
- Der Treppenaustritt (oberste Stufe) darf nicht unmittelbar hinter einer Tür beginnen, die in Richtung der Treppe aufschlägt.
- Treppen müssen mit Geländer („Umwehrung") gesichert sein, mindestens 90 cm hoch.
- Umwehrungen sind den Umständen entsprechend so auszubilden, dass Kleinkindern das Überklettern nicht erleichtert wird; Öffnungen nicht breiter als 12 cm. Gilt nicht für Umwehrungen in Wohngebäuden mit nicht mehr als zwei Wohnungen und innerhalb von Wohnungen.

11. Innenwände und Zimmertüren

Die häufigsten Maßnahmen an Innenwänden betreffen die Gestaltung der Oberflächen: Wände verkleiden, tapezieren oder streichen, Putz ausbessern, Türen streichen, usw. Dabei kommt es darauf an, zum Charakter des Hauses passende Materialien mit hoher Umweltverträglichkeit und guter Verarbeitbarkeit auszusuchen und die richtigen Arbeitstechniken anzuwenden. Wenn Wandoberflächen allerdings feucht oder rissig sind, besteht die wichtigste Aufgabe zunächst darin, die Ursache dafür zu ermitteln und zu beseitigen.

Wesentlich aufwendiger sind Veränderungen, wie sie bei größeren Modernisierungs-, Um- und Ausbauvorhaben die Regel sind, z.B. Wände abreißen und neu errichten, Türöffnungen herstellen und schließen. Diese Maßnahmen lösen umfangreiche Folgearbeiten aus und sind daher kosten- und zeitaufwendig.

Eingriffe in tragende und aussteifende Wände, die die Lasten von Decken und darüberliegenden Wänden aufnehmen, bedürfen einer Abstimmung mit dem Statiker. Eine baurechtliche Genehmigung oder Kenntnisgabe ist erforderlich,

- wenn eine Nutzungsänderung erfolgt, (z.B. wenn gewerbliche Räume zu Wohnräumen werden oder umgekehrt),
- wenn die Wohnfläche vergrößert wird (z.B. Ausbau von Keller- oder Dachräumen),
- wenn die Zahl der Wohnungen vergrößert wird (z.B. Teilung einer großen Wohnung in zwei Wohnungen).

Nicht genehmigungsbedürftig ist die Veränderung von Wänden innerhalb von Wohnungen.

Trennwände werden überwiegend aus etwa 6 – 12 cm dickem Mauerwerk errichtet oder als ausgemauerte Fachwerkwände, die aus Gründen des Brandschutzes verputzt sind. Heute werden sie vielfach auch aus dünnen, großformatigen Wandplatten gemauert oder als „Leichtbauwand“ aus einem beplankten Ständerwerk errichtet.

Alte *Türen* sollten bei Umbaumaßnahmen möglichst erhalten werden, denn die Neuherstellung in der alten Form kommt auf jeden Fall teurer. Das Gleiche gilt auch für Holzvertäfelungen.

11.1 Wandabriss und Wanddurchbrüche

Vor einer Veränderung des Wohnungsgrundrisses sollte, sofern keine genauen Pläne vorliegen, die bestehende Situation zunächst aufgemessen und in Bestandszeichnungen im Maßstab 1:100 und/oder 1:50 mit allen wichtigen Maßen dargestellt werden. Zu einer solchen Bestandsaufnahme gehört auch die Prüfung, welche Wände tragend oder aussteifend sind, sowie die Eintragung der vorhandenen Sanitärleitungen und -anschlüsse. Anhand dieser Zeichnungen kann der neue Grundriss entwickelt werden, wobei es Ziel einer wirtschaftlichen Umbauplanung ist, mit wenigen Veränderungen einen möglichst guten Wohnwert zu erreichen.

Ob eine Wand tragend oder nichttragend ist, kann ein Laie häufig nur schwer erkennen. Die Dicke der Wand allein ist kein sicheres Erkennungszeichen, denn auch tragende Wände sind oft nur 12 bis 15 cm stark. Daher folgende Faustregel: immer wenn die Wand als Auflager für Deckenbalken dient, handelt es sich um eine tragende Wand; auch wenn Wände sich im darüber- und darunterliegenden Geschoss fortsetzen, kann angenommen werden, dass sie tragend sind.

Zwischenwände werden häufig durch die Durchbiegung der Deckenbalken belastet und wirken so mittragend. Vor dem Abbrechen einer vermeintlich nichttragenden Wand ist also immer zu prüfen, ob die Deckenbalken darüber durchlaufen oder nicht und ob nicht eine Wand im darüberliegenden Geschoss mitgetragen wird. Bei Betondecken sind tragende Wände im allgemeinen 17,5 oder 24 cm stark. Der Eingriff in eine tragende oder aussteifende Wand erfordert immer das Einschalten eines Statikers. Arbeitsschritte beim Herstellen einer Türöffnung in einer tragenden Wand oder beim Einbau eines Trägers:

- Lage der Öffnung markieren.
- Verlauf von Installationsleitungen prüfen.
- Darüberliegende Decken und Wandteile abstützen.
- Arbeitsgerüst aufbauen.
- Putz und Wandkonstruktion entlang der Markierung mit Trennscheibe aufschneiden.
- Mauerwerk von oben nach unten abtragen.
- Türsturz (Betonfertigsturz oder Doppel-T-Träger, ggf. nach Angaben des Statikers) einbauen, Öffnung darüber ausmauern.
- ggf. neue Elektroinstallation verlegen.
- Putz ausbessern, Fußleisten ergänzen.

Bei größeren Spannweiten, z.B. beim Zusammenlegen von Räumen, empfiehlt sich der Einbau von Stützen. Stützen können der Raumgliederung dienen und sind im allgemeinen wirtschaftlicher als kräftige Unterzüge. Bei Fachwerkwänden ist es sinnvoll, möglichst nur die nichttragende Ausfachung zu entfernen und das Holzständerwerk zu belassen. Eine störende Schwelle kann unter Umständen bis auf eine statisch erforderliche Mindeststärke ausgenommen werden.

Abbrucharbeiten bringen eine Menge Staub und Schmutz ins Haus, es empfiehlt sich daher,

- die umgebende Bausubstanz gegen Verschmutzung und Beschädigung gut zu schützen,
- die zu entfernende Wandfläche am Rand mit einer elektrischen Trennscheibe exakt und erschütterungsarm aufzutrennen,
- Schutt über ein Schuttrohr ohne Zwischenlagerung in einen Container zu befördern.

Für den Einbau eines Türpfostens und eines Türriegels in eine Fachwerkwand sollte nur abgelagertes oder technisch getrocknetes Holz mit 10 bis 15% Holzfeuchte verwendet werden, um das „Arbeiten" des Bauteils gering zu halten. Für nicht sichtbare Holzverbindungen bieten sich Nagelbleche an.

Nicht mehr benötigte Wandöffnungen werden mit möglichst schweren Steinen zugemauert (bessere Schalldämmung). Die notwendige Verbindung mit dem vorhandenen Mauerwerk kann durch kräftige Nägel erreicht werden, die etwa alle 50 cm in die Lagerfugen eingeschlagen werden. Beim Verputzen bleibt der Anschluss an den vorhandenen Putz im allgemeinen erkennbar. Wer das nicht möchte, muss die ganze Wand verkleiden oder mit einem neuen Oberputz versehen.

11.2 Trennwände einbauen

Neue nicht tragende Trennwände können in Massiv- oder in Leichtbauweise erstellt werden. Massive Wände sind aufgrund ihres hohen Gewichtes gut schalldämmend und wärmespeichernd, doch kann das hohe Gewicht bei Holzbalkendecken oder beim Dachausbau problematisch sein.

Für die Herstellung massiver Trennwände gibt es Bauplatten aus Gips, Bims- und Gasbeton im Format 25 x 50 bis 50 x 67 cm und in Dicken von 6, 8, 10 und 11,5 cm. Gipsplatten dürfen im Spritzwasserbereich von Feuchträumen nur als hydrophobierte Platten verwendet werden.

Abb. 11.1
Es spart Zeit und Mühe, wenn der Bauschutt direkt in einen Container oder auf einen LKW befördert wird. Damit es nicht so staubt, ist die Ladefläche beim Arbeiten mit einer Plane abgedeckt.

Tabelle 11.1
Schalldämmwerte von Trennwandkonstruktionen. Quellen: König, H.: Wege zum gesunden Bauen, Staufen 1993. und EGH 7/78

Wandkonstruktion	Bewertetes Schalldämmaß R_W	Wirkung im Nebenraum
Gips-Wandbauplatten 8 cm	37 dB	Unterhaltungssprache verständlich
Hochlochziegel (1,4) 11,5cm	45 dB	noch eben verständlich
Holzständerwand, zweischalig, beidseitig 12,5 mm Gipskartonplatten, Dämmung mit Steinwolle oder Zellulose	52 dB	hörbar, nicht mehr verständlich
Holzständerwand, einschalig, beidseitig 12,5 mm Gipskartonplatten, Dämmung mit Steinwolle oder Zellulose	37 dB	Unterhaltungssprache verständlich

Tabelle 11.2
Anforderungen an den Schallschutz der Wände von Wohnhäusern.
Quelle: RWE-Bauhandbuch 94

	Erforderliches Schalldämmaß	
	nach DIN 4109	für erhöhten Schallschutz nach Beiblatt 2 zu DIN 4109
Tragende und nichttragende Wände innerhalb einer Wohnung (Innewände)	keine Anforderung	keine Anforderung
Wohnungstrennwände		
- gegen andere Wohnungen	53 dB	>55 dB
- gegen Treppenhäuser und Hauflure	52 dB	> 55 dB
- gegen Spiel- und Gemeinschaftsräume	55 dB	> 60 dB[1)]
Gebäudetrennwände	57 dB	> 67 dB
1) Empfehlung in Anlehnung an Beiblatt 2 zu DIN 4109 (1989)		

Leichtbauwände zeichnen sich, wie der Name schon sagt, durch ein wesentlich geringeres Gewicht aus. Sie werden als Gerippe aus Holz- oder Metallständern errichtet und anschließend mit Gipskartonplatten, Gipsfaserplatten oder einer Holzschalung beidseitig verkleidet. Der Hohlraum wird mit schallschluckendem Dämmstoff, z.B. Mineral- oder Kokosfaserplatten (Anwendungstyp WZ), ausgefüllt. Leichte Holzständerwände sind für den Selbstbau gut geeignet.

Die „Hellhörigkeit" von dünnen oder leichten Trennwänden kann sehr störend sein, wenn sie „laute" und „leise" Räume innerhalb der Wohnung trennen, z.B. zwischen Wohn- und Kinderschlafzimmer. Für Wohnungstrennwände in Geschosshäusern und für Haustrennwände bei Doppel- und Reihenhäusern sind die gesetzlichen Anforderungen nach DIN 4109 zu beachten. Bei Gebäuden mit mehr als zwei Wohnungen ist i.a. eine schalltechnische Beratung durch einen Bauphysiker erforderlich.

Die an sich geringe Schalldämmung von Leichtbauwänden lässt sich merklich verbessern, indem Gipskarton-Bauplatten in zwei Schichten mit Federschienen oder Schwingholz auf einem doppelten, akustisch entkoppelten Ständerwerk (d.h. ohne Schallbrücken) angebracht werden.

Anstelle der Gipskartonplatten können auch Gipsfaserplatten oder zementgebundene Spanplatten verwendet werden. Die Oberfläche dieser Platten ist so glatt, dass sie im allgemeinen direkt mit Tapete oder Fliesen beklebt werden kann. Wandflächen im Spritzwasserbereich von Feuchträumen, z.B. bei Duschen, müssen sorgfältig abgedichtet und fachgerecht an die Fußbodenabdichtung angeschlossen werden (vgl. Kap. 13.3).

Das Holz für Ständerwerk und Verschalung sollte trocken sein (Holzfeuchte max. 20%), damit sich die Wand in beheizten Räumen durch das Austrocknen auf etwa 12% relative Feuchte nicht zu stark verformt. Die Mindestabmessung der Kanthölzer liegt bei 6 x 6 cm. Wenn im Hohlraum der Wand Abwasserleitungen verlegt werden sollen, sind entsprechend breitere Rahmenhölzer zu verwenden. Beim Anbringen der Rahmenhölzer an Wand, Boden und Decke wird ein

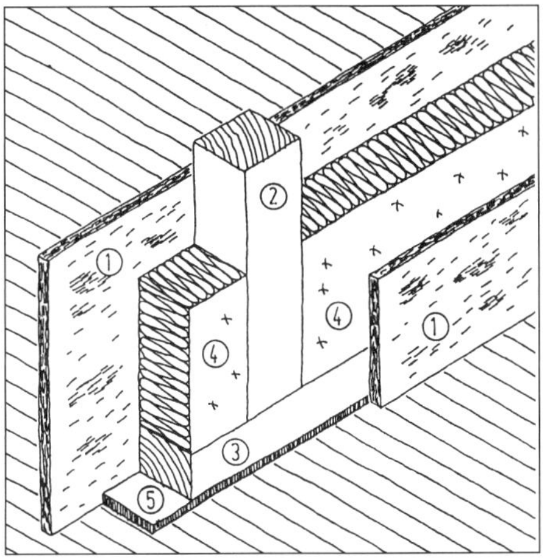

Abb. 11.2
Einfache Holzständerwand.

1 Beplankung mit Holzspanplatten oder Gipskarton-Platten
2 Holzpfosten
3 Holzschwelle
4 Dämmschicht zur Hohlraumdämpfung
5 Dämmstreifen

Abb. 11.3
Doppelte Holzständerwand (schalldämmend).

1 Doppelte Beplankung mit Holzspanplatten oder Gipskarton-Platten
2 Pfosten des Holzständerwerks (dürfen sich nicht berühren)
3 Rahmenschenkel als Schwelle
4 Dämmstreifen
5 Dämmschicht zur Hohlraumdämpfung

Abb. 11.4
Abdichten einer Tür.

vorhanden
1 Türblatt
2 Türfutter

neu
3 Dichtungsgummi
4 gefälzte Leiste

Dämm- und Dichtungsstreifen aus Filz zwischen Befestigungsfläche und Holz gelegt.

Die Verbindung senkrecht aufeinanderstoßender Kanthölzer kann durch Nagelbleche erfolgen; maßhaltiger sind jedoch eingelassene Nagelverbindungen. Wo Einrichtungsgegenstände aufgehängt werden sollen, sind stabile Riegel einzubauen. Für die Aufhängung von Sanitärobjekten (Waschbecken, Hängeklos) sollten nur speziell dafür vorgesehene Metallkonstruktionen verwendet werden.

Arbeitsschritte zur Errichtung einer Holzständerwand:

- Lage der Wand einmessen und anzeichnen.
- Kanthölzer für Boden, Wand und Decke zuschneiden, vorbohren und mit Fugenband (Dämm- und Dichtungsstreifen) andübeln.
- Senkrechte Rahmenhölzer im Abstand von 60 cm montieren, Norm-Türmaße beachten.
- Beplankung auf einer Seite anbringen.
- Ausschnitte für Elektrodosen mit Dosenbohrer oder Stichsäge herstellen, Leitungen verlegen.
- Dämmplatten zuschneiden und einlegen, zweite Seite beplanken.
- Tür(en) einbauen.

Die Verkleidung des Ständerwerks kann mit Bauplatten (Kap. 11.4), mittels Holzverschalung (Kap. 11.4) oder als Nassputz auf Putzträgerplatten (Kap. 7.3.3) ausgeführt werden.

11.3 Zimmertüren und Innenverglasung

Das Renovieren alter Türen eignet sich gut zum Selbermachen. Je nach Zustand der Tür kann es erforderlich sein,

- die Beschläge zu reinigen, zu streichen, zu fetten, zu befestigen oder zu versetzen,
- bei verzogenen Türen mit Füllung den Rahmen rechtwinklig auszurichten und mit aufgeschraubten Stahlwinkeln auf beiden Seiten zu stabilisieren,
- den Anstrich zu erneuern.

Türen überarbeiten

Wenn das Türblatt in sich verzogen ist, so dass die Türe nicht mehr umlaufend anliegt,

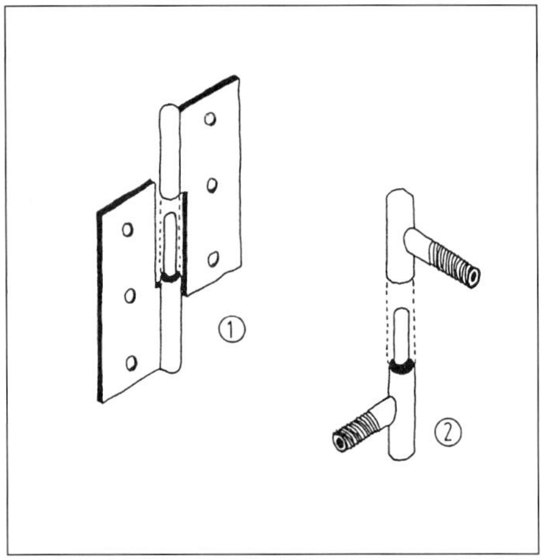

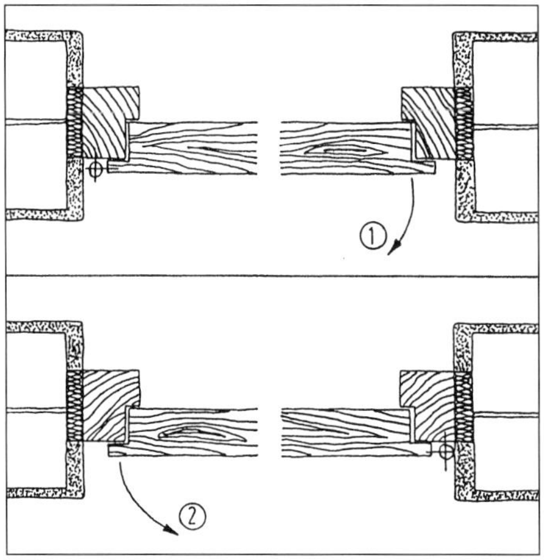

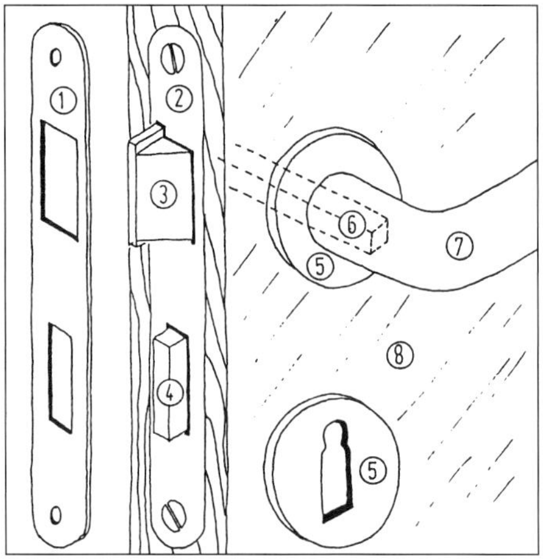

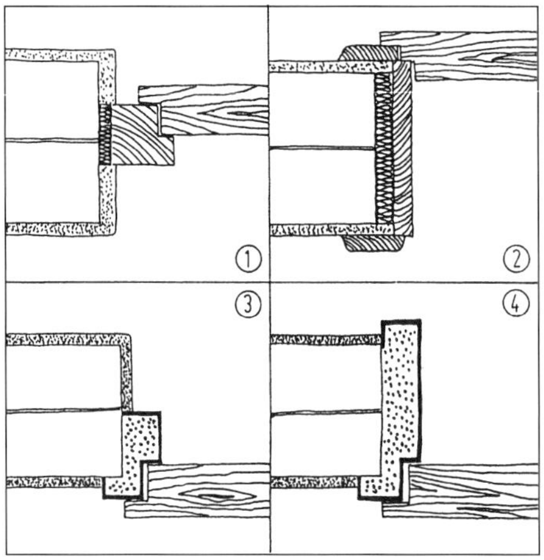

Abb. 11.5 *links oben*
Türbänder.

1 Aufschraubband
2 Einbohrband

Abb. 11.6 *rechts oben*
Was bedeutet DIN links bzw. DIN rechts.

1 DIN links („links angeschlagen")
2 DIN rechts („rechts angeschlagen")

Abb. 11.7 *rechts mitte*
Schließanlage einer Tür.

1 Schließblech
2 Stulpblech
3 Falle
4 Riegel
5 Rosette
6 Dorn
7 Drücker

Abb. 11.8 *rechts unten*
Verschiedene Arten von Türrahmen.

1 Blockrahmen
2 Futterrahmen mit Bekleidung
3 Stahleckzarge oder Sparzarge
4 Stahlumfassungszarge

besteht eine einfache Verbesserungsmöglichkeit darin, auf das vorhandene Türfutter eine eingefälzte Leiste mit Dichtungsgummi aufzuschrauben. Diese Leiste kann als neues Element farblich abgesetzt werden oder in der Farbe des Türrahmens gestrichen werden. Türen, Fenster, Wandvertäfelungen und Sockelleisten aus Holz waren im ländlichen Raum meist naturbelassen. Die Reinigung erfolgte bei Nadelhölzern mit Salmiaklösung und bei Laubhölzern mit Natronlauge. Wer in seinem Haus noch solche unlackierten Teile antrifft, sollte sie möglichst in ihrer historischen Form erhalten. Denn Anstriche an Zimmertüren und Holzvertäfelungen dienen vorwiegend der farblichen Gestaltung, für die Haltbarkeit sind sie nicht erforderlich (siehe Kap. 15.3).

Türen herstellen

Einfache Fertigtüren können im Altbau architektonisch durchaus vertretbar sein. Ein glattes Türblatt, das sich bewusst von den alten Türen unterscheidet, ist besser und ehrlicher als verfehlte Nachahmungen mit Leistenzierat und verschnörkelten Türdrükkern.

Bei der Herstellung der Türöffnungen sollten aus Kostengründen die Normbreiten (Rohbaumaße 63,5; 76; 88,5; 101 cm) und die Normhöhen (201 bis 213,5 cm) eingehalten werden. Bei sehr schmalen Türöffnungen ist zu bedenken, dass Einrichtungsgegenstände wie Waschmaschine oder Kühlschrank nur durch Türen passen, deren lichte Breite größer als 60 cm ist. Preiswerte Fertigtürblätter gibt es als Sperrholztüren mit Wabeneinlage und als Röhrenspantüren. Die besseren und schwereren Kompakttürblätter bestehen aus Span- oder Tischlerplatten.

Schöner ist es, alte Türblätter aus Gebäuden der gleichen Stilepoche zu beschaffen.

Der passende Türrahmen muss im allgemeinen neu hergestellt werden, da sich alte Türrahmen nur mit erheblichem Aufwand einigermaßen heil ausbauen lassen. Wo vorhandene Türblätter nicht auf Anhieb passen, kann eigenes Gestaltungs- und Improvisationsvermögen weiterhelfen: beispielsweise kann ein zu schmales, in der Höhe aber passendes Türblatt so in einen bestehenden Rahmen eingebaut werden, dass das „fehlende" Stück als feststehender Glasschlitz ausgebildet wird.

Wer Spaß am Schreinern hat, kann seine neuen Türen auch in Einfachbauweise selber anfertigen (siehe Abb. 11.10). Der Türrahmen besteht aus einem breiten Brett, der Türanschlag wird aus aufgeschraubten und verleimten Leisten gebildet, die mit einer Gummidichtung belegt sind. Das glattkantige Türblatt schlägt stumpf in den Türrahmen. Verstellbare Einbohrbänder ermöglichen ein genaues Ausrichten des Türblattes. Als Schloss und Drücker wird ein aufgeschraubtes Kastenschloss verwendet.

Innenverglasungen

Verglaste Innenwände lassen enge und dunkle Räume freundlicher und interessanter wirken und helfen bei der Belichtung von Fluren und Treppenhäusern. Sie sind besonders da angebracht, wo eine offene Raumverbindung wünschenswert, aber wegen Schall- und Geruchsbelästigungen oder aus heiztechnischen Gründen nicht sinnvoll ist, z.B. zwischen Diele und Wohnraum oder zwischen Küche und Ess-Wohn-Bereich.

Die Glasscheiben können hier ohne Rahmen in die Wandöffnung eingesetzt werden, bei Fachwerkwänden beispielsweise mit einfachen Glasleisten, was sich einfach und preiswert machen lässt und trotzdem gut aussieht. Bei verputztem Mauerwerk kann die Scheibe, ebenfalls ohne Holzrahmen, direkt in die Wandöffnung gestellt und eingeputzt werden. Um allzu leichten Glasbruch zu vermeiden, empfehlen sich hier dicke Gläser oder Einscheibensicherheitsglas, das auch für Ganzglastüren verwendet wird.

11.4 Wandputz und Wandverkleidungen

Das Verkleiden von Wandflächen mit Holzschalung, Gipskartonplatten oder mit anderen Bauplatten ist für den Selbstbau eher geeignet als das Nassverputzen. Wandverkleidungen schaffen eine weitgehend ebene Fläche, sie erfordern jedoch unter Umständen eine platzraubende Unterkonstruktion. Holzverschalungen wirken aufgrund ihres hohen Sorptionsvermögens zwar ausgleichend auf das Raumklima, ihre starke optische Wirkung ist jedoch nicht in jeder Situation angemessen.

Unter ökologischen Gesichtspunkten sind die altbewährten Mineralputze und Holzverschalungen zu bevorzugen. Bei Trockenputzen ist zu bedenken: wegen des Hohlraums zwischen Bauplatte und Wand ist die Befestigung von schweren Gegenständen nur mit Sonderkonstruktionen möglich. Bei Fachwerkkonstruktionen kann eine Rissbildung auch bei armierter Fugenspachtelung nicht ausgeschlossen werden.

Fensterlaibungen und schmale Fensterbrüstungen (Heizkörpernischen) sind Wärmebrücken, die schwitzwassergefährdet sind und übermäßige Energieverluste verursachen. Die nachträgliche Dämmung dieser Flächen ist besonders wichtig und oft die einzige vernünftige Lösung zur Bekämpfung von Schimmelpilzen. Sie stößt jedoch häufig auf praktische Grenzen, denn in der Umgebung der Heizkörper und neben den

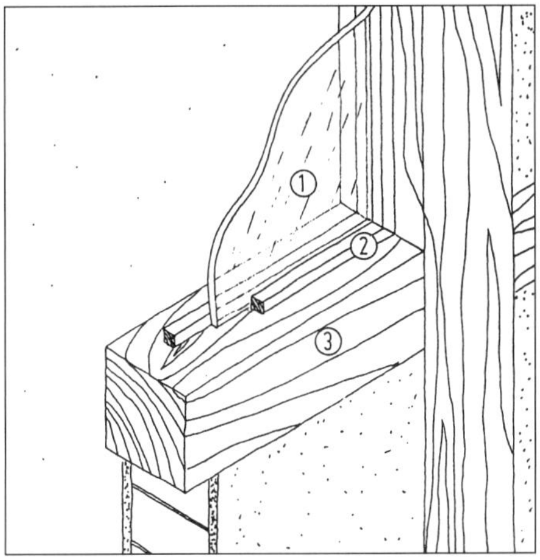

Abb. 11.9
Einbau einer Innenverglasung in vorhandenes Fachwerk.

1 Einfachglas
2 Glashalteleisten
3 Fachwerk

Bändern der Fenster ist meist nicht genügend Platz für eine zusätzliche, ausreichend dicke Dämmschicht. Eine „baubiologisch" nicht ganz einwandfreie aber platzsparende Lösung besteht darin, den vorhandenen Putz abzuschlagen und eine 20 bis 30 mm dicke Verbundplatte (Hartschaum mit Gipskarton kaschiert) mit Klebemörtel anzubringen. Für die Wärmedämmung der Fensterlaibungen können auch dampfdichte Hartschaumplatten mit einer Bekleidung aus Sperrholz eingesetzt werden. Im Zuge dieser Arbeiten werden am besten auch die Anschlussfugen zwischen Fenster und Bauwerk neu abgedichtet (vgl. Kap. 12.3.1). Wenn der Einbau neuer Fenster vorgesehen ist, sollte für die Laibungen eine mindestens 40 mm dicke Dämmung eingeplant werden. Die Däm-

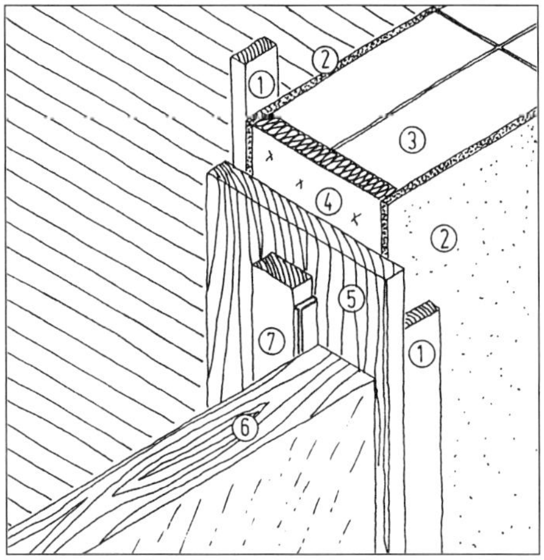

Abb. 11.10
Eine für den Selbstbau geeignete Türkonstruktion.

1 Holzleiste
2 Putz
3 Wand
4 Dämmfilz (Fugendichtung)
5 Brett (Futter)
6 Türblatt
7 Anschlagleiste (Holz) mit aufgesetzter Dichtung

mung der Brüstungen (Heizkörpernischen) ist in jedem Fall sinnvoll, auch wenn dazu der Heizkörper abgenommen oder gar ein Stück vorgesetzt werden muss. Hinter die Heizkörper geklebte Alufolie allein ergibt keine wirksame Verbesserung. Die beste Dämmwirkung bei geringer Dicke kann mit PUR-Hartschaumplatten WLG 020 erreicht werden.

Putz ausbessern und erneuern

Alte Innenputze an Wänden und Decken sind in der Regel einlagig aufgebrachte Kalkputze oder Kalkzementputze, seit 1950 werden auch Gipsputze und Kalkgipsputze verwendet. Zustand und Qualität eines alten Putzes hängen hauptsächlich von der Mörtelzusammensetzung und der Beschaffenheit des Untergrundes ab. Die häufigsten Putzschäden sind Risse, das Absanden durch nachlassende Bindekraft sowie abgeplatzte Stellen durch schlechte Haftung am Untergrund.

Ein weicher, sandender Kalkputz kann durch Auftragen von Fluat- oder Alaunlösung in gewissem Rahmen wieder verfestigt werden, kleinere Risse und einzelne Fehlstellen lassen sich mit Füllspachtel leicht ausbessern. Größere Risse entstehen meist über nicht ausreichend verwahrten Holzteilen oder sind Anzeichen für mangelhafte Putzhaftung am Untergrund, sie können allerdings auch auf Risse im Mauerwerk zurückzuführen sein. Solche schwerwiegenderen Schäden werden genauso behandelt wie Risse in Außenwänden (Kap. 7.1).

Arbeitsablauf bei der Reparatur einzelner Risse im Wand- und Deckenputz:

- Durch vorsichtiges Klopfen feststellen, wo Putzflächen hohl liegen.
- Arbeitsgerüst aufstellen.
- Schadhafte Stellen aufschneiden und entfernen, Ränder vorsichtig abschlagen, Risse mindestens 6 cm breit freilegen (beim Abschlagen besteht die Gefahr, dass sich auch der intakte Putz lockert).
- Vorbereitung des Untergrundes und Aufbringen des Putzes wie beim Neuverputzen (siehe unten).
- Zum Ausbessern möglichst die gleiche Mörtelart wie beim alten Putz verwenden (Mörtelzusammensetzung siehe Kap. 5.2.3).

Beim Herstellen und Schließen von Wandschlitzen für Installationsleitungen ist ebenso zu verfahren. Wenn die aufzutragende Putzschicht dicker als 20 mm würde, muss die Wandöffnung zuerst mit Mörtel geschlossen werden, um Schwindrisse zu vermeiden. Holzteile müssen mit Ölpapier und Streckmetall überbrückt werden. Zu glatte Flächen, saugende Untergründe und Betonflächen werden als „Grundierung" mit einem Spritzbewurf aus Zementschlämme versehen. An rissgefährdeten Stellen kann ein Kunststoffgewebe in den Putz eingearbeitet werden.

Ausgebesserte Putzflächen bleiben im allgemeinen erkennbar, es sei denn, die Wand erhält im Ganzen einen neuen Oberputz, wird mit einer Rauhfaser- oder Untertapete beklebt oder wird mit Holz verschalt bzw. mit Bauplatten verkleidet.

Das *Anbringen eines Nassputzes* ist zum Selbstmachen wenig geeignet, außer bei kleinen Flächen. Fachfirmen erledigen diese Arbeit wesentlich schneller und besser. Unter Umständen können die Vorarbeiten in Eigenleistung ausgeführt werden. Wegen ihrer guten Sorptionseigenschaften werden für Innenräume vorwiegend Kalk-, Kalkgips- und Gipsputze eingesetzt. Gips darf jedoch nicht an spritzwassergefährdeten Stellen, z.B. an Duschen, eingesetzt werden.

Kalk- und Kalkzementputze können nach einer Trockenzeit von 3 bis 4 Wochen ohne weitere Vorbehandlung mit dampfdurchlässigen Mineralfarben gestrichen werden, eine kostengünstige und umweltfreundliche Lösung. Kalkfarben können „al fresco" auf feuchtem Putz verarbeitet werden. Als Alternative zum Verputzen ganzer Wände ist es überlegenswert, ob das Streichen mit einer Kalkschlämme nicht eine günstigere und schönere Lösung darstellt. Bei der Putzerneuerung an den Innenseiten der Außenwände sind außerdem die Fragen des Wärmeschutzes (vgl. Kap. 7.3.3) zu berücksichtigen.

Geeignete Putzmörtel mit Mischungsverhältnissen und Einsatzbereichen sind in Tabelle 5.4 zusammengestellt. Innen genügt im allgemeinen ein einlagiger, ca. 10 mm dicker Putz. Besonders einfach lassen sich fertig gemischte, sogenannte Werk-Trockenmörtel verarbeiten. Sie werden unter Wasserzugabe in der Putzmaschine oder mit einem Quirl im Bottich angerührt. Die meisten Werkmörtel enthalten chemische Hilfsstoffe, etwa in der Größenordnung von 5 bis 10% des Bindemittelanteils.

Damit der Putz gut trocknet, werden die Räume möglichst zugfrei gelüftet und bei Bedarf schwach beheizt.

Wer sehr umweltbewusst und experimentierfreudig ist, kann einen Lehmputz in historischer Technik anbringen. Der Unterputz wird folgendermaßen hergestellt: 1 Teil grobkörniger Sand (Flusssand), 1 Teil Lehmschlämme (pastöser Brei aus mittelfettem Lehm), etwas gehäckseltes Heu (ca. 5 cm lange Fasern) oder Tierhaare. Beim Mischen des Sandes mit dem Lehmbrei wird soviel Wasser zugegeben, dass ein geschmeidiger Mörtel entsteht, der sich gut verrühren lässt. Vor der Ausführung wird an Putzmustern die Qualität des Lehmmörtels geprüft. Entstehen starke Risse, muss der Sandanteil erhöht werden, sandet der trockene Putz, wird der Sandanteil vermindert. Zur Armierung, z.B. über Holzfachwerk, kann ein Glasfaser- oder Kunststoffgewebe eingearbeitet werden, Streckmetall und Jutegewebe sind in Verbindung mit Lehm ungeeignet.

Trockenputz

Als „Trockenputz" wird üblicherweise die Verkleidung der Wände (und Decken) mit Gipskarton- und Gipsfaser- oder auch mit Spanplatten bezeichnet. Die Platten werden mit Klebemörtel direkt auf das Mauerwerk gesetzt oder auf eine Unterkonstruktion aus Holzleisten genagelt bzw. geschraubt. Die glatte Oberfläche erleichtert gerade beim Selbstbau die Gestaltung: Tapezieren mit Tapete oder Rauhfaser, Bekleben mit Fliesen oder einfach Streichen der Platten.

Neben den Standardausführungen in verschiedenen Formaten sind Sonderausführungen im Handel, z.B. „Akustikplatten" zur besseren Schalldämmung, Verbundplatten zur Wärmedämmung oder besonders feuerbeständige Ausführungen. Als Gipskartonplatten für Feuchträume dürfen nur hydrophobierte Platten verwendet werden (Kennzeichnung der Platten: grün für Feuchträume, rot für Brandschutz). Da Industriegips u.U. eine erhöhte Radioaktivität aufweist, sollten nur solche Gipsplatten verwendet werden, die ausschließlich aus Naturgips hergestellt wurden. Bei Holzspanplatten sind die zementgebundenen gegenüber den kunstharzgebundenen zu bevorzugen. Als Untergrund für Fliesen sollten Holzspanplatten nicht verwendet werden.

Der Untergrund muss fest, schwind- und rissfrei, sowie gegen aufsteigende oder durchschlagende Feuchtigkeit geschützt sein. Wenn der Untergrund aus festem Mauerwerk besteht, können die Platten mit Mörtelbatzen aufgeklebt werden.

Auf gestrichenen, verputzten oder gefliesten Flächen sowie auf Flächen, die nicht planeben sind, ist dagegen eine Unterkonstruktion aus Latten erforderlich. Dabei wird die Unterkonstruktion zunächst durch Unterlegen mit dünnen Holzbrettchen ausgerichtet und erst dann fest angeschraubt. Stärke und Abstand der Latten sind abhängig von der Plattengröße und -dicke. Die Plattenhersteller geben hierzu im allgemeinen eigene Empfehlungen. Bei 12,5 mm dicken Gipskartonplatten an Wänden sind Latten mit einem Querschnitt von 24 x 48 mm und einem Abstand von max. 65 cm (z.B. 62,5 cm bei 125 cm Plattenbreite) üblich.

Bei Holzständerwänden dient das Ständerwerk zugleich als Unterkonstruktion zum Befestigen der Platten. Die meisten Hersteller von Bauplatten geben übersichtliche Arbeitsanleitungen für Handwerker und Heimwerker heraus. Es empfiehlt sich daher, die Hersteller der am Ort üblichen Fabrikate wegen detaillierter Produktinformationen direkt anzuschreiben.

Öffnungen für Elektrodosen und Installationen sollten vor der Montage der Platten hergestellt werden, z.B. mit dem Hohlwanddosenfräser oder durch Aussägen mit der Stichsäge. Danach werden die Stöße von Gipskartonplatten mit Gipsspachtel und Bewehrungsgewebe geschlossen und in einem zweiten Arbeitsgang durch Nachspachteln geglättet. Gipsfaserplatten können ohne Bewehrungsstreifen verfugt werden.

Für die Feuchtigkeitsisolierung von Wandbekleidungen im Spritzwasserbereich von Feuchträumen gelten besondere Bedingungen (vgl. Kap. 13.2).

Holzverkleidung

Eine gute und für den Selbstbau sehr geeignete Möglichkeit der Wandverkleidung ist die Verschalung mit Brettern aus heimischen Holzarten, z.B. Kiefer, Fichte oder Lärche. Aus Skandinavien importierte, „nordische" Hölzer sind zwar hochwertiger, angesichts des Transportaufwands ist jedoch trockenes, einheimisches Nadelholz der Güteklasse I oder II vorzuziehen. Völlig unangebracht ist die Verwendung exotischer Hölzer im Innenbereich.

Für eine Innenschalung geeignet sind Bretter in einer Dicke von 16 bis 24 mm und einer Breite bis ca. 18 cm. Es müssen ja nicht immer die in der Fläche recht unruhig wirkenden Profilbretter vom Baumarkt sein; in den meisten Sägewerken gibt es Nut-Feder-Bretter, die glatt aneinander stoßen

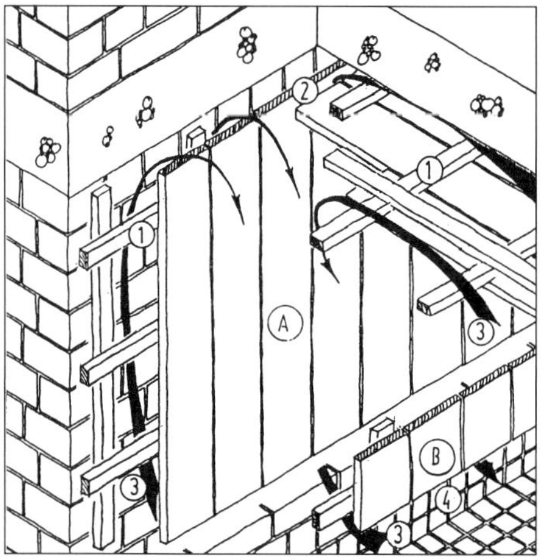

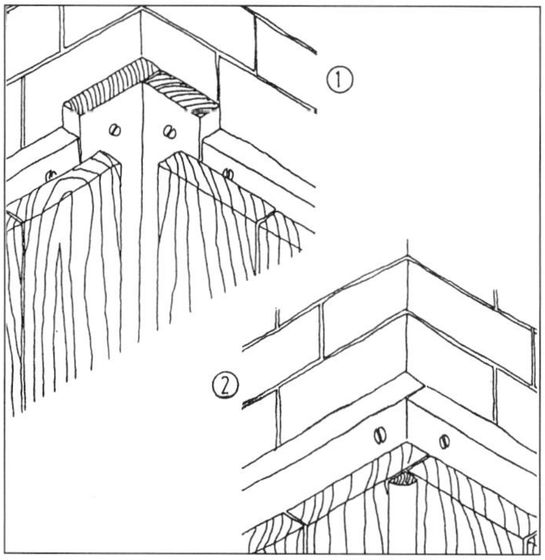

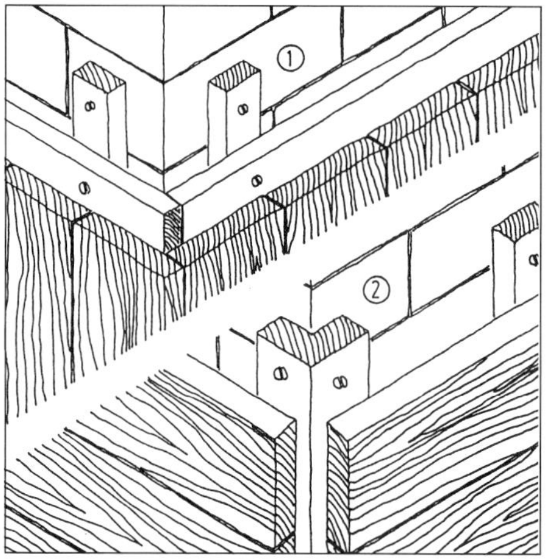

Abb. 11.11 *links*
Konstruktion von Holzverschalungen in Nassräumen.

A Anschluss Wand/Decke
1 Lattung/Konterlattung
2 Belüftung über Schattenfuge
3 Belüftung

B Anschluss Wand/Boden
4 Abstand der unteren, abgeschrägten Schalung vom Boden 5 - 10 cm

Abb. 11.12 rechts oben
Die Gestaltung von Innenecken und Deckenanschlüssen.

1 Ausführung mit einer Schattenfuge
2 Ausführung mit stumpf gestoßener Schalung und aufgesetzter Eckleiste

Abb. 11.13 *mitte*
Die Gestaltung von Außenecken.

1 Stumpf gestoßene Schalung
2 Schalung mit einer Negativecke

(„Spundschalung“), oder solche, die an den Kanten abgeschrägt sind (gespundete oder parallel besäumte Fasebretter). Bei Holz aus dem örtlichen Sägewerk ohne Plastikverpakkung besteht außerdem eher die Gewähr, dass keine Konservierungsgifte verwendet wurden. Beim Holzeinkauf ist darauf zu achten, dass das Holz trocken ist, denn sonst entstehen nach der Verarbeitung zu breite Fugen.

Die Bretter für Verschalungen müssen nicht unbedingt gehobelt sein. Es kann sogar besonders schön aussehen, ungehobelte Bretter nur zu schleifen. Genauso gibt es Alternativen zu der allgemein praktizierten verdeckten Befestigung: eine mit Schnellbauschrauben sichtbar befestigte Schalung ist nicht nur stabil, sondern drückt auch eine besondere gestalterische Absicht aus. Ob die Bretter senkrecht oder waagerecht, diagonal oder in Mustern angebracht werden, bleibt im Innenraum weitgehend der gestalterischen Freiheit überlassen. Für die Anschlussfugen (z.B. an Fußböden und Fensterrahmen) ist die Ausbildung sowohl mit Schattenfuge als auch mit Deckleiste möglich.

Eine Hinterlüftung ist bei Holzverschalungen an Innenwänden nur in intensiv genutzten Feuchträumen und bei schlecht wärmedämmenden Außenwänden erforderlich. Holz im Innenbereich muss nicht unbedingt gestrichen werden, sondern kann genauso gut unbehandelt bleiben (siehe Kap. 15.1).

12. Fenster und Außentüren aus Holz

12.1 Zusammenhänge

Fenster und Außentüren verdienen besondere Aufmerksamkeit, handelt es sich doch hier um stark bewitterte, empfindliche und teure Bauteile, die den Charakter der Fassade prägen, das Raumklima beeinflussen und sich erheblich auf den Heizenergieverbrauch auswirken. Da alte Fenster und Außentüren in vielen Fällen nicht nur reparaturbedürftig sind, sondern auch nicht den heutigen Ansprüchen an Wärmeschutz und Winddichtigkeit genügen, kommt es leider nur allzu oft zu einem vorschnellen, teuren und nur scheinbar zweckmäßigen Austausch. Der Einfachheit halber ist im folgenden überwiegend von Fenstern die Rede, die Aussagen gelten jedoch sinngemäß auch für Außentüren aus Holz, insbesondere also für Haustüren.

Grundsätzlich sollten Fenster und Türen - soweit möglich - durch Instandsetzung bzw. einfache Verbesserungen erhalten werden. Gegen den radikalen Ersatz durch neue Fenster gibt es mehrere gute Gründe:

- Alte Fenster mit kleinteiliger Untergliederung und schmalen Rahmen sehen am Altbau schöner aus als neue Fenster, die aus technischen und finanziellen Gründen meist nicht mehr die ursprünglichen Rahmenproportionen haben.
- Maßnahmen an vorhandenen Fenstern bis hin zur Herstellung von neuen, einfachverglasten Vorsatz- bzw. Zusatzfenstern können überwiegend in Eigenleistung ausgeführt werden und kommen ohne aufwendige Bauarbeiten (Ausbrechen der alten Rahmen, Einputzen der neuen) aus.
- Wo nur Einfachfenster vorhanden sind, kann die Wärmedämmung und Winddichtigkeit durch zusätzliche innere oder äußere Vorfenster kostengünstig verbessert werden.
- Kondenswasser zwischen den Scheiben alter Doppelfenster kann durch den Einbau von Fugendichtungen behoben werden.

Voraussetzung ist jedoch, dass sowohl die Stabilität des Rahmens als auch eine ausreichende Wärmedämmung und Fugendichtigkeit erhalten oder (wieder-) hergestellt werden kann. Ob und mit welchem Aufwand diese drei Bedingungen erfüllt werden können, sollte nach detaillierter Begutachtung für jedes Fenster einzeln entschieden werden.

Falsch konstruierte und nicht gewartete Fenster, bei denen das Holz weitgehend seine Festigkeit verloren hat, müssen dagegen ersetzt werden. Wegen der mit dem Austausch verbundenen Bauarbeiten bietet es sich an, die Fenstersanierung zusammen mit anderen Instandsetzungs- und Modernisierungsmaßnahmen durchzuführen.

Wichtige Kenngrößen für die Qualität eines Fensters sind die Wärmedämmwirkung und die Lichtdurchlässigkeit. Der Wärmedurchgang (von innen nach außen) wird durch den U-Wert beschrieben, der Energiedurchlassgrad (von außen nach innen) durch den g-Wert. Heute üblich sind *Verglasungen* mit U_g-Wert zwischen 1,0 und 1,2 W/(m²·K) und g-Wert zwischen 53% und 63%. Für neue Fenster üblich und informativer ist der U_w-Wert für *das Fenster als Ganzes*, der auch die Qualität des Rahmens berücksichtigt. Hochwärmedämmende Verglasungen haben geringere Licht- und Energiedurchlassgrade als die alten Isolierverglasungen.

Bei Ersatz und Erneuerung von Fenstern sind die Anforderungen der EnEV zu beachten:

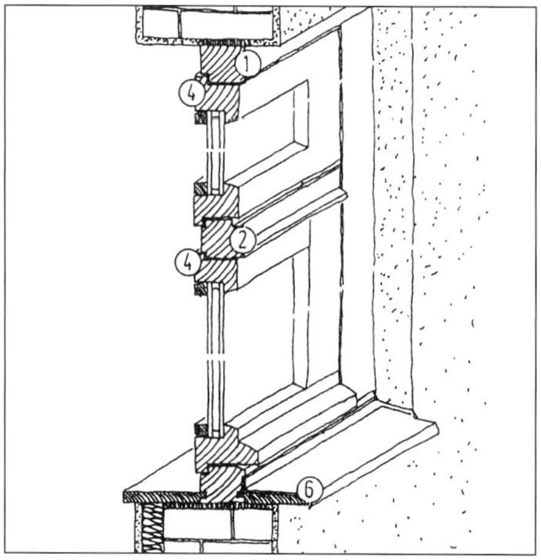

Abb. 12.1 *oben und unten*
Das Fenster und seine Einzelteile.

1 Blendrahmen
2 Kämpfer
3 Sprosse
4 Flügelrahmen
5 Fensterstock
6 Fenstersims (außen)

- Werden Vor- oder Innenfenster oder neue Fenster eingebaut, so darf der U_w-Wert maximal 1,7 W/(m²·K) betragen.
- Wird die Verglasung erneuert, so darf der U_g-Wert maximal 1,5 W/(m²·K) betragen.

12.2 Glasfalz erneuern

Fensterkitt, der brüchig ist und sich von der Glasscheibe gelöst hat, muss ersetzt werden, weil sich sonst Wasser im Glasfalz staut und das untere Flügelholz von innen heraus fault. Bei kleinteiligen Fenstern ist auch heute noch die Verwendung eines freiliegenden Kittbettes angemessen, ansonsten werden Glashalteleisten mit Dichtungsmasse oder dünnem Kittbett verwendet.

Der herkömmliche Glaserkitt besteht aus Kreide (85%) und Leinöl (15%). Er ist preiswert und umweltverträglich, wird aber relativ schnell brüchig und reißt, besonders auf der Wetterseite. Um eine allzu schnelle Versprödung zu verhindern, muss das Kittbett wie der Fensterrahmen gestrichen werden. Alter Kitt kann mit einem kleinen Meißel leicht entfernt werden, wobei sich ein Bruch der Glasscheibe gelegentlich nicht vermeiden lässt.

Bei Isolierverglasung und großen Fensterflügeln werden heute durchweg plastisch oder elastisch bleibende Kunststoffkitte, sogenannte Versiegelungsmassen, Vorlegebänder und/oder trockene Dichtungsprofile eingesetzt. Bei einer Kitterneuerung sollte möglichst das gleiche Material verwendet werden, das vorhanden war. Der Einbau und die richtige Verklotzung von großformatigen Scheiben und von Isolierverglasung erfordern Fachkenntnis und Erfahrung und sollten daher Fachleuten überlassen werden.

12.3 Wärmetechnische Verbesserungen

Konstruktiv intakte Fenster können durch eine Reihe von (Selbsthilfe-) Maßnahmen durchaus den heutigen Anforderungen an Wärmeschutz und Winddichtigkeit angepasst werden. Anhand der folgenden Fragen lassen sich Art und Umfang der Verbesserungsmaßnahmen ermitteln:

- Sind die Fugen zwischen Flügel und Blendrahmen (d.h. der Fensterfalz) wind- und regendicht?
- Sind die Fugen zwischen Blendrahmen und Bauwerk wind- und regendicht?
- Bei Fenstern mit Einfachverglasung: Erlaubt die vorhandene Konstruktion (Rahmenstärke, Beschläge) und die Falztiefe das Einsetzen einer Isolier- bzw. Wärmeschutzverglasung und ist genügend Platz für ein Vorsatzfenster vorhanden?
- Bei Verbundfenstern: Bildet sich im Scheibenzwischenraum häufig Kondenswasser?

12.3.1 Fugen dichten

Fenster und Außentüren müssen im geschlossenen Zustand dicht sein. Das ist bei alten Fenstern und Türen häufig nicht der Fall, was zu Zugerscheinungen, trockener Raumluft im Winter und übermäßigem Heizenergiebedarf führt. Daher gehört eine Prüfung und gegebenenfalls die Abdichtung der Tür- und Fensterfugen zu den vorrangigen Maßnahmen an jedem Altbau.

Nun kommt es vor, dass nach solchen Abdichtungsmaßnahmen oder nach dem Einbau neuer (dichtschließender) Fenster hier und da Feuchtigkeitsschäden und Schimmelbildung an Außenwänden und Fensterlaibungen auftreten. Dies lässt sich vermeiden, wenn die Bewohner ihre Lüftungsgewohnheiten umstellen (d.h. in regelmäßigen

Abständen lüften) oder die Außenwände wärmegedämmt werden. Es wäre jedoch falsch, wegen solcher Probleme auf eine Fensterabdichtung zu verzichten und dadurch unnötig Heizenergie herauszulüften. Eventuell kann anstelle der Bedarfslüftung auch eine gezielte Mindest-Dauerlüftung eingestellt werden, indem nachträglich ein kleiner Teil der eingebauten Falzdichtung wieder entfernt wird.

Neue Holzfenster dichten erheblich besser als alte; alle Räume mit Feuerstellen (z.B. Kachelofen, offener Kamin) benötigen deshalb beim Einbau wirksamer Fensterdichtungen eine zusätzliche Frischluftzufuhr. Außer bei kleinen Einzelöfen oder bei sehr großem Raumvolumen ist im allgemeinen eine 150 cm^2 große Öffnung in der Wand oder in der Türe zu benachbarten Räumen erforderlich, oder die notwendige Verbrennungsluft wird durch einen Luftkanal von außen direkt in die Umgebung des Verbrennungsraumes geleitet.

Dichtung zwischen Flügel und Blendrahmen

Zunächst sollten die Beschläge geprüft und, sofern möglich und nötig, nachgestellt werden. Mit Hilfe eines Papierstreifens, der zwischen Rahmen- und Flügelholz eingelegt wird, kann dann festgestellt werden, an welchen Stellen Fenster oder Außentüren nicht dicht schließen.

Fugen zwischen Blendrahmen und Fensterflügel werden durch den Einbau eines weich federnden Dichtungsprofils abgedichtet, das in den Falz geklebt, geschraubt oder genagelt wird. Haushaltswarengeschäfte und Baumärkte bieten für diesen Zweck eine Vielzahl von Profilen. Bei der Auswahl kommt es darauf an, ein Profil zu wählen, das von der Dicke her in die zu dichtende Fuge passt. Besser und dauerhafter als geklebte Dichtungen sind EPDM- oder Silikonprofile, die in eine nachträglich eingefräste Nut am Fensterflügel eingesteckt werden. Unter Umständen muss der Falz dazu einige mm abgefräst werden, damit genügend Platz für das Dichtungsband entsteht.

Bei sehr starken Unebenheiten im Falz ist das Ausfüllen mit einer dauerelastischen Dichtungsmasse sinnvoll. Das Verfahren ist ein wenig heikel - es erfordert Geschick und eine umsichtige Vorgehensweise, damit nicht durch überschüssige Dichtungsmasse die Kanten verkleben. Die Arbeitsschritte im einzelnen:

- Rahmen mit Salmiakgeist (Verdünnung 1:10) säubern, Kantenränder mit Kreppband abkleben.
- Falz mit Primer streichen.
- Dichtstrang auftragen und glätten, Trennfolie aus Alu (oder Ölpapier) auflegen und Fenster schließen.

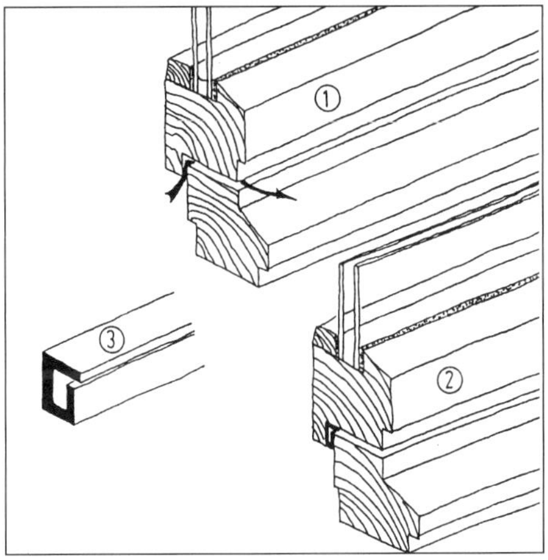

Abb. 12.2 *oben*
So wird der Fensterfalz abgedichtet.

1 undichtes Fenster
2 abgedichtetes Fenster
3 Falzdichtung

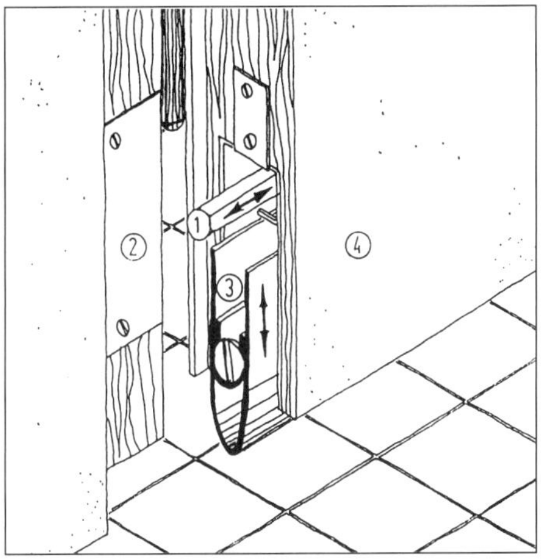

Abb. 12.3 *mitte*
Mechanische Türenabdichtung bei durchlaufendem Fußboden.

Beim Schließen der Tür (4) drückt der Bolzen (1) gegen eine am Türrahmen angeschraubte Metallplatte (2) und bewegt so die Dichtung (3) nach unten.

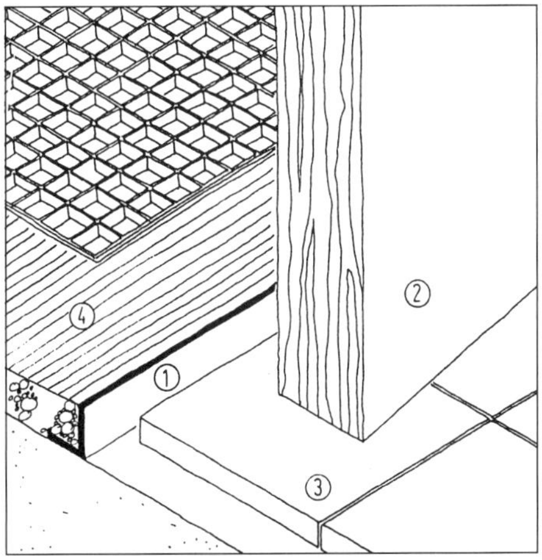

Abb. 12.4 *unten*
Sauberer Abschluss der Außentüre über eine Anschlagschiene.

1 Anschlagschiene (Metall)
2 Türblatt
3 Bodenbelag innen
4 Belag außen

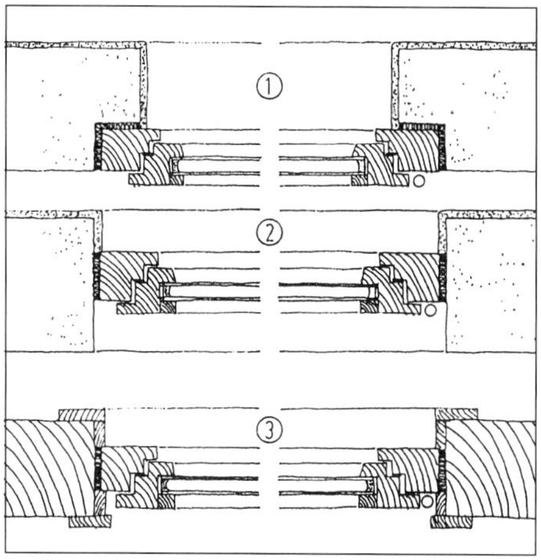

Abb. 12.5
Drei verschiedene Anschlussfugen zwischen Fenster und Wand.

1 Fensteranschluss mit Maueranschlag
2 Fensteranschluss an glatte Laibungen
3 Anschluss an Fachwerk-Pfosten

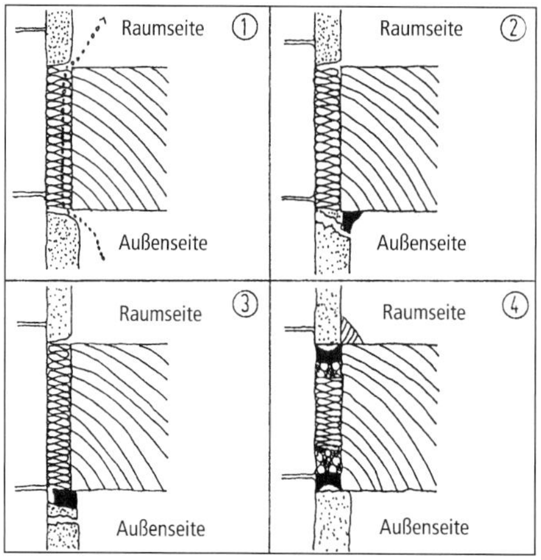

Abb. 12.6
Richtiges Abdichten zwischen Laibung, Außenputz und Blendrahmen.

1 Vorgefundener Zustand: Zugluft und Feuchtigkeit treten zwischen Rahmen und Laibung ein.
2 u. 3 Falsche Abdichtung: Durch unterschiedliche Dehnung und Schrumpfung von Holz und Putz kommt es zu Rissbildung.
4 Richtige Abdichtung: Innen: elastische Fugendichtung, gegen das Fenster putzen, Deckleiste anbringen Außen: Dämmung ergänzen, eventuell versiegeln, anputzen

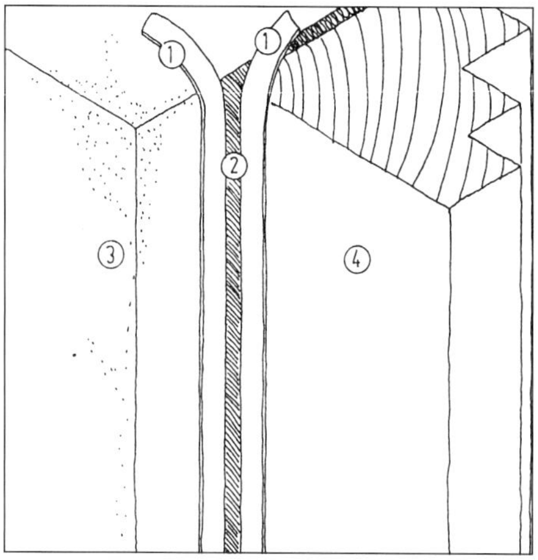

Abb. 12.7
Abdichten mit dauerelastischem Verfugungsmaterial. (Detail zu Abb. 12.6 Ziff. 4)

1 Abkleben der Fuge
2 Dichtungsmaterial
3 Außenwand
4 Blendrahmen

- Nach etwa 2 Tagen die Trennfolie entfernen, entlang der Kreppbänder Trennschnitt machen und Kreppbänder entfernen.

Durch Vorversuche mit Plastilin kann gegebenenfalls die richtige Dichtstoffdicke ermittelt werden. Die Dichtung sollte möglichst in einer Ebene lückenlos umlaufen.

Im Bereich der Haustürschwelle sollte eine Anschlagschiene vorhanden sein oder im Zusammenhang mit Arbeiten am Fußbodenbelag eingebaut werden. Wo das nicht zweckmäßig ist, kann im unteren Rahmenholz der Tür z.B. eine selbsttätige Andruck-Dichtungsschiene eingelassen werden.

Dichtung zwischen Blendrahmen und Bauwerk

Während Fugen zwischen Blendrahmen und Bauwerk bei Mauerwerksbauten mit Fensteranschlag kaum Probleme aufwerfen, erfordern sie bei allen Wänden mit glatten Fensterlaibungen, vor allem beim Fachwerkhaus, besondere Aufmerksamkeit. Undichtigkeiten lassen sich mit einer Kerze oder einem Räucherstäbchen ermitteln, am besten an einem kalten oder windigen Tag und mit geöffneten Zimmertüren; dabei darf der Bereich unter dem Fenstersims nicht vergessen werden.

Bei verputzten Fensterlaibungen wird zur Abdichtung zunächst der Putz auf der Raumseite entlang des Blendrahmens aufgeschnitten oder aufgeschlagen, um die Fuge völlig freizulegen und die Anschlüsse zu säubern. Holzleisten oder Holzverkleidungen, die an den Blendrahmen anschließen, müssen vorher entfernt werden. Da Fensterholz bei Temperatur- und Feuchtigkeitsschwankungen anders „arbeitet“ als die angrenzende Wand, ist zum Abdichten eine dauerelastische Verbindung nötig. Es ist wichtig, dass die Fugendichtung auf der Raumseite eine höhere Dampf- und Winddichtigkeit hat, als die auf der Außenseite. Im Zweifelsfall also besser nur auf der Raumseite abdichten!

Als einfaches und schnelles Verfahren hat sich in den letzten Jahren das Ausschäumen mit PU-Ortschaum bzw. bei kleineren Fugen das Ausspritzen mit Polysulfid- und Silikon-Dichtmassen durchgesetzt. Da PU-Ortschaum nicht gerade ein besonders umweltfreundliches Produkt ist, sollte der Einsatz möglichst vermieden werden.

Für die Haltbarkeit der Kunststoff-Dichtungsmassen ist es wichtig, dass der Dichtstoff nicht am „Grund" der Fuge haftet und dass Fugenbreite und Fugentiefe in einem bestimmten Verhältnis zueinander stehen. Deshalb und auch zur Begrenzung des Dichtstoffverbrauches wird als Fugengrund ein spezielles Schaumstoffband (aus geschlossenzelligem Polyäthylenschaum) eingebaut. Größere Hohlräume sind vorher mit Rohseide oder Steinwolle auszustopfen. Vor dem Einspritzen der Dichtungsmasse werden die angrenzenden gereinigten Flächen mit Klebeband geschützt und, falls erforderlich, mit einem sogenannten Primer grundiert. Nach Erhärten des Dichtstoffes wird der Rand des Klebebandes mit einem Trennschnitt gelöst, das Klebeband entfernt und die Putzfläche oder Bekleidung der Laibung wieder ergänzt.

Früher wurde eine gewisse Dichtigkeit erreicht, indem zwischen Fenster und Bauwerk ein Bitumenwickel, ein Teerstrick oder ein Rohseidenstrick eingebaut wurde. Mauerwerksöffnungen wurden mit Anschlag hergestellt, Fenster in Fachwerkwänden erhielten innen und außen ein Fensterfutter mit Bekleidung (vgl. Abb. 12.5). Diese Methoden genügen jedoch nicht mehr den heutigen Ansprüchen an Dichtigkeit und schnelle Verarbeitung.

12.3.2 Doppelverglasung herstellen

Einfachfenster in beheizten Räumen entsprechen nicht mehr dem Stand der Technik und sollten zu Doppelfenstern umgerüstet oder durch neue Doppelfenster ersetzt werden. Zur Erhaltung und zur wärmetechnischen Verbesserung noch intakter Fenster bieten sich mehrere Möglichkeiten:

- Anbringen eines Vorsatzfensters auf der Innen- oder Außenseite.
- Austausch einfacher Glasscheiben gegen eine Isolier- bzw. Wärmeschutzverglasung.
- Einbau eines neuen Fensters mit Wechselrahmen auf dem alten Blendrahmen.

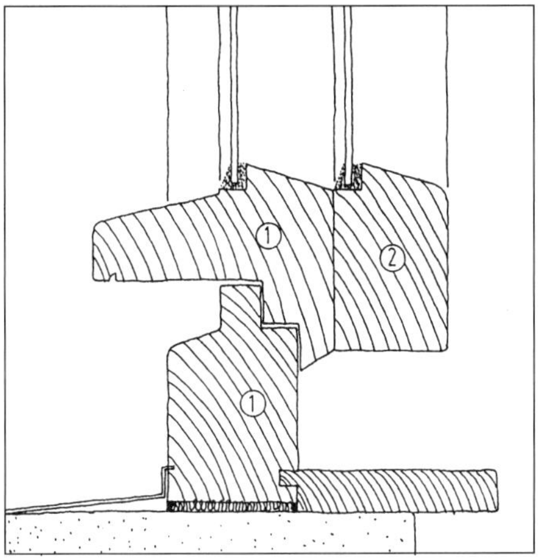

Abb. 12.8 *oben*
Aufdoppeln eines Einfachfensters zum Verbundfenster.

1 altes Fenster (sollte noch gut erhalten und stabil genug sein, um noch einen Flügel zu tragen)
2 neues inneres Vorfenster (an das alte Fenster angehängt)

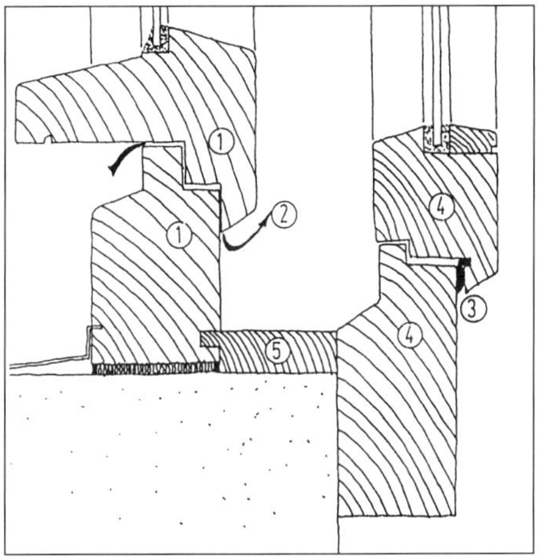

Abb. 12.9 *mitte*
Einbau eines inneren Vorfensters.

1 altes Fenster
2 Belüftung
3 Dichtung
4 neues inneres Vorfenster
5 abgesägter Fenstersims

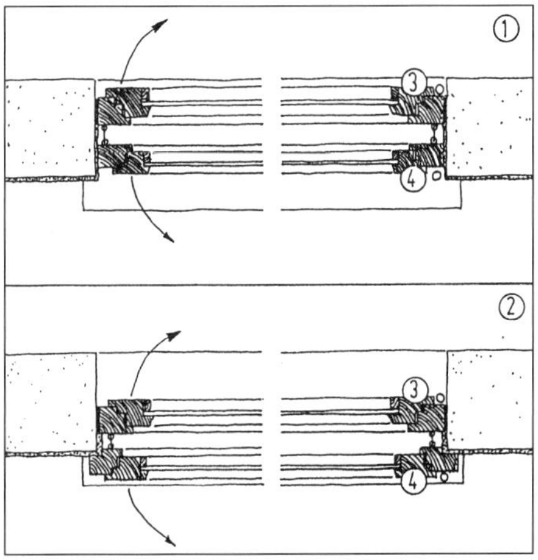

Abb. 12.10 *unten*
Zweimal ein äußeres Vorfenster.

1 Bei ausreichender Laibungstiefe wird das Vorfenster in die Laibung eingestellt und der Blendrahmen mit Haken am Hauptfenster befestigt.
2 Wenn die Fensterlaibung nicht tief genug ist, wird das Fenster vor die Laibung gehängt. Bei dieser Version wird das Vorfenster jedoch stärker der Witterung ausgesetzt.
3 bestehendes Fenster
4 neues äußeres Vorfenster

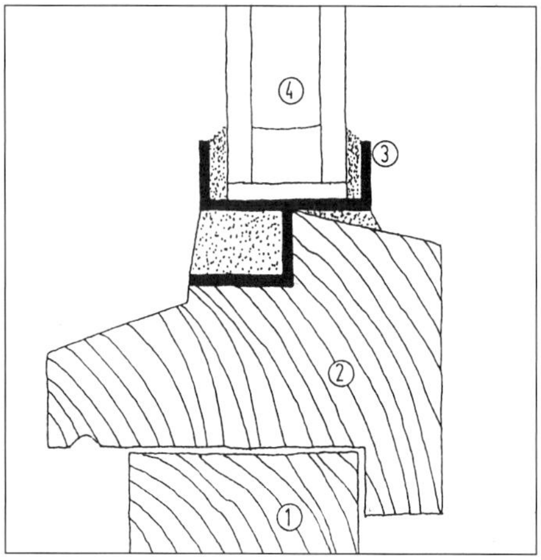

Abb. 12.11
Umgestaltung eines einfachverglasten Fensters zu einem mit Isolier- bzw. Wärmeschutzverglasung.

1 alter Blendrahmen
2 alter Flügelrahmen
3 Metallprofil
4 neue Verglasung

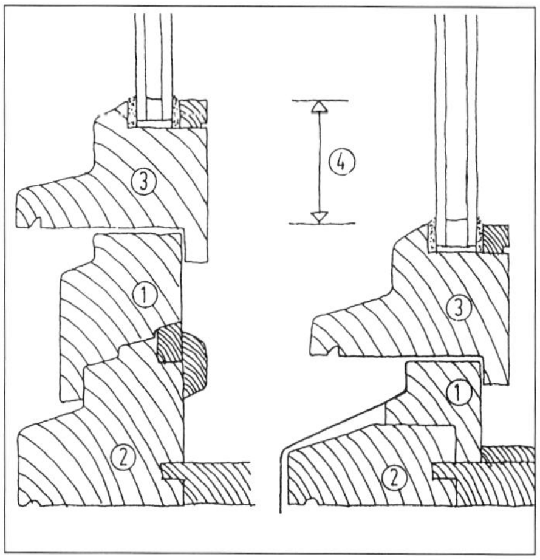

Abb. 12.12
Der Einbau neuer Fenster in den alten Blendrahmen.

1 neuer Blendrahmen
2 alter Blendrahmen
3 neuer Flügelrahmen
4 Um die ursprüngliche Fenstergröße beizubehalten, wird der alte Blendrahmen abgenommen

nach: Arendt, C. et. al.: Fenstersanierung. Hrsg. Arbeitskreis Bautechnik der Vereinigung der Landesdenkmalpfleger, München 1984

Die verschiedenen Doppelfensterkonstruktionen unterscheiden sich in ihrer Dämmwirkung kaum und entsprechen etwa dem Standard eines Fensters mit Isolierverglasung.

Vorsatzfenster einbauen

In windreichen Gegenden des norddeutschen Flachlandes und in kalten Gebirgslagen haben Vorsatzfenster oder „Vorfenster" Tradition. Solche Vorfenster waren innen oder außen so angebracht, dass sie im Sommer ausgehängt werden konnten. Sie lassen sich mit verhältnismäßig geringem Aufwand herstellen und in den meisten Fällen auch leicht nachträglich einbauen. Wer über etwas handwerkliches Geschick und eine Holzwerkstatt verfügt, kann sie - mit einfachen Aufschraubbeschlägen versehen - kostengünstig selber bauen.

Wenn die bestehenden Fenster nach innen aufschlagen, wird das neue Zusatzfenster am besten auf der Raumseite vor der Wand oder in einem neuen Maueranschlag angebracht. Ein Zusatzfenster auf der Innenseite hat gegenüber einem äußeren den Vorteil, dass alte, häufig kleinteilig gegliederte Fenster in der Fassade erhalten bleiben. Das Vorfenster kann aus größeren Scheiben bestehen und sollte mit einer guten Falzdichtung ausgestattet sein, um Kondenswasserbildung im Zwischenraum möglichst zu vermeiden. Wenn darüber hinaus noch dickeres Glas eingesetzt und die Laibung zwischen den Fenstern mit Schallschluckplatten ausgekleidet wird, entsteht obendrein ein Fenster mit guten Schalldämmwerten.

Soll die Fassade auf der Außenseite eine Wärmedämmung erhalten, bietet sich der Einbau der Zusatzfenster auf der Außenseite an, um Wärmebrücken im Bereich der Fensterlaibungen zu vermeiden und die Tiefe der Fensteröffnungen optisch zu verringern. Bei äußeren Vorfenstern kann das bestehende Fenster auch dann erhalten werden, wenn das Holz schon stark verwittert und stellenweise faul ist. Hier führt unter Umständen die bereits erwähnte, chemische Holzverfestigung oder ein Holzersatz durch Zweikomponenten-Holzfüllmasse zu brauchbaren Ergebnissen. Zur Vermeidung von Schwitzwasser müssen die Fugen des inneren Fensters gut abgedichtet werden.

Natürlich können die Vorsatzfenster auch mit Isolier- oder Wärmeschutzverglasung hergestellt werden. Zum Selbermachen sind solche Fenster dann allerdings nicht mehr geeignet. Außerdem gilt es zu bedenken, dass jede zusätzliche Glasscheibe gut 10% Lichtverlust im Raum bringt, bei einer Isolierverglasung einschließlich Rahmen gehen damit über 20% verloren.

Eine recht einfache, gestalterisch und technisch oft jedoch wenig befriedigende Lösung besteht darin, auf der Innenseite des Fensterflügels eine zweite Scheibe mit einem schmalen Randprofil oder einem dünnen Flügelrahmen (nach der Art eines Verbundfensters) anzubringen. Der Handel bietet für diesen Zweck verschiedene Profile aus Kunststoff oder Metall an. Wer sich für so eine Einfachlösung entscheidet, sollte

- prüfen, ob der vorhandene Fensterflügel stabil genug ist für das zusätzliche Gewicht;
- darauf achten, dass die Fuge zwischen

Flügelrahmen und Vorsatzscheibe dampfdicht ist;

- bedenken, dass der Scheibenzwischenraum für Reinigungszwecke zugänglich bleiben muss;
- auf ein gutes Aussehen achten.

Vorsatzscheiben aus Plexiglas haben zwar ein geringes Gewicht, sie sind jedoch empfindlich gegen Kratzer und daher auf Dauer schwer sauberzuhalten.

Verglasung austauschen

Bei gut erhaltenen, stabilen Fenstern ist es möglich, die Einfachverglasung gegen eine Isolierverglasung oder Wärmeschutzverglasung auszutauschen. Neben der üblichen verklebten Isolierverglasung gibt es auch randverschweißte Scheiben, deren Einsatz sinnvoll sein kann. Hierfür bietet der Markt spezielle Metallprofile, die mit dem Flügelrahmen verschraubt werden. Sie bilden die Auflagefläche und verbessern gleichzeitig die Tragfähigkeit des Flügels. Obwohl sich die Sache einfach anhört, sollte die Maßnahme allenfalls unter fachlicher Anleitung selbst ausgeführt werden, zumal die Isolierglasscheiben maßgefertigt werden müssen.

Neues Fenster mit Wechselrahmen

Wenn der Blendrahmen stabil und noch weitgehend intakt ist und die Fensterlaibung nicht beschädigt werden soll, kann ein neues Fenster mit Blendrahmen (siehe unten) auf den vorhandenen Blendrahmen montiert werden. Dazu wird der alte Blendrahmen abgenommen (d.h. verschmälert). Das Abarbeiten des Altrahmens mit Stichsäge, Hobel und Stecheisen und das Einsetzen des neuen Fensters kann in Eigenleistung erfolgen. Damit der doppelte Rahmen nicht zu breit und unproportioniert wirkt, sollte vom alten Blendrahmen so viel wie möglich abgenommen werden. Beim Einbau ist auf dichte Fugen und gute Wasserableitung zu achten.

Abb. 12.13
Der Wert alter Fenster wird nicht selten unterschätzt.

Abb. 12.14
Neue Fenster, zum Altbau passend. Festverglasung mit Lüftungsflügeln.

12.4 Neue Fenster

Bei vollständiger Erneuerung der Fenster fallen nicht nur die Kosten des Fensters selbst an. Beim Herausbrechen der alten Fensterrahmen wird meist auch der Putz bzw. die Verkleidung der Laibung beschädigt. Wenn der äußere Fenstersims entfernt wird, kommen noch Ausbesserungen am Außenputz hinzu. Daher ist es sinnvoll, den Einbau neuer Fenster mit fälligen Arbeiten an der Fassade oder einer Wärmedämmung der Außenwand zu verbinden.

Gestaltungsgrundsätze

Neue Fenster müssen zum alten Haus passen. Häufig wird das „Gesicht“ alter Häuser durch unsensible Fensterformen verunstaltet. Wesentlich für die optische Wirkung eines Fensters ist seine Maßstäblichkeit. Bei gut proportionierten Fenstern „stimmen“ die Maßverhältnisse zwischen Fenster- und Fassadenflächen, Fensterformaten und Rahmenbreiten. Stehende Fensterformate, senkrechte und/oder waagerechte Fensterteilungen und schmale Rahmenbreiten werden allgemein als angenehm empfunden. Große, liegende, ungegliederte Fenster mit breiten Rahmen wirken klobig und zerstören die Fassade.

Das soll nun nicht heißen, dass nur Bleiverglasungen, Butzenscheiben und Sprossenfenster schön sind. Bei der heute üblichen Isolierverglasung sind „echte“ Sprossen aus technischen Gründen etwa doppelt so breit wie beim alten einfach verglasten Fenster, so dass die Aufteilung der Glasfläche in viele kleine Isolierglasscheiben zu einem hohen Rahmenanteil führt und darüber hinaus wegen der Glaskosten fast unerschwinglich wird. Andererseits wirken Ersatz- und Scheinkonstruktionen, z.B. „Schwindelsprossen“ vor der durchgehen-

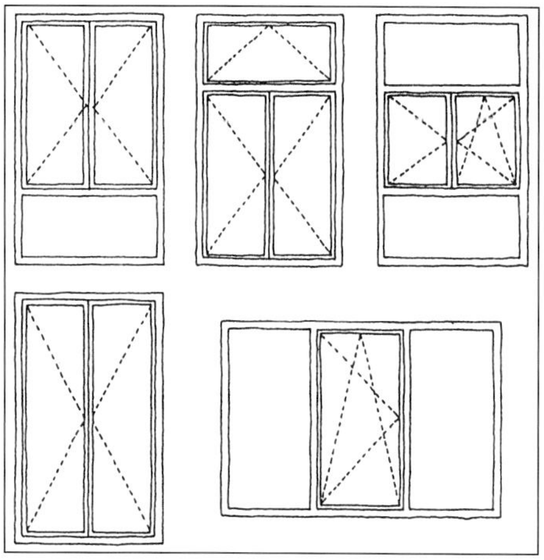

Abb. 12.15
Altbaugerechte Fensterteilungen (mit Festverglasungen und öffenbaren Flügeln).

U-Werte von Verglasungen und Holzfenstern	U-Wert			äquival. U_F-Wert des Fensters		
	der Verglasung	Fenster incl. Holzrahmen	Lichtdurchlässigkeit	Nordwest bis Nordost	Nordost bis Südost	Südost bis Südwest
Art der Verglasung	W/(m²K)	W/(m²K)	%	W/(m²K)	W/(m²K)	W/(m²K)
Isolierverglasung	3,00	2,60	82%	2,41	1,98	1,52
Wärmeschutzvergl. 2-fach	1,30	1,5 - 1,7	76%	0,83	0,48	0,11
Warmglas 2-fach	1,10	1,3 - 1,5	76%	0,66	0,33	-0,01
Warmglas 3-fach	0,70	1,1 - 1,3	66%	0,34	0,07	-0,22

Tabelle 12.1
U-Werte für Verglasungen und Holzfenster (Größe ca. 1 x 2 m), mit Berücksichtigung der solaren Gewinne. Den äquivalenten U_F-Wert gibt es gemäß EnEV offiziell nicht mehr. Dennoch charakterisiert dieser Zahlenwert anschaulich die Wirkung der solaren Gewinne durch Fenster und Verglasungen.

den Scheibe oder „Sprossen in Aspik“ im Scheibenzwischenraum gestalterisch und technisch unbefriedigend.

Sinnvolle Möglichkeiten zur Gliederung neuer Fenster können darin bestehen,

- die Fensteröffnung in zwei oder mehrere Flügel zu teilen, wobei auch einzelne Flächen feststehend sein können;
- ein Verbundfenster zu wählen mit (echten) Sprossen in der äußeren Scheibe und mit einer durchgehenden inneren Scheibe.

Beschläge

Neue Fenster mit Isolierverglasung werden heute hauptsächlich als kombinierte Dreh-Kipp-Flügel mit verdeckten Einhandbeschlägen ausgeführt. Allenfalls bei einfach verglasten Fenstern kommen auch heute noch die preiswerteren, aufgeschraubten (sichtbaren) Beschläge infrage. Bei mehrteiligen Fenstern besteht eine Möglichkeit zur Kosteneinsparung darin, Teile als feststehende Verglasung vorzusehen oder bei zweiflügeligen Fenstern (bzw. bei Fenstern mit Oberlicht) einen Flügel als Dreh- und den anderen als Kippflügel auszubilden.
Um in Schlafräumen während der Heizperiode das Bedürfnis nach kontrollierter Dauerlüftung bei niedrigem Energieverbrauch zu befriedigen, sind die bei kontrollierter Wohnungslüftung üblichen Spaltventile mit einstellbarer Klappe praktisch.
Daneben werden von Beschläge-Herstellern sogenannte „Fensterlüfter“ (wärmegedämmte Schieber mit verstellbarer Lüftungsöffnung) angeboten, die eine einigermaßen gezielte Einstellung der gewünschten Luftwechselrate ermöglichen. Diese Fensterlüfter gibt es inzwischen auch mit Wärmerückgewinnung nach dem Gegenstromprinzip; sie werden zusammen mit neuen Fenstern oder nachträglich am Rolladenkasten eingebaut.

Rahmenmaterial

Für den Fensterbau werden neben einheimischen und exotischen Hölzer auch die Werkstoffe Metall und Kunststoff verwendet. Dass bei einer umweltbewussten Altbausanierung einheimische Hölzer bevorzugt werden sollten, braucht wohl nicht besonders betont zu werden. Wenig bekannt ist dagegen die Tatsache, dass Kunststoff- und Alufenster gegenüber dem „gütegesicherten“ Holzfenster u.a. folgende Nachteile haben:

- Eine stärkere Längendehnung durch Erwärmung bedingt ein höheres Bauschadensrisiko.
- Mit Kunststoffenstern liegen kaum praktische Langzeiterfahrungen vor. In der Vergangenheit gab es Probleme wegen schneller Verschmutzung aufgrund von elektrostatischen Aufladungen und wegen mangelhafter Beständigkeit gegenüber der UV-Strahlung der Sonne.

Exotische Hölzer, z.B. Meranti oder Sipo, werden im Fensterbau wegen ihrer leichten Verarbeitbarkeit zwar bevorzugt, doch stehen Fenster aus einheimischen Nadelhölzern in ihrer Haltbarkeit den „Exoten“ kaum nach. Da sprechen ökologische Gesichtspunkte, wie hoher Transportaufwand und verantwortungslose Vernichtung des Urwaldes, klar gegen die Verwendung exotischer Hölzer.

Für den Fensterbau geeignet sind möglichst feinjährige Hölzer von Kiefer (Föhre, Forche) und Fichte bzw. Tanne, wobei es keine einheitliche Meinung darüber gibt, welches dieser Hölzer für den Fensterbau besser geeignet ist.

Der Kern des Kiefernholzes zeigt eine rötliche Farbe, der Splint (äußere Holzschichten) erscheint dagegen viel heller, fast weißlich. Kiefernholz wird gegen einen Befall durch Bläuepilze im allgemeinen mit einem Pilzgift (Fungizid) behandelt, weil bläueverfärbte Flächen als Anstrichuntergrund problematisch sind. Abgesehen davon ist Kiefernholz ein hervorragender Farbträger und auch gut wetterbeständig. Wegen möglicher Harzaustritte sollte es mit einem möglichst hellen, deckenden Anstrich versehen werden (daher „weiße“ Fenster). Für dunkle und für lasierende Anstriche ist es weniger geeignet.

Fichten- und Tannenholz ist einheitlich weiß bis rötlich-gelb. Der Kern tritt farblich nicht in Erscheinung. Wegen des geringeren Harzgehaltes kann es auch dunkel gestrichen oder lasiert werden, ist dann aber etwas witterungsempfindlicher als Kiefernholz. Das Holz wird kaum von Bläuepilzen befallen, hat jedoch mehr „Schönheitsfehler“, es ist astiger, neigt zur Rissbildung und enthält Harzgallen. Besonders hochwertig ist langsam gewachsenes Holz mit dichten Jahresringen aus höheren Gebirgslagen.

Verglasung

Verglasungen zwischen beheizbaren und unbeheizten Räumen bzw. zwischen Innen- und Außenraum werden heute nur noch aus mindestens zwei Scheiben hergestellt. Neben den alten Doppelfensterkonstruktionen wie Verbund-, Kasten- und Vorsatzfenster hat sich die 2-Scheiben-Wärmeschtzverglasung allgemein durchgesetzt. Die beiden Glasscheiben sind am Rand luftdicht miteinander verbunden und im Innern mit getrockneter Luft oder einem schlecht wärmeleitenden Gas gefüllt. Die Verglasungen werden auf Bestellung nach Maß gefertigt. Die eigentliche Schwachstelle ist die Randverklebung aus einem Metallsteg und Polysulfid-Dichtmasse, die die mechanischen und thermischen Spannungen zwischen den Scheiben aufnehmen muss. Da Polysulfid unter Feuchtigkeitseinwirkung aufquillt, kann stehendes Wasser an der Verklebung z.B. durch unsachgemäß eingesetzte Scheiben frühzeitig zum “Blindwerden” führen.

An bruchgefährdeten und absturzgefährdeten Stellen empfiehlt es sich, Sicherheits- oder Verbundsicherheitsglas einzubauen. Bei Überkopfverglasungen (z.B. von Wohngewächshäusern) muss Verbundsicherheitsglas verwendet werden, um Verletzungen durch herabfallende Splitter auszuschließen. Für schalldämmende Verglasungen werden zwei oder mehr Scheiben unterschiedlicher Dicke eingesetzt. Die verschiedenen Glassorten können miteinander zu Isolier- und Wärmeschutz-Verglasungen kombiniert werden, z.B. für den Dachbereich Einscheiben-Sicherheitsglas auf der Außen- und Verbundsicherheitsglas auf der Innenseite.

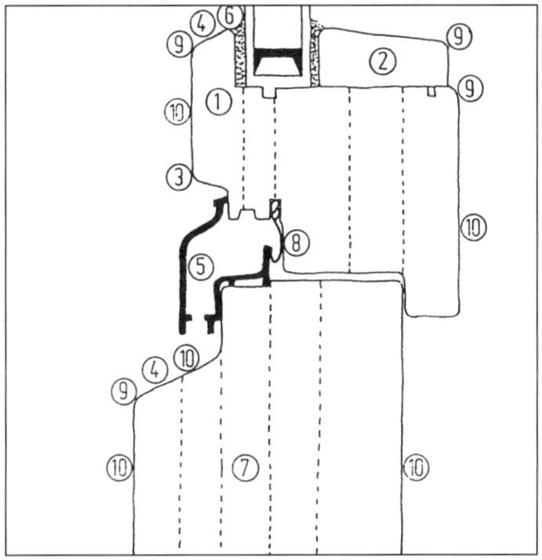

Abb. 12.16
Das gütegesicherte Holzfenster.

1 Glasfalz im Kernholz
2 Glasleiste innen
3 keine Wassernasen
4 äußere Profile abgeschrägt
5 funktionsgerechte Regenschiene
6 Versiegelung der Glasfälze
7 Rahmenverbindung mit Doppelzapfen
8 zusätzliche Dichtung
9 Kanten abgerundet
10 geschlossene Lackoberfläche

nach: Menk, H.: Hölzer für den Fensterbau. in Deutsche Bauzeitung 7/86

Abb. 12.17
Fensterläden können eine lange Lebensdauer erreichen ...

Abb. 12.18
Neue Fenstertür mit Klappläden: auch in Isolierglasausführung zweiflügelig und mit schmalen Profilen möglich.

12.5 Fensterläden und -bänke

Klapp- und Rolläden

Neben dem Zweck der Verdunkelung erfüllen Klappläden auch die Funktion des Witterungs-, Sicht- und Einbruchschutzes und sind darüber hinaus ein wichtiges Gestaltungsmittel zur Gliederung der Fassade an historischen Gebäuden. Aus diesem Grund sollten Klappläden überall dort, wo sie noch vorhanden sind oder es einmal waren, erhalten oder wiederhergestellt werden - selbst dann, wenn Rolläden praktischer wären oder bereits in Form von Minirolläden eingebaut wurden!

Klappläden lassen sich wärmedämmend ausbilden. Sie müssen dann allerdings winddicht sein, das heißt, sie müssen passgenau gefertigt sein (z.B. aus Brettern oder aus wetterfestem Sperrholz) und im geschlossenen Zustand dicht an Fensterlaibung und Sims anliegen.

Nachträglich angebrachte Mini-Rolladenkästen aus Metall verunstalten die Fassade, denn sie verdecken den oberen Teil des Fensterrahmens, stehen oft aus der Fassadenfläche heraus und passen hinsichtlich Material und Farbgebung im allgemeinen nicht zum Stil alter Häuser.

Andererseits sind Rolläden bequem zu bedienen, weshalb sie am Altbau trotz ihrer häufig unbefriedigenden Ästhetik immer wieder verwendet wurden und werden. Sie bieten darüber hinaus im geschlossenen Zustand einen gewissen zusätzlichen Wärmeschutz, sofern der Raum zwischen Rolladenfläche und Fenster einigermaßen winddicht ist.

Da Fensterläden auch nicht zu jedem Haustyp passen, kann der nachträgliche Einbau von Rolläden also durchaus sinnvoll und gestalterisch vertretbar sein. So lässt sich z.B. bei der Erneuerung überhoher Fenster der Rolladenkasten oberhalb des neuen Fensters recht unauffällig unterbringen. Ansonsten bieten die Erneuerung des Fassadenputzes oder eine neue Verkleidung der Außenwand eine gute Gelegenheit, den alten Fenstersturz auszubrechen und höherzulegen, um Platz für den Rolladenkasten zu schaffen. Um den Durchmesser des aufgerollten Rolladen-Ballens möglichst gering zu halten, empfiehlt sich die Verwendung schmaler Holzprofile und einer dünnen Welle. Noch geringere Ballendurchmesser sind nur mit einwandigen Aluprofilen zu erreichen, die jedoch kaum zusätzliche Wärmedämmung bringen und von der Materialwahl her keine besonders umweltverträgliche Variante darstellen.

Rolladenkästen wirken in Altbauten oft wie ein Kälteloch; hier lohnt sich eine zusätzliche Dämmung und Abdichtung der Fugen, z.B. durch Einkleben von Korkplatten in den Kasten sowie durch eine Falzdichtung des Deckels.

Fensterbank

Für die äußeren Fenstersimse finden hauptsächlich die Materialien Holz, Blech, Naturstein, Betonwerkstein (Terrazzo) oder Vollziegel Verwendung. Schäden an der Oberfläche und undichte Anschlussfugen zu Fenster und Laibung geben Anlass zu Reparaturmaßnahmen. Bei Simsen ohne seitliche Randaufkantungen können kleinere Fugen mit einer dauerelastischen Masse abgedichtet werden. Verwitterte Teile von Steinfensterbänken sollten abgeschlagen und ggf. mit passend eingefärbter Spezial-Spachtelmasse ausgebessert werden. Bei gemauerten Fensterbänken werden lockere Mörtelfugen ausgekratzt und mit Traßkalkmörtel neu verfugt. Intakte oder ausgebesserte Steinflächen können wie Fassaden aus Sichtmauerwerk durch Hydrophobieren (Kap. 7.1) geschützt werden.

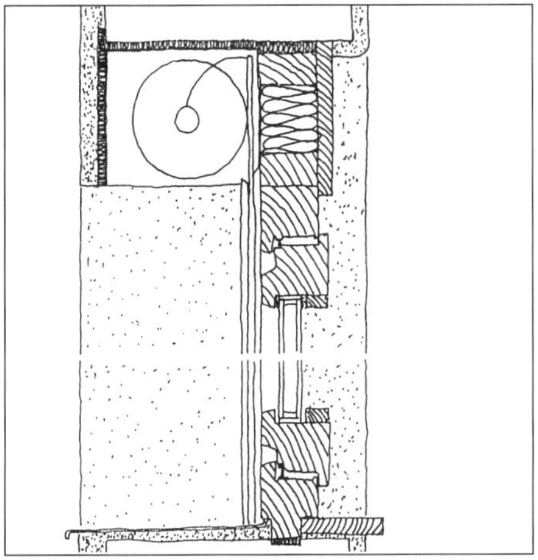

Abb. 12.19
Der Einbau eines neuen Fensters mit Vorsatzrolladen

Abb. 12.20
Wo früher das Scheunentor war, ist jetzt die Verglasung der großzügigen Eingangshalle.

Abb. 12.21
Ein Garagentor, schön, zeitgemäß und zum alten Haus passend. Dass die Wandöffnung verändert wurde, darf für jeden erkennbar bleiben.

Stark verwitterte Fenstersimse müssen vollständig erneuert werden. Ein Austausch kann auch bei durchgehenden Steinfensterbänken erforderlich sein, wenn es am Fenstersims innen Kondenswasserprobleme mit Stock- und Schimmelflecken gibt. Auch wenn die Fassade mit einer Wärmedämmung versehen wird, ist in der Regel eine neue Fensterbank nötig. Dünne Fenstersimse aus Holz oder Naturstein können z.B. mit Zink- oder Kupferblech verkleidet und dadurch bei Bedarf verbreitert werden (dicke, mit Blech verkleidete Stein-Fensterbänke sehen allerdings unschön aus). Bei der Verwendung von Blechen ist das Korrosionsproblem (siehe Blechverwahrung bei Dächern) zu beachten. Neue Holzsimse sollten nur aus wetterbeständigem Holz, z.B. aus dem Kernholz von Eiche oder Kiefer gefertigt werden.

12.6 Fenster- und Türöffnungen

Die Herstellung neuer und das nachträgliche Vergrößern vorhandener Türöffnungen ist ein wesentlicher Eingriff, der unter gestalterischen, bautechnischen, baurechtlichen und finanziellen Gesichtspunkten gut durchdacht werden sollte. Deshalb wird es in vielen Fällen sinnvoll sein, ein solches Vorhaben mit einem Architekten zu besprechen, denn ein ungünstig proportioniertes oder in der Fassade schlecht plaziertes Fenster kann das Erscheinungsbild eines alten Hauses erheblich beeinträchtigen. Außerdem bedarf die Herstellung und Änderung von Fensteröffnungen in Außenwänden grundsätzlich einer Baugenehmigung oder Kenntnisgabe.

Neue Fenster oder eine Türöffnung, die auf oder dicht an der Grundstücksgrenze liegen, werden nur in Ausnahmefällen und unter bestimmten Auflagen gestattet. Technisch einfach ist die Vergrößerung einer Fensteröffnung zu einer Türöffnung in einer gemauerten (massiven) Wand sowie die Herstellung von Öffnungen in Fachwerkwänden. Ansonsten wird der Einbau eines tragenden Tür- oder Fenstersturzes erforderlich. Wie eine Öffnung in einer tragenden Wand hergestellt wird, ist in Kapitel (Kap. 11.1) näher beschrieben.

13. Badeinbau und Baderneuerung

Je nachdem, ob ein neues Bad eingebaut oder ein vorhandenes saniert wird, sind eine ganze Reihe von Gewerken betroffen: Maurer-, Zimmerer-, Fensterbau- und Verglasungsarbeiten, Sanitär-, Elektro- und Heizungsinstallationen, Abdichtungs-, Estrich-, Putz- und Fliesenarbeiten, usw. Die meisten anfallenden Arbeiten wurden schon an anderer Stelle behandelt, nachfolgend sollen nur einige Besonderheiten beim Bad beschrieben werden.

Die Neuherstellung eines Badezimmers erfordert eine gründliche und fundierte Planung, insbesondere hinsichtlich Lage und Größe (sofern wählbar), Ausstattung, Installationstechnik und Feuchtigkeitsabdichtung.

Für den Selbstbau geeignet sind vor allem die Rohbauarbeiten und die Herstellung der Oberflächen von Wänden, Boden und Decke. Installations- und Abdichtungsarbeiten an Wand- und Bodenflächen erfordern qualifizierte handwerkliche Fähigkeiten. Im Zweifelsfalle ist es sinnvoller, diese Arbeiten Fachleuten zu überlassen, da hier eine unsachgemäße Ausführung hohe Folgekosten verursachen kann.

Bei der Festlegung des Standortes für ein neues Badezimmer sind vor allem folgende Fragen von Bedeutung:

- Wo steht innerhalb der Wohnung ein geeigneter Platz zur Verfügung? Kann z.B. das Ende eines zu langen Flures oder der Teil eines zu großen Zimmers genutzt werden?
- Lässt sich in einem nicht genutzten Gebäudeteil ein Platz finden, z.B. im Dach- oder Scheunenraum?
- Kann ein Eingriff in tragende Wände vermieden werden?
- Lässt sich das Bad in die Nähe von Schlafräumen legen?
- Befindet sich der Standort in der Nähe der vorhandenen Installationen, vor allem in der Nähe einer Abwasserleitung?
- Wie wird der Raum belüftet?
- Wie groß soll das Bad sein, welche Ausstattung („Sanitärobjekte") soll darin untergebracht werden?
- Ist eine Baugenehmigung erforderlich?

Wenn es irgend möglich ist, sollte das Bad an einer Außenwand liegen, damit es über ein Fenster belichtet und belüftet werden kann. Ein innenliegendes Bad ist wenig attraktiv und benötigt eine Lüftungsanlage. Das gleiche gilt für innenliegende Toilettenräume und Kleinküchen.

13.1 Größe und Ausstattung

Die Ausstattung eines Bades ist abhängig vom zur Verfügung stehenden Platz und von den individuellen Komfortansprüchen. Der Wasser- und Energieverbrauch ist beim Duschen nur etwa halb so groß wie beim Baden. Daher sollte auf jeden Fall eine Duschmöglichkeit vorgesehen werden; um Kosten und Platz zu sparen kann die Duschvorrichtung auch in die Badewanne integriert werden. Vorhänge und handelsübliche Duschtrennwände bieten zwar einen recht guten Spritzschutz, baulich hergestellte Trennwände mit Fliesenbelag in Verbindung mit einem gut abgedichteten Vorbereich sind gestalterisch jedoch häufig besser.

Bade- und Duschwannen bestehen im allgemeinen aus emailliertem Stahlblech. Sonderformen werden aus Acryl und anderen Kunststoffen gefertigt. Ein mit Fliesen hergestellter Duschboden (ohne Wanne) sieht zwar einfach und schön aus, erfordert aber eine aufwendige Wand- und Bodenabdichtung und ist auf Dauer meist schadens-anfällig.

Bei den Armaturen kommt es auf eine zuverlässige Technik und gute Bedienbarkeit an. Formenvielfalt und Preisspannen bei

Wasserarmaturen sind erheblich. Einhebel-Armaturen erlauben eine schnelle Regelung und helfen dadurch Wasser sparen, wobei Ventile mit keramischen Dichtungen länger halten und zuverlässiger arbeiten als solche mit Gummidichtungen.

Neue Armaturen sind heute grundsätzlich mit einem Perlator (Luftsprudler) ausgerüstet. In Verbindung mit einem Durchflussbegrenzer lassen sich dadurch erhebliche Mengen an Trinkwasser ohne Komforteinbuße einsparen. Durchflussbegrenzer (Kosten im Installationshandel ca. 5 € können auch nachträglich auf jede Armatur aufgeschraubt werden.

Für den Wasserzulauf bei Waschbecken gibt es sowohl Beckenarmaturen (mit Einloch-Befestigung am Waschbecken) als auch Wandarmaturen. Beckenarmaturen sind preisgünstiger, weil sich die Leitungen unterhalb des Waschbeckens leicht montieren lassen. Wandarmaturen erleichtern dagegen die Reinigung des Waschbeckens und sehen in vielen Fällen formal besser aus.

Wassertoiletten gibt es in stehender und wandhängender Ausführung: Das Standklosett ist preiswerter, der Abwasseranschluss kann nach unten oder nach hinten erfolgen, der Spülkasten wird in der Regel sichtbar angebracht. Hängetoiletten erleichtern die Reinigung des Raumes und sehen eleganter aus. Zur Befestigung von Traggestell und Spülkasten sind vorgefertigte Montagewände im Handel. Während früher 9 Liter Wasser aus dem Spülkasten rauschten, haben die heutigen Spülkästen nur noch ein Volumen von 6 Liter und sind mit einer Stopptaste ausgerüstet. Moderne, besonders wassersparende Toilettenbecken sind so geformt, dass sie sogar mit 4 Liter Spülwasser auskommen.

Weiße und einfache, aber funktionsgerechte Sanitärobjekte in Verbindung mit gut gestalteten Details sind nicht nur preiswerter, sondern auf Dauer auch angenehmer anzuschauen als extravagante Lösungen in Modefarben.

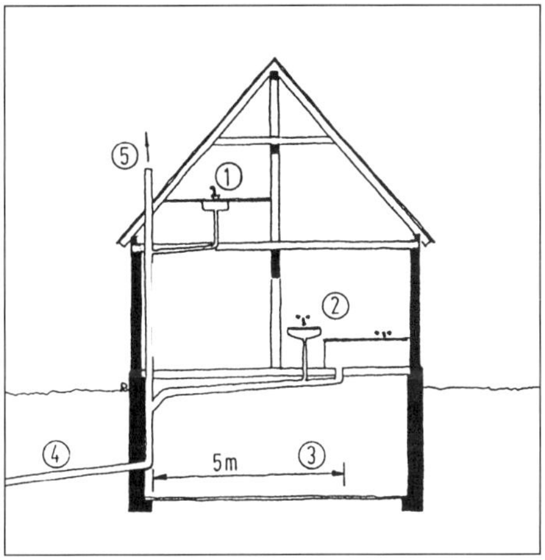

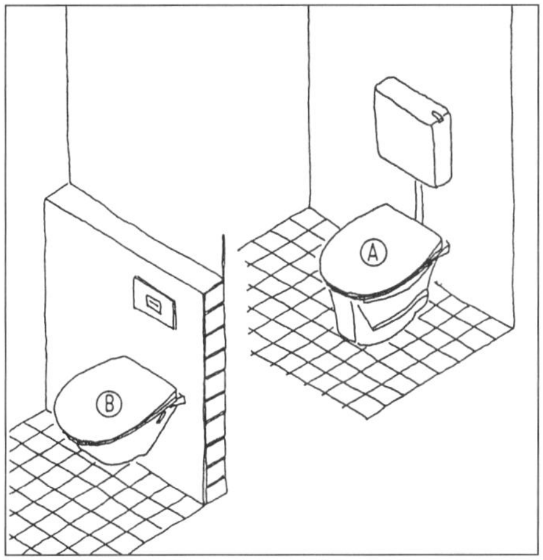

Abb. 13.1 *links*
Badeinbau: Anschluss an vorhandene Abwasserleitungen.

1 Zapfstelle
2 Bad
3 Abwasser-Anschlüsse mit querlaufenden Anschlussleitungen, 50 - 100 mm ∅, Gefälle 2 - 5%. Beachten: max. Entfernung zum entlüfteten Fallrohr 5,0 m !
4 vorhandene Grundleitung, 100 - 150 mm ∅, Kontrollschacht, 2% Gefälle
5 vorhandenes Fallrohr, 100 mm ∅, Entlüftung über Dach

Abb. 13.2 *rechts*
WC - Ausführungen.

A Bodenstehende Ausführung
- Abfluss rückseitig zur Wand oder zum Boden
- sichtbar montierter Spülkasten
  Kostengünstige Lösung, dafür aber etliche unbequeme Schmutzecken.

B Wandhängende Ausführung
- Abfluss rückseitig zur Wand
- Toilette an Traggerüst in der Vormauerung montiert
- Spülkasten in der Vormauerung integriert
  Etwas aufwendigere Lösung, dafür formschöner und bequem zu reinigen.

13.2 Wandoberflächen

Wandfliesen sollten nur dort verwendet werden, wo Spritzwasser auftritt, also in der unmittelbaren Umgebung von Dusche, Badewanne, Waschtisch und WC. Ansonsten sind sorptionsfähige Materialien wie z.B. Kalkputz, Kalkgipsputz und Holz für das Raumklima und die Raumwirkung günstiger.

Wandfliesen werden am besten auf einen Putz aus hochhydraulischem Kalk oder auf planebene Gasbetonplatten geklebt. Auf rohem Mauerwerk müssen sie im Mörtelbett verlegt werden. Bauplatten - auch imprägnierte - sind nicht feuchtigkeitsbeständig und daher als Untergrund ungeeignet. Eine Holzverschalung im Bad ist unproblematisch, wenn das Bad gut belüftet wird und das Holz nicht auf kalten (ungedämmten) Außenwänden angebracht wird. Sie sollte mit Abstand vor der Wand befestigt sein (Luftschicht). Eine Hinterlüftung ist

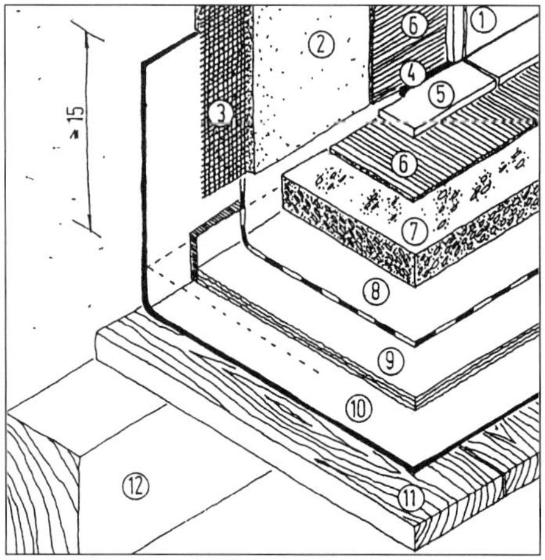

Abb. 13.3
Nassraum - Abdichtung: Standard-Ausführung. Anschlussdetail Wand-Boden

1 Wandfliesen
2 Schwarzkalk- oder Kalkzement-Wandputz
3 Gewebearmierung
4 elastische Kittfuge
5 Bodenfliesen
6 wasserdichter Dünnbettkleber für Wand + Boden
7 schwimmend verlegter Zementestrich, bei vorgesehenem Bodenablauf als Gefälleestrich
8 PVC-Folie verschweißt (als Feuchtigkeitsabdichtung)
9 Trittschalldämmung
10 Feuchtigkeitsabdichtung, wandseitig hochgezogen
11 + 12 vorhandene Deckenkonstruktion

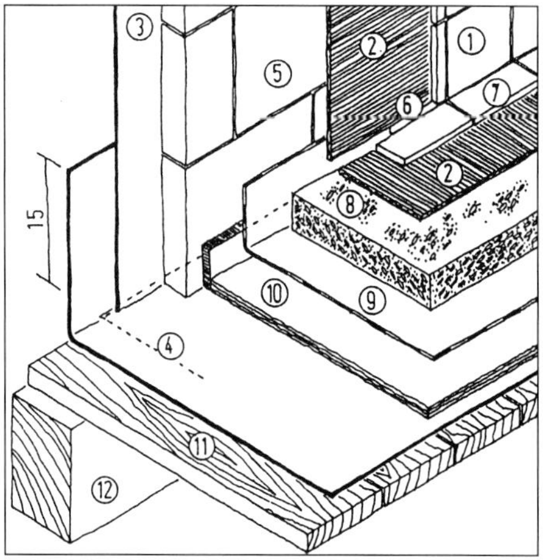

Abb. 13.4
Nassraum - Abdichtung: verbesserte Ausführung für spritzwasserintensiven Bereich. Anschlussdetail Wand-Boden

1 Wandfliesen
2 Dünnbettkleber für Wand + Boden
3 Feuchtigkeitsabdichtung Wand, oben mit mechanischer Befestigung, unten geklebt
4 Feuchtigkeitsabdichtung Boden, wandseitig hochgezogen
5 Vormauerung, z.B. Gasbetonplatten 5 - 7,5 cm
6 elastische Kittfuge
7 Bodenfliesen
8 schwimmend verlegter Zementestrich, mit Gefälle zum Bodenablauf
9 PVC-Folie verschweißt (als Feuchtigkeitsabdichtung)
10 Trittschalldämmung
11 + 12 vorhandene Deckenkonstruktion

Beachten: Durchbrüche in der Wandabdichtung vermeiden. Wasserinstallationen von oben her vor der Abdichtungsbahn verlegen!

nur dann erforderlich, wenn das Holz starkem Spritzwasser ausgesetzt ist. Für die Ausführung der Hinterlüftung gelten die gleichen Regeln wie bei hinterlüfteten Fassaden.

Verlegen von Wandfliesen

- Eventuell erforderliche Vorarbeiten: alte Fliesen und Mörtel abschlagen, wo erforderlich ebenen Untergrund aus Zementputz oder Bauplatten (Trockenputz) herstellen.
- Flieseneinteilung festlegen, (nach Begabung und Anspruch).
- Kleber mit Zahnspachtel auftragen, Fliesen ansetzen, ausrichten und anpressen.
- Fliesen schneiden: Schnittlinie anzeichnen, mit Fliesenschneider und Winkel anritzen; von hinten mit Fliesenhammer entlangklopfen, über einen Bleistift abknicken oder mit der Fliesenzange durchbrechen.
- Runde Aussparung herstellen: Mehrere Löcher ringförmig nebeneinander vorbohren, verbleibende Stege mit kleinem Meißel ausstemmen; oder Fliese teilen und mit Papageienzange ausbrechen.
- Nach Erhärten des Klebers Fugenmasse mit Gummispachtel ganzflächig aufbringen, feucht nachwischen, nach kurzer Zeit mit trockenem Lappen oder Schwamm säubern.
- Dauerelastisches Verfugen aller Anschlüsse zwischen verschiedenen Bauteilen oder verschiedenen Materialien (z.B. Wandecken, Wannenrand, Rosetten der Armaturen usw.).

13.3 Badabdichtung und -entwässerung

Kein Fliesenbelag ist wasserdicht. Durch Undichtigkeiten der Fugen kann Wasser eindringen und Schäden verursachen, die erst nach Jahren festgestellt werden und unter Umständen nur mit hohen Kosten zu beseitigen sind (besonders wenn sie tragende Holzkonstruktionen betreffen). Durch Wasser beanspruchte Böden und Wandflächen müssen daher eine zusätzliche Abdichtung in Form von Dichtungsbahnen (aus Bitumen oder Kunststoff) erhalten. Bei geringer Beanspruchung können auch wasserdichte Fliesenkleber in Verbindung mit wasserdichtem Fugenmörtel zur Anwendung kommen. Wichtig ist, dass die Abdichtung an sämtlichen Anschlüssen sorgfältig hergestellt wird. Das sich auf der Bodenabdichtung sammelnde Wasser muss verdunsten oder über einen Bodenablauf wegfließen können.

Ob ein Bad mit einem Bodenablauf ausgestattet wird, ist oft eine Ermessensfrage. Der Zwang zum Einbau einer Türschwelle und eines Bodenablaufs nach DIN 1986 wird von der Rechtsprechung (nach Wasserschäden) nicht bestätigt.

Ein Bodenablauf sollte vorgesehen werden,

- wenn im Bad eine Waschmaschine aufgestellt wird,
- wenn häufig mit Spritzwasser zu rechnen ist (Kinder, Duschen ohne Spritzwasserschutz),
- wenn eine bequeme Fußbodenreinigung gewünscht wird.

Ein Bodenablauf hat jedoch nur dann einen Sinn, wenn auch der Boden einschließlich der Wandanschlüsse sicher abgedichtet wird. Um ein Austrocknen des Geruchsverschlusses zu verhindern, wird im allgemeinen die Badewanne oder Dusche durch den Bodenablauf entwässert.

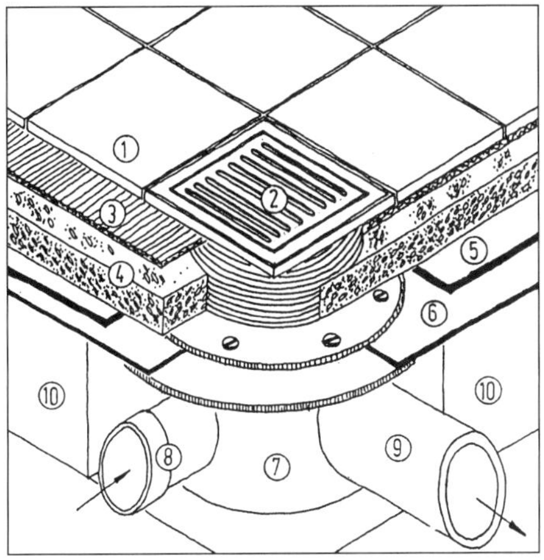

Abb. 13.5
Bodeneinlauf in Nassräumen.

1 Bodenbelag, z.B. Fliesen
2 Gully-Abdeckrost
3 Klebebett
4 Gefälleestrich
5 Trittschalldämmung
6 Feuchtigkeitsabdichtung, mit Gully-Flansch wasserdicht verklebt
7 Ablauf-Topf mit Geruchsverschluss und Schmutzfangkorb
8 Zufluss, z.B. von Wanne oder Dusche
9 Abfluss zum Fallrohr
10 Deckenkonstruktion

Auf eine Bodenentwässerung und -abdichtung kann verzichtet werden,

- wenn darauf geachtet wird, dass auf dem Boden kein Wasser stehen bleibt,
- wenn die Dusche nicht übermäßig benutzt wird und die Verfugung der Fliesen auch am Anschluss zur Duschwanne dauerhaft dicht ist,
- wenn die Waschmaschine mit einem Sicherheitsventil gegen Auslaufen ausgestattet ist,
- wenn eine fertige Duschzelle eingebaut wird.

Der nachträgliche Einbau eines Bodenablaufs in vorhandene Decken ist nicht immer möglich. Beim Einbau ist auf den dichten Anschluss in zwei Ebenen zu achten, damit sowohl das oberflächliche Wasser auf dem Bodenbelag als auch das eingesickerte Wasser auf der darunterliegenden Dichtungsbahn richtig abgeleitet wird.

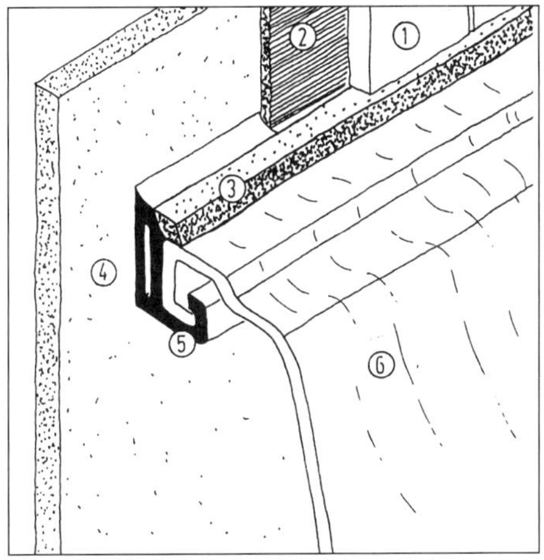

Abb. 13.6
Wandanschluss von Dusche und Badewanne: Normalausführung mit zusätzlichem Dichtungsprofil.

1 Wandfliesen
2 Dünnbettkleber
3 elastische Kittfuge
4 Wandputz
5 Dichtungsklemmprofil umlaufend
6 Dusch- bzw. Badewanne

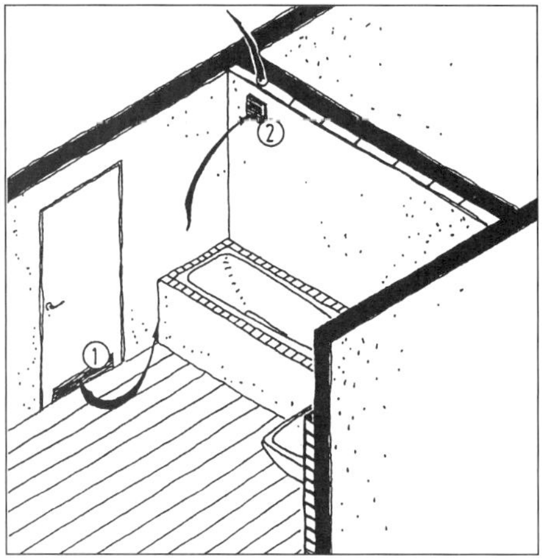

Abb. 13.7
Be- und Entlüftung innenliegender Nassräume.

1 Zuluft z.B. vom Flur über Türausschnitt, mind. 150 cm^2
2 Abluft nach außen (Dach oder Außenwand), 100 mm ∅, mit Rohrventilator, Betätigung kombiniert mit Lichtschalter. Die Verwendung eines einstellbaren Nachlauf-Relais ist zu empfehlen.

13.4 Künstliche Lüftung innenliegender Bäder

Innenliegende Bäder und Toilettenräume müssen, sofern sich diese „Notlösung" nicht vermeiden lässt, be- und entlüftet werden. Zu diesem Zweck werden ein oder mehrere Abluftrohre oder -schächte über Dach bzw. nach draußen geführt. Die Zuluft muss von einem Nachbarraum (bei Toiletten kein Aufenthaltsraum) durch eine unverschließbare Öffnung nahe am Fußboden (z.B. ein 2 cm breiter Türschlitz) oder von außen über einen Kanal einströmen können. Die Abluft kann entweder per Schwerkraft (Kamineffekt) oder durch einen Ventilator angetrieben im Luftschacht nach draußen bewegt werden.

Die Schwerkraftentlüftung arbeitet fast geräuschlos, wartungsfrei und ohne Strom, sie verursacht jedoch unter Umständen ein stärkeres Auskühlen des Raumes. Außerdem erfordert sie größere Kanalquerschnitte als die mechanische Entlüftung mit Ventilator. Maßgebend für Bemessung und Ausführung ist DIN 18017 Teil 1 und 2. Damit es wegen des geringen Auftriebs im Sommer bei Toiletten nicht zu Geruchsbelästigungen kommt, empfiehlt es sich, die Zuluft über einen besonderen Kanal zuzuleiten und den Schachtkopf über Dach mit einer Windturbine auszustatten.

Bei der mechanischen Lüftung sorgt ein Rohrventilator für den gewünschten Luftstrom. Der elektrische Ventilator wird über den Lichtschalter oder einen Türkontakt, der mit einem Nachlaufrelais verbunden ist, bei jeder Toilettenbenutzung in Gang gesetzt. Der Abluftkanal kann über Dach oder seitlich durch die Außenwand geführt werden. Ein Zuluftkanal ist nicht unbedingt erforderlich. Maßgebend für Bemessung und Ausführung ist DIN 18017 Teil 3 und 4.

13.5 Baderneuerung

Als Alternative zum Einbau einer neuen Boden- und Wandabdichtung kann es in bestimmten Fällen sinnvoll sein, den Nassraum auf die Dusche zu beschränken und eine rundum abgedichtete Fertigduschzelle einzubauen. Neben den üblichen Duschzellen aus Alurahmen und Plexiglasfüllung gibt es spezielle Modelle, die aus Kunststoff fugenlos und absolut wasserdicht hergestellt sind. Ihre Außenseiten sind zum Fliesenkleben vorbereitet.

Stockflecken und Schimmelbildung im Bad sind Folgen einer zu hohen, andauernden Luftfeuchtigkeit in Verbindung mit niedrigen Oberflächentemperaturen der Wand. Schimmeltötende Sprays und Anstriche können keinen dauerhaften Erfolg bringen. Vielmehr kommt es darauf an, die Luftfeuchtigkeit durch vermehrtes Lüften zu senken und die Raumtemperatur durch Heizen und/oder wärmedämmende Maßnahmen anzuheben. Wenn die Flächen ausgetrocknet sind, können sie gereinigt und gegebenenfalls ausgebessert werden .

Erneuerungsbedürftige Fliesen müssen nicht unbedingt entfernt werden. Wenn die alten Fliesen noch gut am Untergrund haften, können die neuen Fliesen mit einem geeigneten Dünnbettkleber auf die alten geklebt werden. Die Oberfläche der alten Fliesen muss vorher mit einem Winkelschleifer aufgerauht werden. Schadhafte Übergänge bzw. Anschlüsse werden vorher aufgeschlagen und ausgebessert.

Abb. 13.8 *rechts*
Neuer Badeinbau in Raum mit Tonnendecke: durch geschickten Umgang mit einfachen Materialien wird auch ohne vergoldete Armaturen Eleganz und Atmosphäre erzielt.

14. Haustechnik

Zur Haustechnik gehören die Lüftung und die Heizung, die Sanitärinstallation (Wasserver- und Abwasserentsorgung) und die Elektroinstallation einschließlich Blitzschutz. Diese Gewerke erfordern in besonderem Maße fundierte fachliche und handwerkliche Kenntnisse. Aus Sicherheitsgründen dürfen Arbeiten an Elektro- und Gasinstallationen nur von Fachbetrieben mit einer besonderen Zulassung ausgeführt werden. Schon aus diesem Grunde sind viele Arbeiten im Bereich der haustechnischen Anlagen für Laien wenig geeignet, zumal falsche Planung oder Ausführungsmängel nachträglich meist nur mit hohen Kosten korrigiert werden können. Eigenleistungen werden sich in diesem Bereich daher hauptsächlich auf einfache Vor- und Folgearbeiten beschränken, die mit den ausführenden Fachhandwerkern abzustimmen sind.

Vor der praktischen Ausführung bleibt den Hauseigentümern/innen die wichtige Aufgabe der Konzeption und Vorplanung, besonders im Hinblick auf die Gesundheits- und Umweltverträglichkeit der haustechnischen Systeme. Außerdem gilt es, die Ausführung mit anderen Baumaßnahmen am Haus gut zu koordinieren.

Sind mehrere Installationsgewerke erforderlich, so empfiehlt sich im allgemeinen folgende Reihenfolge einhalten:

1. Sanitär und Lüftung
2. Heizung
3. Elektroinstallationen.

Bei allen Gewerken erfolgt zunächst die „Rohmontage", das Verlegen der Leitungen. Nach Fertigstellung der Oberflächen erfolgt die „Fertigmontage", d.h. der Einbau der Ausstattungsgegenstände und Armaturen.

Neben baulichen Gegebenheiten und praktischen Erwägungen sollten die folgenden Grundregeln einer ökologischen Haustechnik berücksichtigt werden:

- Das wichtigste Ziel ist ein sparsamer Umgang mit Energie und Brennstoffen. Warmwasser- und Warmluft-Zentralheizungen mit modernen Heizkesseln können ebenso wie Einzelfeuerstätten zu einer rationellen Energienutzung beitragen, sofern sie gut auf den Wärmebedarf des (modernisierten) Gebäudes abgestimmt sind und richtig betrieben werden.
- Elektrischer Strom sollte nicht zur Wärmeerzeugung verwendet werden, also nach Möglichkeit auch nicht zur Warmwasserbereitung oder zum Kochen. Für die Waschmaschine gibt es inzwischen Lösungen, um den Stromverbrauch für das Aufheizen des Wassers auf ein Minimum zu beschränken. Erd- oder Flüssiggas lassen sich dagegen umweltfreundlich, d.h. mit gutem Wirkungsgrad und geringen Emissionen, für alle Bereiche der Wärmeerzeugung nutzen.
- Einrichtungen zur Nutzung der Sonnenenergie sollten bei der Ausgabenplanung zunächst einmal hintenanstehen. Erst wenn die konventionellen und kostengünstigeren Möglichkeiten zur Energieeinsparung wie gute Wärmedämmung der Gebäudehülle, optimierte Heizungsanlage (Gas oder Fernwärme) und energiesparende Lüftung ausgeschöpft sind, ist es sinnvoll, in größerem Umfang in die Solartechnik zu investieren.
- Bei der Wasserversorgung und Abwasserentsorgung sollten am Ort vorhandene Ressourcen rationell und - wenn möglich - nach den Prinzipien einer ökologischen Kreislaufwirtschaft genutzt werden. Wesentliche Elemente dazu sind neben einfachen Wassersparmaßnahmen die Regen-

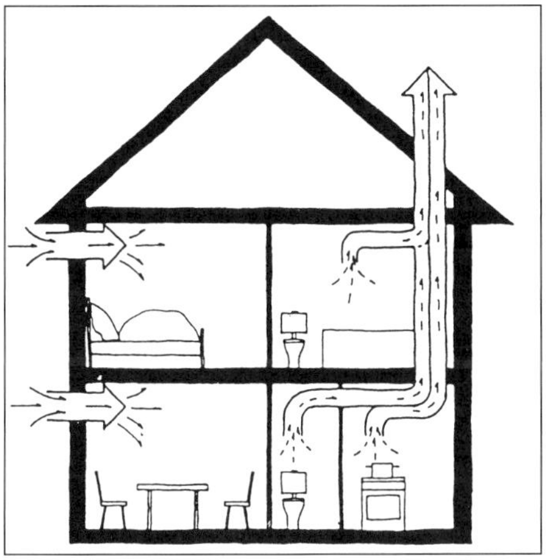

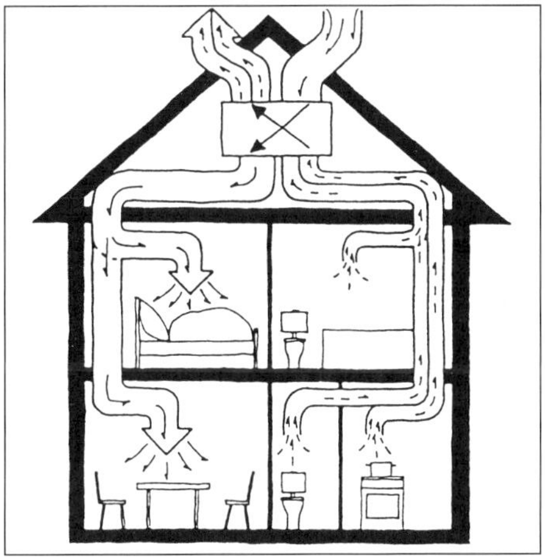

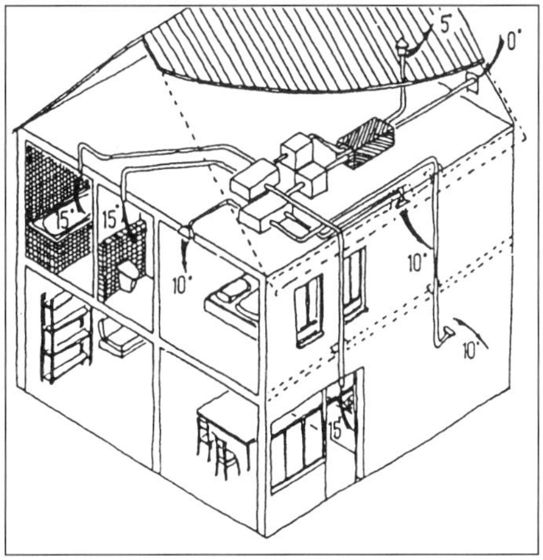

und Grauwassernutzung als Beitrag zur Wasserversorgung und auf der Entsorgungsseite dezentrale Techniken wie Komposttoilette, Mehrkammerfaulgruben mit Pflanzenklärstufe oder Abwasserteiche.

14.1 Lüftung und Wärmerückgewinnung

Wer den Heizenergiebedarf des Hauses senken und zugleich für ein gutes Raumklima sorgen will, muss sich neben der Dämmung der Gebäudehülle auch mit der Gebäudelüftung befassen. Je besser ein Haus gedämmt ist, um so wichtiger wird eine Verminderung der Wärmeverluste durch Lüftung im Hinblick auf einen niedrigen Heizenergiebedarf (vgl. Kap. 4.2).

Natürlich sollte die Lüftungsrate auch nicht zu gering sein, weil sonst der Wasserdampf und die Schadstoffe in der Raumluft nicht ausreichend ins Freie abgeleitet werden können (vgl. Kap. 3.3). Das Ziel einer energiesparenden und gesunden Gebäudelüftung ist es daher, den Luftaustausch bedarfsgerecht zu dosieren. Für Wohnhäuser liegt der optimale Luftaustausch im allgemeinen zwischen 0,3 und 0,5 Luftwechsel pro Stunde. In Abhängigkeit vom Lüftungsverhalten der Bewohner, der Dichtigkeit der Fenster- und Türfugen und den Wetterverhältnissen ist die tatsächliche Luftwechselrate in Altbauten meist erheblich höher oder bei neuen dichten Fenstern niedriger.

Die Abluftanlage

Mit einer einfachen Abluftanlage lässt sich eine gute Dosierbarkeit der Gebäudelüftung - vor allem während der Heizperiode - sicherstellen, und zwar auf technisch einfache und wirtschaftlich attraktive Weise. Voraussetzung ist eine luftdichte Gebäudehülle, vor allem winddichte Fugen an Fenstern und Türen (vgl. Kap. 12.3.1).

Eine solche Lüftungsanlage besteht im wesentlichen aus einem Ventilator, der aus Bad, WC und Küche Luft absaugt und ins Freie bläst. Die Zuluft strömt über Einlässe in den Außenwänden der Wohn- und Aufenthaltsräume nach. Die Frischluftventile können im Fensterrahmen oder in der Außenwandfläche eingebaut und vom Bewoh-

Abb. 14.1 *links*
Einfache Abluftanlage: Zentrale Absaugung aus Küche, WC und Bad; Frischluftventile in der Außenwand oder im Fensterrahmen der Aufenthaltsräume.

Abb. 14.2 *mitte*
Lüftungsanlage mit Wärmerückgewinnung: Zentrale Absaugung aus Küche, WC und Bad; Wärmeübertragung am Kreuzstrom-Wärmetauscher im Dach; vortemperierte Frischluft wird durch Kanäle in jeden Aufenthaltsraum geleitet.

Abb. 14.3 *rechts*
Abluft-Wärmerückgewinnung - nachträglicher Einbau bei vorhandener Heizungsanlage. Unterbringung des Wärmetauschers und der horizontalen Leitungsführung z.B. auf dem Dachboden oder unter der Kellerdecke.

Quelle: Fa. Schrag-Aldes, 73061 Ebersbach/Fils

ner nach Bedarf eingestellt werden. Außenwandventile gibt es auch in schalldämmender Ausführung sowie mit Staub- und Pollenfilter. Damit die Luft innerhalb des Hauses zu den Absaugstellen strömen kann, werden an den Innentüren oder Innenwänden ebenfalls Öffnungen angeordnet, am einfachsten in Form eines ca. 1 cm hohen Türspaltes. Für höhere Ansprüche gibt es Türgitter und Wandventile, die auch schalldämmend ausgekleidet sein können.

Der Fortluftventilator wird üblicherweise unter dem Dach oder in einem Kellerraum möglichst in der Nähe von Bad, WC und Küche angeordnet. Ein „Boxventilator" beispielsweise ist etwa 30 x 30 x 30 cm groß und hat eine elektrische Leistungsaufnahme von etwa 50 W. Als Luftkanäle werden in der Regel Wickelfalzrohre aus Blech mit 8 bis 16 cm Durchmesser eingesetzt. Die Steuerung der Anlage erfolgt mit einem 3-Stufen-Schalter, der möglichst in der Nähe der Haus- bzw. Wohnungstüre angeordnet ist, ggf. kombiniert mit einer Schaltuhr. Dadurch kann beim Verlassen der Wohnung leicht von der Normalstufe auf Minimallüftung heruntergeschaltet werden. Die Maximalleistung wird in der Regel nur bei besonders hohem Lüftungsbedarf, z.B. bei Anwesenheit vieler Personen, benötigt. Eine automatische Steuerung der Lüftungsleistung in Abhängigkeit von der Raumluftfeuchte bringt zusätzlichen Komfort, ist aber nicht unbedingt erforderlich. Während des Sommers wird die Lüftungsanlage üblicherweise ganz abgeschaltet und wie bisher durch Öffnen der Fenster gelüftet, es sei denn, Staub, Pollen oder Lärm sollen durch die Filter der Anlage draußen gehalten werden. Natürlich können die Fenster auch im Winter bei starkem Lüftungsbedarf geöffnet werden, was dann allerdings einen entsprechend höheren Lüftungswärmebedarf zur Folge hat.

Abb. 14.4
Kreuzstrom-Wärmetauscher mit Ventilatoren für Zu- und Abluft (Funktionsschema).

1 Zufuhr der Raumabluft, ca. 15°C
2 Zufuhr Außenluft ca. 0°C
3 abgekühlte Fortluft ca. 5°C
4 erwärmte Außenluft ca. 10°C
5 Metallgehäuse
6 Metallplatten als Wärmetauscher

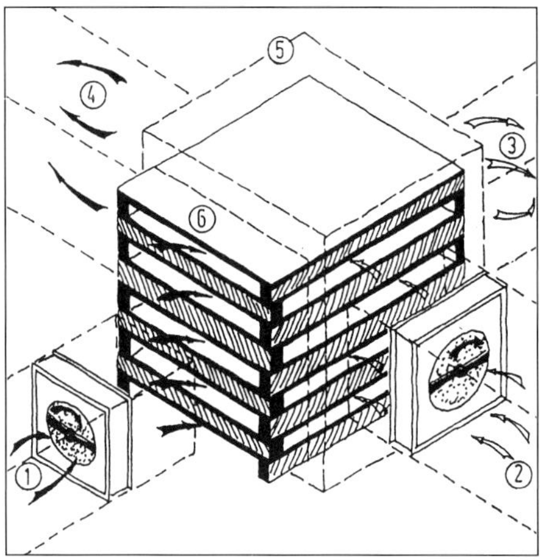

Häufig geäußerte Vorbehalte, die auf Erfahrungen mit alten Luftheizungen oder Klimaanlagen beruhen, sind gegenüber der Abluftanlage nicht gerechtfertigt, da die Luft weder künstlich beheizt und noch gekühlt wird; außerdem sind die bewegten Luftmengen im Vergleich zu alten Luftheizungen sehr gering.

Der Einbau einer Abluftanlage ist besonders in Zusammenhang mit anderen Energiespar- und Umbaumaßnahmen wie z.B. Wärmedämmung der Gebäudehülle, Erneuerung der Heizungs- und Sanitärinstallationen oder Herstellung dicht schließender Fenster zu empfehlen. Um die Gesamtlänge der Luftkanäle gering zu halten, ist es von Vorteil, wenn Bad, WC und Küche nah beieinander liegen. Die Kanäle können entweder sichtbar unter der Decke verlegt, in Ecken eingepasst und dort ggf. noch verkleidet werden. Kleine Räume, Gewölbe- und Balkendecken sowie Fachwerkwände können die Kanalführung erschweren.

Die Energieeinsparung, die bei einem Haus mit 150 m² Wohnfläche im Vergleich zur freien Lüftung erreicht wird, liegt im Mittel in der Größenordnung von 4000 kWh (= 400 l Heizöl entsprechend 400 m³ Erdgas) pro Jahr. Bei günstigen baulichen Verhältnissen in einem Haus dieser Größe betragen die Kosten für eine einfache Abluftanlage 2.300 bis 3.200 €. Bei schwierigen baulichen Gegebenheiten oder bei höheren Ansprüchen an den Komfort können auch doppelt so hohe Kosten entstehen.

Lüftungsanlage mit Wärmerückgewinnung

Ein zusätzlicher Komfort lässt sich durch den Einbau einer Wärmerückgewinnung erreichen. Dabei wird die kalte Frischluft mittels Wärmetauscher durch die warme Fortluft erwärmt und über separate Zuluft-Kanäle den Aufenthaltsräumen zugeführt. Außenwandventile sind in diesem Fall nicht mehr erforderlich. Die Technik eines solchen Wärmetausches ist im Grunde sehr einfach, jedoch wird neben dem Wärmetauscher ein zweiter Ventilator auf der Zuluftseite benötigt.

Wegen des zusätzlichen Stromverbrauches bei der Zu- und Abluft-Förderung lohnt sich die Mehrinvestition für eine Wärmerückgewinnung unter dem Gesichtspunkt der Energieeinsparung kaum, wenn ein Äquivalent von 1 kWh Strom zu 3 kWh Wärme angenommen wird. Eine weitere Aufrüstung, wie sie gelegentlich von Stromversorgungsgesellschaften vorgeschlagen wird, z.B. mit Heizaggregat, Wärmepumpe oder Brauchwassererwärmung, sind für Einfamilienhäuser im allgemeinen nicht empfehlenswert.

Planung von Lüftungsanlagen
Voraussetzung für eine gut funktionierende Lüftungsanlage ist eine gute Planung. Auch wenn das Prinzip sehr einfach erscheint, sollte mit der Planung ein Ingenieurbüro beauftragt werden, das bereits Erfahrungen mit solchen Anlagen in Wohnhäusern hat; denn durch schlechte Planung können Schall- und Geruchsübertragungen sowie hygienische Probleme auftreten, was ebenso wie ein unnötig hoher Stromverbrauch die Qualität solchen Anlagen beeinträchtigt.
Da die Technik derzeit noch nicht sehr verbreitet ist, kann die Suche nach einem erfahrenen Planungsbüro unter Umständen etwas mühsam sein. Dafür fällt die Suche nach einem entsprechenden Handwerker umso leichter, da die Planer meist auf erfahrene Fachbetriebe verweisen.

Eigenleistungen bei der Installation der Anlage werden sich in der Regel auf Vor- und Folgearbeiten beschränken, z.B. auf das Herstellen und Schließen der Wand- und Deckendurchbrüche, auf Verkleidungs- und Malerarbeiten.

Hier noch einige Hinweise zur Planung:

- Die Luftkanäle sind so zu gestalten, dass sie in größeren Zeitabständen gereinigt werden können.
- Die Luftwechselrate sollte auf der kleinsten Stufe etwa 0,2, im Normalbetrieb 0,4 und auf der größten Stufe 1,0 Luftwechsel pro Stunde betragen.
- Für eine gut geplante Abluftanlage hat der Ventilator eine elektrische Leistung von maximal etwa 0,3 W bezogen auf einen Luftdurchsatz von 1 m³/h.
- Der Dunstabzug vom Küchenherd soll getrennt geführt und nicht an die Abluftanlage angeschlossen werden.
- Eine Schallübertragung von einem Raum in den anderen und eine Übertragung der Ventilatorgeräusche ist durch entsprechende Kanalführung und Schalldämpfer auszuschließen.
- Die Frischluftventile in der Außenwand sind in der Nähe von Heizkörpern anzuordnen, damit die einströmende Außenluft keine kalte Bodenströmung erzeugt.

Beim rechnerischen Nachweis gemäß Energieeinsparverordnung EnEV wird eine Lüftungsanlage als Beitrag zur Energieeinsparung berücksichtigt. Wenn ein Kaminofen oder eine andere Einzelfeuerstätte betrieben werden soll, sind besondere Vorkehrungen zu treffen, die sicherstellen, dass durch den Unterdruck kein Abgas in den Raum gelangt und es nicht zu einer Vergiftung der Raumluft kommen kann (siehe Kap. 14.2.2).

14.2 Die Heizung

14.2.1 Die Brennstoff-Frage

Die Wärmeverluste des Gebäudes müssen während der Heizperiode, also etwa von Ende September bis Ende April, durch Wärmezufuhr von außen ausgeglichen werden, um im Haus ein behagliches Raumklima (Kap. 3.1) zu erhalten. Neben der Entscheidung für das eine oder andere Heizungssystem steht zunächst einmal die Wahl eines geeigneten Energieträgers bzw. Brennstoffes. Das Problem der Wärmeverteilung im Haus lässt sich - später - weitgehend unabhängig vom Brennstoff und von der Art der Wärmeerzeugung lösen.

Die wichtigsten Heizenergiequellen sind nach wie vor die fossilen Brennstoffe, wobei die Umweltbelastung durch Abgase in der Reihenfolge Erdgas, Erdöl, Kohle, Holz zunimmt. Ob mit Öl oder Gas oder eventuell auch mit Festbrennstoffen geheizt werden soll, bleibt der Entscheidung im Einzelfall überlassen. Die Betriebssicherheit ist bei modernen Gasheizungen genau so gut wie bei ölbetriebenen Anlagen. Eine interessante Neuentwicklung ist die Holzpellet-Heizung. Die Pellets aus gepresstem Sägemehl werden dem Heizkessel über eine Schnecke automatisch zugeführt, so dass ein automatischer Feuerungsbetrieb ähnlich wie beim Ölheizkessel möglich ist.

Als Alternative zu den wohnungs- bzw. hauseigenen Einzelfeuerungsanlagen wurden in den letzten Jahren vor allem die Häuser in Ballungsgebieten an die Fernwärmeversorgung aus Heizkraftwerken (Kohle- und Gas-Kraftwerke) angeschlossen. Fernwärme schneidet in Bezug auf die Energienutzung und die Umweltverschmutzung in der Regel besser ab als viele, vor allem ältere Einzelfeuerungsanlagen.

Darüber hinaus ist es natürlich erstrebenswert, unsere dauerhafte Energiequelle Sonne möglichst intensiv für die Brauchwassererwärmung zu nutzen. Solarenergie für die Raumheizung einzusetzen, ist hierzulande nur heizungsunterstützend möglich und derzeit finaziell noch recht aufwendig.

Gemäß Energieeinsparverordnung (§§ 9 und 10) sind für alte Heizungsanlagen besondere Vorschriften zu beachten. Dazu gehören diese:

1. Heizkessel, die vor dem 1. 10.1978 eingebaut wurden, sind bis zum 31.12. 2008 außer Betrieb zu nehmen. Wenn die zulässigen Abgaswerte eingehalten sind und der Brenner nach dem 1.11.1996 erneuert wurde, ist der Heizkessel bis zum 31.12.08 außer Betrieb zu nehmen.
2. Ungedämmte Heiz- und Warmwasserleitungen müssen gedämmt werden.
3. Bei selbstgenutzten Wohngebäuden mit nicht mehr als zwei Wohnungen gelten diese Vorschriften (Nr. 1 und 2) nur im Falles eines Eigentümerwechsels.

Tab. 14.1:
Jahresnutzungsgrade von Heizanlagen, bezogen auf die Primärenergie. Quelle: Gesellschaft für rationelle Energieverwendung e.V., Energieeinsparung im Gebäudebestand, 2002

Art der Heizanlage	Jahresnutzungs grad
Altanlage: Festbrennstoffe	0,49
Altanlage vor 1978: Öl / Gas	0,57
Altanlage nach 1978: Öl / Gas	0,65
Moderne Anlage mit Niedertemperaturkessel: Öl / Gas	0,78
Moderne Anlage mit Brennwertkessel: Gas	0,86
Elektro-Speicherheizgeräte	0,28

4. Zentralheizungen müssen, falls nicht vorhanden, mit einer witterungs- und zeitgeführten automatischen Steuerung, Heizkörper ggf. mit automatisch geregelten Thermostatventilen nachgerüstet werden.

Größere Änderungen an der Wärmeversorgung des Hauses bzw. ein Austausch des Heizkessels sollten Anlass sein, die Wahl des Brennstoffes neu zu überdenken:

- Lagerbare Brennstoffe wie Holz, Öl, Flüssiggas oder Kohle bieten zwar die Vorteile der Vorratswirtschaft (Einkauf zu günstigen Preisen, Lagerung von Reserven für Krisenzeiten), erfordern jedoch einen besonderen Lagerraum im oder am Haus sowie bei Zentralheizungsanlagen in der Regel einen separaten Heizungsraum.
- Für Holz als Brennstoff spricht, dass es ein heimischer nachwachsender Rohstoff ist. Dagegen spricht die große Menge an giftigen Schadstoffen im Abgas.
- Bei den leitungsgebundenen Energieträgern Erdgas und Fernwärme ist die Abhängigkeit vom Funktionieren der - normalerweise gesicherten - öffentlichen Versorgung nachteilig. Dafür wird eine relativ „saubere“ Energieform ins Haus geliefert, die gerade in kleinen Häusern ohne Lagermöglichkeiten und bei enger Bebauung ihre Vorzüge hat.

Wenn im Rahmen einer umfassenden Energieberatung oder Modernisierung eine Berechnung nach Energieeinsparverordnung erstellt wird, wirkt sich die Art der Heizung und des Brennstoffs auf die Anforderungen an den Wärmeschutz aus. Je höher der Jahresnutzungsgrad der Heizungsanlage (Tab. 14.1) bezogen auf die eingesetzte Primärenergie ist, um so geringer sind die Anforderungen an die Wärmedämmung der Hülle.

Neben den räumlichen Gegebenheiten, den persönlichen Vorlieben und Komfortbedürfnissen sowie den Möglichkeiten, die der Umbau bietet, spielen natürlich auch die Kosten eine entscheidende Rolle:

- Was kostet der Anschluss an das Gas- oder Fernwärmenetz?
- Wann und mit welchen Kosten muss der alte Heizöltank erneuert werden?
- Wie hoch sind die spezifischen Brennstoffkosten bezogen auf 1 kWh?
- Welche Nebenkosten (Grundgebühren bei den leitungsgebundenen Energieformen, Wartung, Schornsteinfeger, usw.) fallen an?

Hier ist es in jedem Fall lohnend, sich vor einer Auftragsvergabe einen genauen Überblick über die Investitions- und Betriebskosten verschiedener Lösungen zu verschaffen.

Wegen der Komplexität dieser Aufgabe ist es meistens - auch finanziell - sinnvoll, die Beratung und Planung eines Fachingenieurs in Anspruch zu nehmen und sich nicht allein auf die Aussagen des örtlichen Handwerkers zu verlassen.

Eine umfassende Abhandlung zum Thema Heizung würde den Rahmen dieses Buches sprengen. Daher werden nachfolgend nur einige Teilaspekte betrachtet, die für die Situation beim Altbau, für ein gesundes Wohnklima und den Umweltschutz besonders wichtig sind.

14.2.2 Einzelofen- und Kachelofenheizung

Die Systemfrage - Heizung mit Einzelöfen oder Einbau einer Zentralheizung - ist heute in den meisten Altbauten schon zugunsten der bequemeren und komfortableren Zentralheizung entschieden. Wer noch mit Einzelöfen heizt, kennt deren Nachteile:

- Brennstofflagerung und Materialtransport bei Holz, Kohle, Öl, ggf. Brennholzverarbeitung, Aschenbeseitigung.

- Für jede Feuerstelle sind Kaminanschlüsse erforderlich.
- Die Verbrennungsluft wird der Raumluft entnommen und erfordert höhere Luftwechselraten.
- Hohe Emission von Schadstoffen bei alten Feuerstellen oder falscher Betriebsweise, insbesondere wenn Kohle oder Öl verheizt werden.
- Vielfach schlechte Regulierbarkeit der Wärmeabgabe und schlechte Brennstoffausnutzung bei niedrigem Wärmebedarf in den Übergangszeiten.

Andererseits ist es durchaus möglich, wirklich gut wärmegedämmte Häuser mit nur 1 bis 2 Einzelöfen pro Etage zu heizen. Durch den verringerten Wärmebedarf und entsprechend niedrigen Brennstoffverbrauch treten die Probleme des Materialtransportes und der Aschenbeseitigung stärker in den Hintergrund. Dort, wo gut funktionierende Einzelöfen vorhanden und die zugehörigen Schornsteine in Ordnung sind, kann also durchaus gut auf den Einbau einer Zentralheizung verzichtet werden. Dies gilt besonders in ländlichen Gebieten, wo genügend preiswertes Brennholz und Platz zum Lagern und Trocknen zur Verfügung steht.

Für das *Heizen mit Holz* empfehlen sich neben den Kachelöfen speziell dafür gebaute Öfen ohne Gitterrost und Aschenlade, die in Skandinavien weit verbreitet sind und inzwischen auch hier in vielfältigen Ausführungen von „elegant" bis „rustikal" angeboten werden. Die Wärmeabgabe solcher Öfen ist über die Luft- und Brennstoffzufuhr gut regelbar, und das Holz verbrennt bei guter Energieausbeute fast rückstandsfrei, so dass die Aschenbeseitigung sehr wenig Arbeit macht.

Der *Kachelofen* nimmt zwischen Einzelofen- und Zentralheizung eine Mittelstellung ein. So gibt es genügend Beispiele, wo allein mit dem Kachelofen eine ganze Wohnung oder ein kleineres Haus „zentral" geheizt wird. Wer Zeit für die regelmäßige Brennstoffbeschickung hat oder einen Gasbrenner einsetzt, kann bei nicht zu weitläufigem Wohnungsgrundriss mit dieser Form der Heizung gut zurechtkommen.

Auf der anderen Seite sind Kachelöfen als Luxus-Ergänzung zur vorhandenen Zentralheizung wieder in Mode gekommen. Ihre Beliebtheit verdanken sie der behaglichen Wärme, der „ursprünglichen, natürlichen" Heiztechnik und nicht zuletzt ihrem dekorativen Reiz für die Innenraumgestaltung.

Die immer wieder angeführte „gesunde Strahlungswärme" des Kachelofens kommt in einem gut wärmegedämmten Haus jedoch nicht mehr so sehr zur Geltung wie allgemein angenommen. Denn die Wandoberflächen können allein schon durch ausreichende Dämmung auf einem komfortablen Temperaturniveau von 17 bis 19°C gehalten werden, so dass auch ein Warmwasserheizkörper schon ein gutes Strahlungsklima im Raum erzeugt. Dagegen kann sich die thermische Trägheit des Kachelofens ungünstig auf den Energieverbrauch auswirken. Insbesondere im Herbst und Frühjahr, wenn wechselhafte Witterung unverhofft Sonnenenergie durch die Fenster ins Haus bringt, lässt sich die Wärmeabgabe des Kachelofens unter Umständen nämlich nicht schnell genug drosseln.

Soll der Kachelofen das ganze Haus beheizen, wird ein sogenannter „Warmluft-Ofen" eingebaut, der in der Wärmeabgabe besser regelbar ist als die schwereren „Grundöfen" mit gemauerten Zügen und bei dem auch nicht direkt angrenzende Räume über Warmluft-Kanäle versorgt werden können.

Die Kosten eines Kachelofens werden in hohem Maß durch die Kacheln bestimmt. Erfahrungsgemäß liegen die Kosten für einen kompletten Warmluft-Kachelofen bei 5.000 bis 7.500 € – für eine Zusatzheizung ein stolzer Betrag. Schließlich kann für dieses Geld schon eine einfache Warmwasser-Zentralheizung installiert werden. Wesentlich preiswerter sind Kachelöfen mit Sichtmauermerk oder verputztem Mauerwerk.

Um die Schadstoffmenge in den Abgasen zu begrenzen, kommt es darauf an, das Holz bei reichlicher Sauerstoffzufuhr rasch zu verbrennen. Da dichtschließende Fenster und Türen nicht genügend Verbrennungsluft in den Raum lassen, ist es notwendig, die Verbrennungsluft über ein Rohr (z.B. 10 cm ø) aus dem Keller oder von draußen dem Ofen zuzuführen. Gleichzeitig werden dadurch unnötig hohe Luftwechsel im Haus vermieden.

Wenn das Gebäude mit einer Dunstabzugshaube oder einer Lüftungsanlage ausgestattet wird, sind besondere Vorkehrungen für die sichere Zuführung der Verbrennungsluft und gegen den Austritt von Rauchgasen zu treffen. Dies gilt für jede Feuerstätte im Luftverbund mit dem Abluft-Ventilator, also für die Zentralheizung im Keller genau so wie für einen Kaminofen im Wohnraum. Es muss sichergestellt sein, dass im Bereich der Feuerstätte kein Unterdruck größer als 4 Pa entsteht. Die Einzelheiten sind in der Feuerungsanlagenverordnung des jeweiligen Bundeslandes geregelt. Dafür gibt es z.B. folgende Möglichkeiten:

- Bei Betrieb einer Dunstabzugshaube: ein Fensterkontaktschalter stellt sicher, dass die Dunstabzugshaube nur betrieben werden kann, wenn das Fenster geöffnet ist.
- Bei Betrieb einer Lüftungsanlage: Ein elektrisches Überwachungsgerät schaltet bei zu niedrigem Luftdruck die Lüftungsanlage selbsttätig ab.

Es empfiehlt sich, die Einzelheiten mit dem zuständigen Schornsteinfeger abzustimmen.

Es ist vorteilhaft, wenn die Verbrennungsluft direkt von außen zugeführt wird, üblicherweise durch ein Rohr oder einen separaten Kaminzug (Luft-Abgas-System), mit dichtem Anschluss an den Heizkessel bzw. Ofen. Für Kaminöfen im Wohnbereich sind raumluftunabhängige Feuerstätten zu bevorzugen, weil hier im Raum die Lüftungswärmeverluste durch die einströmende Verbrennungsluft am geringsten sind.

Das Luftdruck-Überwachungsgerät muss eine amtliche Zulassung (vom DIBt Deutsches Institut für Bautechnik) haben. Derzeit ist erst ein einziger „Differenzdruckschalter" auf dem Markt, Preis etwa 1.500 € (Mai 2008). Weitere Hersteller haben die Zulassung beantragt.

Abb. 14.5
Dezentrale Gasfeuerstätte (Stockwerk-Therme): Therme als raumluftunabhängige Gasfeuerstätte mit eingebautem Ventilator.

Ein über Dach führender Luft-Abgasschornstein ist bei vielen Thermenherstellern als Systemzubehör lieferbar. Durch Höhenbegrenzung dieses Schornsteins ist diese Variante meist auf den Einbau der Therme im Dachbereich begrenzt.

Als Standort der Therme sind auch Küche oder Bad gut möglich!

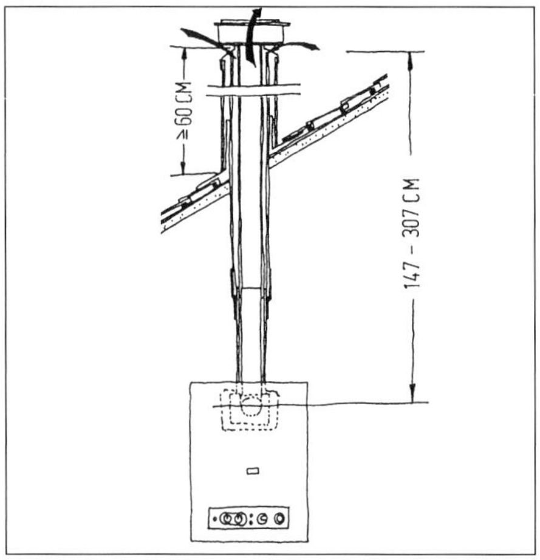

14.2.3 Die Zentralheizung

Die Zentralheizung ist heute auch in Altbauten das am meisten verbreitete System, und zwar entweder als Etagenheizung für eine Wohnung oder als Sammelheizung für das ganze Haus. Ihre Vorteile liegen auf der Hand:

- Bequemer, vollautomatischer Heizbetrieb mit nur einer Feuerstelle pro Wohnung bzw. Haus.
- Gute Regulierbarkeit der Wärmeabgabe.
- Optimierung der Brennstoffausnutzung und Maßnahmen zur Minderung der Schadstoffemission sind mit vertretbarem Aufwand möglich.
- Problemlose Wärmeverteilung auch bei schwierigen und weitläufigen Grundrissen
- Einfache Integration der Warmwasserbereitung in das Anlagensystem.
- Keine Schmutz- und Staubbelastung durch Brennstoff und Asche in den Wohnräumen.
- Für alle Brennstoffe sind geeignete Feuerungsanlagen verfügbar.

Über die Lebensdauer von Zentralheizungsanlagen lässt sich keine einheitliche Aussage machen: bei Stahl-Heizkesseln wird von 20 Jahren Betriebszeit ausgegangen. Gute Gusskessel können zwar wesentlich älter werden, doch sind 20 Jahre alte Kessel heute von der Technik her veraltet und unwirtschaftlich. Die Haltbarkeit der Rohrleitungen aus Stahl liegt bei etwa 30 bis 50 Jahren, Stahlheizkörper halten im allgemeinen mindestens 20 Jahre, solche aus Grauguss 30 bis 50 Jahre und mehr. Ob ein Leitungsnetz erneuert werden muss, sollte zusammen mit einem erfahrenen Handwerker entschieden werden.

Die Hersteller haben die Heizkessel und die Steuerungstechnik in den vergangenen Jahren kontinuierlich verbessert. Ein moderner Heizkessel verbraucht nur noch einen Bruchteil der Energie eines alten Kessels und er gibt weniger Schadstoffe an die Umwelt ab. Anlagen, die älter als etwa 10 Jahre sind, arbeiten daher in den meisten Fällen mit einem vergleichsweise schlechten Wirkungsgrad und damit unwirtschaftlich und umweltbelastend, vor allem wenn durch Dämmaßnahmen (Isolierverglasung, Wärmedämmung im Dach- und Außenwandbereich) der Wärmebedarf des Hauses merklich reduziert wurde.

Der *Anlagenwirkungsgrad* (= nutzbare Heizenergie : Energieinhalt des eingesetzten Brennstoffs) ist nicht identisch mit dem vom Schornsteinfeger gemessenen *Kesselwirkungsgrad* (= feuerungstechnischer Wirkungsgrad); er berücksichtigt neben dem Kesselwirkungsgrad außerdem die gerade bei älteren Kesseln oft sehr hohen Stillstandsverluste (= Abkühlen des Kessels durch den Kaminzug und die Wärmeabgabe an den Heizraum). Anhaltspunkte für eine schlechte Anlagentechnik liefern neben dem Messprotokoll des Schornsteinfegers (der von ihm gemessene Kesselwirkungsgrad sollte wenigstens 90% betragen) auch eigene Beobachtungen wie z.B. zu warmer Heizungsraum, häufiges Anspringen des Brenners mit sehr kurzen Brennerlaufzeiten, überdurchschnittlicher Energieverbrauch. Im Zweifelsfall hilft hier die Prüfung durch einen unabhängigen Fachingenieur, der dann auch Empfehlungen für eine verbesserte Anlagentechnik und Hinweise auf empfehlenswerte Produkte geben kann. Auch die Energieberater der Verbraucherzentralen und vieler Stadtwerke geben Auskunft.

Empfehlungen

Eine moderne Warmwasser-Zentralheizung sieht heute etwa folgendermaßen aus:

- Heutiger Standard sind Brennwert-Kessel,

am besten für Erdgas, aber auch für Heizöl.
- Platzsparend ist ein wandhängender Brennwert-Kessel, der z.B. im Dachgeschoss ohne herkömmlichen Schornstein untergebracht werden kann.
- Alternativ dazu liefert der Fernwärmeanschluss, sofern möglich, schadstoffarme, aber nicht immer die preiswerteste Wärme.
- Rohrleitungen und Heizkörper mit wenig thermischer Masse, d.h. Heizkörper mit geringem Wasserinhalt (z.B. Plattenheizkörper), Rohrleitungen mit kleinem Querschnitt und guter Wärmedämmung.

Gas-Thermen, die zugleich Heizwärme und warmes Brauchwasser liefern, sind bei der Altbausanierung oft sehr praktisch, da sie ohne Heizraum auskommen und Schornsteinsanierungen überflüssig machen.

Bei modernen Gas-Brennwertkesseln und -thermen wird das Abgas bis auf Temperaturen von 40 bis 70°C abgekühlt, um auch die in den Abgasen enthaltene Kondensationswärme zu nutzen. Dadurch lassen sich Wirkungsgrade von über 100% erzielen (bezogen auf den unteren Heizwert, der die Kondensationswärme eines Brennstoffs nicht mit einrechnet). Die Mehrkosten für diese Geräte und die zugehörige Abgasanlage werden, abgesehen von den Energieeinsparungen, häufig bereits durch die Vorteile bei der Raumausnutzung ausgeglichen.

Auch bei Gasthermen ohne Schornsteinanschluss ist die „halbamtliche Schornsteinfegerlobby“ zur gebührenpflichtigen Überprüfung der Anlage ermächtigt. Da die Vorschriften über Rauchgasableitung teilweise Ermessenssache sind, empfiehlt sich eine frühzeitige Abstimmung mit dem zuständigen Bezirksschornsteinfeger.

Wo kein Erdgasanschluss vorhanden ist, kann ein oberirdischer oder unterirdischer *Flüssiggastank* verwendet werden. Flüssiggas ist jedoch meist deutlich teurer als Öl. Auch die Kosten für einen Flüssiggastank sind im allgemeinen etwas höher als bei Öl. Gastanks können jedoch wesentlich kleiner gehalten werden als Öltanks, da der Flüssiggaspreis anders als bei Öl kaum kurzfristigen Schwankungen unterliegt. Ein zwei- bis dreimaliges Nachfüllen pro Jahr ist üblich. Gastanks müssen bestimmte Mindestabstände zu Gebäuden, Grundstücksgrenzen und befahrenen Flächen (3 bzw. 5 m) einhalten, die im einzelnen ggf. bei den Flüssiggaslieferanten erfragt werden können.

Ebenso wie Gastanks erfordern auch die *Heizöltanks* eine regelmäßige Kontrolle auf Dichtigkeit (Gefahr der Wasserverschmutzung!), was bei oberirdischen Tanks kein Problem ist. Bei Erdtanks gibt die Garantiebescheinigung des Tankherstellers einen Hinweis auf die Haltbarkeit. Obwohl Erdtanks in regelmäßigen Zeitabständen vom TÜV geprüft werden müssen, ist der Betreiber für die Dichtigkeit des Tanks verantwortlich und im Schadensfall haftbar. Normale Haushaftpflichtversicherungen decken dieses Risiko im allgemeinen nicht ab.

14.2.4 Varianten der Zentralheizung

Fußbodenheizung

Die Fußbodenheizung ist im allgemeinen längst nicht so vorteilhaft wie ihr Ruf, unabhängig davon, ob sie in Verbindung mit einer Warmwasser-Zentralheizung oder mit elektrischem Strom (siehe auch unter „Elektroheizung“ weiter unten) betrieben wird. Die Vorteile einer Fußbodenheizung liegen im „thermischen Komfort“, d.h. in der angenehmen und gleichmäßigen Wärmeverteilung, sowie darin, dass keine oder nur wenige Heizkörper erforderlich sind.

Die Nachteile sind:

- Mehrkosten gegenüber Heizkörpern von etwa 50%,
- Einschränkung in der Wahl des Bodenbelages (Holzdielen sind ungeeignet, Parkett ist bedingt geeignet),
- erhöhte Staubaufwirbelung,
- schlechte Regulierbarkeit der Wärmeabgabe infolge der thermischen Trägheit,
- hoher Fußbodenaufbau bei den meisten Systemen.

Da die Fußboden-Oberflächentemperatur aus gesundheitlichen Gründen nicht mehr als 28°C betragen soll und die maximale Wärmeabgabe dadurch beschränkt ist, kommen mäßig gedämmte Gebäude nicht ohne zusätzliche Heizkörper oder Einzelöfen aus. Planung und Ausführung von Fußbodenheizungen gehören in die Hände von Fachleuten! Die Dimensionierung der Anlage sollte dabei einem Fachingenieur überlassen werden.

Warmluftheizung

Die Funktionsweise einer modernen Warmluft-Zentralheizung ist der Warmwasserheizung recht ähnlich. Anstelle der Heizungsrohre und Heizkörper übernehmen Luftkanäle mit Auslassgittern in Boden, Wand oder Decke die Aufgabe der Wärmeverteilung. Die Wärmeerzeugung erfolgt auch hier durch einen Heizkessel, der die Wärme entweder unmittelbar (direkte Luftheizung) oder über einen Wasserkreislauf mit Wasser-Luft-Wärmetauscher (Komfort-Luftheizung) an den Luftkreislauf überträgt.

Ist eine Lüftungsanlage vorgesehen, so sollte sie als getrenntes System geplant werden, also nicht als Bestandteil der Luftheizung.

Vorteile dieses Heizsystems:

- Solare Wärmegewinne aus Räumen mit Verglasung nach Südost bis Südwest las-

sen sich relativ leicht in das System „einspeisen“ und in allen Räumen verteilen.
- Auch andere, z.B. interne Wärmegewinne (z.B. durch Backofen, Kachelofen) sind im ganzen Haus verfügbar.
- Die Anlage kann bei Bedarf mit zusätzlichen Heizkörpern oder einer Fußbodenheizung ergänzt werden (z.B. für Räume mit erhöhtem Wärmebedarf wie Bad oder Gewächshaus).
- Die Technik ist einfach und haltbar. Die Luftkanäle können im Vergleich zu Heizkörpern und Heizleitungen weder undicht werden noch einfrieren.

Wegen schlechter Erfahrungen mit alten Anlagen in schlecht gedämmten Häusern existieren vielfach Vorbehalte gegen die Luftheizung. Wenn die Anlage richtig geplant und eingebaut wird und wenn der Wärmeschutz des Hauses den heutigen Anforderungen entspricht, sind solche Vorbehalte jedoch unbegründet. Die Luftgeschwindigkeiten und -temperaturen in richtig geplanten Anlagen sind so niedrig, dass es mit Ventilatorgeräuschen, Zugluft und Staub keine Probleme geben muss. Auch die Geruchs- und Schallübertragung in benachbarte Räume kann bei richtiger Ausführung vermieden werden.

Als nachteilig oder im Altbau hinderlich können sich auswirken:

- der relativ große Platzbedarf für die Luftkanäle,
- der höhere Preis,
- die geringe Bekanntheit des Systems und mangelnde Erfahrung bei Fachplanern und ausführenden Unternehmen,
- die Schallübertragung durch die in den Zimmertüren vorzusehenden Luftschlitze (sofern erforderlich).

Hypokaustenheizung

Bei dieser „alternativen“ Heizung handelt es sich im Prinzip um eine Fußboden- oder Wandheizung mit Luft als Wärmeträger. Sie wird als „besonders gesunde Strahlungsheizung“ ähnlich wie die Kachelofenheizung gerade von Baubiologen hochgelobt. In ausreichend wärmegedämmten Gebäuden lässt sich ein angenehmes Strahlungsklima jedoch auch mit einer einfacheren Heizung erreichen. Gerade im Altbau sind der bauliche Aufwand und die Kosten für eine Hypokaustenheizung so hoch, dass es sinnvoller ist, diese Mittel für energiesparende Maßnahmen im Bereich der Wärmedämmung, Heizungs- oder Solartechnik zu investieren.

Elektroheizung

Die Elektroheizung ist nur vordergründig eine saubere Heizung. Bei genauer Betrachtung zeigt sich, dass Nachtstrom-Speicheröfen und auch die Warmwasserheizung mit Nachtstrom-Wasserspeichern weder umweltfreundlich noch besonders wirtschaftlich sind:

- Im Kraftwerk muss zur Stromerzeugung mehr als dreimal soviel Energie eingesetzt werden wie beim Verbraucher ankommt. Daraus ergeben sich unnötig hohe Risiken (aus der Kernenergietechnik) sowie unnötig große Umweltbelastungen und eine Rohstoffvergeudung (durch die Verbrennung fossiler Brennstoffe).
- Nachtstrom ist kein Überschussstrom, sondern eine Absatzstrategie der Energiekonzerne.
- Die Nachtspeicher-Einzelöfen haben relativ hohe Stillstandsverluste, im Heizbetrieb verursacht der Ventilator lästige Geräusche und Staubaufwirbelung.

Weitere Nachteile der Nachtspeicher-Einzelöfen sind: hohes Gewicht (bei Holzbalkendecken oft problematisch), hässliches Aussehen, aufwendige und teure Starkstrominstallationen im Haus, langer Antragsweg. Besonders teuer und energetisch noch unrationeller sind alle mit Tagstrom betriebenen Bedarfsheizungen, die den Strom „aus der Steckdose“ entnehmen.

Wärmepumpen

Wärmepumpen sind Wärmeerzeuger, bei denen elektrischer Strom, Gas oder Öl dazu eingesetzt wird, um der Umgebung (Luft, Boden oder Gewässer) Wärme zu entnehmen und sie für Heizzwecke im Gebäude nutzbar zu machen.

Für den geringen Wärmebedarf kleiner Gebäude stehen derzeit nur elektrisch betriebene Wärmepumpen zur Verfügung. Und die können nicht als Beitrag zum Umweltschutz bezeichnet werden, denn der energetische Gesamtwirkungsgrad ist mit 90% (bezogen auf den Primärenergieeinsatz im Kraftwerk) nicht besser als bei der direkten Verbrennung fossiler Brennstoffe im Haus. Darüber hinaus sind solche Anlagen im allgemeinen kaum wirtschaftlich, da neben der Wärmepumpe noch ein normaler Heizkessel bereitstehen muss, der die Spitzenleistung in den kältesten Monaten des Winters liefert. Die Kosten für eine Wärmepumpenanlage liegen bei etwa 8.000 bis 14.000 €, bezogen auf ein Haus mit 150 m^2 Wohnfläche.

Gas- oder dieselmotorgetriebene Wärmepumpen können dagegen Leistungsziffern bis zu 250% erreichen (d.h. das 2,5-fache des eingesetzten Brennstoffs wird als Nutzwärme geliefert), indem sie zusätzlich zur Energie aus der Wärmepumpe auch die Abwärme des Gas- oder Dieselmotors fast vollständig zu Heizzwecken nutzen. Damit wird die eingesetzte Primärenergie bedeutend effizienter umgesetzt. Anlagen dieser Art haben sich seit Jahren in der Praxis bewährt und werden von mehreren Firmen angeboten. Die kleinste Einheit bringt allerdings eine Wärmeleistung von 12 kW.

Abb. 14.6 *links*
20 m² Sonnenkollektoren zur Brauchwassererwärmung, integriert in das Dach eines kleinen Kinderheimes.

Abb. 14.7 *rechts*
Schemazeichnung einer Sonnenkollektor-Anlage zur Brauwassererwärmung.

1 Sonneneinstrahlung
2 Dachkollektor, südorientiert
3 Kollektor-Wasserkreislauf
4 Heizkessel der Zentralheizung
5 Steuerungsanlage
6 Bivalenter Brauchwasserspeicher

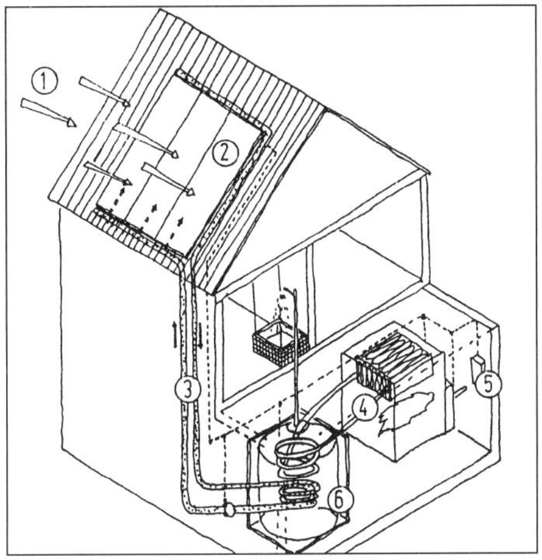

Holz-Pelletkessel

Der neueste Trend beim Heizen sind Pelletkessel, die so vollautomatisch arbeiten wie ein Gas- oder Ölkessel. Die gepressten Pellets werden aus Abfallholz hergestellt. Der Brennstoff gilt als CO_2-neutral, weil bei der Verbrennung nur so viel CO_2 entsteht, wie das Holz beim Wachstum der Luft entzieht. Die Staubemissionen und andere Schadstoffe, die den Sommer-Smog verursachen, sind deutlich größer als bei Öl oder Gas. Die automatische Förderung der Pellets zum Kessel erfolgt in der Regel mittels eines Schneckenanstriebs aus einem benachbarten Lagerraum. Aber auch ein Außentank mit Saugleitung ist möglich. Etwa 3 m³ Pellets entsprechen 1.000 l Heizöl. Die Warmwasserbereitung im Sommer erfolgt dann am besten mit einer Solaranlage. Wegen der höheren Anschaffungskosten gibt es staatliche Zuschüsse und günstige Darlehen, z.B. bei der KfW-Förderbank (siehe Kap. 1.5).

14.3 Warmwasserbereitung

Welches Verfahren zur Warmwasserbereitung das preiswerteste und energetisch günstigste ist, hängt ganz wesentlich von der Art der Gebäudeheizung ab und muss daher für jeden Einzelfall neu überdacht werden.

Wo eine Zentralheizung geplant oder eine zu modernisierende vorhanden ist, erfolgt die Warmwasserbereitung am besten über einen zentralen, gut wärmegedämmten Speicher, der möglichst in der Nähe der wichtigsten Zapfstellen stehen und so bemessen sein sollte, dass er den Verbrauch eines Tages fasst. Für einen 4-Personen-Haushalt reichen etwa 300 l Speichervolumen. Die wärmedämmende Ummantelung sollte mindestens 10 cm dick sein. Bei einer solchen Auslegung arbeitet die Anlage auch im Sommer energiesparend und wirtschaftlich, da der Kessel zum Aufheizen des Speichers nur ein- oder zweimal pro Tag anspringen muss. Diese Lösung ermöglicht auch die - ggf. nachträgliche - Integration einer Solaranlage zur Warmwasserbereitung in das Anlagensystem, so dass der Heizkessel im Sommerhalbjahr ganz abgeschaltet werden kann. Der Standspeicher wird dazu mit einem zweiten Solar-Wärmetauscher ausgestattet, der im unteren Bereich des Standspeichers liegen sollte.

Wo keine Zentralheizung vorhanden ist, empfiehlt sich die dezentrale Wassererwärmung mit Gas, und zwar entweder in einem Durchlauferhitzer oder in einem Standspeicher möglichst nahe bei den Verbrauchsstellen. In Gebieten ohne Erdgasversorgung bietet Flüssiggas in transportablen Gasflaschen ähnliche Vorzüge im praktischen Gebrauch. In einem genormten Gasschrank, der nur außen und unter Berücksichtigung vorgeschriebener Schutzabstände aufgestellt werden darf, werden jeweils zwei Gasflaschen untergebracht, eine zur Benutzung, die andere zur Reserve. Für Mehrfamilienhäuser ist ein kleiner Flüssiggastank (unter- oder oberirdisch) geeignet.

Elektro-Heißwasserspeicher oder gar elektrischer Durchlauferhitzer erfüllen zwar denselben Zweck wie die Gasgeräte, umweltbewusste Hausbesitzer sollten jedoch, wenn irgend möglich, keinen Strom für Heizzwecke verwenden, auch nicht für die Warmwasserbereitung!

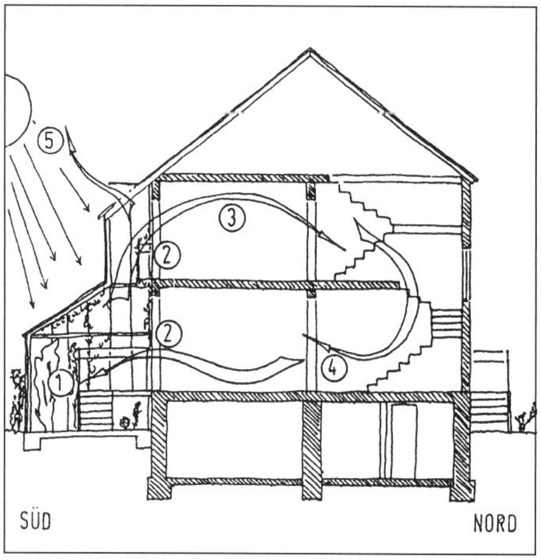

Abb. 14.8
Passive Sonnenenergienutzung: Funktionsprinzip eines Anlehngewächshauses.

1 Durch Sonneneinstrahlung erwärmte Raumluft steigt im verglasten Vorbau nach oben
2 Bewegliche Fenster- und Türabschlüsse zum Wohnraum
3 Zugeführte erwärmte Raumluft
4 Abgekühlte Raumluft
5 Abfuhr überschüssiger Warmluft im obersten Bereich des Vorbaues

14.4 Sonnenenergienutzung

Sonnenkollektoren und Glasvorbauten liefern kostenlose und umweltfreundliche Sonnenenergie frei Haus. Bei fachgerechter Planung und Ausführung können sie auch unter mitteleuropäischen Klimabedingungen in nennenswertem Umfang zur Heizenergieeinsparung beitragen.

Warmwasserbereitung mit Sonnenkollektoren

Sonnenkollektoren kommen hierzulande überwiegend für die Brauchwassererwärmung zum Einsatz. Die Kollektoren (Flachkollektoren oder Vakuumkollektoren) werden an einer möglichst sonnenexponierten Stelle, in der Regel auf einer Dachfläche, angebracht. Bei Südorientierung und einem Neigungswinkel zwischen 30 und 45° ist zur Versorgung eines 4-Personen-Haushaltes eine Kollektorfläche von 5 bis 8 m^2 je nach Standort und Kollektortyp sinnvoll. Sie kann in Verbindung mit einem 300 bis 400 l-Brauchwasser-Speicher im Sommerhalbjahr den Warmwasserbedarf (ca. 200 - 300 l/Tag bei 4 Personen) zu 80 bis 90% decken und auch im Winterhalbjahr an sonnigen Tagen noch spürbare Beiträge zur Warmwasserbereitung leisten.

Erzeugen die Kollektoren im Winterhalbjahr oder während Schlechtwetterperioden nicht genügend hohe Temperaturen im Speicher, muss nachgeheizt werden. Wo eine Zentralheizung vorhanden ist, geschieht dies über einen zweiten Wärmetauscher im oberen Teil des Brauchwasserspeichers. Eine Alternative ist die Nachheizung über eine thermostatisch gesteuerte Gastherme, die bei zu niedrigen Brauchwassertemperaturen automatisch anspringt. Die häufig praktizierte elektrische Zusatzheizung ist weniger sinnvoll, da die Vorteile der Sonnenenergienutzung für die Umwelt durch den Stromeinsatz weitgehend aufgehoben würden. Leider sind die Preise für Sonnenkollektoren mit dem erforderliche Zubehör immer noch recht hoch. Entsprechend lang ist bei den derzeitigen Energiepreisen die Amortisationszeit solcher Anlagen. Bei Montage in Eigenleistung fällt die Rechnung merklich günstiger aus. Der Bau einer Kollektoranlage sollte daher erst ins Auge gefasst werden, wenn die anderen wirtschaftlicheren Energiesparmaßnahmen am Gebäude durchgeführt sind (vgl. Kap. 4.3).

Für die Raumheizung ist der Einsatz von Warmwasser-Kollektoren in unserem Klima nicht sinnvoll, da das Strahlungsangebot im Winter für die Heizung nicht ausreicht und andererseits - von Versuchsanlagen abgesehen - derzeit noch keine leistungsfähigen Großspeicher für die Wärmespeicherung vom Sommer bis in den Winter hinein verfügbar sind.

Glasvorbauten

Nach Süden orientierte Glasflächen können zur „passiven“ Sonnenenergienutzung eingesetzt werden. Zum Verständnis der Wirkung ist es wichtig, zwischen großzügiger Südverglasung von Wohnräumen, Wintergärten und Wohngewächshäusern zu unterscheiden.

Südfensterflächen mit Isolierverglasung bringen durch die Sonneneinstrahlung auch im Winter mehr Wärme ins Haus, als durch sie in der Nacht und an trüben Tagen verloren geht, besonders wenn die Glasflächen nachts mit Rolläden o.ä. wärmegedämmt sind oder eine Wärmeschutzverglasung eingesetzt wird. Neben einer guten Belichtung wirken die Fenster damit als „Sonnenkollektoren“ mit positiver Energiebilanz.

Wohngewächshäuser sind beheizbare Glasräume mit einer ganzjährigen (meist subtropischen) Bepflanzung. Durch eine Beheizung muss gewährleistet sein, dass die Raumtemperatur nicht unter 5°C absinkt. Zur Begrenzung der Wärmeverluste sollte auch hier eine Wärmeschutzverglasung vorgesehen werden. Wohngewächshäuser dienen der Aufwertung der Wohnqualität und der Erweiterung des Wohnraumes. Solare Energiegewinne für das übrige Haus fallen wegen der erforderlichen Heizung im Gewächshaus kaum an, denn Gewinne und Verluste des Gewächshauses heben sich in der Energiebilanz etwa gegeneinander auf.

Gewächshäuser müssen so gestaltet werden, dass das Kondenswasser, das sich bei niedrigen Außentemperaturen an der Innenseite der Verglasung bildet, kontrolliert abgeleitet wird. Das ist gerade bei Holzkonstruktionen besonders wichtig. Die Herstellungskosten für ein Wohngewächshaus betragen ca. 700 € pro m^2 verglaste Fläche.

Wenn der Glasvorbau hauptsächlich der Sonnenenergienutzung dienen soll, sollte er als *nicht beheizter Wintergarten* in der Art einer verglasten Loggia bzw. Terrasse gestaltet werden. Zimmerpflanzen werden am besten in Töpfen und Kübeln gehalten, damit sie im Winter an einen frostfreien Platz gebracht werden können. Eine Einscheiben-Verglasung kann mit preiswertem Gewächshausglas hergestellt werden, höhere solare Gewinne und mildere Temperaturen im Winter sind jedoch mit Isolier- oder Wärmeschutzverglasung zu erzielen.

Für die energetische Optimierung sind Glashaus und Kernhaus als verbundenes System zu betrachten, das folgende Merkmale aufweisen sollte:

- Die Glasflächen sollten überwiegend nach SSO bis SSW orientiert sein, wobei SSO wegen der morgendlichen Erwärmung zu bevorzugen ist.
- Die für eine optimale Einstrahlung (im Winter) günstige Neigung der südorientierten Glasflächen beträgt 60°, in der Praxis haben sich jedoch senkrecht stehende Verglasungen besser bewährt. Sie lassen sich konstruktiv leichter und dauerhafter ausführen, da sie nicht so stark der Bewitterung ausgesetzt sind. Dachverglasungen mit geringer Neigung sind für das Wachstum der Pflanzen zwar erwünscht, unter energetischen Gesichtspunkten aber nicht sehr günstig. In der Heizperiode bringen sie nur geringe Wärmegewinne, im Sommer dagegen führen sie leicht zu einer Überhitzung im Gewächshaus.
- Die Wärme aus dem Wintergarten soll möglichst gut in alle Räume des Hauses verteilt werden können, z.B. durch natürliche Thermik (geöffnete Fenster und Türen zwischen Wintergarten und angrenzenden Räumen) oder durch eine mechanische Lüftung (Luftkanäle mit Ventilator, Luftzentralheizung).
- Das Haus soll ein gutes Wärmespeichervermögen haben, um einerseits bei Sonnenschein viel Wärme aufzunehmen und abends wieder abgeben zu können und um andererseits im Sommer einer Überhitzung entgegenzuwirken. Stoffe mit einer hohen Wärmespeicherkapazität sind z.B. Ziegel, Kalksand- und Natursteine mit hoher Rohdichte sowie Beton und Wasser.
- Die von der Sonne direkt beschienenen Wand- und Bodenflächen sollen einen dunklen Farbton und ein gutes Wärmespeichervermögen haben.
- Wenigstens eine der beiden Verglasungen, entweder die Wintergartenhülle oder die Verglasung zwischen Wintergarten und Kernhaus, sollte als Wärmeschutzverglasung ausgeführt werden.
- Die Heizungsanlage soll möglichst schnell, raumweise und selbsttätig auf solare Wärmegewinne reagieren können. Günstige Systeme sind die Warmwasser-Zentralheizung mit Heizkörpern für Niedertemperaturbetrieb (und Thermostatventilen) und die Warmluftheizung. Kachelöfen und Fußbodenheizungen erfüllen aufgrund ihrer Trägheit diese Forderung nicht.
- Ein günstiges Kosten-Nutzen-Verhältnis lässt sich bei Wintergärten erreichen, die weitgehend in den massiven Baukörper integriert sind. Weniger günstig sind Glashäuser, die vollständig vor einer Außenwand oder gar vor einer Gebäudeecke liegen.

Eine energetische und wirtschaftliche Optimierung solcher Systeme erfolgt heute in der Regel mit Hilfe computergestützter Rechenverfahren. Jede technische Optimierung ist jedoch nur in Verbindung mit einem angemessenen Nutzerverhalten sinnvoll.

Für die Bauausführung von Wintergärten und Wohngewächshäusern gelten folgende weitere Regeln:

- Bei „Überkopfverglasungen“ (auch Schräg- bzw. Dachverglasung genannt) müssen Vorkehrungen zum Schutz gegen herabfallende Scheibenteile getroffen werden, z.B. durch ein Gitter oder durch die Verwendung von Sicherheitsglas. Die gleichen Vorkehrungen sind bei größeren Absturzhöhen (z.B. in Baden-Württemberg ab 1 m) auch für senkrechte Glasflächen baurechtlich vorgeschrieben.
- Ein nächtlicher Wärmeschutz, z.B. mit innenliegenden, dicht schließenden Rollos ist in vielen Fällen sinnvoll, wird aber aus finanziellen und gestalterischen Gründen häufig nicht vorgesehen. Eine Wärmeschutzverglasung ist wärmetechnisch der einfachen Isolierverglasung mit nächtlichem Wärmeschutz überlegen.
- Um einer sommerlichen Überhitzung entgegenzuwirken, sind ausreichende Lüftungs- und Schattierungsmöglichkeiten vorzusehen, besonders bei Schrägverglasungen. Die Größe der Lüftungsöffnungen

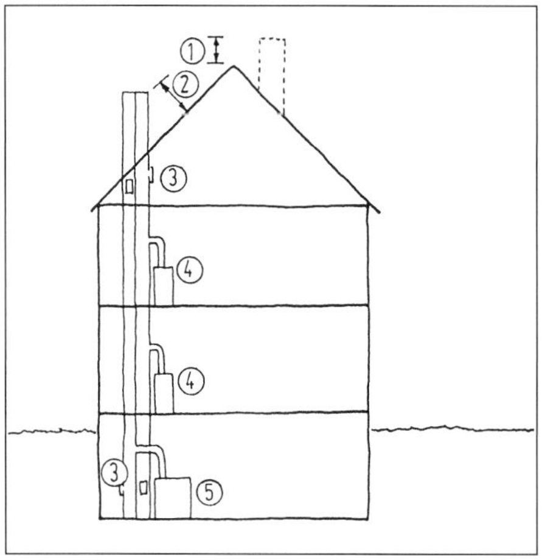

Abb. 14.9 *oben*
Schornstein-Anlage.
Bei der Planung und Ausführung ist zu beachten:

1 Mündung > 40 cm über Dachfirst
2 Mündungsabstand von der Dachdeckung > 100 cm
3 Putztüren:
- dürfen nicht in Aufenthaltsräume münden
- Abstand untereinander max. 8 m
- Abstand zwischen oberster Putztür und
- Kaminkopf max. 4,0 m
4 max. 3 Einzelöfen pro Kaminzug
5 max. 1 Zentralheizung pro Kaminzug

Außerdem: Schornsteinquerschnitt auf das vorgesehene Heizungssystem abstimmen! Sicherheitsvorgaben und Brandschutz beachten!

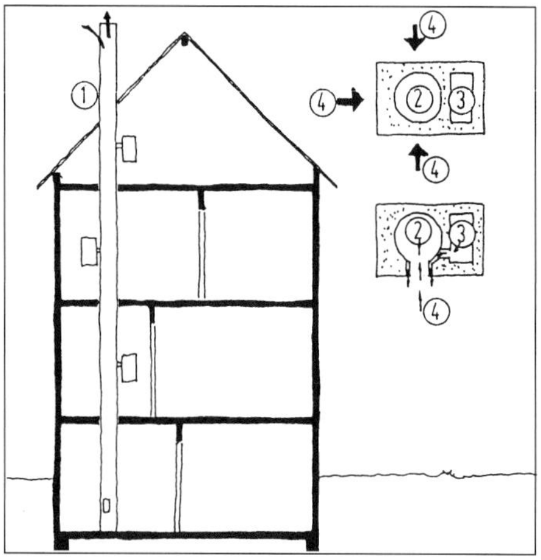

Abb. 14.10 *rechts unten*
Anschluss an zentralen Luft-Abgas-Schornstein (LAS-System: maximal 4 Anschlussstellen pro Zug; technische Richtlinien beachten!

1 LAS-System (Schornstein)
2 Abgasführung
3 Zuluftführung
4 Anschlussmöglichkeiten für Therme

sollte etwa ein Zehntel der Glasfläche betragen. Eine außenliegende Schattierung, z.B. in Form von Rollmarkisen, ist wirksamer aber auch teurer als eine innenliegende Schattierung, z.B. in Form von Faltmarkisen oder Sonnensegeln.

14.5 Schornsteine

Mit Ausnahme der an der Außenwand angebrachten Gasthermen oder solchen im Dach, für die ein neuer Abgaskamin vorgesehen wird, müssen Feuerstätten an einen Schornstein angeschlossen werden, um die Abgase sicher über Dach zu leiten. Bei der Modernisierung von Heizungsanlagen werden besonders in älteren Häusern Maßnahmen am Kamin erforderlich.

Schornsteine wurden etwa bis 1960 aus Ziegelmauerwerk oder Ziegelsplitt-Formteilen hergestellt, in der Regel mit recht großem Querschnitt und unzureichender Wärmedämmung, ausgelegt für Kohle- und Holzöfen mit hohen Abgastemperaturen. Werden moderne, energiesparende Heizkessel (Öl oder Gas) mit Abgastemperaturen von 160 bis 180°C und weniger an solchen Kaminen betrieben, ist ein „Versotten" des Kamins die häufige Folge, weil die Rauchgase vor Erreichen der Schornsteinmündung zu stark abkühlen und kondensieren. Verrostete Reinigungstüren, brüchige Mörtelfugen und austretendes braunes Kondensat sind die sichtbaren Schäden.

Zur Sanierung sind folgende Maßnahmen möglich:

- Anbringen einer Wärmedämmung in den nicht beheizten Räumen (Dachraum) und am Kaminkopf (Kap. 8.3) bei leichteren Feuchteschäden und sonst intaktem Kamin.
- Verkleinern des inneren Schornsteinquerschnitts durch Auspressen mit Spezialmörtel durch Fachfirmen.
- Grundlegende Schornsteinsanierung durch Einsetzen eines Edelstahl- oder glasierten Tonrohres mit einer wärmedämmenden Ummantelung (z.B. Schüttung) in den alten Kamin (durch Spezialfirmen).

Wenn mehrere Feuerstätten an einen vorhandenen Schornstein angeschlossen werden sollen, ist zu beachten:

- An einen gemeinsamen Schornsteinzug dürfen bis zu 3 Feuerstätten für flüssige oder feste Brennstoffe angeschlossen werden. Feuerstellen für Gas müssen an einen eigenen, den Gasgeräten vorbehaltenen Zug angeschlossen werden.
- Ein eigener Schornsteinzug für jede einzelne Feuerstätte ist erforderlich z.B. bei einer Nennwärmeleistung von mehr als 20 kW (Zentralheizungskessel) - bei Gasfeuerstätten mit mehr als 30 kW - sowie für jede Feuerstätte mit Gebläsebrenner und für jeden offenen Kamin.

Neue Schornsteine werden heute aus ein- oder mehrschaligen Formschornsteinen hergestellt, da sie funktionssicherer sind als gemauerte. Besonders bewährt haben sich die Isolierschornsteine, bestehend aus dem

Schamotte-Innenrohr, einer belüfteten Wärmedämmung und dem äußeren Mantelstein. Formschornsteine gibt es für einen und mehrere Züge in zahlreichen Querschnitten. Metall-Leichtschornsteine aus doppelwandigem Edelstahlblech mit zwischenliegender Dämmschicht können an Wandkonsolen innen und außen montiert werden. Innerhalb von Wohnungen müssen sie jedoch zusätzlich feuerbeständig ummantelt werden, z.B. mit Leichtbeton-Formsteinen.

Brennwert-Heizkessel benötigen eine feuchtigkeitsbeständige Abgasleitung mit einer Ableitung für das anfallende Kondensat. Für den nachträglichen Einbau in einen vorhandenen Schornstein eignen sich Abgasleitungen aus Edelstahl oder aus Kunststoff.

Für die Planung und Ausführung eines neuen Schornsteins gibt es in den Bauordnungen der Länder und in der DIN 18160 zahlreiche Vorschriften. Einige wichtige Regeln sind im folgenden aufgelistet. In jedem Fall ist es günstig, Baumaßnahmen am Schornstein mit dem Bezirksschornsteinfeger abzustimmen.

Vorschriften für die Errichtung eines Schornsteins:

- Die Errichtung eines neuen Schornsteines ist häufig genehmigungspflichtig.
- Die Schornsteinmündung soll möglichst nahe beim First liegen.
- Wenn der Schornstein nicht auf einem eigenen Fundament errichtet wird, ist die Tragfähigkeit des Bodens bzw. der Decke zu prüfen.
- Reinigungsöffnungen sind in Abständen von 8 m anzuordnen. Die Putztür soll nicht in einem Aufenthaltsraum liegen; ggf. ist ein Vorraum oder eine Vormauerung mit Tür als Schleuse herzustellen.
- Schornsteine sind in Abständen von höchstens 5 m (gegen seitliches Kippen bzw. Ausknicken) auszusteifen.
- Der Schornsteinquerschnitt ist nach DIN 18160 bzw. nach den Unterlagen der Hersteller zu ermitteln.
- Für die Anschlüsse von Feuerstätten sind bei Formschornsteinen spezielle Anschluss-Formstücke zu verwenden. Nachträglich erforderliche Aussparungen dürfen nur durch Bohren oder Schneiden, z.B. mit Trennscheiben, hergestellt werden. Stemmarbeiten sind nicht zulässig.
- Die Außenflächen von Schornsteinen müssen verputzt werden und von brennbaren oder schwer entflammbaren Baustoffen (z.B. Deckenbalken, Dachstuhl) mindestens 5 cm entfernt bleiben.
- Wandschlitze und Befestigungen an Schornsteinen sind unzulässig.

14.6 Sanitärinstallationen

Ähnlich wie bei der Heizungsinstallation geht es auch hier darum, *planerische Hinweise* für Erneuerungs- und Erweiterungsmaßnahmen darzustellen. *Die Ausführung* der eigentlichen Installationsarbeiten wird zumeist Fachleuten überlassen bleiben. Möglichkeiten für Eigenleistungen bestehen wieder im Bereich der Vor- und Folgearbeiten.

Wasserversorgung

Die durchschnittliche Haltbarkeit von Wasserleitungsrohren aus verzinktem Stahl beträgt etwa 15 bis 40 Jahre, sie hängt wesentlich von den Inhaltsstoffen bzw. der Aggressivität des Trinkwassers ab. Ob und wie dringend ein altes Leitungsnetz erneuert werden muss, kann nur von erfahrenen Fachleuten beurteilt werden. Maßgebend für die Beurteilung ist die Dicke des Kalkansatzes, der Rostansatz und die verbliebene Materialstärke. Wenn allerdings bereits erste Undichtigkeiten an Leitungsrohren aufgetreten sind, sollten im Zuge von Umbaumaß-

Abb. 14.11
Erneuerung der Abwasserinstallation. Im Vordergrund die Sanitär-Installationswand für hängende WC-Montage.

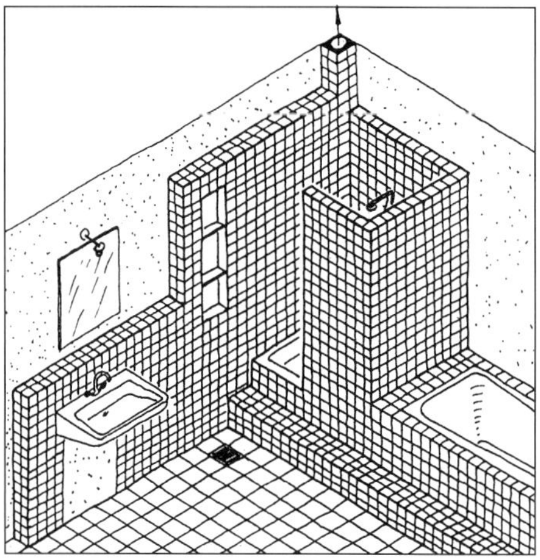

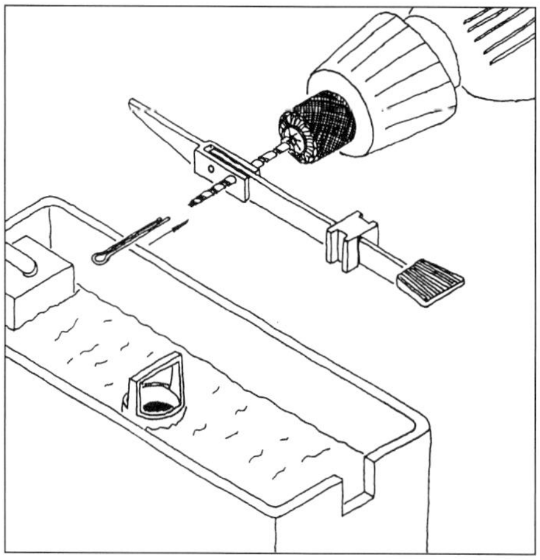

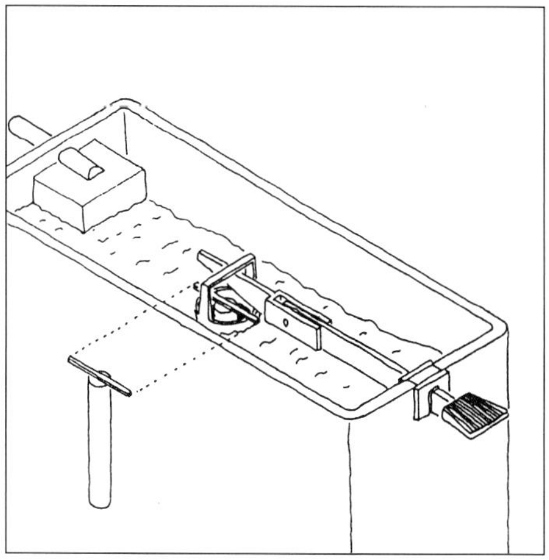

Abb. 14.12 *links*
Die Vormauerung im Sanitärbereich kann mehreren Zwecken dienen:

- Unterbringung der Installationsleitungen
- Unterbau für keramischen Wandbelag im Spritzwasserbereich, einschließlich dahinter liegender Abdichtung
- Raumgestaltung
- Wandbegradigung
- Duschtrennwand
- Simsablagen

Abb. 14.13 *mitte*
Nachträglicher Einbau einer Spülwasserregelung.

Den nur für das Ausfließen des Spülwassers gerichteten Betätigungshebel herausnehmen, Zwischengelenk mit Splint oder Schraube starr verbinden und Hebel wieder einsetzen. Nun kann durch Hochdrücken des Hebels die abfließende Wassermenge reguliert werden.

Abb. 14.14 *rechts*
Regulierung der Spülwassermenge durch Einhängen eines Gewichtes (im Fachhandel erhältlich).

Lässt man den Betätigungshebel nach kurzem Spülen wieder los, wird dieser durch das eingehängte Gewicht sofort wieder nach oben gedrückt und der Spülvorgang wird gestoppt.

nahmen sämtliche Wasserleitungen erneuert werden.

Bei einer Erweiterung oder (Teil-)Erneuerung des Leitungsnetzes gilt es zunächst die Materialfrage zu klären: Für Kalt- und Warmwasser-Leitungen im Haus können grundsätzlich verzinkte Stahlrohre, Kupferrohre (hart und weich) sowie neuerdings auch vernetzte Polyäthylen-Rohre (VPE) eingesetzt werden. Kupferrohre lassen sich biegen und (weich-) löten; sie können dadurch relativ leicht, schnell und mit einfachem Werkzeug verarbeitet werden. Verzinkte Stahlrohre müssen dagegen vor Ort zunächst mit Außengewinde versehen und dann mittels Gewindefittings verschraubt werden, was schon wegen der erforderlichen Gewindeschneideinrichtung keine Arbeit für Heimwerker ist. In der Haltbarkeit liegen Kupfer- und Stahlleitungen fast gleich. Obwohl Kupfer vom Material her teurer ist, wird es auch vom Handwerk wegen der kürzeren Montagezeiten zunehmend eingesetzt.

In allen Metall-Wasserleitungen gehen laufend kleinste Mengen des Metalls im Wasser in Lösung (bei Stahlleitungen z.B. nach Entleerung des Leitungsnetzes an der Braunfärbung des Wassers sichtbar). Trinkwasserleitungen aus Blei, die sich noch in so manchen alten Häusern finden, sollten wegen der gesundheitsschädigenden Wirkung von Blei unbedingt ersetzt werden. Aus demselben Grund dürfen Kupferrohre niemals in Fließrichtung vor Stahlrohren eingebaut werden, die Stahlrohre würden durch Korrosion binnen kurzer Zeit zerstört!

Die VPE-Kunststoff-Rohre (z.B. Fabrikat Sanipex), die in einem gewellten Schutzrohr (Leerrohr) verlegt werden, vermeiden viele Nachteile der Metalleitungen: Sie lassen sich durch eine ausgeklügelte Systemtechnik (das „Rohr-in-Rohr System“) mit einfachen Werkzeugen auch von Heimwerkern leicht verarbeiten, korrodieren nicht und geben (nach heutigem Erkenntnisstand) keine schädlichen Stoffe an das Wasser ab - sind also für Neuinstallationen eine überdenkenswerte Alternative. Über die Lebensdauer dieser Leitungen in Hausanlagen liegen noch keine zuverlässigen Erfahrungen vor, doch lassen sich durch die Verlegung der Leitungen in Leerrohren defekte Stücke leicht austauschen.

Bei der Verlegung der Rohrleitungen bietet sich in Küche und Bad die sogenannte Vormauerung an. Die Leitungen werden nicht in Wandschlitzen, sondern auf der rohen Wand verlegt und anschließend durch eine Verkleidung oder eine dünne Mauer verdeckt, z.B. durch eine Vormauerung aus Kalksandstein-, Bims- oder Gasbetonplatten in einer Dicke von 5 bis 10 cm. Solche Mauerwerksflächen können gezielt zur Raumgestaltung eingesetzt werden, z.B. als Ablagesims, Duschtrennwand oder zur Wandbegradigung. In Bereichen, die nicht direkt dem Spritzwasser ausgesetzt sind, ist auch eine sichtbare Leitungsführung denkbar. Das kann bei überlegter Planung und sorgfältiger Ausführung gestalterisch sogar ganz reizvoll sein.

In ausreichend dickem Mauerwerk (≥ 11,5 cm) werden Rohrleitungen jedoch häufig in später zu verputzenden Wandschlitzen und Aussparungen geführt. Das hat vor allem folgende Vorteile:

- Bequeme Montage.
- Schall- und wärmedämmende Ummantelung.
- Gestalterisch unproblematisch und sauber.

Es ist jedoch zu beachten, dass
- in tragenden und aussteifenden Bauteilen Schlitze statisch unzulässig sein können,
- im Mauerwerk keine waagerechten Schlitze hergestellt werden dürfen,
- in Trennwänden keine Schallbrücken entstehen,
- in Außenwänden Wärmebrücken vermieden werden.

Alle Wasserleitungen sollen mit Faser- oder Schaumdämmstoffen ummantelt werden, Warmwasserleitungen zur Vermeidung von Wärmeverlusten, Kaltwasserleitungen zur Vermeidung von Schwitzwasser. Für freiliegende Leitungen empfiehlt sich eine nachträgliche Dämmung mit handelsüblichen Halbschalen oder mit Wickelmaterial. Eine Ummantelung schützt außerdem zusammen mit den Gummimanschetten der Rohrschellen vor einer Übertragung der Fließgeräusche. Für vorhandene Tiefspülkästen gibt es heute praktisch in jedem Baumarkt für wenig Geld Spülstromunterbrecher, die durch ihr Gewicht das Schwimmerventil nach dem Loslassen der Spültaste zurückstellen und auf diese Weise beträchtliche Mengen Wasser sparen. Bei den alten Hochspülkästen kann man sich selbst behelfen, z.B. indem die Glocke einige cm unterhalb der Wasserstandslinie angebohrt wird (Lochdurchmesser 6 bis 8 mm). Beim Spülvorgang verbleibt das Wasser unterhalb der durchbohrten Stelle im Kasten, wenn der Spülhebel nicht festgehalten wird.

Regenwassernutzung

Trinkwasser ist ein kostbares „Lebensmittel". Deshalb sollten bei Reparaturen und Neuinstallationen die Möglichkeiten der Wasserspartechnik konsequent umgesetzt werden: Abdichten tropfender Wasserhähne, Einbau von Durchflussbegrenzern bei Spül- und Waschbeckenarmaturen, Spülstrom-Unterbrechung bei Toilettenspülkästen, usw.. Doch nur 30 bis 40% des im Haushalt verbrauchten Trinkwassers muss aus hygienischen Gründen diese Qualität haben. Die übrigen 60 bis 70% - das sind täglich etwa 70 l pro Kopf - rauschen durch die Klospülung oder werden für Zwecke verbraucht, für die eine geringere Wasserqualität durchaus ausreichend wäre. Durch Nutzung des Regenwassers von den Dachflächen kann der Verbrauch an aufwendig aufbereitetem Trinkwasser erheblich vermindert werden.

Regenwasser ist weiches Wasser, es eignet sich daher nach einer einfachen Filterung außer für die Toilettenspülung und Gartenbewässerung gut zum Wäschewaschen. Wissenschaftlichen Untersuchungen zufolge ist die Qualität des Regenwassers dafür hygienisch völlig ausreichend; und aufgrund der geringen Wasserhärte wird sogar merklich weniger Waschmittel gebraucht, was die Kläranlagen und Flüsse entlastet.

Bei größeren Maßnahmen an der Wasserinstallation sollte daher stets eine zusätzliche Regenwasserleitung zu den Toilettenspülkästen und anderen Regenwasser-Verbrauchern gelegt werden, selbst wenn die Regenwasser-Sammelanlage erst später einmal realisiert werden soll. Zum Auffangen des Regenwassers eignen sich im Boden eingebaute Zisternen oder im Keller aufgestellte Kunststofftanks. Das Speichervolumen richtet sich nach dem Wasserbedarf und dem Regenwasserangebot von den Dachflächen: für einen 4-Personen-Haushalt sind etwa 2 bis 4 m^3 Speichervolumen bei einer angeschlossenen Dachfläche von 100 bis 150 m^2 wünschenswert, doch können auch mit kleineren Volumina schon merkliche Trinkwassereinsparungen erzielt werden. Der durchschnittliche Regenwasserertrag liegt in Deutschland je nach Niederschlagsmenge, Dachneigung und Art der Bedachung bei 100 bis 500 l Wasser pro m^2 Dachfläche und Jahr.

Das Schema einer Regenwasser-Sammelanlage mit ihren wesentlichen Elementen ist in Abb. 14.15 dargestellt:

- Der Speicher im Keller oder die Zisterne in der Erde (dort Frostschutz durch Wärmedämmung der Behälterdecke und der Wände bis etwa 100 cm unter Gelände, z.B. mit feuchtigkeitsunempfindlichen Schaumglasplatten).
- Das Regenwasserfallrohr mit Klappe, Regenwasserablauf mit Schlammeimer und Sieb.
- Ein Entleerungs- und Überlaufrohr.
- Ein Trinkwasserzulauf, z.B. über Schwimmerventil, für den Fall, dass der Regenwasservorrat aufgebraucht ist.
- Hauswasserautomat mit Pumpe und Druckausgleichsbehälter.
- Feinfilter.
- Regenwasserleitungen aus Kunststoff

Abb. 14.15
Regenwassernutzung.

1 Dachentwässerung
2 Zisterne als Vorratsbehälter, hier mit betonierten Wänden (Alternative: Kunststoff-Batterietanks)
3 Überlauf mit Entleerung (zur Kanalisation oder Versickerung)
4 Saugpumpe mit Druckausgleich
5 Feinfilter
6 Zapfstellen für Waschmaschine, Ausgussbecken, WC und Gartenbewässerung
7 Schmutzwasserabfluss

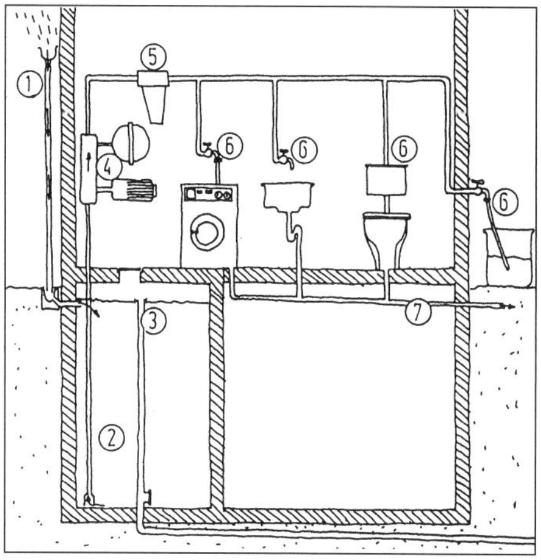

Abb. 14.16
Abwasser-Hebeanlage.

1 Entlüftungsschlitze
2 Zugangstür
3 Zuluftschlitze
4 Kellerboden
5 Zufluss-Leitung
6 Absperrschieber
7 Hebeanlage mit Sammelbehälter, Schwimmerbetätigung und Pumpe
8 Rückflusssperre
9 Abflussleitung, über die Rückstauebene geführt
10 Rückstauebene, z.B. Straße
11 Abflussleitung außerhalb des Gebäudes in frostfreier Tiefe
12 Entlüftung über Dach

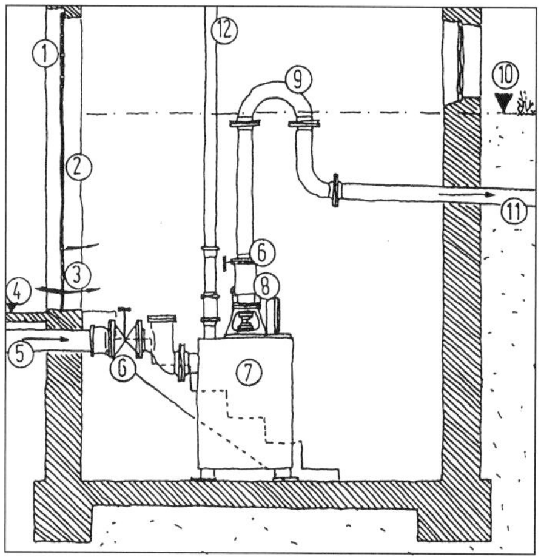

Abb. 14.17
Mehrkammer-Faulgrube.

1 Entlüftung
2 Abdeckung mit Entleer-/Revisionsöffnung
3 Abfluss mit vorgesetzter Schleuse
4 Schwimmschlamm
5 Sinkschlamm
6 Zufluss

Grubenherstellung aus Ortbeton oder Betonfertigteilen.

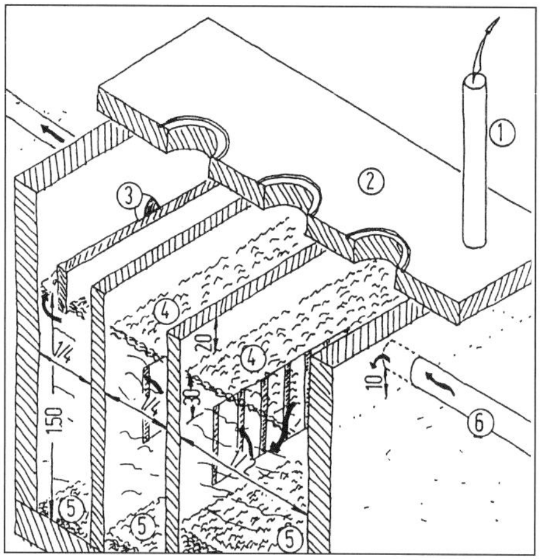

(Metalleitungen würden zu schnell korrodieren).

Die Kosten einer Regenwasseranlage (Fassungsvermögen 4 m^3) betragen je nach örtlichen Gegebenheiten etwa 4.500 - 5.000 €. Abgesehen von der Kosteneinsparung durch Selbstbau kann es finanziell lohnend sein (z.B. in Reihenhausbebauungen), eine größere Anlage gemeinsam mit Nachbarn zu betreiben.

In manchen Gemeinden muss mit einem separaten Zähler die verbrauchte Menge Regenwasser gemessen werden. Hierfür wird dann eine Abwassergebühr verlangt. Das Gartenwasser kann vor dem Wasserzähler abgezweigt werden.

Abwasserentsorgung

Für Entwässerungsleitungen werden heute vorwiegend HT-Rohre (aus grauem, temperaturbeständigem Polyäthylen) eingesetzt, die in fast jedem Baumarkt angeboten werden. Sie sind preiswert und leicht zu verarbeiten; kleinere Reparaturen oder Neuinstallationen, z.B. der Anschluss eines Waschbeckens, können damit auch in Selbsthilfe ausgeführt werden. Eine längere Lebensdauer und bessere Schalldämmung bieten die Abflussrohre aus Gusseisen, die allerdings auch schwerer zu verarbeiten und erheblich teurer sind. Im privaten Wohnungsbau werden sie meist nur für die Verlegung in Zwischendecken oder als zentrale Fall- und Hausentwässerungsleitung eingesetzt.

Von Selbstbauern wird häufig unterschätzt, wie sehr es auch bei Arbeiten an Abwasserleitungen auf richtige Leitungsführung und fachgerechte Verlegung ankommt. Die wichtigsten Vorschriften über Dimensionierung der Leitungen und Ausführung des Netzes, wie sie in der DIN 1986 festgehalten sind, sollten unbedingt beachtet werden. Fehler bei der Verlegung können zu Geräusch- und

Geruchsbelästigungen führen, die sich z.B. bei einer Rohrführung in der Decke oder hinter Vorsatzschalen später nur noch mit großem Aufwand beseitigen lassen.

Der lichte Durchmesser von Fallrohren in Wohngebäuden beträgt im allgemeinen 100 mm. Sie müssen zur Entlüftung in gleichbleibendem Querschnitt über Dach geführt werden. Waagerechte Anschlussleitungen (Durchmesser 40 bis 70 mm) müssen mit einem Gefälle von wenigstens 3% verlegt werden und dürfen nicht länger als 5 m sein, anderenfalls muss mit Schmutzablagerungen und Verstopfungen gerechnet werden. Arbeiten an alten Anschlussleitungen aus Blei erfordern, sofern sie erhalten werden sollen, die geübte Hand des Fachmanns. Waagerechte WC-Anschlussleitungen sollten möglichst kurz sein und einen Durchmesser von 100 mm haben. Abwasserleitungen, die frostgefährdet sind oder störende Fließgeräusche entwickeln, müssen freigelegt und mit Dämmstoff ummantelt werden.

Bei manchen Gebäuden im ländlichen Raum fehlt noch der Anschluss an den öffentlichen Kanal. Die früher - im Zusammenhang mit der Düngung landwirtschaftlich genutzter Flächen - als unproblematisch angesehenen geschlossenen Abortgruben werden von den Aufsichtsbehörden heute nicht mehr oder nur mit Auflagen genehmigt. Bei jedem Bauvorhaben wird ein Anschluss an die öffentliche Kanalisation gefordert. Dazu müssen neue Grundleitungen aus Steinzeug oder Kunststoff verlegt werden. Früher wurden zum Teil auch Betonrohre verwendet. Bei der Planung der Leitungsführung ist zu berücksichtigen, ob die öffentliche Entwässerung als Misch- oder Trennsystem ausgeführt ist. Beim Trennsystem müssen Regen- und Schmutzwasser auch am Haus in zwei getrennten Leitungen zu den beiden Sammelleitungen geführt werden. Bei längeren Hausanschlussleitungen ist alle 15 m ein Kontrollschacht vorzusehen.

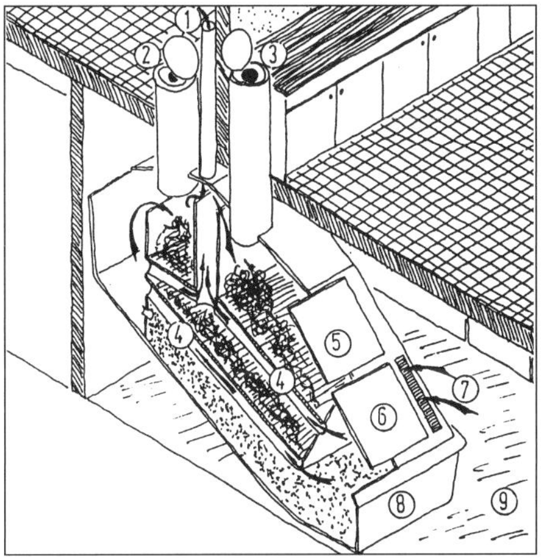

Bei Abwasseranschlüssen in Untergeschossen ist eine Sicherung gegen Rückstau aus der öffentlichen Kanalisation erforderlich, um bei heftigen Niederschlägen, wenn die Kanalisation den Wasseranfall nicht bewältigen kann, ein Zurückfließen in den Abwasserleitungen und eine Überschwemmung des Untergeschosses zu vermeiden. Dazu müssen entweder alle Abflussöffnungen oberhalb der maximalen Rückstauebene, d.h. dem Straßenniveau, liegen (was in Hanglagen meist auch für das Untergeschoss möglich ist), oder es ist ein Rückstauverschluss einzubauen. Über diesen Rückstauverschluss kann z.B. eine Waschmaschine und ein Waschbecken im Keller entwässert werden. Ist auch ein WC im Untergeschoss vorhanden, so muss das Abwasser mittels Abwasserhebeanlage über die Rückstauebene befördert werden. Auch stark belastete Dränleitungen müssen unter Umständen über eine Hebeanlage entwässert werden.

Liegt die öffentliche Kanalisation nicht in erreichbarer Entfernung, muss das Abwasser in einer örtlichen Kleinkläranlage gereinigt werden. Dafür gibt es verschiedene Syste-

Abb. 14.18 *links*
Sumpfbeet-Abwasserreinigung.

1 bestehende Gartenfläche
2 Zufluss vom Schlammfang
3 Bepflanzung, z.B. Rohrkolben, Schilf, Binsen
4 Schutzfolie, Schutzvlies
5 Teichfolie als Abdichtung
6 Dränrohr des Einlaufs
7 Dränrohr des Auslaufs
8 Stau und Kontrollschacht
9 Abfluss
10 durchwurzelter Bodenkörper, 80 cm stark

Abb. 14.19 *rechts*
Prinzip einer Komposttoilette.

1 Entlüftung über Dach
2 Toilettensitz
3 Abwurfschacht für organische Küchenabfälle
4 Lüftungskanäle
5 Beschickungsklappe für Gartenabfälle
6 Entnahmeklappe für fertigen Humus
7 Zuluft
8 Kompost- / Humusbehälter
9 Nebenraum z.B. im Untergeschoss

Quelle: W. Berger Biotechnik, Hamburg

me, wie die Mehrkammer-Ausfaulgruben, Sandfiltergräben, Tropfkörper oder Pflanzenkläranlagen. Das gereinigte Abwasser kann zusammen mit dem Regenwasser in einen Vorfluter (Bach, Fluss) eingeleitet oder im Boden versickert werden. Die im Abwasser enthaltenen Feststoffe werden in einer Absetzgrube gesammelt und müssen regelmäßig zur Kläranlage oder auf landwirtschaftlich genutzte Flächen abgefahren werden. Der Bau einer solchen Anlage ist genehmigungspflichtig.

Eine Alternative zur Toilette mit Wasserspülung ist die Komposttoilette. Sie vermeidet jede Wasserverschwendung und -verschmutzung. Stattdessen kompostieren Fäkalien, Küchen- und Gartenabfälle hygienisch einwandfrei und ohne Geruchsbelästigung in einem gut belüfteten und wärmegedämmten Behälter, der z.B. im Keller aufgestellt ist. Der ausgereifte Humus sammelt sich am unteren Ende des Kompostbehälters und kann über eine Entleerungsklappe zur Gartendüngung entnommen werden. Die Herstellungskosten für eine solche Anlage liegen einschließlich Einbau in der Größenordnung von 5.500 bis 7.500 €. Dadurch kann jedoch unter Umständen der ebenfalls kostenträchtige Anschluss an einen weiter entfernt liegenden öffentlichen Kanal umgangen werden.

14.7 Elektroinstallationen

Die Zahl elektrischer Anlagen und Geräte im häuslichen Bereich hat in der Vergangenheit stark zugenommen. Wer will noch auf Waschmaschine, Kühlschrank und viele andere nützliche oder weniger nützliche Geräte verzichten? Die Erzeugung von elektrischem Strom ist jedoch mit großen Belastungen und Gefahren für Mensch und Umwelt verbunden, so dass zum umweltbewussten Bauen und Wohnen auch das Bemühen um sparsamen Stromverbrauch gehört. Strom sollte im Haushalt ausschließlich für Beleuchtung, zur Krafterzeugung (Motore in elektrischen Geräten), sowie für elektronische Geräte (Rundfunk, TV, EDV) und Steuerungsanlagen (Heizung, Waschmaschine) verwendet werden, jedoch möglichst nicht für Heizzwecke und für die Warmwasserbereitung. Hier einige Hinweise zum Stromsparen:

- Waschmaschine und Geschirrspülmaschine, sofern möglich, an die Warmwasser-Versorgung anschließen.
- Elektrische Warmwasserbereiter, Wäschetrockner und Heizlüfter vermeiden.
- Kühl- und Gefriergeräte mit optimaler Wärmedämmung verwenden, alte Geräte nachträglich mit Dämmplatten bekleben.
- Eine Einzelplatzbeleuchtung dort, wo das Licht wirklich gebraucht wird, ist effektiver und wohnlicher als eine helle Allgemeinbeleuchtung.
- „Stromsparlampen“ verbrauchen nur etwa 15% der Energie von herkömmlichen Glühbirnen, bei wesentlich längerer Haltbarkeit. Stromsparlampen gibt es passend für die meisten Lampenkörper mit normalem Sockel.

Die Haltbarkeit einer häuslichen Elektroinstallation beträgt etwa 30 bis 50 Jahre. Veraltete oder unsichere Leitungen mit zu geringem Querschnitt oder unzureichender Isolation sollten im Zuge größerer Modernisierungsmaßnahmen erneuert werden. Arbeiten an elektrischen Anlagen dürfen aus Sicherheitsgründen nur von zugelassenen Betrieben unter Berücksichtigung der geltenden VDE-Vorschriften ausgeführt werden. In Absprache mit dem ausführenden Fachbetrieb können jedoch einige Arbeiten, wie Herstellen und Schließen der Schlitze, in Eigenleistung ausgeführt werden. Das Verdrahten der Schalter und Anschlüsse ist in jedem Fall Sache eines Fachbetriebes.

Photovoltaik

Dank der kostendeckenden Vergütung nach dem Energieeinspeisegesetz (EEG) lohnt es sich auch finanziell, die Dachfläche zur Stromerzeugung zu nutzen und den Solarstrom ins öffentliche Netz zu leiten. Wirtschaftlich günstig sind die Voraussetzungen bei zusammenhängenden Dachflächen ab 20 m² mit annähernd Südausrichtung und Dachneigung bis 50°. Dachöffnungen und Dachaufbauten, wie z.B. Dachfenster, Dachgauben, Schornsteine, Stromleitungen, schmälern den Ertrag deutlich und sind im Hinblick auf die Anordnung der Solarpaneele auch architektonisch wenig vorteilhaft. Ist eine Erneuerung der Dachdeckung erforderlich, so können die Solarmodule sogar die Funktion einer neuen Dachdeckung übernehmen.

14.7.1 Elektrische Anlagen im Haus

Bei der Erneuerung der Elektroinstallationen entfällt ein erheblicher Teil der Kosten auf den Schaltschrank mit Zählerplatz, da der alte meist nicht mehr den heutigen Anforderungen und Vorschriften entspricht. Bei der Planung des Zählerplatzes ist festzulegen: die Leistung des Zählers, die Zahl der Stromkreise und damit die Größe der Unterverteilung sowie die Montageart des Zählerschrankes - auf der Wand oder in einer Wandaussparung. Gebäude mit mehreren Wohnungen werden mit einem Hauptzähler an einer allgemein zugänglichen Stelle und mit Unterverteilplätzen in jeder Wohnung ausgestattet. Hausanschlussleitung, Hauptsicherung und Zähler sind Eigentum des Versorgungsunternehmens. Daher muss der Platz für die Montage des neuen Zählers immer mit dem Unternehmen abgestimmt werden.

Um Leitungsüberlastungen, Kurzschlüsse und Brandgefahr zu vermeiden, werden in zeitgemäßen Anlagen auch innerhalb einer Wohnung mehrere, einzeln abgesicherte Stromkreise installiert. Für die eigene Planung und die Verständigung mit den Fachleuten ist es hilfreich, die wichtigsten Begriffe und Symbole zu kennen (vgl. Abb. 14.20):

- Einfache Schalter dienen dazu, einen oder mehrere Verbraucher (z.B. Lampen) von einem Schalter aus zu bedienen.
- Mit Wechselschaltern können ein oder mehrere Verbraucher von 2 oder 3 Stellen aus geschaltet werden.
- Wenn ein Verbraucher von 3 und mehr Stellen aus bedient werden soll (z.B. Treppenhausbeleuchtung), so ist eine Relaisschaltung mit Tastschalter wirtschaftlicher.

Lichtschalter werden üblicherweise in der Nähe des Türdrückers in 100 bis 110 cm Höhe installiert, Steckdosen in 35 bis 40 cm Höhe. Einsparungen können erreicht werden, indem Steckdosen auf nur zwei Raumseiten angeordnet werden, z.B. in der Nähe der Tür (unter dem Lichtschalter) und an einer Querwand. Lampenauslässe werden gewöhnlich an der Decke angebracht, sie können aber auch kostengünstiger und flexibler als schaltbare Steckdose oberhalb des Schalters vorgesehen werden. Der Anschluss einer Hängelampe erfolgt dann mit einer „Affenschaukel" (loses Kabel mit Stecker). Das Verlegen von Leitungen in der Decke lässt sich unter Umständen auch einfach durch Wandleuchten umgehen.

Leitungen werden immer senkrecht und waagerecht bzw. rechtwinklig im Raum ver-

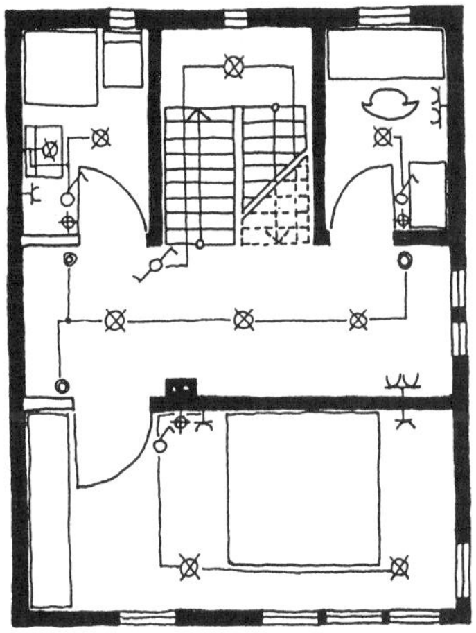

Abb. 14.20
Plansymbole für Elektroinstallation.

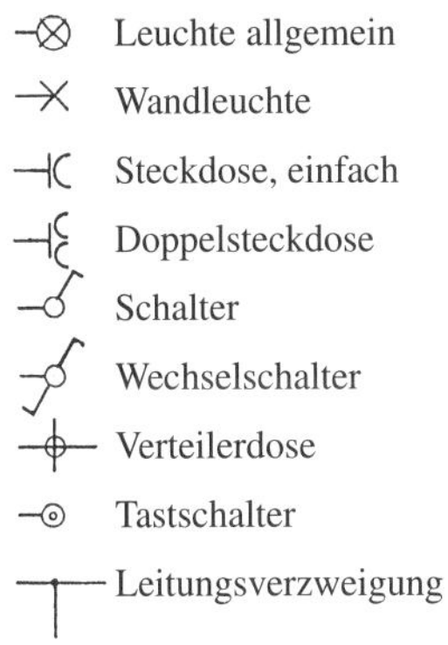

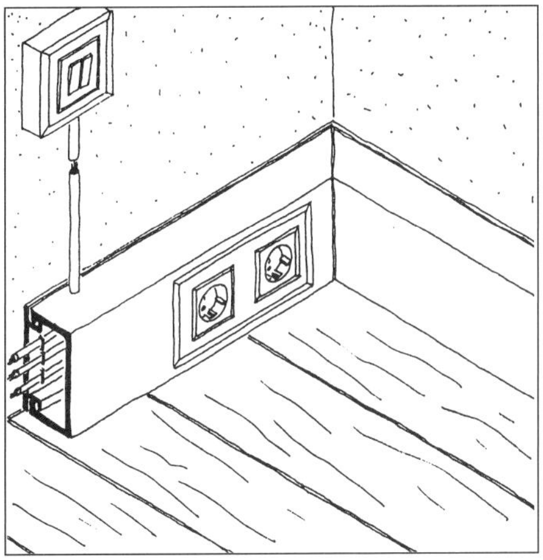

Abb. 14.21
Industriell gefertigter Kabelkanal.

1 Handelsüblicher Kunststoff-Kanal in verschiedenen Größen und Farben, Montage meist im Sockelbereich
2 Integrierte Anschlussdosen
3 Anschlüsse für Schalter, Lampen, etc. geschlitzt oder sichtbar verlegt

Preiswert, schnell, aber optisch nicht besonders ansprechend!

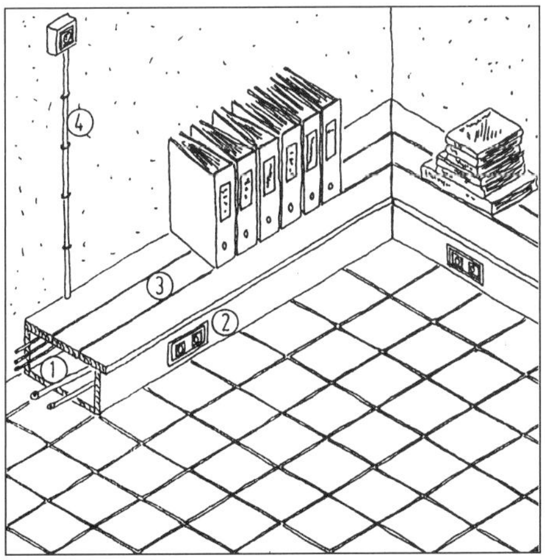

Abb. 14.22
Selbstangefertigter Kabelkanal.

1 Selbst hergestellte Verkleidung der Leitungsinstallation im Sockelbereich (auch für Heizungs- / Sanitärleitungen)
2 Eingebaute Anschlussdosen
3 Abdeckung als Ablage, Regalsockel o.ä.
4 Schalterleitung sichtbar im Schutzrohr verlegt, auf Putz montierter Schalter

Individuelle Lösung, optisch ansprechend!

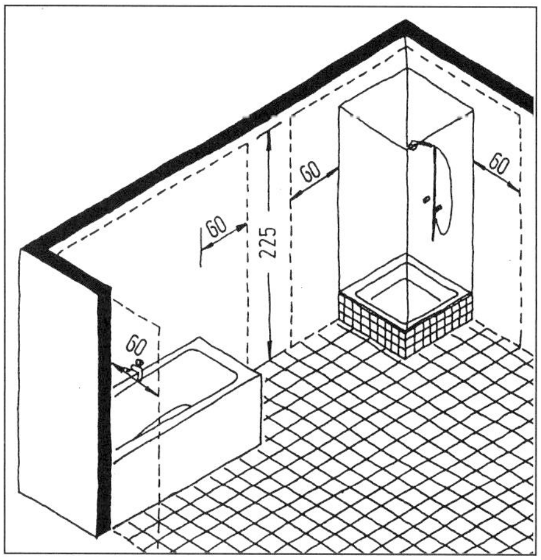

Abb. 14.23
Elektro-Schutzbereiche in Nassräumen.

Für Elektroanschlüsse, Schalter, Steckdosen, Geräte, usw. Mindestabstände von den Sanitäreinrichtungen beachten.
Beim Waschtisch gilt: ebenfalls 60 cm Abstand nach allen Seiten ab Mitte Waschtisch gemessen.

legt, nie schräg. Durch eine gut geplante Leitungsführung kann ein übermäßiger Aufwand vermieden werden. Die teilweise übliche Verlegung einer Ringverteilung 30 cm unter der Decke mit senkrechter Zuführung zu Steckdosen und Schaltern ist wegen der großen Schlitzlängen oft ungünstiger als eine Verlegung in Höhe der Steckdosen. Wenn die Estrichböden erneuert werden, empfiehlt sich eine Verlegung auf dem Rohboden bzw. in der Holzbalkendecke.

In Wandschlitzen werden als Leitungsmaterial überwiegend die zweifach isolierten Mantelleitungen (NYM) verwendet. Auf zu verputzenden Flächen können auch die preiswerten, aber empfindlicheren Stegleitungen (NYIF) verlegt werden. Sind nur einzelne neue Leitungen erforderlich, bietet sich die Verlegung auf Putz an, z.B. oberhalb der Fußleisten mit Führung um die Tür herum oder im Boden als Türunterquerung. Für die feste Verlegung auf Putz sind Mantelleitungen (NYM- oder NYY-Kabel), abgeschirmte MH- und NSH-Leitungen, aber auch Flachkabel (NYFLY-Leitungen) geeignet.

Mehrere Leitungen können auf Putz hinter einer neuen Fußleiste oder in Fußleistenkanälen verlegt werden. Sind gleichzeitig auch Heizungs- und Sanitärleitungen zu verlegen, so kann eine gemeinsame kastenartige Verkleidung als Ablagefläche ausgebildet werden (vgl. Abb. 14.22). Das Einschlitzen der Wände mit nachfolgendem Beiputzen und neuem Anstrich würde einen deutlich höheren Aufwand erfordern. Für Verlegung in Kanälen sind ebenfalls NYM-Kabel (Mantelleitungen) zu verwenden.

In Bädern sind für Elektroinstallationen die vorgeschriebenen Schutzbereiche zu berücksichtigen (siehe Abb. 14.23). So müssen z.B. Steckdosen, Lichtschalter und Waschmaschine zu Wannen und Duschkabinen einen Abstand von mindestens 60 cm haben. Innerhalb des Bades verlegte Leitungen dürfen nur die Einrichtungen des Bades selbst mit Strom versorgen und keinen Metallmantel haben.

14.7.2 Blitzschutz

Ob eine Blitzschutzanalge für ein Wohnhaus erforderlich ist, ist weitgehend Ermessensache. Die Einrichtung einer Blitzschutzanlage empfiehlt sich,

- wenn die tragende Konstruktion und das Dach des Hauses aus brennbaren Baustoffen besteht (Holzfachwerk, Strohdach),
- wenn das Gebäude in einer wasserführenden Bodenschicht steht,
- bei exponierter Lage (Hochhaus, Turm, Bergrücken),
- wenn die Gefährdung subjektiv als bedrohlich empfunden wird.

Für Mauerwerksgebäude mit harter Bedachung, die in der Nachbarschaft zu gleich hohen oder höheren Gebäuden stehen, sowie für Gebäude mit einem Dachständer (Strommast) ist eine Blitzschutzanlage im allgemeinen nicht erforderlich.

Die wesentlichen Bestandteile einer Blitzschutzanlage sind die metallischen Fangleitungen auf dem Dach, die Ableitungen zur Erde und die Erdung im Boden. Der Erder muss eine möglichst gut leitende Verbindung zum Erdboden herstellen. Er kann als Banderder waagerecht im Boden, z.B. entlang des Fundamentes, verlegt werden oder als senkrechter Staberder ausgebildet werden.

Die Kosten für den oberirdischen Teil einer solchen Anlage, die Auffang- und Ableitungen, betragen für ein freistehendes Wohnhaus etwa 1500 bis 2000 €.

14.7.3 Baubiologische Elektroinstallationen

Das öffentliche Stromnetz in Deutschland wird mit Wechselstrom betrieben, dessen Spannung 230 Volt (V) und dessen Frequenz 50 Hertz (Hz) beträgt. In der Umgebung von elektrischen Leitungen und Verbrauchern werden elektrische und magnetische Wechselfelder erzeugt. Während magnetische Wechselfelder nur entstehen, wenn Strom verbraucht wird, kommen elektrische Wechselfelder schon allein dadurch zustande, dass die Leitung (oder ein Gerät) unter Spannung steht. Elektrische Wechselfelder können durch Massivbauteile, z.B. Mauerwerk, Betondecken oder durch geerdete Metallgitter abgeschirmt werden, magnetische Wechselfelder lassen sich dagegen nur mit großem Aufwand abschirmen. Durch die häusliche Elektroinstallation ist der Mensch diesen Feldern ausgesetzt, was in ungünstigen Fällen besonders bei sensiblen Menschen zu Beeinträchtigungen des Wohlbefindens und der Gesundheit führen kann (vgl. Kap. 3.4).

Die Intensität eines elektrischen Wechselfeldes, die „elektrische Feldstärke" wird in V/m (Volt pro Meter) gemessen. Sie ist abhängig von der Spannung (in Volt) und dem Abstand zu der elektrischen Leitung bzw. dem Gerät (in Meter). Die Stromstärke ist umso größer, je größer die Leistung (oder der Verbrauch) eines eingeschalteten Gerätes, z.B. einer Glühlampe, ist.

Bei einer Raumuntersuchung kann die elektrische Spannung, die eine Person aufgrund der elektrischen Felder im Raum an einem bestimmten Ort annimmt, auch direkt gemessen werden. Diese sogenannte „Ankopplungsspannung" in mV (Millivolt) gibt einen Anhaltspunkt über die Summe aller elektromagnetischen Einflüsse. Eine Orientierung über zuträgliche Belastungen geben die Tabellen 3.2 und 3.3.

Planerische und bauliche Mittel zur Minimierung der Strahlenbelastung aus der häuslichen Elektroinstallation sind:

- Genügend große Abstände zu zentralen Anlageteilen.
- Netzfreischalter für einzelne Stromkreise.
- Abgeschirmte Leitungen.
- Erdungsmaßnahmen an metallischen Bauteilen.
- Abschirmender Anstrich.

Die Hauptzuleitungen und die Verteilerkästen sollten zu Schlafräumen einen möglichst großen Abstand haben. Als Mindestabstände werden empfohlen:

- für Dachständer, Hausanschlussleitungen, Aufzugsmotoren: 8 m
- für Fernsehgeräte, Leuchtstoffröhren, Heizungsanlage: 5 m
- für Verteilerkasten, Stromzähler, Steigleitungen, Leitungen der Gas-, Wasser- und Abwasserinstallation: 3 m
- für Radiowecker, Radio, Sprechanlage, Netzgeräte, Heizkörper: 2 m.

Diese Abstände können unter den üblichen Umständen in der Praxis kaum eingehalten werden, selbst wenn die Grundrissplanung frühzeitig darauf Rücksicht nimmt. Hier helfen sogenannte Netzfreischalter und abgeschirmte Kabel.

Mit einem Netzfreischalter können einzelne Stromkreise automatisch „stillgelegt" werden, wenn kein Verbraucher im Betrieb ist. Das ist besonders sinnvoll für alle Stromleitungen, die in der Nähe von Schlafplätzen verlaufen. Wenn alle Verbraucher eines solchen Stromkreises abgeschaltet sind, liegt an der Leitung nur noch ein schwacher, gesundheitlich unbedenklicher Gleichstrom als Steuerspannung an.

Wo ausreichende Abstände zu Schlafplätzen oder Netzfreischaltungen nicht möglich sind, können abgeschirmte Kabel verwendet werden, also Kabel, die von einem zu erdenden Metallgeflecht ummantelt sind.

Alle metallischen Bauteile im Haus, wie Wasserleitungen, Heizkörper, Metallständerwände oder Alufolien können eingekoppelte Wechselfelder abstrahlen. Durch eine gute Erdung dieser Teile kann die Abstrahlung minimiert werden.

Mit einem graphithaltigen Anstrich können die elektrischen Wechselfelder aus angrenzenden, fremden Wohnungen abgeschirmt werden. Für magnetische Wechselfelder sind solche Anstriche jedoch nicht wirksam. Der Abschirmanstrich muss geerdet werden und kann mit einem „normalen" Anstrich überdeckt werden.

Zum Schluss noch einige weitere Hinweise:

- Elektroleitungen sollten in Räumen möglichst sternförmig, nicht ringförmig verlegt werden.
- In jedem Raum sollte möglichst eine Außenwand frei von Elektroinstallationen sein.
- Leuchtstofflampen (und Energiesparlampen) sollten da, wo der Mensch ihnen längere Zeit ausgesetzt ist, möglichst nur dann verwendet werden, wenn sie mit einem HF-Vorschaltgerät ausgerüstet sind; denn das 50 Hz-Flackern bei konventionellen Vorschaltgeräten belastet den Sehnerv.
- Hausanschlussleitungen können ungewollt Hochfrequenzwellen (z.B. Radiowellen) ins Haus leiten. Mit HF-Netzfiltern kann diese Strahlung ferngehalten werden.

Wer auf eine Berücksichtigung dieser Gesichtspunkte Wert legt, sollte sich einen Elektroinstallateur suchen, der mit diesen Dingen Erfahrung hat.

15. Oberflächenbehandlung

Anstriche dienen dem Schutz der Bauteile und der optischen Verschönerung. *Außenanstriche* erhöhen die Haltbarkeit, indem sie die Bauteile vor Feuchtigkeitsaufnahme und Korrosion schützen, z.B. Fassadenflächen, Fenster, Holzflächen und Eisenteile. Bei Holz können sie auch zum Schutz gegen Schädlingsbefall beitragen. *Innenanstriche* haben fast immer allein optische Funktionen. Sie machen Räume heller und/oder schützen gegen Verschmutzung. Wenn die Bauteiloberflächen sorptionsfähig bleiben sollen (vgl. „Wandatmung“, Kap. 3.3), so muss das Anstrichmittel gut wasserdampfdurchlässig sein („offenporiger Anstrich“).

Unter den Gesichtspunkten des Gesundheits- und Umweltschutzes sollten Anstrichmittel sparsam eingesetzt und sorgfältig ausgesucht werden. Die umweltfreundlichste und zugleich wirtschaftlichste Lösung ist in vielen Fällen das Weglassen eines Anstriches. Wo das aus optischen Gründen nicht erwünscht bzw. nicht möglich ist, sollten Mineralfarben, Leimfarben und Naturharzlacke bevorzugt werden. Weniger empfehlenswert sind Kunststoff-Dispersionsfarben und wasserverdünnbare Lacke. Grundsätzlich sollten alle Lacke und Lasuren, die künstlich aus Erdöl hergestellt sind und/oder organische Lösungsmittel enthalten, gemieden werden. Auch viele Naturharzlasuren und -lacke enthalten große Mengen organischer Lösungsmittel!

Maßgebend für die Auswahl des optimalen Anstrichmittels ist der Einsatzbereich (z.B. innen oder außen), der Untergrund (z.B. Putz oder Holz) und der Schutzzweck (z.B. gegen Wasseraufnahme oder Verschmutzung).

Im nachfolgenden Kapitel wird zunächst beschrieben, welche Anstrichmittel für die verschiedenen Untergründe bzw. Bauteile im Innen- und Außenbereich empfehlenswert sind. Daran anschließend werden die einzelnen Anstrichmittel mit ihren Eigenschaften, Erkennungsmerkmalen und Besonderheiten ihrer Verarbeitung beschrieben.

Neben Untergrund und Einsatzbereichen sind für die Auswahl eines gesundheits- und umweltverträglichen Anstrichmittels noch folgende Kriterien von Bedeutung: Materialkosten, Verarbeitungsaufwand (und -kosten), Pflege- bzw. Wartungsaufwand, Haltbarkeit, optische Eigenschaften.

Im allgemeinen müssen Flächen, die gestrichen werden sollen, vorbereitet werden. Hierzu können folgende Arbeiten erforderlich sein:

- Nicht fest haftende Anstrichteile entfernen.
- Prüfung des Untergrunds auf ausreichende Festigkeit, Trockenheit, Sauberkeit.
- Reinigung der Oberfläche, z.B. mit Bürste oder Dampfstrahl.
- Grundierung zur Herstellung der Haftung oder einer gleichmäßigen Saugfähigkeit.

Im Einzelfall sind die Technischen Merkblätter bzw. die Verarbeitungsvorschriften der Hersteller zu beachten.

Einen konzentrierten Überblick über Anstrichmittel und Ausführungsregeln gibt die DIN 18363 „Maler- und Lackierarbeiten“ in der VOB, Teil C (im Buchhandel erhältlich).

15.1 Anstriche für Innenflächen

15.1.1 Wände und Decken mit Oberflächen ...

Die Oberflächen der Wände und Decken sollten möglichst diffusionsoffen bleiben, damit die klimaausgleichenden Eigenschaften dieser Flächen für den Raum wirksam bleiben. In dieser Hinsicht am günstigsten sind rohe, unbehandelte Stein-, Putz- und Holzflächen, mineralische Anstriche und Anstriche aus naturnahen Öl-, Harz- und Wachsprodukten.

... aus Putz, Stein, Beton

Vorhandene Anstriche können sein: Kalkfarbe, Kaseinfarbe, Leimfarbe. Ab etwa 1960 sind an deren Stelle Kunstharzdispersionsfarben getreten, zu denen auch die „Latexfarben“ gehören. Solche Altanstriche können mit gleichartiger Farbe überstrichen werden. Alte Leimfarben müssen vor einem Neuanstrich abgewaschen werden.

Außerdem können als Erneuerungsanstriche *auf Kalkfarben* auch Kasein- und Dispersionsfarben eingesetzt werden, *auf Kaseinfarben* auch Dispersionsfarben, *auf Dispersionsfarben* auch Kaseinfarben. Wenn Dispersionsfarben auf Kalkfarben gestrichen werden, besteht die Gefahr, dass der Untergrund gelblich durchschlägt. Kreidende Altanstriche und sandende Putze müssen zunächst abgebürstet werden.

Für Erstanstriche auf diesen mineralischen Untergründen ist die Kaseinfarbe besonders zu empfehlen. Ebenfalls empfehlenswert ist eine vergütete Kalkfarbe oder eine Dispersionssilikatfarbe. Weniger empfehlenswert sind Kunststoff-Dispersionsfarben und Zweikomponenten-Silikatfarben. Auf gipshaltigen Putzen sind Kalkfarben und Zweikomponenten-Silikatfarben nicht geeignet.

Bei Erstanstrichen auf verputzten Flächen muss eine möglicherweise vorhandene Sinterschicht zunächst durch maschinelles Schleifen entfernt werden. Stark saugende Untergründe sind - außer bei Kalkfarben - mit einem Absperrbinder zu grundieren. Kalkfarbe wird im Verhältnis 1:4 mit Wasser verdünnt und in vier dünnen Anstrichschichten aufgebracht. Bei Kasein- und Dispersionsfarben ist eine Naturharzhaftgrundierung empfehlenswert. Der Anstrich erfolgt in zwei gut deckenden Schichten.
Eine besondere Wirkung kann mit der *Lasurtechnik* erreicht werden. Einzelheiten dazu sind unter dem Stichwort *Pflanzenfarben* im Kap. 15.3. beschrieben.

... aus Holz

Wand- und Deckenbekleidungen aus Holz, die nicht oder farblos gestrichen werden, werden durch Lichteinfluss und Alterung dunkel. Ein Anstrich mit Farbpigmenten kann diesen Vorgang aufhalten oder überdecken. Holz kann auch in Badezimmern, sogar im Spritzwasserbereich von Duschen, unbehandelt bleiben, sofern die Fläche hinter dem Holz ausreichend gedämmt und das Holz selbst ausreichend hinterlüftet ist. Holzschutzmittel sollten im Anstrich möglichst nicht enthalten sein (vgl. Kap. 5.3.2).

Altanstriche auf Holzbekleidungen in Innenräumen sind üblicherweise solche auf Naturharz- oder Kunstharzbasis. Sie können mit einem gleichartigen Anstrichmittel erneuert werden. Um eine gute Haftung des Erneuerungsanstriches zu erreichen, müssen lackierte Flächen mit Schleifpapier aufgeraut werden. Der Schleifstaub ist giftig und sollte von der Schleifmaschine abgesaugt werden.

Für Erstanstriche auf rohen Holzflächen im Innenbereich sind, sofern auf einen Anstrich nicht ganz verzichtet wird, lösungsmittelfreie Naturharzprodukte zu empfehlen. Eine Schlussbehandlung mit Wachs ist üblich, aber nicht nötig. Weniger empfehlenswert sind Wasserlacke sowie Naturharz- und Kunstharzprodukte mit organischen Lösungsmitteln.

Ein Naturharz-Lackanstrich erfolgt in 4 Arbeitsgängen: Grundierung, Vor-, Zwischen- und Deckanstrich.

... aus Gips oder Papier

Altanstriche auf Rauhfaser, Gipsputz, Gipsfaser- und Gipskartonplatten sind in der Regel mit Dispersionsfarben oder Kaseinfarben ausgeführt. Solche Altanstriche können jeweils mit gleichartiger Farbe überstrichen werden. Auf Kaseinfarben sind auch Erneuerungsanstriche mit Dispersionsfarbe möglich. Für das Arbeiten gelten die gleichen Hinweise wie bei mineralischen Untergründen (Putz, Stein, Beton).

Für Erstanstriche auf neuen Gips- oder Papierflächen sind Kaseinfarben und Naturharz-Dispersionsfarben besonders empfehlenswert. Dabei lassen sich mit Pflanzenfarbpigmenten und der Anwendung der Lasurtechnik interessante Farbwirkungen erreichen.

15.1.2 Boden- und Treppenbeläge ...

Die Oberflächenvergütung bei Fußböden hat die Aufgabe, einer Verschmutzung vorzubeugen, ein gleichmäßiges Aussehen zu erzielen und die Reinigung zu erleichtern. Durch Farbpigmente kann ein Nachdunkeln durch Lichteinwirkung verhindert werden.

Für Böden werden im allgemeinen transparente Anstriche bevorzugt. Während filmbildende Anstriche einen mechanischen Schutz bieten und eine glänzende Oberfläche bilden, haben lasierende Anstriche eher eine matte Oberfläche. Konsequent umweltschonend ist der Verzicht auf jeden Anstrich.

Bei der Erneuerung eines vorhandenen Anstrichs muss die Oberfläche an- oder abgeschliffen werden. Beim Ausleihen der Schleifmaschine sollte darauf geachtet werden, dass die Staubabsaugung gut funktioniert und der Filter auch Feinstaub zurückhält.

... aus Holz, Kork, Linoleum

Die Renovierung eines Fußbodenanstrichs auf Holz oder Kork erfolgt durch Abschleifen bis auf den rohen Untergrund und Herstellen eines Neuanstrichs. Ein Anschleifen der Oberfläche und Aufbringen eines Renovierungsanstrichs ist keine dauerhafte Lösung. Die für das Ausbessern von Schadstellen erforderliche Spachtelmasse wird am besten aus vorhandenem Schleifstaub und Grundieröl hergestellt.

Für Anstriche auf Holz und Kork sind besonders Hartöle oder Naturharzlasuren (mit oder ohne anschließende Wachsbehandlung) empfehlenswert. Linoleum wird üblicherweise nur gewachst und kann mit Pflanzenseife oder Flüssigwachs gepflegt werden.

Der erste Wachsauftrag wird am besten im Heißwachsverfahren maschinell aufgetragen. Wachs, das kalt aufgetragen werden kann, sollte wegen der enthaltenen, organischen Lösungsmittel nur sparsam verwendet werden.

Abschleifen eines versiegelten Holzbodens:

- Lackschicht mit Teller- oder Bandschleifmaschine (Körnung 24) gleichmäßig und ohne Druck mit kreisender Bewegung bis auf das rohe Holz entfernen - nur Maschinen mit Absaugvorrichtung verwenden (der Schleifstaub ist giftig!).
- gegebenenfalls größere Unebenheiten mit dem Bandschleifer glätten.
- Feinschliffe mit Schwingschleifer (erst Körnung 40, dann Körnung 80).
- Boden mit Staubsauger reinigen.
- Risse mit farblich passendem Fugenkitt schließen, nach Trockung fein schleifen (Körnung 120).
- Neue Oberflächenvergütung.

... aus Ziegelplatten

Glasierte Ziegelplatten erfordern keine Oberflächenbeschichtung. Auf unglasierten Ziegelplatten können Altanstriche vorhanden sein, z.B. aus Naturharz- oder Kunstharzgrundierung mit oder ohne Wachsschicht. Ungewachste Grundierungen lassen sich mit gleichartiger Farbe überstreichen, während mit Wachs behandelte Böden nur mit Wachs nachbehandelt werden können. Wird eine neue Ölimprägnierung ohne Wachsauftrag gewünscht, so muss die Wachsschicht abgezogen und die Oberfläche geschliffen werden.

Für die Erstanstriche auf Ziegelplatten sind Naturharzprodukte mit und ohne nachträgliche Wachsbehandlung zu empfehlen. Vor dem ersten Anstrich wird der Zementschleier mit 5%-iger Salzsäure entfernt und der Boden mit klarem Wasser gereinigt. Erst wenn der Boden völlig ausgetrocknet ist, kann der Anstrich aufgebracht werden. Vorsicht! Salzsäure ist stark ätzend, Hände und Augen schützen! Zum Verdünnen die Salzsäure in Wasser gießen, niemals umgekehrt!

... Stein

Naturstein- und Betonwerksteinböden brauchen im allgemeinen nicht behandelt zu werden. Poröses Material kann durch eine ölige Imprägnierung geschützt oder durch Hydrophobieren wasserabweisend gemacht werden. Durch eine ölige Imprägnierung wird die Farbe und Struktur des Steines intensiviert und die Oberfläche zusätzlich geschützt.

Eine gute Alternative zur Versiegelung ist das Imprägnieren mit Naturharzimprägnierung und die anschließende Wachsbehandlung, wobei die Böden allerdings empfindlich bleiben gegen länger andauernde Feuchtigkeitseinwirkung.

Auch ein roher Zementestrich kann vorübergehend oder auf Dauer ohne zusätzlichen Belag genutzt werden, sofern er in „Nutzstrich"-Qualität hergestellt wird. Er lässt sich wie ein Holz- oder Keramikboden imprägnieren oder mit einem Fußbodenanstrich versehen. Unter Umständen ist es möglich, durch maschinelles Abschleifen einen terrazzo-ähnlichen Effekt zu erreichen.

15.1.3 Sonstige Flächen (innen) ...

...Holztüren, -fenster, -geländer

Als Altanstriche werden Öl- und Naturharzlacke sowie Kunstharzlacke angetroffen. Diese können mit jeweils gleichartiger Farbe überstrichen werden, Öl- und Naturharzlacke auch mit Kunstharzlacken. *Die Arbeitsschritte*: Untergrund gründlich anschleifen, nicht tragfähige Lackschichten entfernen, rohe Holzstellen farblos imprägnieren, vorlackieren, schlusslackieren.

Wenn Fenster auf der Außenseite mit einer weitgehend dampfdichten Lackierung gestrichen sind, muss auch die Innenseite mit einem dampfdichten Produkt gestrichen werden. Auf keinen Fall dürfen Fenster innen nur lasiert werden, wenn sie außen dekkend (filmbildend) lackiert werden.

Für Erstanstriche auf Holzflächen im Innenbereich sind Öl- und Naturharzanstriche besonders empfehlenswert. Bei lasierenden Anstrichen ist zusätzlich Wachsbehandlung möglich.

Da Zimmertüren und deren Zargen sowie Geländer stoßgefährdete Bauteile sind, empfiehlt sich ein transparenter Anstrich. Bei farbigen Lackierungen sind Beschädigungen eher zu sehen als bei farblosen Anstrichen.

... Stahlflächen (innen) und Heizkörper

Folgende Altanstriche werden angetroffen: Öl- , Natur- und Kunstharzanstriche, mit oder ohne Rostschutzgrundierung. Auch diese Altanstriche können mit jeweils gleichartiger Farbe überstrichen werden. Außerdem können *auf Ölfarben* auch Natur- und Kunstharzlacke als Erneuerungsanstrich aufgebracht werden, *auf Naturharz-* auch Kunstharzlacke und umgekehrt.

Zur Ausbesserung von Rostschutzgrundierungen müssen die Stahlflächen gründlich entrostet werden, z.B. mit der Stahlbürste oder mit Schleifpapier, besser maschinell mit Trennschleifer. Für Erstanstriche auf Stahlflächen (innen) sind Öl- und Naturharzlacke geeignet.

Weniger empfehlenswert sind Kunstharzlacke. Auch Stahl im Innenbereich muss gegen Rosten geschützt werden. Alle herkömmlichen Rostschutzmittel sind sehr umwelt- oder gesundheitsbelastend. Eine Alternative ist das amtlich zugelassene Naturharz-Rostschutzmittel der Firma Livos. Um einen dauerhaften Rostschutz zu erhalten, müssen die Herstellervorschriften genau beachtet werden.

Für Heizkörper gilt grundsätzlich das gleiche. Im Gegensatz zu den üblichen Lacken sind Heizkörperlacke jedoch hitzeunempfindlich.

15.2 Anstriche für Außenflächen

15.2.1 Verputzte Wandflächen

Neben der farblichen Gestaltung haben Fassadenanstriche die Aufgabe, den Putz gegen Durchfeuchtung durch Niederschläge zu schützen. Andererseits sollen solche Anstriche möglichst durchlässig für Wasserdampf sein, damit eingedrungenes Wasser und eventuell im Sockelbereich aufsteigende Bodenfeuchtigkeit rasch austrocknen können. Um Schäden durch thermische Spannungen im Putzuntergrund zu vermeiden, werden helle Fassadenanstriche bevorzugt, die weniger Sonneneinstrahlung absorbieren und sich nicht so stark aufheizen.

Altanstriche auf Außenputz können sein: Kunststoff-Dispersionsfarbe, Silikatfarbe, Kalk-Zement-Farbe. Diese Altanstriche können mit jeweils gleichartiger Farbe überstrichen werden. Außerdem können als Erneuerungsanstrich auf Silikat- und Kalk-Zement-Farben auch Silikat-, und Dispersionsfarbe verwendet werden.

Je nach Zustand der Fassade können folgende Vorarbeiten erforderlich sein:

- Schmutz und Staub durch Abwaschen oder Dampfstrahlen entfernen. Beim Ablaugen alter Anstriche verstopfen die Poren des Putzes, in diesem Fall muss die Oberfläche zusätzlich mit einer Stahlbürste gereinigt werden.
- Lockeren Altanstrich durch maschinelles Feuchtstrahlen entfernen.
- Risse im Putz ausbessern, lockere oder weiche Putzflächen erneuern (vgl. Kap. 7.4).
- Grundieranstrich (evtl. putzfestigend) bei zu glattem, zu rauhem, zu saugfähigem oder zu wenig saugfähigem Untergrund. Zu glatte Flächen können auch durch Anschleifen, mit der Drahtbürste oder durch Sandstrahlen aufgerauht werden. Eine Grundierung ist grundsätzlich notwendig bei unterschiedlich saugfähigem Untergrund (z.B. bei Mischmauerwerk und bei verputztem Fachwerk).
- Teer- und andere Flecken mit Isoliermittel absperren.
- Frischen Kalk- oder Zementputz abbinden lassen. Kalk- und Zementputze binden langsam ab und bleiben lange Zeit alkalisch. Wenn ein Kalkputz mit Dispersionsfarbe gestrichen wird, sollte eine Wartezeit von 6 Wochen eingehalten und der Untergrund mit Fluat neutralisiert werden.
- Sinterschichten auf neuem Putz von Hand oder maschinell entfernen, unter Umständen auch durch Fluatieren. Ebenso müssen Fehlstellen im Putz wie Blasen, Risse usw. vor dem Anstrich beseitigt werden.

Für Erstanstriche auf Außenputz sind besonders empfehlenswert: Zwei-Komponenten-Silikatfarbe oder Kaseinemulsionsfarbe bzw. Kalk-Kaseinfarbe. Alle kalkhaltigen Außenanstriche haben jedoch in Großstädten und anderen Gebieten mit starker Luftverunreinigung eine verkürzte Haltbarkeit.

Um einen gut haltbaren Anstrich und ein gutes Aussehen zu erreichen, sind einige Regeln zu beachten, z.B. bezüglich Witterung, Sonneneinstrahlung, Aufteilung der Flächen in Arbeitsabschnitte. Wer solche Arbeiten selber ausführen möchte, sollte sich vorher gründlich informieren.

15.2.2 Sichtmauerwerk (außen)

Bei Sichtmauerwerk aus natürlichen oder künstlichen Steinen kann ein Anstrich erforderlich sein, wenn schlechte Steine verwendet wurden, die nicht ausreichend witterungsbeständig sind. Sichtmauerwerk kann entweder farblos durch Hydrophobieren imprägniert oder, wie eine verputzte Wand, farbig bzw. weiß gestrichen werden. Eine Beschichtung ist jedoch nur dann haltbar, wenn das Mauerwerk nicht durch aufsteigende Feuchtigkeit belastet ist. Vormauersteine (z.B. Klinker) benötigen wegen ihrer dichten Oberfläche keinen Anstrich. Für Altanstriche gilt das gleiche wie für verputzte Fassaden (Kap. 15.2.1).

Für farblose Erstanstriche auf Sichtmauerwerk ist Silikatfarbe ohne Pigmente (das sogenannte Fixativ) besonders empfehlenswert, für weiße oder farbige Erstanstriche auf Sichtmauerwerk empfiehlt sich die Zwei-Komponenten-Silikatfarbe mit mineralischen Farbpigmenten.

15.2.3 Fenster und Türen

Die meisten Holzfenster und Holztüren bei Altbauten sind mit einem deckenden Ölfarben- oder Kunstharzanstrich versehen. Dieser Anstrich sollte regelmäßig - etwa alle 5 bis 10 Jahre - erneuert werden, besonders auf der Wetterseite. Bei Lasuranstrichen ist eine häufigere Erneuerung nötig. Wenn Haftung und Elastizität des Altanstrichs noch gut sind und das Holz noch intakt ist, kann der Altanstrich gereinigt, aufgerauht und mit einem Reparaturanstrich versehen werden.

Bei Fenstern ist es besonders wichtig, dass der Reparaturanstrich mit einem zum Altanstrich passenden Anstrichmittel erfolgt. *Auf Öl- und Naturharzlacken* können auch Kunstharzlacke, *auf Kunstharzlacken* können auch Naturharzlacke aufgebracht werden. Lasierende Anstriche sind auf lackierten Flächen nicht möglich, es sei denn der Lack wird bis auf das rohe Holz entfernt.

Helle Farben sind günstiger als dunkle, weil sich Anstrich und Holz bei Sonneneinstrahlung weniger erwärmen und der Anstrich dadurch länger hält. Die lichtspendende Funktion von Fenstern wird im Raum durch eine weiße Lackierung am besten wirksam.

Der alte Anstrich ist nur dann zum Überstreichen geeignet, wenn er ausreichend fest und haftfähig ist. Dies kann mit Klebeband und durch Kratzen mit einem Messer festgestellt werden: das Klebeband wird auf dem Altanstrich fest angerieben und anschließend scharf abgerissen; löst sich der alte Anstrich gar einschließlich anhaftender Holzfasern, so ist die Holzoberfläche bereits zerstört und für einen Überholungsanstrich ebenfalls ungeeignet. Auch spröde Anstriche, die sich mit einem Messer partikelweise ablösen lassen, müssen vor einem Neuanstrich entfernt werden.

Sollten vergraute Flächen lasiert werden, so müssen sie bis auf die nicht vergraute Holzschicht abgeschliffen und mit Grundieröl vorgestrichen werden. Darauf folgt ein dreimaliger Lasuranstrich. Chemische Aufheller sollten wegen ihrer Giftigkeit nicht verwendet werden.

Das Entfernen alter Anstriche erfolgt am besten mechanisch, d.h. durch Abschaben oder Abschleifen mit entsprechendem Spezialgerät (Schaber, Schleifmaschine, Spachtel). Beim Abschleifen sollte ein Atemschutz (Staubfilter) verwendet werden. Abbeizen und Abflämmen sind umweltbelastende Methoden, die besser unterlassen werden.

Die so vorbereiteten Holzflächen werden dann mit einem neuen Anstrichsystem versehen, wobei die verschiedenen Schichten (Grundier-, Zwischen- und Deckanstrich) aufeinander abgestimmt sein müssen. Daher empfiehlt es sich, das Anstrichsystem *eines* Herstellers unter Einhaltung der entsprechenden Verarbeitungsvorschriften zu verwenden. Muss bei Holzfenstern die Glasversiegelung (oder der Fensterkitt) überstrichen werden, so wird auch die Glasscheibe ca. 1 mm überstrichen.

Auch der Innenanstrich der Fenster muss gewartet werden. Er soll mindestens so dampfdicht sein wie der Außenanstrich, anderenfalls kann es in den Fensterhölzern zu einem Feuchtigkeitsstau und zu Fäulnis kommen.

Die Anstrichtechnik ist bei den verschiedenen Lack- und Lasuranstrichen ungefähr gleich. Ist der Altanstrich als Untergrund für einen Erneuerungsanstrich geeignet, wird er folgendermaßen vorbereitet: Altanstrich mit Salmiakwasser (1 Teil Salmiak in 10 Teilen Wasser) abwaschen, trocknen lassen, mit feinem Schleifpapier (100er oder 120er) anschleifen, bis der Untergrund matt ist, entstauben, ggf. offene Holzverbindungen (Holzstöße z.B. bei Türen) keilförmig und tief aufkerben, grundieren und verkitten, Flecken mit Sperrgrund (z.B. Schellack) isolieren; danach Grundanstrich, Zwischenanstrich und Deckanstrich aufbringen. Das Glätten von Unebenheiten mit Spachtelmasse ist für bewitterte Holzteile nicht dauerhaft.

Für Erstanstriche auf rohem Holz sind deckende Naturharzlacke besonders empfehlenswert. Die Arbeitsschritte im einzelnen: Untergrund säubern, mit feinem Schleifpapier (100er oder 120er) matt schleifen und entstauben. Harzstellen und Äste mit Sperrgrund isolieren. Grundierung mit Holzschutzgrund (bei deckenden Anstrichen und innen ohne pilzhemmende Wirkstoffe) anbringen, Risse im Holz mit Ölkitt oder Spachtelmasse verkitten. Danach zwei Zwischenanstriche und Schlussanstrich aufbringen (als Anstrichsystem, passend auch zur Grundierung).

15.2.4 Holzflächen (außen)

Holzschalungen und Kanthölzer gelten als sogenannte „nicht-maßhaltige" Bauteile, d.h. ein Quellen und Schwinden durch Feuchtigkeitsaufnahme aufgrund von Witterungseinflüssen ist unschädlich, sofern durch Maßnahmen des konstruktiven Holzschutzes eine rasche und vollständige Wasserableitung und Austrocknung gewährleistet ist (vgl. Kap. 5.3). Dies gilt nicht für sogenannte „maßhaltige" Bauteile, wie Fenster und Sichtfachwerk. Die Hölzer vom Sichtfachwerk müssen wie Fenster zum Schutz gegen Feuchtigkeitsaufnahme gestrichen werden.

Ein Anstrich auf nicht maßhaltigen Holzbauteile im Außenbereich, wie z.B. holzverkleidete Fassaden, ist nicht notwendig, wenn das natürliche Vergrauen des Holzes akzeptiert werden kann. Soll Holz im Außenbereich (Fassadenverkleidung etc.) aus ästhetischen Gründen gestrichen werden, kann mit einer filmbildenden Lackfarbe (leicht getönt oder farbig) oder einer Lasurfarbe (ebenfalls leicht getönt oder farbig) gestrichen werden.

Pigmentierte Lacke und Lasuren auf Holz sorgen dafür, dass das Holz seinen hellen Farbton behält. Lasuranstriche sind gut dampfdurchlässig und ermöglichen ein rasches Austrocknen. Sie müssen zwar häufiger erneuert werden als Lackfarben, dann reicht allerdings ein leichter Anschliff des Altanstrichs. Das Aufrauhen eines Lackfarbenanstrichs vor der Erneuerung ist dagegen erheblich mühsamer, und Risse in der Lackierung, die nicht sorgfältig ausgebessert werden, ziehen schnell größere Folgeschäden nach sich.

15.2.5 Metallfächen (außen)

Bei näherem Hinsehen gibt es eine ganze Reihe von Metallflächen am Haus: Geländer und Pfosten aus Stahl, Dachverwahrungen, Regenrinnen, Regenrohre und Fenstersimse aus verzinktem Stahlblech, aus Kupferblech oder etwa ab 1980 aus Titanzinkblech, Fenstersimsen aus Aluminium. Kupfer-, Zink- und Aluminiumbleche benötigen keinen Rostschutzanstrich; in vielen Fällen kann bei diesen Materialien auch ganz auf einen Anstrich verzichtet werden, sofern keine besondere farbliche Gestaltung gewünscht wird. Stahlteile benötigen eine Grundierung aus Rostschutzfarbe (zinkhaltige Grundierung). Auf diese Rostschutzschicht kann ein farbgebender Anstrich folgen.

Bei Renovierungsanstrichen auf Stahlteilen im Außenbereich ist es wichtig, dass der Rost vollständig bis auf das blanke Metall durch Sandstrahlen „porentief" entfernt wird. Das Entrosten mit der Stahlbürste reicht nicht aus, um für den nachfolgenden Anstrich eine dauerhafte Basis zu schaffen (vgl. auch Kap. 15.1 Abs. Stahlflächen).

15.3 Anstrichmittel

Die nachfolgenden Abschnitte sind als kleine Materialkunde gedacht, um für den jeweiligen Einsatzbereich die Wahl des optimalen Anstrichmittels zu erleichtern.

Aus natürlichen Grundstoffen hergestellte und seit Jahrhunderten bekannte Anstrichmittel sind die Kalk- und Zementfarben, die Leim- und Kaseinfarben, die Öl- und Naturharzfarben. Diese Anstrichmittel werden heute in technisch verbesserter Form als „Biofarben" angeboten. Bei der Auswahl des jeweiligen Anstrichmittels sollten solche ohne oder mit möglichst geringem Anteil an organischen Lösungsmitteln verwendet werden. Das gilt auch für die Naturharzprodukte. Wenn synthetische Produkte verwendet werden, sollten solche ohne Weichmacher bevorzugt werden. Umweltverträgliche Alternativen können in vielen Fällen sogar wirtschaftlicher sein als die Chemieprodukte.

Der „normale" und der „alternative" Markt bieten eine unüberschaubar große Vielfalt an Produkten und selbst mit gewissen Grundkenntnissen ist es oft nicht einfach, das optimale Anstrichmittel auszuwählen, zumal die Bezeichnungen für die Produkte keinen einheitlichen Regeln folgen und die Inhaltsstoffe häufig nicht allgemeinverständlich und obendrein unvollständig angegeben sind. Eine gute und zuverlässige Hilfe für die Auswahl und Anwendung der Anstrichmittel bieten die technischen Merkblätter der Hersteller.

Grundsätzlich bestehen „Farben" im wesentlichen aus den Komponenten Bindemittel, Lösungsmittel, Farbpigment und Hilfsstoffe.

Das *Bindemittel* ist der Stoff, der nach dem Verdunsten des Lösungsmittels den schützenden Anstrichfilm bildet und die Farbpigmente mit dem Untergrund verbindet. Art und Anteil des Bindemittels einer Farbe bestimmen ganz wesentlich die Eigenschaften des fertigen Anstrichs. Abgesehen von Kalk und Zement (in Kalk- und Kalkzementfarben) sowie Wasserglas (in Silikat-Farben) sind die meisten Bindemittel organische Verbindungen. Dabei werden die

Anstrichmittel und ihre Inhaltsstoffe			
Lösungsmittel	Anstrichmittel	Bindemittel (Hauptrohstoff)	Schädliche Inhaltsstoffe
Wasser	Mineralfarben	Kalk (a) Zement (b) (Kali-)Wasserglas (c)	
	Leimfarben (d)	Zelluloseleim Kaseinleim Kalk-Kaseinleim	
	Dispersionsfarben (e)	Pflanzenharze Kunststoffe	
	Ölfreie Lacke	Acrylharz ("Dispersionslack") Pflanzenharze	
Organische Lösungsmittel: Terpentin, Testbenzin, Benzol Toluol, Xylol, Alkohol, u.a.		Spirituslack (Schellack) Nitro-Celluloselack Chlorkautschuk- und Polymerisatlack	Nitrocellulose, Weichmacher
	Ölhaltige Lacke (f)	Pflanzenöle u. -harze Alkydharz (Kunstharz)	Schwermetallhaltige Trockenstoffe
	Kunstharz- und Kunststofflacke	Acrylharz (Kunstharzlack) PVC Phenol-, Harnstoff- und Melaminharz Polyurthan (DD-Lacke) Epoxidharz Polyester	Vinylchlorid, Formaldehyd Isocyanat Epichlorhydrin Peroxide
	Sonstige	Siloxan, Silan (g) Papiertapeten (h) Rostschutzmittel (i) Wachs (k) Abbeizmittel (l)	

Tabelle 15.1
Anstrichmittel und ihre Inhaltsstoffe. Die Buchstaben verweisen auf die Stellen im Text.

traditionellen Bindemittel (Zelluloseleim, Kaseinleim u.ä. für Wand- und Deckenfarben; Leinöl und andere trocknende Öle sowie Naturharze für Lasuren, Ölfarben und Lacke) aus biologischen Rohstoffen hergestellt und heute vorwiegend von den Naturfarbenherstellern angeboten. Das Gros des Malerhandwerks bevorzugt dagegen wegen der „überlegenen“ Eigenschaften die Kunstharz-Bindemittel, die durch Kombination verschiedener Kunststoffe und ausgefeilte Rezepturen für alle nur erdenklichen Anwendungsbereiche optimiert werden können. Die Kunstharz-Farben enthalten jedoch umweltbelastende und hochgiftige Stoffe, die bei der Produktion, Verarbeitung und Entsorgung in die Umwelt gelangen und diese belasten.

Lösungsmittel haben die Aufgabe, Bindemittel und Farbpigmente bis zur Verarbeitung in einer streichbaren (flüssigen) Form zu halten, so dass sich die Farbe beim Streichen gut mit dem Untergrund verbinden kann. Beim Trocknen verdunstet das Lösungsmittel. Abgesehen vom Lösungsmittel Wasser (bei Kalk-, Leim- und Dispersionsfarben) sind die meisten anderen Lösungsmittel giftig (Kohlenwasserstoffe wie Terpentin, Testbenzin, Toluol, Xylol, Benzol, usw.) und tragen in erheblichem Maße zur Umweltbelastung und zur Entstehung von Berufskrankheiten (bei Malern) bei. Auch die Naturprodukte der Naturfarbenhersteller, wie Balsamterpentin und Citrusterpene, sind in dieser Beziehung nicht harmlos und sollten daher nur sparsam verwendet werden.

Mit dem Umweltzeichen „Blauer Engel“ werden solche Produkte ausgezeichnet, die die Umwelt im Vergleich zu herkömmlichen Erzeugnissen weniger belasten und deren Verbreitung das Umweltbundesamt fördern will. Bei den Anstrichmitteln sind das bisher im wesentlichen die wasserverdünnbaren Lacke und Lasuren mit einem geringen Gehalt an organischen Lösungsmitteln. Andere umweltbelastende Inhaltsstoffe, sowie die Mineral- und Naturfarben werden bei der Vergabe des Umweltengels bisher unzureichend berücksichtigt.

Pigmente verleihen dem Anstrichmittel die Farbe; sie bestehen überwiegend aus sehr fein gemahlenen Mineralien oder Metallverbindungen, die teilweise in der Natur vorkommen (Erdfarben wie ocker, umbra, usw.) oder künstlich hergestellt werden. Je feiner ein Pigment gemahlen ist und je mehr Pigment eine Farbe enthält, umso besser ist die Deckkraft des Anstrichs. Neben der Art und Qualität des Bindemittels bestimmen daher auch Menge und Qualität des eingesetzten Farbpigments die Eigenschaften und den Preis der Farbe. Bei Innenanstrichen genügt i.a. ein „waschbeständiger" Anstrich. „Scheuerbeständige" Anstriche sind weniger dampfdurchlässig und teurer.

Nachfolgend werden die wichtigsten Anstrichmittel in der Reihenfolge der Tab. 15.1 im einzelnen beschrieben.

Kalkfarben (a) bestehen im wesentlichen aus weißem Luftkalk und Wasser: der Anstrich kann entweder aus gelöschtem Weißkalk (Kalkhydrat) hergestellt werden oder aus weißem Branntkalk, der jedoch zunächst wenigstens einige Tage in Wasser „eingesumpft" werden sollte. Der Kalk wirkt als Bindemittel und Weißpigment zugleich. Um andere Farbtöne zu erzielen, können dem Brei kalkechte Farbpigmente (Mineralfarben) zugesetzt werden. Kalkfarben erhärten durch Aufnahme von Kohlendioxid aus der Luft und eignen sich nur für mineralische Untergründe (jedoch nicht für gipshaltige Putze). Ungeeignet sind alle Untergründe, die bereits mit Dispersions-, Öl-, Lackfarben oder sonstigen Anstrichmitteln behandelt wurden. Die Haltbarkeit

Kalkfarbe

50 kg gelöschter Weißkalk
(1 Sack Kalkhydrat) in
40 - 60 l Wasser

einrühren (nicht umgekehrt), Schutzbrille und Hautschutzcreme verwenden, 48 Std. ziehen lassen, dann aufrühren und

1 - 2 kg Kochsalz sowie
0,5 kg Alaun

unterrühren, ggf. mit Wasser verdünnen oder mit Quarzmehl andicken, beim Verarbeiten häufig umrühren.

Kalk - Kaseinfarbe

1. Kalk einsumpfen

20 l gelöschter Weißkalk (Kalkhydrat) in
20 l Wasser

einrühren, 48 Std. stehenlassen, vor der Weiterverarbeitung gut durchrühren.

2. Kalk-Kaseinleim herstellen

1 l gelöschter Weißkalk (Kalkhydrat) in
1 l Wasser einrühren,
8 l Magerquark

glattschlagen und einrühren, 1 Std. stehenlassen und Leimprobe machen (siehe unten). Verarbeitung spätestens innerhalb von 3 Tagen.

3. Anstrich herstellen

Den eingesumpften Kalk (1.) und den Kalk-Kaseinleim (2.) vermischen und sofort verarbeiten, dabei häufig umrühren. Schutz für Augen und Haut nicht vergessen.

Hinweis:
Verdünnung mit fettarmer Milch oder mit Leimwasser (1 l Kalk-Kaseinleim und 4 l Wasser), nicht mit Wasser.

Leimprobe:
Fertigen Leim auf ein Glas streichen und trocknen lassen. Das Verhältnis von Kalk und Quark stimmt, wenn die trockene Leimschicht wie Milchglas (weißgrau-durchscheinend) aussieht. Ist das Aussehen gelbstichig, muss noch Kalk zugegeben werden.

Wenn der fertige Anstrich kreidet:
Gestrichene Fläche mit Lösung aus 1 l essigsaure Tonerde und 12 l Wasser übersprühen, z.B. mittels Pflanzenzerstäuber.

Kasein - Emulsionsfarbe

10 l Kalkkasein - Leim herstellen

(wie im Rezept für Kalk-Kaseinfarbe), in diese pastöse Masse

0,2 bis 0,5 l Leinölfirnis oder Standöl

einrühren, Pigmente zusetzen und gut verrühren. Der Grundanstrich sollte weniger Pigmente enthalten als der Deckanstrich.

ist jedoch in Bereichen mit aggressiver Industrieluft eingeschränkt.
Ob es sich bei einem vorhandenen Wand- oder Deckenanstrich um eine Kalkfarbe handelt, lässt sich folgendermaßen ermitteln: Kalkfarbe ist nicht wasserabstoßend, kann abkreiden, schäumt im Kontakt mit Salzsäure auf, lässt sich nicht mit Abbeizmittel entfernen.

Kalkfarben sind preiswert, umweltfreundlich und auch fertig zubereitet im Handel erhältlich. Mehrmals möglichst dünn aufgetragen, entsteht ein preiswerter, wasserdampfdurchlässiger und wischfester Anstrich mit guten raumklimatischen Eigenschaften. Zur Verbesserung des Deck- und Bindevermögens der Kalkfarbe können folgende Stoffe zugesetzt werden:

- Kreide (bis 20%) oder Quarzmehl (bis 20%) als Füllstoff für Schlämmanstriche.
- Weißzement (bis 30%) für Kalkschlämmanstriche auf Putz und rohem Mauerwerk.
- Cellulose- bzw. Kaseinleim (2 bis 5%) oder Leinölfirnis, Kunstharz-Dispersionen, ggf. auch Schmalz oder Schmierseife (200 g auf 10 l) zur Verbesserung der Wasserbeständigkeit und Wischfestigkeit.

Auch auf unverputztem Mauerwerk kann mit Kalkschlämme gestrichen werden, wobei die Struktur des Mauerwerks unter der Kalkschlämme erkennbar bleibt. Durch die Zugabe von Quarzmehl wird die Schlämme in ihrer Konsistenz fülliger. Der Schlämmanstrich ersetzt dann die übliche Kombination aus Putz, Rauhfaser und Anstrich und lässt die Wandfläche lebendiger wirken als eine glatte Putzfläche - ein gutes Beispiel für das ökologische Prinzip des minimierten Aufwands.

Die Anstricharbeit wird in folgenden Arbeitsschritten ausgeführt:

- Untergrund staubfrei abbürsten oder abwaschen.
- Luftkalkhydrat (Weißkalk) mit Wasser anrühren und mindestens 48 Stunden stehen lassen - ggf. Zusätze einrühren (siehe oben) - oder fertige handelsübliche Kalkfarbe verwenden.
- Grundierung mit dünner Kalkmilch.
- Der Zwischen- und Deckanstrich kann nach 24 bis 48 Stunden erfolgen, mit wechselnder Streichrichtung. Das Ergebnis wird umso besser, je dünner und je häufiger die Farbe aufgetragen wird.
- Damit der Anstrich nicht kreidet, nicht bei trockener, sommerlicher Witterung streichen und nicht bei direkter Sonneneinstrahlung oder auf zu trockenem Untergrund: je länger die Trockenzeit, umso vollständiger kann der Kalk durch Aufnahme von CO_2 aus der Luft abbinden.

Kalk ist ätzend, bei der Verarbeitung sollte deshalb die Haut mit einer Schutzsalbe eingefettet und eine Schutzbrille getragen werden. Die Haltbarkeit der streichfertigen Farbe beträgt temperaturabhängig ca. 14 Tage.

Kalk-Zementfarbenanstriche (b) bestehen aus Weißzement und Kalkhydrat (Pastelltöne). Sie erhärten vorwiegend hydraulisch und sind dadurch deutlich wetterbeständiger als reine Kalkfarben. Auf mineralischen Untergründen sind sie lange haltbar - allerdings wiederum nicht in aggressiver Industrieluft. Zusätze von Kunststoffdispersionen können die Bindefestigkeit und Verarbeitbarkeit gegebenenfalls verbessern. Kalk-Zementfarben werden aus trockenem Pulver mit Wasser angerührt und müssen am gleichen Tag verarbeitet werden.

Ob es sich bei einem Altanstrich um eine Kalk-Zement-Farbe handelt, lässt sich mit den gleichen Tests wie bei der Kalkfarbe ermitteln. Eine Unterscheidung zwischen Kalk-Zement- und Kalkfarbe ist nur durch eine chemische Analyse möglich.
Mineral-Silikatfarbe (c) wird als Zweikomponentenanstrich geliefert und unmittelbar vor der Verarbeitung aus Farbpulver und Wasserglas als Bindemittel gemischt; sie muss dann sofort verarbeitet und bald verbraucht werden. Wasserglas ist freie Kieselsäure (flüssiges Kaliumsilicat K_2SiO_3), die an der Luft zu einer glasartigen Masse erhärtet und sich durch Verkieselung chemisch mit dem Untergrund verbindet. Silikatfarben haben dadurch hervorragende Eigenschaften: sie sind wetterbeständig, wasserabweisend, dampfdurchlässig und beständig gegen Rauchgase und chemische Dämpfe. Der verhältnismäßig hohe Preis macht sich durch die sehr gute Haltbarkeit bezahlt. Da der Anstrich mit dem Untergrund ein dichtes Kristallgefüge bildet, ist er besonders gut zur Sanierung mürber, ausgelaugter Altputze geeignet.

Silikatfarben werden hauptsächlich auf Kalk- und Kalkzementputz, Ziegel, Kalksandstein, Sichtbeton, Faserzement und alten, festsitzenden mineralischen Anstrichen verwendet, sie können aber auch auf ungehobeltem Holz, Zink und Glas eingesetzt werden. Als Untergrund ungeeignet sind organische Altanstriche, z.B. Dispersionsfarben. Auf mineralischen Untergründen kann der Anstrich sowohl deckend als auch lasierend (so dass die Struktur des Untergrundes durchscheint) aufgebracht werden, wobei durch die Lasurtechnik eine besonders „lebendige" Oberflächengestaltung erreicht wird.

Ob es sich bei einem Wand- oder Deckenanstrich um eine Zwei-Komponenten-Silikatfarbe handelt, lässt sich daran erkennen, dass der Anstrich sich weder durch Abbeizen noch mittels Salzsäure entfernen lässt.

Silikatfarbenanstriche werden in zwei Arbeitsgängen aufgebracht, bei stark saugenden Untergründen ist zusätzlich noch eine Grundierung erforderlich. Bei Mauerwerk kann dem Schlussanstrich zum Erzielen einer Schlämmwirkung Sand- oder Quarzmehl zugegeben werden.

Neben den Mineral-Silikatfarben gibt es auch fertig gemischte und lagerungsfähige „Dispersions"- bzw. „Organsilikatfarben", die jedoch Kunststoffe enthalten.

Bei starker Sonneneinstrahlung sollte nicht gestrichen werden, um die chemische Verkieselung nicht durch zu schnelle physikalische Trocknung zu behindern. Silikatfarben ätzen! Augen und Haut, aber auch Fensterglas, Türen, Gesimse usw. sind zu schützen (Schutzbrille, Handschuhe, Abkleben).

Leimfarben (d) waren bis in die 60er Jahre hinein die klassischen Anstrichmittel für Innenräume. Da sie im allgemeinen nicht einfach überstrichen werden können, sondern nach mehrmaliger Erneuerung abgewaschen werden müssen, wurden sie durch die bequemer zu verarbeitenden, waschfesten Dispersionsfarben verdrängt.
Ausgangsstoff für Leimfarben ist der aus Pflanzen hergestellte Celluloseleim oder der aus Milch (Quark) hergestellte Kaseinleim. Leimfarben sind sehr umweltverträglich, können preisgünstig selbst hergestellt werden und eignen sich für alle Innenanstriche auf Mauerwerk, Putz, Kalkfarbe und auf alter, gut haftender Leimfarbe, nach entsprechender Grundierung auch auf Holz, fester Dispersionsfarbe und fester Tapete.

Leimfarben sind wasserdampfdurchlässig, wischfest aber nicht feuchtigkeitsbeständig (waschfest); sie können daher nur in trockenen Räumen eingesetzt werden. Außerdem muss der Untergrund fest, saugend, fleckenfrei und ph-neutral sein. Alkalische Untergründe, z.B. ein frischer Kalkputz, müssen vor dem Anstrich mit Fluat neutralisiert werden. Flecken sollten mit Dispersionsfarbe abgesperrt werden. Alte, gut haftende und nicht zu dick aufgetragenen Leimfarbenanstriche werden mit Seife und Wasser gereinigt und dann ohne Grundierung überstrichen.

Bei neuem Putz (normal saugend) empfiehlt sich eine Grundierung mit verdünntem Leimbrei, oder besser noch mit Alaun (200 g Aluminiumkalisulfat auf 5 l Wasser). Der Deckenanstrich wird am besten mit der Rolle aufgewalzt. Zwischen Grundierung und Deckanstrich sollten wenigstens 4 bis 8 Stunden Trocknungszeit liegen.

Das Lasieren von Innenwandflächen mit Pflanzenfarben ergibt eine „lebendige" „schattierend-wolkige" Farbfläche, die sich in ihrer Wirkung von den üblichen deckend gestrichenen Flächen unterscheidet. Auf den unbefangenen Betrachter wirkt eine in Lasurtechnik gestrichene Wand so, als ob die Farbe sich ein paar Zentimeter vor der Wand befände. Der Effekt ist darauf zurückzuführen, dass das Licht nicht nur an der Oberfläche der Farbschicht reflektiert wird. Ein Teil des Lichtes fällt durch die Lasurschicht hindurch auf den entsprechend hell gestrichenen Untergrund. Es wird dort reflektiert und durchdringt die Lasurschicht ein zweites Mal. Solche Anstrichsysteme, die speziell von einigen Naturfarbenherstellern angeboten werden, bestehen im wesentlichen aus

- einer auf den Untergrund abzustimmenden Grundierung,
- einem weißen Zwischenanstrich auf Kasein-Bienenwachs-Harz-Basis und
- ein oder mehreren farbig pigmentierten Schlussanstrichen.

Leimfarbe

1. Leim anrühren

125 g Zelluloseleim (Glutinleim) mit *6,5 l Wasser*

verrühren und (über Nacht) quellen lassen.

2. Farbbrei ansetzen

5 kg Kreidepulver mit *3 l Wasser*

zu einem dicken Brei verrühren. Das Wasser nach und nach zugeben, Brei gut durchstampfen, so dass alle Klumpen zerkleinert werden.

3. Anstrich herstellen

Leimbrei nach und nach in den Farbbrei einrühren und gut durchmischen. Soviel Leimbrei zugeben, bis die Farbe leicht am Rührholz abfließt. Vor dem Verarbeiten noch eine Stunde quellen lassen.

4. Probeanstrich herstellen

Beim Auftragen soll die Farbe nicht schäumen, matt auftrocknen und wischfest sein. Wird der Anstrich nicht wischfest, muss noch etwas Leim zugegeben werden, glänzt der Anstrich beim Überreiben, ist zuviel Leim zugegeben worden.

Verdünnung ggf. mit Leimwasser aus 1 l Leimbrei und 3 l Wasser.

Geeignete Untergründe sind (in der Reihenfolge der Eignung):

- fester, völlig abgebundener (ph-neutraler) Putz, trocken, sauber und ohne durchschlagende Inhaltsstoffe,
- fest haftende Tapete,
- Gipskartonplatten,
- intakte Dispersionsaltanstriche.

Wandlasur-Pflanzenfarben sind für die Anwendung außen und in Feuchträumen nicht geeignet. Feuchtigkeitsbeständige Wandlasuren können mit Mineral-Silikatfarben (siehe oben) hergestellt werden.

Dispersionsfarben (e) auf Kunststoff- oder Naturharzbasis sind aufgrund ihrer vielfältigen Einsatzmöglichkeiten, ihrer guten Haftung und Haltbarkeit sowie ihrer einfachen Verarbeitung und beliebigen Farbtönung wohl das gebräuchlichste Anstrichmittel für Wand- und Deckenflächen im Innen- und Außenbereich, obwohl sie deutlich teurer und auch nicht so umweltfreundlich sind wie mineralische Anstrichmittel und Leimfarben. Bei den Dispersionsfarben, auch Binderfarben genannt, handelt es sich um Emulsionen (feinste Tröpfchen) von Kunstharz- oder Naturharzbindemittel im wässrigen Farbbrei. Art und Qualität des Bindemittels bestimmen ganz entscheidend die Beständigkeit, den Einsatzbereich (innen und/ oder außen) und den Preis des Anstrichs. Als „Latexfarben" werden scheuerbeständige Kunststoff-Dispersionsfarben bezeichnet. Ein völlig anderes Anstrichmittel sind die Dispersions*lack*farben, die im Abschnitt Lacke weiter unten behandelt werden.

Die Kunstharzdispersionen enthalten z.B. Polyacrylat, Polyvinylacetat mit Weichmacher, Polyvinylpropionat (PVP) oder Styrol-Butadien-Latex als Bindemittel in feinster Verteilung; zur Verbesserung der Eigenschaften werden meist noch diverse, zum Teil ebenfalls nicht sehr umweltverträgliche chemische Stoffe beigemischt. Alternativen zu Kunststoffdispersionen sind z.B. Silikatfarben für den Außenbereich sowie Kalk- oder Leimfarben und die sehr guten, aber teuren Naturharzdispersionen im Innenbereich.

Dispersionsfarben lassen sich auf nahezu allen Untergründen (außer auf Stahl) innen und außen verarbeiten und ergeben einen elastischen, frei abtönbaren und weitgehend feuchtigkeitsbeständigen Anstrich, der jedoch oft wenig dampfdurchlässig ist. Das Streichen einer bisher unbehandelten Fläche erfordert 3 bis 4 Arbeitsgänge: Grundanstrich, 1 bis 2 Zwischenanstriche und den Deckanstrich. Auf gut erhaltenen, gesäuberten Altanstrichen genügt ein Erneuerungsanstrich.

Ob es sich bei einem vorhandenen Anstrich um eine Dispersionsfarbe handelt, kann mit Lösungsmitteln festgestellt werden: Testbenzin und Nitroverdünnung lösen Dispersionsanstriche stark an, Öl- und Kunstharzanstriche dagegen nur schwach.

Einige Tips für das Arbeiten mit Dispersionsfarben:

- Probeanstrich an wenig sichtbarer Stelle; zur Prüfung des Farbtons die Trocknung abwarten.
- Farbe zügig auftragen, häufiger umrühren; bei großen Flächen mit mehreren Personen arbeiten, um sichtbar bleibende Ansätze zu vermeiden.
- Fensterlaibungen, Gesimse, Balkone usw. zuerst streichen, dann die großen Flächen mit einer Farbwalze anlegen.
- Anstrichmittel verschiedener Hersteller nicht mischen.
- Bei rauhem Untergrund Grundanstrich mit einer Bürste „einreiben".
- Nicht bei direkter Sonneneinstrahlung, Feuchtigkeit oder Frost streichen.

Lacke und Lasuren (f) werden hauptsächlich für maßhaltige Holzflächen, wie z.B. Türen und Fenster, sowie für Metallflächen eingesetzt, gelegentlich auch für abwaschbare Mauer-, Putz- oder Tapetenflächen.

Als Lacke bzw. Lackfarben werden filmbildende Anstrichmittel bezeichnet, die den Untergrund mit einer mehr oder weniger dichten Schutzschicht überdecken. Der Lackkörper, das Bindemittel, ist im allgemeinen farblos; Lackfarben enthalten zusätzlich farbige Pigmente.

Als Lasuren werden Anstrichmittel bezeichnet, die aufgrund ihres höheren Lösungsmittelgehaltes und anderer Bindemittel überwiegend in den Untergrund eindringen und nicht oder nur sehr wenig filmbildend sind. Die Poren des Untergrundes werden bei Lasuranstrichen nicht verschlossen, so dass der Feuchteaustausch („Atmungsfähigkeit") weitgehend erhalten bleibt. Die Herstellung eines bestimmten Farbtons erfolgt bei Lasuren nicht durch Mischen der flüssigen Anstrichmittel, sondern durch Überlagern verschiedener Farbaufträge. Lasuranstriche haben eine gute Leuchtkraft, wenn die Grundierung aus einer Weißlasur hergestellt wird.

Lacke und Lasuren erfüllen bei Außenbauteilen neben der farblichen Gestaltung den wichtigen Zweck des Witterungsschutzes und der Werterhaltung, bei Innenbauteilen stehen die optisch-ästhetischen Funktionen im Vordergrund. Da durch die Herstellung und Anwendung von Lacken und Lasuren in mehr oder weniger großem Umfang Schadstoffe in die Umwelt gebracht werden, sollten sie sparsam eingesetzt und Produkte auf Naturöl- und Naturharzbasis sowie die mit dem Umweltengel gekennzeichneten Dispersionslacke („Wasserlacke", nicht zu verwechseln mit den Dispersionsfarben) bevorzugt werden. Wasserlacke haften auf Öl-,

Naturharz- oder Kunstharzlacken und umgekehrt.
Ob bei einem Altanstrich eine Naturharz-, Kunstharz- oder Wasserlackfarbe verwendet wurde, lässt sich daran erkennen, dass alle diese Anstriche mit einem Abbeizmittel abgelöst werden können. Um welche spezielle Anstrichart es sich handelt, kann bei einem ausgetrockneten Anstrich nicht mehr ohne Laboruntersuchung festgestellt werden.

Schellacke enthalten zwar Alkohol als Lösungsmittel, können jedoch allergieauslösend sein und sollten deshalb nur als Isoliergrund eingesetzt werden.

Hydrophobierungsmittel (g) werden verwendet, um mineralische Untergründe, insbesondere poröses Sichtmauerwerk, vor dem Eindringen von Feuchtigkeit zu schützen. Durch Hydrophobieren wird die Steinoberfläche wasserabweisend, ohne dass die Dampfdurchlässigkeit beeinträchtigt wird. Geeignete Untergründe sind Natur-, Ziegel- und Kalksandstein sowie Beton. Auch als Schlussbeschichtung für Kalkanstriche ist die Hydrophobierung bedingt geeignet.

Alle Hydrophobierungsmittel sind mehr oder weniger umweltbelastend. Als einigermaßen umweltverträgliche Hydrophobierungsmittel sind in Alkohol gelöste Siloxane und Silane im Handel. Silikonharze in anderen, schärferen organischen Lösungsmitteln sollten wegen ihrer höheren Umweltbelastung gemieden werden. Alle Präparate werden ausschließlich durch Besprühen - nicht durch Streichen - auf den gut gereinigten Untergrund aufgebracht, bei stark saugenden Steinen mehrmals. Für weitere Deckanstriche können dann z.B. Silikatfarben verwendet werden. Ob ein Stein bereits früher mit einem Hydrophobierungsmittel behandelt wurde, lässt sich mit der Netzprobe feststellen: Bei einem imprägnierten Stein perlt Wasser ab.

Tapeten (h): Im allgemeinen sind Wandflächen durch Möbel, Bilder, Pflanzen und Fensterbehänge genügend gegliedert, so dass selbst kleingemusterte Tapeten nur Unruhe in den Raum bringen. Beliebt sind deshalb die unbedruckten Rauhfasertapeten, die allerdings ebenso wie andere Tapetenarten auch zur „Verbesserung" ihrer Eigenschaften oft mit allerlei Chemie angereichert sind. Auch die Spezialkleister für schwere Tapeten oder Textiltapeten sind oft nicht frei von Schadstoffen. Hier bietet der „baubiologische" Fachhandel relativ unbedenkliche Alternativprodukte an.

Da das Tapezieren im Altbau oftmals durch Unebenheiten der Wandflächen erschwert wird, sind Alternativen wie z.B. ein Rauhfaseranstrich, das Verkleiden mit Holz oder das Bespannen mit Stoffen aus Naturfasern (Jute, Leinen, usw.) sehr beliebt. Doch die einfachste, häufig schönste und auch preiswerteste Lösung ist nach wie vor ein einfacher Anstrich direkt auf den Innenputz oder das Mauerwerk.

Tapezieren ist vor allem dort sinnvoll, wo bereits tapeziert war, sowie auf glattem Putz und Gipskartonplatten. Wie bei Anstrichen gilt auch hier als wichtigste Regel: der Untergrund muss trocken und ausreichend fest sein; das Aussehen und die Haltbarkeit einer tapezierten Fläche ist ganz wesentlich abhängig von der richtigen Beschaffenheit des Untergrundes.

Je nach Zustand der Wandflächen können folgende Vorarbeiten nötig sein:

- Vollständiges Entfernen der vorhandenen Tapete durch Abziehen, Abschaben, Anschleifen.
- Glätten der Putzfläche durch Spachteln.
- Ausbessern von Fugen, Rissen, Fehlstellen.
- Absperren von Teer-, Farb- und Ölflecken durch mehrmaliges Auftragen von Wasserglas oder Schellack (Spirituslack).

Für die Ausführung von Tapezierarbeiten sei hier auf die einschlägigen Heimwerkerbücher verwiesen. Im folgenden daher nur einige wichtige Hinweise:

- Lehmfarbenanstriche und nicht wasserfeste Dispersionsanstriche sind als Tapeziergrund ungeeignet, sie müssen abgewaschen werden.
- Wo alte Tapeten nicht mehr überklebt, sondern entfernt werden müssen, empfiehlt es sich, anstelle von Tapetenlöser eine einfache Seifenlauge (aus Schmier- oder Hartseife) zu verwenden. Dicke, mit Dispersionsfarbe gestrichenen Tapeten lassen sich besser ablösen, wenn die Oberfläche mit einem Spachtel gitterförmig eingeschnitten oder mit einer Perforierwalze gelöchert wird.
- Normale Tapetenkleister aus Methylzellulose sind in Bezug auf schädliche Inhaltsstoffe weitgehend unbedenklich. Spezialkleister für schwere Tapeten und Textiltapeten enthalten dagegen umwelt- und gesundheitsbelastende Kunstharze.
- Einfache bedruckte Tapeten können als Altpapier entsorgt werden, mit Dispersions- oder Ölfarben gestrichene Tapeten gehören in den Sondermüll.
- Untertapeten aus Kork, Latex-Schaumstoff oder Hartschaum sind nur in Sonderfällen sinnvoll. Weil sie relativ dünn sind, ist ihre wärmedämmende Wirkung äußerst gering. An Fensterlaibungen und Fensterstürzen können sie u.U. zur Verminderung von Schwitzwasser beitragen. Kartonkaschierte Untertapeten sind weniger druckempfindlich als unkaschierte.

- Es gibt auch Tapeten und Untertapeten mit einer Polyäthylen-Kaschierung zur nachträglichen Herstellung einer bauphysikalisch erforderlichen Dampfsperre bei Innendämmungen (vgl. Kap. 7.3).

Rostschutzanstriche (i) geben Stahlteilen einen guten Korrosionsschutz, vorausgesetzt, vorhandene Roststellen werden gründlich beseitigt und die Oberfläche anschließend mit Salmiakgeist entfettet. Ist der Altanstrich wenig beschädigt, wird die Oberfläche gereinigt, angeschliffen (Schleifstaub nicht einatmen!) und dann mit einem Erneuerungsanstrich versehen. Auch in Innenräumen sollten Stahlteile einen Grundanstrich mit Rostschutzfarbe bekommen, denn auch die Luftfeuchtigkeit wirkt korrodierend.

Ein Neuanstrich besteht aus 1 bis 2 Grundanstrichen mit Rostschutzfarbe und zwei Deckanstrichen mit Lackfarbe. Als Rostschutzfarbe sollten keine zink- oder bleihaltigen Produkte verwendet werden. Empfehlenswert ist das amtlich zugelassene Produkt der Fa. Livos.

Wachs (k) ist ein einfaches Mittel, um wirkungsvoll die Poren von Holz und Stein zu verschließen. Holzbauteile im Innenbereich lassen sich damit beispielsweise gegen das Eindringen von Staub und Schmutz schützen, die Oberfläche wird glatt und pflegeleicht, ohne Beeinträchtigung der Diffusions- und Sorptionsfähigkeit des Untergrundes. Mit Wachs behandelte Holzflächen bleiben jedoch gegen länger einwirkende Feuchtigkeit empfindlich (Flecken mit Soda entfernen).

Bevor eine Fläche zum ersten Mal gewachst wird, sollte sie mit einer farblosen oder pigmentierten Imprägnierlasur (Naturharz- oder Dispersionslacklasur) ein- bis zweimal grundiert werden, um ein übermäßiges Eindringen des Wachses in den Untergrund zu verhindern.

Das Wachs kann in zwei verschiedenen Verfahren aufgebracht werden: beim Kaltwachsen wird Wachsbalsam mit einem Ballentuch eingerieben. Kalt verarbeitbare Wachsbalsame enthalten allerdings organische Lösungsmittel (z.B. Terpentin), und zwar um so mehr, je weicher sie sind. Flüssige, streichbare Wachse auf Lösungsmittelbasis (sogenannte Streichbalsame) sollten überhaupt nicht verwendet werden.

Beim Heißverfahren wird das Wachs geschmolzen (Vorsicht! Entzündungsgefahr) und dadurch verarbeitungsfähig gemacht. Das flüssige Wachs kann von Hand oder beim Fußboden wesentlich bequemer mit Hilfe einer Bohnermaschine mit Vorwärmgerät aufgebracht werden. Bei beiden Verfahren wird der Boden nach dem Aushärten der Wachsschicht mit dem Bohnerbesen (Blocker) poliert.

Während sich für Wandpaneele, Möbel und Holzbalken das recht weiche Bienenwachs durchaus gut eignet, sind für Fußböden härtere Pflanzenwachse oder synthetische Wachse angebrachter. Die Wachsschicht muss immer möglichst dünn aufgetragen werden, damit sie nicht zu einem klebrigen Schmutzfänger wird. Ein Nachwachsen mit Wachspaste oder Wachsbalsam ist nur in größeren Zeitabständen erforderlich.

Wenn die Wachsschicht nach mehrfachem Auftrag zu dick geworden ist und der Schmutz haften bleibt, muss sie mit der Ziehklinge entfernt werden. Zur regelmäßigen Reinigung und Pflege eines gewachsten Fußbodens hat sich feuchtes Wischen mit Schmierseifenwasser gut bewährt.

Abbeizmittel (l): Als einigermaßen umweltverträgliche Abbeizmittel zum Aufrauhen oder Entfernen alter Lackanstriche sind anorganische Laugen wie z.B. Ätznatron (Natriumhydroxid) und Salmiakgeist zu bevorzugen. Diese Laugen wirken allerdings auch in starker Verdünnung noch sehr ätzend, also beim Arbeiten Augen und Haut schützen!

Alte kunstharzfreie Ölfarbenanstriche können mit dem wesentlich ungefährlicheren Soda abgebeizt werden. Umweltverträglich, aber sehr mühsam sind die mechanischen Methoden (Schleifen, Hobeln, Abziehen etc.).

Alkalische Abbeizmittel

1. Kalkbrei herstellen

1 l gelöschter Weißfeinkalk (Kalkhydrat) in
1 l Wasser einrühren.

2. Sodalösung herstellen

1 kg Soda in
1 l heißes Wasser auflösen.

3. Abbeizmittel herstellen

1 Teil Kalkbrei mit
1 Teil Sodalösung mischen.

Der Kalkbrei und das fertige Abbeizmittel sind ätzend - daher Haut und Augen schützen!

Die Aufbewahrung erfolgt am besten in einem Glas- oder Kunststoffbehälter; Metallbehälter können angegriffen werden. Keine Lebensmittel-Gefäße verwenden!

16. Schadstoffe in der Raumluft

Innenraumluft kann krank machen, wenn allergieauslösende Stäube oder giftige Ausdünstungen aus Baustoffen und Möbeln in erhöhter Konzentration vorkommen. Ein weit verbreitetes Übel sind die Gesundheitsschäden, die durch früher verwendete, stark formaldehydhaltige Spanplatten und durch die Holzschutzmittel PCP und Lindan verursacht werden. Solche Produkte dürfen heute in Innenräumen nicht mehr als Baustoffe verwendet werden.

16.1 Allergien

Wenn Sie beim Nachhausekommen tränende Augen, Niesattacken, Asthmaanfälle, Anfälligkeit für Bronchitis, Heuschnupfen, Hautausschlag oder Kopfschmerzen bekommen, reagieren Sie möglicherweise allergisch auf einen oder mehrere Stoffe in Ihrer Wohnung. Mittlerweile sind ein Drittel aller Bundesbürger allergisch. Hausstaub, Schimmelpilze, Blütenpollen, Metalle, Tierhaare gehören zu den häufig Allergien auslösenden Stoffen.

Im *Hausstaub* ist es der Kot winziger Spinnentiere, der Neurodermitis oder Atemnot verursachen kann. Die Spinnmilben halten sich überwiegend in natürlichen und synthetischen Textilien auf.

Tierhaare kommen nicht nur an Haustieren vor. Auch Teppiche und Decken aus Wolle, Ziegen- und Kamelhaar, Pelzteile und Rosshaarmatratzen geben Haare in die Atemluft ab.

Schimmelpilze gedeihen auf jedem feuchten organischen Material, z.B. auf Papier, Holz, Dispersionsfarbe, elastischer Dichtmasse, Nahrungsmittel, Schmutz. Giftig und allergisierend sind die Sporen der Schimmelpilze wenn sie über die Luft eingeatmet werden.

Die Staubbelastung in der Wohnung kann durch folgende Maßnahmen gemindert werden:

- Wände möglichst glatt verputzen, keine Tapeten oder Textilbeläge an Wänden und Decken.
- Keine Teppichböden; Bodenbeläge verwenden, die eine geschlossene Oberfläche haben und sich feucht wischen lassen.
- Staubfänger entfernen: Leder- statt Polstermöbel, Schränke statt Regale, glatte Oberflächen, Verzicht auf „gemütliche“ Accessoires.

Schimmel lässt sich dauerhaft nur beseitigen bzw. verhindern, wenn die Ursache für zu viel Feuchtigkeit beseitigt wird. Feuchte Bauteile sind bauliche Mängel. Sie können verursacht werden durch

- aus dem Baugrund kapillar aufsteigendes Wasser,
- Undichtigkeiten an Fassade und Dach,
- Kondenswasserbildung an kalten Bauteilen.

Der Aufwand zur Beseitigung dieser baulichen Mängel kann beträchtlich sein. Einzelheiten dazu siehe Kap. 6.3 und 7.1. Unter Umständen ist es auch möglich, mit „einfachen“ Maßnahmen eine Besserung zu erreichen:

- ausreichend heizen und lüften (siehe Kap. 4.2.1),
- organische Wandbeläge an der Innenseite von Außenwänden entfernen und durch Kalkputz und Kalkanstrich ersetzen.

Zu organischen Wandbelägen gehören Tapeten, Dispersionsfarbe, Gipskartonplatten, Holzverkleidungen. Vor der Durchführung aufwendiger Maßnahmen empfiehlt es sich, das Gutachten eines Sachverständigen für Bauschäden einzuholen. Adressen gibt es bei den Landesgeschäftsstellen der Architektenkammern.

16.2 Vergiftungen

Große Gesundheitsprobleme können durch Formaldehyd-Ausdünstungen und Ausgasungen aus Holzschutzmitteln verursacht werden. Die Liste „Typische Schadstoffe“ zeigt, welche krankmachenden Stoffe durch Baustoffe an die Raumluft abgegeben werden können. Die „Interessengemeinschaft der Holzschutzmittelgeschädigten e.V.“ mit Sitz in Engelskirchen hat wertvolle Hilfen erarbeitet und verbreitet.

Die nachfolgenden Informationen sollen zeigen, welche Beschwerden einen Verdacht auf Vergiftung durch Baustoffe nahelegen und wie Sie vorgehen müssen, um diesen Verdacht zu prüfen, die Giftquelle zu identifizieren und ein Sanierungskonzept zu bekommen.

Tabelle 16.1
Typische Schadstoffe in der Raumluft.

A	=	Asbest
BM	=	Bindemittel
D	=	Dioxine
F	=	Formaldehyd
HS	=	Holzschutzmittelwirkstoffe (z.B. Lindan und PCP)
I	=	Insektizide (z.B. Permethrin, Lindan, Dichlorvos)
ISO	=	Isocyanate
KMF	=	Künstliche Mineralfasern
LM	=	Lösemittel
PAK	=	Polycyclische aromatische Kohlenwasserstoffe
PCB	=	Polychlorierte Biphenyle
PCP	=	Pentachlorphenol
R	=	Radon
RA	=	Radioaktivität
SCH	=	Schwermetalle
VOC	=	leicht flüchtige organische Komponenten

Wegen der Vielzahl möglicher Ursachen und der Komplexität der Probleme bei einer Wohnungskontamination ist es im Rahmen dieses Buches leider nicht möglich, konkrete Sanierungsvorschläge zu machen. Hier ist die Analyse und Beratung im Einzelfall durch erfahrene Fachleute unumgänglich.

Die wichtigsten Ausgasungsquellen für *Formaldehyd* in Innenräumen sind: aus Spanplatten, Sperrhölzern und Tischlerplatten hergestellte Verkleidungen, Böden, Türzargen, Möbel; Dämmplatten aus Holzweichfaser und Schaumstoffen; Schaumstoff-Rücken von Teppichen; Spachtelmassen, Kleber, Farben, Lacke.

Das aus diesen Stoffen ausgasende Formaldehyd wird vorwiegend über die Atmung, aber auch über die Haut und den Magen-Darm-Trakt aufgenommen. Gesundheitliche Auswirkungen können sein: Kopfschmerzen, Reizungen der Schleimhäute, Schädigungen der Atemwege, Hautallergien, Haarausfall, immunologische Schäden, Müdigkeit, Konzentrationsschwäche und andere neurotoxische Störungen.

Darüber hinaus besteht der dringende Verdacht, dass Formaldehyd krebserzeugend, erbgutverändernd und fruchtschädigend wirkt. Aus diesen Gründen dürfen heute im Bauwesen nur noch emissionsarme Spanplatten in Innenräumen (Emissionsklasse E1 nach ETB-Formaldehyd-Richtlinie) verwendet werden. Für Sperrholz- und Tischlerplatten und für andere Produkte gibt es wegen des geringen Gefährdungspotentials jedoch keine Regelungen.

Wenn Holzbalken oder Holzverkleidungen mit PCP-haltigen Holzschutzmitteln gestrichen wurden, kann dieser Wirkstoff einige Jahrzehnte lang die Raumluft vergiften. Verunreinigungen im Pentachlorphenol, wie z.B. Furane und Dibenzo-p-Dioxine, können sogar mehrere Jahrhunderte lang ausgasen. Diese Giftstoffe sind dann nicht nur in der Raumluft gelöst. Sie verteilen sich im gesamten Wohnbereich und lagern sich in allen porösen Stoffe ein, besonders in Hausstaub, Betten, Polstermöbeln, Heimtextilien, Büchern, usw.

Der Mensch nimmt Giftstoffe durch die Atmung, durch Hautkontakt und über nicht gasdicht gelagerte Lebensmittel auf. Die gesundheitlichen Auswirkungen von Holzschutzmitteln sind unterschiedlich. So können die Beschwerden bei einem Familienmitglied stark sein, während ein anderes keine Beschwerden hat. Ähnlich ist es auch mit dem Blutbild. Große Schadstoffmengen im Blut bedeuten nicht immer eine starke Erkrankung, und häufig werden bei starken Vergiftungserscheinungen nur geringe Schadstoffmengen im Blut festgestellt.

Typische Vergiftungserscheinungen sind ähnlich unspezifisch wie bei Formaldehyd: Augen- und Schleimhautreizungen, Kopfschmerzen, hohe Infektanfälligkeit, Immunprobleme, verminderte Konzentrations- und Leistungsfähigkeit, Antriebslosigkeit. Darüber hinaus besteht der Verdacht, dass sich eine vorübergehende Unfruchtbarkeit einstellen kann.

Eine wirkungsvolle und dauerhafte Minderung oder Beseitigung der Schadstoffbelastung ist meistens mit einem sehr hohen Aufwand verbunden. Im allgemeinen hilft nur eine Entfernung aller direkt und indirekt verseuchten Bauteilschichten und ein weitgehender Austausch der Wohnungseinrichtung!

Zu den verseuchten Bauteilen gehören auch alle porösen Stoffe, die die Gifte aus der Luft aufgenommen haben, z.B. Wand- und Deckenputze und nicht behandelte Holzbauteile! In bestimmten Fällen kann eine absperrende Versiegelung der ausgasenden Flächen weiterhelfen, was bei fachgerechter Ausführung aber auch nicht immer die preiswerteste Lösung ist.

Leider hat sich gezeigt, dass schulmedizinische und/oder naturheilkundliche Behandlungen und eine veränderte Ernährung nicht zu einer dauerhaften Gesundung führen kann, solange die Giftquelle nicht ermittelt und entfernt wurde. Keinesfalls sollten Sie selber mit Brecheisen, Schleifmaschine und Hobel zu Werke gehen. Die Gefahr, dass Sie sich dabei erheblich vergiften und Ihre Wohnung gründlich kontaminieren, ist sehr groß!

Eine Hilfe bei der Ursachensuche können die folgende Fragen sein.
Bei Formaldehyd:

- Gibt es im Fußboden, an Wänden oder Decken Spanplatten, die vor 1980 eingebaut wurden? (Evtl. in Bauunterlagen nachsehen, Baufirmen oder Architekt fragen).
- Gibt es Möbel aus Spanplatten mit Flächen, die keine dicke Kunststoffbeschichtung haben?
- Sind im Urin erhöhte Werte von Ameisensäure feststellbar?

Bei Verdacht auf Holzschutzmittel-Belastung:

- Wurden Holzschutzmittel verwendet? Wo? Wann? Was? In welchen Mengen?
- Wann traten die ersten Gesundheitsbeschwerden auf?
- Sind die Urin- und Blutwerte normal?

Der Arbeitsplatz sollte möglichst in diese Überlegungen einbezogen werden. Möglicherweise kommen mehrere Belastungen zusammen.

Der nächste Schritt ist eine chemische Analyse von Hausstaub, Materialproben oder Raumluft. Es gibt zahlreiche Analyse-Labors, die solche Untersuchungen durchführen und auch Sanierungsvorschläge erarbeiten. Da die Analysen sehr teuer sein können und die Sanierungsmaßnahmen obendrein fast immer hohe Kosten verursachen, empfiehlt es sich, Angebote von mehreren, erfahrenen Analyse-Instituten einzuholen und auf wirtschaftlich sinnvolle Untersuchungs- und Sanierungsmethoden hinzuwirken bzw. zu achten.

Luftmessungen sind im allgemeinen teuer und wenig aussagekräftig. Besser ist es, eine Untersuchung des Hausstaubs durchführen zu lassen oder Materialproben von den Bauteilen untersuchen zu lassen. Fehler bei der Probenentnahme sind eine häufige Ursache für unwirksame oder unnötige Sanierungsmaßnahmen. Auch die richtige Interpretation der Analyseergebnisse ist wichtig, denn es gibt bisher keine einheitlichen Richtwerte.

Das frühere Bundesgesundheitsamt, das sicher nicht im Verdacht steht, zu niedrige Werte zu nennen, hält Sanierungsmaßnahmen für erforderlich, wenn im Staub ein Dioxin- bzw. Furane-Gehalt von 10 ppm und an Holzflächen von 20 ppm (oder mehr) festgestellt wird. Wird an Holzflächen ein Wert von über 100 ppm festgestellt, besteht dringender Sanierungsbedarf.

Mögliche Anlaufstellen für Adressen sind, neben der bereits genannten Interessengemeinschaft z.B. die Verbraucherzentralen oder die Geschäftsstellen der gesetzlichen Krankenkasse und der Ersatzkassen. Bevor teure Sanierungsmaßnahmen durchgeführt werden, sollte geklärt sein, ob Schadensersatzforderungen geltend gemacht werden können und sollen, oder ob bei der Steuererklärung außergewöhnliche Aufwendungen geltend gemacht werden können. Sollen Schadensersatzforderungen gestellt werden, empfiehlt es sich, vor Beginn der Sanierungsmaßnahmen eine gerichtliche Beweissicherung vornehmen zu lassen.

Gute, weiterführende Informationen gibt es bei der „Interessengemeinschaft der Holzschutzmittelgeschädigten e.V." (siehe Adressverzeichnis, Anhang 2). Dieser Verband berichtet über eine neuartige „Versiegelung", die als wirkungsvoller Sperranstrich aufgebracht werden kann. Im Gegensatz zu allen anderen, bisher bekannten Anstrichmitteln hat dieses Anstrichsystem mit der Bezeichnung „PF-2 COMBI" sehr gute Ergebnisse gebracht.

Anhang 1

Preise und Kosten im Vergleich

Die im folgenden angegebenen Preise sind Durchschnittswerte (Material- und Lohnkosten) für 2003, einschließlich Mehrwertsteuer. Sie dienen in erster Linie dem Vergleich verschiedener als Beispiel gewählter Ausführungsvarianten. Darüber hinaus können sie zu einer Berechnung der voraussichtlichen Kosten von Baumaßnahmen verwendet werden. Eine für den konkreten Einzelfall genaue Kostenberechnung wird jedoch nur erreicht, wenn die wichtigsten Kosteneinflussfaktoren durch Zuschläge und Abzüge berücksichtigt werden, wie

- Regionale konjunkturelle Unterschiede: In wirtschafsstarken Regionen sind die Baupreise höher als in wirtschaftlich schwachen, im Bereich der Großstädte höher als im ländlichen Raum, in den neuen Bundesländern höher als in den alten.
- Die Gliederung des Gebäudes und seiner Teile: Stark gegliederte, kleine Räume und Bauteile erfordern einen größeren Zeitaufwand als wenig gegliederte große.
- Der Umfang der Maßnahme: Maßnahmen geringen Umfangs sind relativ teuer. Als mittlerer Umfang ist für die Preisangaben ein Wohngebäude mit 150 m^2 Wohnfläche zugrunde gelegt.
- Die zeitliche Entwicklung der Baupreise: Die angegebenen Preise können mit Hilfe der regelmäßig veröffentlichten Baupreisindizes aktualisiert werden. Um auf das Jahr 2008 bezogene aktuelle Werte zu erhalten, kann von einem durchschnittlichen Zuschlag von ca. 11% ausgegangen werden. Dieser Prozentwert stellt aber nur einen allgemeinen Näherungswert dar, da einzelne Gewerke deutlich mehr gestiegen sind, andere hingegen sich zwischen 2003 und 2008 nur wenig verteuert haben.
- Die Erreichbarkeit der Baustelle.
- Das Vergabeverfahren: Die Qualität der Planung, die Genauigkeit der Leitungsbeschreibung und die Zahl der eingeholten Angebote.

Die nach einzelnen Bauteilen gegliederte Liste ermöglicht es, sich schnell einen Kostenüberblick über die wichtigsten altbautypischen Konstruktionen und Maßnahmen zu verschaffen.

Die Kosten von Ausführungsvarianten können mit Hilfe der *Materialpreisliste* durch Zuschläge bzw. Abzüge rasch und relativ genau ermittelt werden.

Die in der Materialpreisliste genannten Kosten gelten für Abholung beim Händler im Rahmen des oben genannten Umfangs. Lohnkosten, Transport, Verschnitt sowie Zusatz- und Hilfsstoffe sind bei den Materialpreisangaben nicht enthalten.

Für die Ermittlung der Preis- und Kostenangaben wurden neben eigenen Bürounterlagen folgende Informationsquellen verwendet:

Baukostenberatungsdienst Architektenkammer Stuttgart

Th. Voelckner: Baupreise, Edition AUM München (Loseblattsammlung)

Höfler, Kandel, Linhardt: Bauen mit dem Rechenstift. Heidelberg 2002.

Baukosten nach Bauteilen

Die Nummerierung entspricht den Kapitelnummern.

6. Erdberührte Bauteile

6.2 Fundament tieferlegen

Arbeitsraum vom Keller aus herstellen (ca. 50 cm breit und 40 cm tief), vorhandenes Fundament abschnittsweise unterfangen, neues Fundament aus Sperrbeton herstellen (als Vorbereitung für Tieferlegen des Bodens, also ohne jegliche Folgearbeiten) 395 €/m

6.3.2 Senkrechte Abdichtung von Kellermauerwerk auf der Außenseite

Arbeitsraum ausheben (ca. 2 m tief), Mauerwerk reinigen, ggf. Fugen auskratzen, Abdichtung aufbringen, Bitumenwellplatten vorstellen, Dränage verlegen, mit Kies ummanteln, Arbeitsraum verfüllen, oberen Kiesstreifen einbringen; Abdichtung bestehend aus (alternativ):

- Ausgleichsputz, Sperrputz, Bitumenanstriche 225 €/m²
- Verfugung, Spritzbewurf, zweilagiger Sperrputz 20 mm dick 260 €/m²
- Ausgleichsputz, Dichtungsschlämme (mind. zweilagig) 265 €/m²
- Ausgleichsputz, ggf. mit Flaschenkehlen, Voranstrich, Bitumenschweißbahn zweilagig (mit versetzten Stößen), Deckanstrich 290 €/m²

6.3.2 Ringdränleitung

Kiesbett ca. 10 cm hoch herstellen, Tondränrohre (Nennweite 100 cm) mit mind. 1% Gefälle verlegen und an vorhandene Abwasserleitung (in der Nähe der Hauswand) anschließen, Rohre mit feinem Kies 25 cm hoch bedecken, ohne Herstellen und Verfüllen des Arbeitsraumes. 39 €/m

Herstellung der Anschlussleitung: Rohrgraben ca. 2,50 m tief maschinell ausheben, Aushubmaterial seitlich lagern, Grabenverbau herstellen, glasierte Tonrohre (Nennweite 100 mm) verlegen und an Kontrollschacht oder Straßenkanal anschließen, Graben mit Aushubmaterial verfüllen. 185 €/m

Mehrpreis für Aushub bei Fels: 40 - 60 €/m

6.3.2 Senkrechte Abdichtung von Kellermauerwerk auf der Innenseite

Arbeitsraum vom Keller aus bis zur Fundamentsohle herstellen (ca. 70 cm breit und 40 cm tief), PE-Folie 0,5 mm dick anbringen, zweites Fundament betonieren, raumhohe Vormauerung aus

- Hochlochsteinen (11,5 cm) 215 €/m²
- Leichtziegel 30 cm dick, Kalkschlämme innen 275 €/m²
- Bitumenwellplatte, 6 cm Schaumglas, Vormauerschale aus Hochlochsteinen 11,5 cm dick, Innenputz 15 mm dick (einlagig) aus Kalkmörtel 290 €/m²

6.3.2 Waagerechte Abdichtung von Kellermauerwerk

Maueraustauschverfahren: Mauerwerk in Abschnitten aufstemmen, Dichtungsbahn zweilagig einziehen (mit versetzten Stößen), Öffnung ausmauern, Schlitz verputzen 140 €/m

Mauersägeverfahren: Mauerwerk in Abschnitten aufsägen, Dichtungsmittel einpressen 175 €/m

Chromstahlblechverfahren: mit Pressluft Edelstahlbleche einschlagen (mit Stoßüberdeckung) 175 €/m
Injektionsverfahren: Bohrlöcher herstellen, Dichtungsmittel einlaufen lassen oder einspritzen 175 €/m

6.5 Schwimmender Zementestrich auf Lehmboden (erdberührt)

Bodenaushub im Erdgeschoss 20 cm tief, einschließlich Ausbau einer evtl. vorhandenen Estrichplatte und Abfuhr 105 €/m²

Vorhandenen Holzboden ausbauen, Magerbeton 14 cm stark einbauen, Abdichtung aus Bitumenschweißbahn herstellen, Trittschalldämmplatten d = 25 mm verlegen, Zementestrich aufbringen 120 €/m²

Mehrpreis für zusätzliche Wärmedämmung aus 6 cm dicken Holzweichfaserplatten mit Naturharzimprägnierung und 0,2 mm PE-Folie als Dampfbremse. 26 €/m²

6.5 Trockenestrich auf vorhandenem Estrich (erdberührt)

Bitumenschweißbahn verlegen, Lagerhölzer 6/8 cm auf Trittschalldämmstreifen verlegen, Mineralfaser-Dämmatten (Typ WL bzw. WZ) d = 60 mm zwischen den Lagerhölzern einlegen, Lagerhölzer mit PE-Folie abdecken, Holzspanplatte d = 22 mm verlegen 95 €/m²

6.5 Holzdielenboden erneuern (erdberührt)

Vorhandenen Holzboden ausbauen und entsorgen, Untergrund (Lehm) ca. 15 cm tief ausheben, Aushubmaterial entsorgen, 5 cm Kiesschüttung als Filterschicht, 0,2 mm Baupapier als Trennlage, 7 cm Glattstrich aus Zementmörtel, Bitumenschweißbahn mit Randaufkantung, 8 cm hohe Lagerhölzer auf 2 cm Kokosfaser-Trittschalldämmstreifen, Baupapier (als Rieselschutz), in den Gefachen 10 cm Zellulose-Dämmschüttung, 0,4 mm PE-Folie als Dampfsperre, 28 mm Bodendielen aus Kiefer 175 €/m²

Mehrpreis für zusätzliche 5 cm Dämmung, einschl. Lagerhölzer u. Mehraushub 18 €/m²

Preise für Mauerwerk (Eigenschaften vgl. Tab. 5.2)	Wärmeleitfähigkeit [1]	Preis [2] €/m²
Gasbcton-Blockstcinc nach DIN 4165	0,12	50,-
Bims-Vollsteine mit Schlitzen nach DIN 18152, z.B. Heklatherm	0,12	35,-
Leichthochlochziegel nach DIN 105 T2, Typ W, z.B. Poroton TE	0,15	38,-
1) Rechenwert λ_R in W/(mK) für Mauerwerk einschließlich Fuge aus Leichtmauermörtel 2) für eine Mauerdicke von 30 cm		

Tabelle A 1
Mauerwerk für Außenwände.

Mauerwerk für Innenwände (Eigenschaften vgl. Tab. 5.2)	Format Länge/Höhe in cm	Preis €/m²
Mauerwerk, 11,5 cm dick		
Vollziegel	24 / 7,1	32,-
Hochlochziegel	24 / 11,3	15,-
Kalksand-Vollsteine	24 / 7,1	24,-
Kalksand-Lochsteine	24 / 11,3	18,-
Gasbeton-Platten	49 / 24	14,-
Blähtonsteine	24 / 11,3	22,-
Mauerwerk, ca. 8 cm dick		
Gasbeton-Platten	50 / 25	16,-
Gipsdielen (Vollgips)	67 / 50	22,-
Bimsdielen	99 / 32	14,-

Tabelle A 2
Mauerwerk für Innenwände (Trennwände); Preise ohne Mörtel.

7. Außenwand und Fassade

7.1 Sichtmauerwerk reinigen und imprägnieren

Sichtmauerwerk aus Ziegel, Kalksandstein usw. reinigen (abwaschen) und farblos imprägnieren, einschließlich einrüsten 18 €/m²

Mehrpreis für Reinigung durch Sandstrahlen 3 €/m²

Mehrpreis für Fassadenanstrich, 2-3-fach 5 €/m²

7.3.2 Verputzte Dämmfassade mit Zellulosedämmstoff

Fassade einrüsten, Unterkonstruktion aus Kanthölzern 6/10 cm², 3,5 cm Holzwolle-Leichtbauplatten, 10 cm Zellulosedämmung, armierter Mineralputz, Fassadenanstrich 115 €/m²

Mehrpreis für zusätzlich 10 cm Zellulosedämmung, einschl. breitere Kanthölzer 14 €/m²

Ggf. zusätzliche Kosten für Änderungen an Fenstersimsen, Fensterläden, Regenrohren, Dachvorsprüngen, Sockelmauerwerk.

7.3.2 Verputzte Dämmfassade mit Hartschaumplatten

(„Wärmedämm-Verbundsystem mit Styropor"); Fassade einrüsten, Hartschaumplatte (d = 6 cm) auf dem vorhandenen Putz andübeln, armierten Mineralputz aufbringen 65 €/m²

Mehrpreis für
- alten Putz abschlagen, Grundierung aufbringen, Platten ankleben 11 €/m²
- Hartschaumplatten (d = 10 cm) 3 €/m²
- Mineralfaserplatten (d = 10 cm) 15 €/m²

7.3.2 Holzverschalte Dämmfassade

Fassade einrüsten, Unterkonstruktion aus Kanthölzern 6/10 cm², imprägnierte Weichfaserplatte, 10 cm Zellulosedämmung, senkrechte Lattung 30/50 mm, 22 mm waagerechte Stulpschalung, Imprägnierung und Voranstrich, Insektengitter oben und unten, Anstrich 105 €/m²

Mehrpreis für zusätzlich 10 cm Zellulosedämmung, einschl. breitere Kanthölzer 14 €/m²

Ggf. zusätzliche Kosten für Änderungen an Fenstersimsen, Fensterläden, Regenrohren, Dachvorsprüngen, Sockelmauerwerk.

7.3.2 Vorgemauerte Dämmfassade (hinterlüftet)

Fassade einrüsten, Wandoberfläche reinigen, Mineralfaser-Dämmplatten (d = 10 cm) anbringen, 4 cm Luftschicht, Vormauerung aus Klinkern (d = 11,5 cm), Sichtverfugung, ohne Herstellung des Auflagers für die Vormauerschale 128 €/m²

7.3.3 Innendämmung mit Putz

Latten 30/50 mm auf vorhandenen Innenputz aufschrauben, Mineralfaser-Dämmplatten (d = 3,0 cm) einlegen, PE-Folie 0,2 mm aufbringen, Holzwolle-Leichtbauplatte befestigen, Stöße armieren, Nassputz aufbringen 55 €/m²

Mehrpreis für 5 cm Mineralfaser-Dämmplatte 4 €/m²

Ausführung gleich, jedoch mit 8 cm Blähkork anstelle von 8 cm Mineralfaser 65 €/m²

7.3.3 Innendämmung mit Gipskartonplatten

Latten 30/50 mm auf vorhandenen Innenputz schrauben, Mineralfaser-Dämmplatten (d = 30 mm) einlegen, PE-Folie 0,2 mm aufbringen, darauf Gipskartonplatte d = 12,5 mm, Stoßfugen armieren und verspachteln, Rauhfaser anbringen 54 €/m²

Ausführung gleich, jedoch mit Blähkork (anstelle von Mineralfaser)

- 30 mm Blähkork 57 €/m²
- 60 mm Blähkork 61 €/m²

7.3.3 Innendämmung mit Holz

Latten 30/50 mm aufschrauben, Mineralfaser-Dämmplatten (d = 30 mm) einlegen, Dampfbremse aus 0,2 mm PE-Folie befestigen, Profilbretterverkleidung 80 €/m²

Mehrpreis für zusätzliche Lattung und Hinterlüftung 4 €/m²
Ausführung gleich, jedoch mit Blähkork (anstelle von Mineralfaser, ohne Hinterlüftung)

- 30 mm Blähkork 85 €/m²
- 60 mm Blähkork 89 €/m²

7.5 Fassadengerüst aufstellen

Stahlrohrgerüst aufstellen, 4 Wochen vorhalten, abbauen 9 €/m²

Plattenwerkstoffe Bezeichnung (Format)	Dicke in mm	Preis €/m²
Holzwerkstoffe		
Spanplatten mit Nut und Feder		
- V 100 E1 (205/92,5)	13 - 19	6 - 7,-
- V 100 G E1	16 - 22	7 - 9,-
Furnierplatten AW 100, Gabun (244/122)	12 - 22	26 - 30,-
Tischlerplatten	13 - 22	17 - 21,-
Zementgebundene Spanplatten mit Nut u. Feder, geschliffen, B1; Bauplatten (260/125)	18 - 22	19 - 29,-
- Fußboden-Verlegeplatten (62,5/125)	18 - 22	21 - 24,-
Gipskartonplatten		
Bauplatte "GKB"	9,5	5,-
	12,5	6,-
Feuerschutzplatte "GKF"	12,5	7,-
Bauplatte imprägnniert	12,5	9,-
Baumarktplatte "Einmannplatte"	9,5	6,-
12,5 mm Verbundplatte mit Mineralfaser 50 mm	62,5	25,-
Verbundplatte mit Polystryrol-Hartschaum 15 mm auf 9,5 mm, "Brüstungsdämmer"	24,5	7,-
Gipsfaserplatten		
Wandbauplatte	10	6,-
Estrichelementplatte	10	5,-
	20	12,-
Estrich-Verbundplatte 20 mm,		
mit PS-Hartschaum 20 mm	40	13,-
dito, jedoch mit 30 mm PS	50	13,-
dito, jedoch mit 10 mm Mineralfilz	30	13,-

Tabelle A 3
Materialpreise: Bauplatten aus Holz- und Gipswerkstoffen.

Bauschnittholz Bezeichnung	Güte-klasse	Holz-feuchte	Länge m	Breite cm	Dicke mm	Preis €
Bretter und Bohlen,	I/II	15%	< 4,50	10 - 26	24	10,-/m²
parallel besäumt, rauh	I/II	15%	< 4,50	14 - 20	30	12,-/m²
	I/III	15-30%	3,0 ; 4,5	24; 29	45	17,-/m²
	II/III	25%	3,0 - 4,5	8 - 28	24	9,-/m²
dito, jedoch gespundet	I/II	15%	< 4,50	10 - 26	24	11,-/m²
(Nut und Feder)	II/III	25%		10 - 26	24	9,-/m²
Hobelriehmen	I	15%	< 4,80	96	22	10,-/m²
	I	15%	< 5,40	111	25	11,-/m²
Latten, rauh	I - II			48	24	0,40/m
Kanthölzer (Rahmen)		25%		6	40	1,00/m
				5	50	1,00/m
				6	60	1,60/m
Bauholz, Schnittkl. A/B	II	30%				310,-/m³
Schnittklasse S		30%				345,-/m³
Bauholz Eiche		30%				1.135,-/m³
Brettschichtholz (Leimbinder)						1.000-1.135,-/m³

Tabelle A 4
Materialpreise: Bauschnittholz aus Fichte / Tanne.

Profilschalungen Holzart	Qualität	Oberfläche	Länge m	Querschnitt mm	Preis €/m²
Fichte	A	gehobelt	3 - 5,10	14/96	10,-
	A	lackiert	3 - 5,10	14/96	14,-
	A	lackiert	3 - 5,10	14/121	14,-
	B	gehobelt	4,50 , 4,80	14/121	7,-
	A	gehobelt	3 - 5,10	19/111	13,-
	A	gehobelt	3 - 5,10	19/146	13,-
Kiefer	astrein	gehobelt	2,75	15/96	22,-
	astrein	lackiert	1 - 5	15/96	30,-
	rustikal	lackiert	3 - 5,10	14/121	19,-

Tabelle A 5
Materialpreise: Profilschalung.
Preise für Bretter bei Abnahme von 50 m², bei Abnahme von 100 m² etwa 3% weniger.

8. Dächer

(Preise ohne evtl. erforderliches Schutz- oder Arbeitsgerüst)

8.2 Traghölzer des Dachstuhls verstärken oder erneuern

Tragholz 10/14 cm, z.B. Stütze, Strebe, Sparren verstärken oder erneuern durch

- Aufschrauben eines Beiholzes 8/14 cm, mit Schraubbolzen u. Einlassdübeln 74 €/m
- Abbeilen der schadhaften Abschnitte, 4 cm tief, Einsetzen einer neuen Holzbohle, 4/14 cm, Verschraubung mit Bolzen und Einlassdübeln 78 €/m
- Ausbauen des vorhandenen Tragholzes (z.B. Stütze), Ersetzen durch ein neues Holz, einschl. Abstützen 134 €/m

8.2 Pfette verstärken

U-Stahl-Profil (20 cm hoch) seitlich anschrauben, einschl. Rostschutzanstrich 165 €/m

8.3 Ziegeldeckung reparieren

Austausch zahlreicher defekter Ziegel gegen gleichartige neue (Preis bezogen auf die gesamte Dachfläche) 14 €/m²

Umdecken auf vorhandener Dachlattung, bei Ersatz bis zu 20% der Fläche 30 €/m²

8.3 Dachdeckung erneuern

Dachziegel und Lattung entfernen, Unterspannbahn, neue Lattung und Konterlattung aufbringen, neue Dachziegel verlegen 60 €/m²

Mehrpreis für

- Biberdoppeldeckung 10 €/m²
- Unterdach m. Holzschalung 3 €/m²

8.3 Dachrinne aus Zinkblech reparieren

Rinne reinigen, undichte Stellen löten, Rinne streichen 15 €/m

8.3 Dachrinnen und Verwahrungen mitTitanzinkblech erneuern

einschl. Entfernen der alten Blechteile:

- Rinnen 40 €/m
- Schornsteinverwahrung 50 x 50 cm x cm 215 €/St.
- Dachkehle 20 €/m
- Gaupen- u. Wandanschlüsse 24 €/m
- Regenrohr 25 €/m

8.3 Kaminkopf (einzügig)

Verputzen und neue Betonabdeckung herstellen,

- bei 0,75 m Höhe 95 €/St.
- bei 1,50 m Höhe 185 €/St.

8.3 Kaminkopf mit Dachplatten verkleiden

Lattung, Steinwolleplatten, Konterlattung anbringen, Verwahrung aus Zinkblech, Dachplatten (Biberschwanzziegel oder Schieferplatten) aufnageln, Bleiabdeckung herstellen,

- bei 0,75 m Höhe 135 €/St.
- bei 1,50 m Höhe 225 €/St.

8.3 Kaminkopf abbrechen und neu herstellen

aus Mauerwerk 11,5 cm dick, incl. Putz und Betonabdeckung,

- bei 0,75 m Höhe 240 €/St.
- bei 1,50 m Höhe 340 €/St.

Dämmstoffe für Wärme- und Schallschutz Material	Dicke [1] in cm	Preisverhältnis [2]
Weiche Dämmstoffe (Matten u. Schüttgut)		
* Zellulose (Altpapier)	11	1,0
* Korkschrot (gebläht o. ungebläht)	11	1,4
Blähton	40	8,1
Blähperlite	15	4,6
Kokosfaser (Rollfilz)	11	2,9
* Flachs	11	2,9
* Schafwolle	11	3,1
* Hanf	10	1,4
* Baumwolle	11	2,4
Mineralfaser (Granulat)	10	1,0
Mineralfaser, Typ W bzw. WL	10	0,6
Feste Dämmstoffe (Plattenware)		
* Schilfrohr(-Leichtbauplatte)	11	2,1
* Blähkork	11	2,4
* Holzfaserplatte (Weichfaser)	14	3,7
* Holzfaserplatte	10	1,6
Holzwolle-Leichtbauplatte	27	5,8
Kokosfaser (Estrichdämmplatten)	11	5,1
Mineralfaser, Typ T	10	1,8
Mineralfaser, Typ WV	10	1,6
Mineralfaser, Typ WD	10	3,0
Schaumglas	11	5,8
Polystyrol-Hartschaum	10	1,4
Polyurethan-Hartschaum	8	2,7
Polystyrol-Extruderschaum	10	2,7
Vakuumisolationspanel VIP	1 – 2	16,3

* Diese Produkte sind im "baubiologischen" Fachhandel erhältlich

1) Die angegebenen Dicken beziehen sich auf eine gleiche Dämmwirkung entsprechend einem Wärmedurchlaßkoeffizient = 0,40 W/(m²K). Für diese Dämmstoffdicke wurde der Materialpreis ermittelt und ins Verhältnis gesetzt zum Preis einer Zellulose oder Mineralfaserdämmung.

2) Materialpreis für die jeweils angegebene Dicke. Der Faktor 1,0 entspricht etwa 7,50 €/m².

Tabelle A 6
Dämmstoffe für den Wärme- und Schallschutz.

Unterspannbahnen und Unterdächer	
Material (Eigenschaften vgl. Tab. 30	Preis €/m²
Unterspannbahnen	
Papier-Unterspannbahn z.B. „Percalor-Diplex"	1,35
Bituminiertes Vlies z.B. „Buzi-AK"	2,60
Schaumstoff-Unterspannbahn, z.B. „Difutec"	5,10
Feste Unterdächer	
Faserzementplatten z.B. Eternit-Unterdach	7,80
Bitumenpappe (500er) auf Holzschalung	12,00
Bituminierte Weichfaserplatte	7,50

Tabelle A 7
Unterspannbahnen und Unterdächer.

Bleche		
Bleche für die Dachentwässerung Material	Haltbarkeit in Jahren	Preis je m Rinne (halbrund, U = 33 mm)
Verzinktes Stahlblech	15 - 20	28,- €
Titanzink	20 - 40	29,- €
Kupfer	40 - 80	32,- € [1]
1) Stark marktschwankend; siehe Notierungen der Kupferbörse		

Tabelle A 8
Bleche für die Dachentwässerung.

8.4 Dachausbau

Dachausbau komplett, unter der Voraussetzung, dass das Dach zum Ausbau vorbereitet ist, d.h. Treppe, Fenster, Unterdach und Zuleitungen sind vorhanden, je m³ Bruttorauminhalt 115 €/m³

8.4.2 Dachflächenfenster einbauen

Dachteilfläche abdecken, Dachflächenfenster mit Wärmedämm-Verglasung (U_G = 1,3 W/m²K) einbauen (Größe 75/140 cm), Dacheindeckung beiarbeiten 890 €/St.

8.4.2 Dachgaupe einbauen

Dachteilfläche abdecken, Dachgaupe zimmern, Seitenteile und Dach herstellen, Fenster (1,4 m breit) einbauen.

- Schleppgaupe 3.200 €/St.
- Spitzgaupe 4.400 €/St.

Mehrpreis für doppelte Breite:

- Schleppgaupe 2.200 €/St.
- Spitzgaupe 4.900 €/St.

8.4.2 Dachterrasse (Grundfläche 9 m²)

Dachteilfläche abdecken, Sparren unterstützen und abschneiden, Seitenteile, Bodenentwässerung, Bodenabdichtung (einschl. Randabschlüsse) und Bodenbelag herstellen, 3,0 m breites Glaselement mit Balkontür einbauen 8.000 - 10.000 €/St.

8.4.3 Unterspannbahn einbauen

Ziegel abnehmen und lagern, alte Lattung entfernen und abfahren, Unterspannbahn und neue Lattung 24/48 mm aufbringen, vorhand. Ziegel neu verlegen 50 €/m²

8.4.3 Festes Unterdach einbauen

Ziegel abnehmen und lagern, alte Dachlattung entfernen und entsorgen, Unterdach aus 18 mm bituminierten Weichfaserplatten, Grundlattung, Dachlattung und vorhandene Ziegel verlegen. 50 €/m²

8.4.3 Dachfläche wärmedämmen

PE-Folie als Dampfbremse und Profilschalung an der Sparrenunterseite anbringen. Zellulosedämmstoff 16 cm dick in die Gefache einblasen 65 €/m²

zuzügl. festes Unterdach (Preis siehe oben)

Mehrpreis für zusätzlich 8 cm Zellulosedämmstoff, einschl. Unterkonstruktion aus Kanthölzern 5/8 cm² 20 €/m²

8.4.3 Dachfläche wärmedämmen

Mineralfaserplatten d = 16 cm zwischen den Sparren einbauen, PE-Folie als Dampfbremse und Profilschalung unter den Sparren anbringen 60 €/m²

zuzügl. Unterspannbahn einbauen (siehe oben) 50 €/m²

Mehrpreis für zusätzlich 8 cm Mineralfaserplatten, einschl. Unterkonstruktion aus Kanthölzern 5/8 cm² 18 €/m²

8.5 Flachdachabdichtung erneuern

vorhandene Dachhaut entfernen, neue Dachhaut fachgerecht freilagig verlegen, 5 cm Kiesabdeckung aufbringen 60 €/m²

8.5 Extensivbegrünung auf vorhandener Dachabdichtung herstellen

Kiesschicht abräumen und entsorgen, Zustand der vorhandenen Dachabdichtung prüfen, Wurzelschutzbahn, Kiesstreifen und Blähton- oder

Blähschiefer-Substrat aufbringen, Pflanzung mit Sedum-Stauden
(18 St./m²) 110 - 130 €/m²

8.5 Flachdach-Wärmedämmung als „Umkehrdach" auf vorhandener Dachabdichtung

Kiesschicht abräumen und zwischenlagern, 12 cm dicke Platten aus extrudiertem Hartschaum (feuchtigkeitsunempfindlich, nicht brennbar) verlegen, 12 cm Kiesschicht aufbringen 60 €/m²

8.5 Flachdach-Wärmedämmung als Innendämmung

siehe 9.4

9. Geschossdecken

9.2 Balkenkopf austauschen

schadhaften Balkenkopf freilegen (Bodendielen und Deckenputz auftrennen und entfernen), Balken abstützen, faulen Balkenkopf absägen, dann

- Bohlen mit Füllholz beidseitig anlaschen; Dielung, Fußleiste und Deckenputz ergänzen 450 €/St.

oder

- Wechselholz mit Balkenschuhen aus Stahl einbauen; Dielung, Fußleisten und Deckenputz ergänzen 500 €/St.

9.2 Deckenbalken austauschen

schadhaften Balken freilegen (Bodendielen und Deckenputz auftrennen und entfernen), Balken ausbauen, neuen Balken einbauen, Zwischenboden einbauen; Dielung, Fußleisten und Deckenputz ergänzen,

- Randbalken (Streichbalken) 195 €/m
- Feldbalken 240 €/m

Dacheindeckungsmaterial	Preis [1)] €/m²	Preis incl. Lattung [1)] in €/m²
Tonziegel -		
- Bieberschwanz-Doppeldeckung	27,-	30,-
- Falzziegel	20,-	22,-
- Flachdachpfannen	16,-	18,-
Betondachsteine "Frankfurter Pfanne"	14,-	16,-
Faserzement-Wellplatten (hellgrau/farbig)	19 bis 23,-	22 bis 26,-
Zedernholzschindeln, 3 lagig	20,-	25,-
Bitumenschindeln 2)	10 bis 14,-	19 bis 23,-
Bitumenpappe2), zweilagig, genagelt, geschweißt und bekiest	8 bis 26,-	17 bis 36,-
Stahlblech, verzinkt	10,-	12,-
Zinkblech	22,-	24,-
Kupferblech [3)]	32,-	35,-

1) Die Preise gelten bei einer Abnahme von 120 m² ab Lager, bei Tonziegeln und Betondachsteinen frei Baustelle. In den Preisen sind nicht enthalten: Formsteine (First, Ortgang, usw.), Lattung, Verschnitt, Blechabkantungen.
2) Preise incl. Rauhspundschalung
3) Der Kupferpreis ist starken konjunkturellen Schwankungen unterworfen.
Materialeigenschaften von Dachdeckungsmaterialien siehe Tabelle 8.2

Tabelle A 9
Dacheindeckung.

9.2 Holzbalkendecke erneuern

Bestehende Decke ausbauen, schädlingsbefallenes Holz verbrennen, Bauschutt abfahren, neue Deckenbalken verlegen, Zwischenboden einbauen (siehe unten), Dielenboden und Spanplatte aufbringen, Deckenverkleidung aus Gipskartonplatten auf Unterkonstruktion aus Holzlattung und Federbügeln anbringen. Je nach Art der Zwischendecke und der technischen Eigenschaften:

- Blindboden aus Schalung mit Schlackefüllung oder Betonplatten einbauen, Spanplatte verlegen. Luftschallschutzmaß (LSM) ca. 0 dB, Trittschallschutzmaß (TSM) ca. 0 dB, Fußbodenaufbau (FBA) ca. 2 cm (ohne Gehbelag) 210 €/m²
- Blindboden aus Schalung mit Schlackefüllung oder Betonplatten einbauen. Schwimmender Holzfußboden aus 21 mm Dielen oder 19 mm Spanplatte mit Lagerhölzer und 30 mm Mineralfaserdämmatte. LSM ca. 2 dB, TSM ca. 10 dB, FBA ca. 4 cm (ohne Gehbelag) 240 €/m²
- Schwimmender Trockenestrich (ohne Zwischendecke), bestehend aus 30 mm Holzbohlen (als Rohboden), 30 mm Betonplatten in Ansetzkleber, 25/20 mm Mineralfaser-Dämmatten, 19 mm Spanplatten. LSM ca. 0 = dB, TSM ca. 5 dB, FBA ca. 8 cm (ohne Gehbelag) 260 €/m²

9.2.3 Wärmetechnische Verbesserung einer Decke mit neuer Deckenbekleidung

z.B. für den Boden des Erdgeschosses an der Kellerdecke oder für die oberste Geschossdecke (unter nicht ausgebauten Dachräumen): Unterkonstruktion aus Leisten 30/50 mm, 30 mm Flachsdämmwolle, Gipskartonplatten 12,5 mm, Fugen mit Gewebeband verspachteln 60 €/m²

Mehrpreis für 60 mm Lattung und Dämmung (statt 30 mm) 12 €/m²

9.2.3 Wärmedämmung der obersten Geschossdecke

(unter nicht angebauten Dachräumen) Hohlraum zwischen den Deckenbalken mit Zellulosedämmstoff ausblasen, 20 cm dick 35 €/m²

9.2.3 Schalltechnische Verbesserung einer vorhandenen Holzbalkendecke mit Dielenboden

Schwimmenden Trockenestrich auf vorhandener Dielung verlegen: Kokosfaser-Dämmatte 25/20 mm, darauf 25 mm Holzspanplatte (LSM ca. 2 dB, TSM ca. 3 dB, ca. 4,5 cm Fußbodenaufbau ohne Gehbelag) 30 €/m²

Schwimmender Zementestrich auf vorhandener Dielung verlegen: 25/20 mm Kokosfaser-Dämmatte, Trennlage aus Ölpapier, 40 mm Zementestrich (LSM ca. 3 dB, TSM ca. 10 dB, Fußbodenaufbau ca. 6 cm (ohne Gehbelag). Ausreichende Tragfähigkeit der Decke beachten! 24 €/m²

9.4. Schalltechnische Verbesserung einer vorhandenen Holzdecke mit neuer Bekleidung auf Federschienen

Lage der Deckenbalken markieren, Federschienen montieren, Mineralwolleplatten einlegen, zweilagige Gipskartonplatten 2 x 12,5 mm montieren, Stöße verspachteln und schleifen (LSM ca. 3 dB, TSM ca. 0 dB) 52 €/m²

Mehrpreis für 2 Lagen Feuerschutzplatten (2 x 15 mm) anstelle der Gipskartonplatten, Ausführung gemäß Bauartzulassung. LSM ca 0 dB, TSM ca. 3 dB, F90 (feuerbeständig) 18 €/m²

10. Fußböden undTreppen

10.1 Holzboden überarbeiten

Dielenboden oder Parkettboden ausbessern, einzelne Stellen in kleinen Flächen aufnehmen und erneuern, einschl. Entsorgung 75 €/m²

10.1 Neuen Dielenboden herstellen

Vorhandene Dielen abnehmen, neue Fußbodendielen aufbringen und abschleifen (ohne Oberflächenbehandlung) 48 €/m²

10.2 Trockenestrich aus Spanplatte (bei Holzbalkendecke)

Vorhandenen Dielenbelag abnehmen, Trittschalldämmstreifen auf den Balken verlegen, Fußboden-Spanplatte d = 22 mm schwimmend verlegen (o. Bodenbelag) 45 €/m²

Mehrpreis für zementgebundene Spanplatte 18 €/m²

10.2 Trockenestrich aus Gipsfaserplatten auf vorhandenem Estrich oder Bodenbelag

15 mm Kokosfaser als Ausgleichs- u. Trittschall-Dämmschicht, 20 mm Gipsfaserplatten 37 €/m²

Mehrpreis für Herstellen eines Niveauausgleichs aus Perlite-Schüttung, im Mittel 2 cm dick 20 €/m²

Mehrpreis für 30 mm Holzweichfaserplatte als zusätzliche Wärmedämmschicht (für erdberührte Böden) 25 €/m²

10.2 Schwimmender Zementestrich auf stabilem Holz- oder Betonboden

20 mm Kokosfaser-Trittschalldämmung, Ölpapier, 50 mm Zementestrich 24 €/m²

Mehrpreis für 25 mm Gussasphalt-Estrich (statt Zementestrich) 9 €/m²

Mehrpreis für 40 mm Anhydrid-Estrich (statt Zementestrich) 0,80 €/m²

10.3 Spanplatte verlegen

Spanplatte als neuer Zwischenboden auf vorhandenen Belag verlegen (z.B. auf altem Dielenboden) 25 €/m²

10.3 Fußbodenbeläge

Verlegen einschließlich Hilfsstoffe (Lohn- und Gemeinkosten, ohne Material), ohne Oberflächenbehandlung.
Dielen-, Parkett- u. Plattenböden 9 €/m²
Bahnenware (Teppich, elastische Beläge) 9 €/m²
Fußleisten aus Holz 4,50 €/m

Materialpreise siehe Tab. A 10.

10.4 Holztreppen überarbeiten

Stabilisierung durch Aufdoppeln der Setzstufe (nach vorherigem Hochkeilen), ohne Oberflächenbehandlung, je Stufe 26 €/St.
Mehrpreis für Oberflächenbehandlung der neuen Setzstufe 10 €/St.

Ausgetretene Stufen neu belegen: Holzleiste an Stufen-Vorderkante andübeln, Trittstufe mit Spachtelmasse einebnen und mit passend furnierter Sperrholzplatte (d = 6 mm) belegen, o. Oberflächenbehandlung, je Stufe 52 €/St.

Mehrpreis für Oberflächenbehandlung der neuen Trittstufe 9 €/St.

Einzelne Stufe (Tritt- und Setzstufe) ausbauen und durch neue ersetzen 160 €/St.

Mehrpreis für Oberflächenbehandlung 18 €/St.

Neuen Geländerprofilstab als Einzelstück herstellen und einbauen, ohne Oberflächenbehandlung des vorhandenen Geländers 75 €/St.

Einsetzen glatter Geländerstäbe zwischen die vorhandenen Profilstäbe (bei übergroßem Abstand), einschließlich Oberflächenbehandlung, jedoch ohne Neuanstrich des vorhandenen Geländers, je m Treppenlänge 85 €/m

10.4 Neue Holztreppe

Geradläufig, als gestemmte Wangentreppe (mit Tritt- und Setzstufen) aus Buche, herstellen und einbauen, einschl. Grundierung, bei 2,70 m Geschosshöhe 4.200 €

Neue Holztreppe wie vor, jedoch als aufgesattelte Treppe (ohne Setzstufen) 4.800 €

11. Innenwände und Zimmertüren

11.2 Nichttragende Wand abbrechen

Putz seitlich an Decke und Wand einschneiden, Wand (bis 12 cm Dicke) abbrechen, Bauschutt abtransportieren (ohne Beiputzen und Fußbodenergänzung) 34 €/m²

11.2 Tragende Wand abbrechen

Putz seitlich an Decke und Wand einschneiden, Decke abstützen, Wand abbrechen (bis 1,50 m Breite), Träger oder Unterzug einbauen, Bauschutt abtransportieren (ohne Beiputzen und Fußbodenergänzung), bei einer Wanddicke von

- 24 cm 210 €/m²
- 38 cm 260 €/m²
- 51 cm 340 €/m²

11.2 Massive Trennwand herstellen

Tragfähigkeit der Decke klären. Bauplatten bzw. Mauerwerk aufsetzen, Oberfläche zum Streichen oder Tapezieren vorbereiten, Wand aus

- Vollgipsplatten 25/50 cm, 6 oder 8 cm dick, Fugen verspachteln (meist nur auf Betondecken geeignet) 65 €/m²
- Gasbetonplatten 25/50 cm, 10 cm dick (Fugen geklebt), Wandoberflächen beidseitig verspachteln 68 €/m²
- Bimsplatten, 10 cm dick, beidseitig verputzen (Wandanschluss mit Kellenschrägschnitt) 90 €/m²
- Ziegel- oder Kalksandsteinmauerwerk, 11,5 cm dick, beidseitig verputzen (meist nur auf Betondecken geeignet) 95 €/m²

Bodenbeläge

Material[1]	Preise[2] ab / im Mittel in €/m²
Holz	
Dielen[3], Kiefer, 22 mm	17,-
Stabparkett[3], Eiche, 22 mm	55,-
Mosaikparkett, Eiche, 8 mm	29,-
Mosaikparkett, Esche, 8 mm 2. Wahl	25,-
Industrieparkett (Lamellen) Eiche, 22 mm	35,-
Fertigparkett[3], 15 mm	74,-
Fertigparkett[3], 22 mm	80,-
Steinplatten	
Betonwerkstein	16,- / 20,-
Klinker, glasiert o. unglasiert	20,- / 32,-
Naturwerkstein	30,- / 46,-
Elastische Beläge (Bahnen)	
Kork	20,-
Linoleum	28,-
PVC	20,- / 34,-
Linoleum-Verbund	45,-
Teppich	
Kunstfaser, Nadelfilz	17,- / 20,-
Naturfaser (naturrein, Wolle, Sisal, Kokos, usw.)	27,- / 35,-
Naturfaser-Spannteppich	90,-

1) Eigenschaften siehe Tabelle 10.3
2) Preise ohne Hilfsstoffe und ohne Oberflächenbehandlung
3) Als Unterkonstruktion genügt eine Lattung, ein Estrich ist nicht erforderlich.

Tabelle A 10
Bodenbeläge.

Türen und Zargen		Preis in € bei Rohbaumaß			
		88,5 / 201 cm		101 / 213,5 cm	
Bauart	Oberfläche	A	B	A	B
Wohnraumtüren (ohne Zarge)					
Hohlzellen	roh, ungrundiert	47	-	55	
	farbig lackiert	-	75	-	90
	Edelholzfurnier, lackiert	70-100	95-140	78-110	100-160
Röhrenspan, (Schalldämmaß R'_w= 29 dB)	kunstharzbeschichtet	145	150	170	175
	Edelholzfurnier, lack.	140-200	170-250	165-240	180-250
Vollspan, (Schalldämaß R'_w = 33 dB)	kunstharzbeschichtet	180	180	200	210
	Edelholzfurnier, lack.	155-215	175-260	175-260	200-270
Rahmen-Füllung, Kiefer massiv, handwerkl. gef.		-	365		400
Zargen für Wohnraumtüren					
Blockzargen	kunstharzbeschichtet	105	105	125	125
	Edelholzfurnier, lack.	120	160	140	190
Bekleidungszargen	kunstharzbeschichtet	110	115	140	140
	Edelholzfurnier, lack.	125	165	150	200
Blockzarge, Kiefervollholz, handwerkl. gefert.	grundiert	-	120	-	120
Stahl-Umfassungszarge	grundiert	75	75	90	90

A stumpf, ohne Ausfräsungen, unlackiert (sofern nicht anders angegeben)

B einhängefertig (DIN-Maße), mit Falz, Schloß, Einbohrband-Oberteil, Längskanten passend beschichtet.

Tabelle A 11
Türen und Zargen (bei DIN - Abmessungen).

11.2 Holzständerwand herstellen

Aufstellen des Holzständerwerks aus Nadelholz 6/8 cm, Jutefilz lose hängend, 7 mm dick, beidseitige Verkleidung mit Gipskartonplatte (GKB) d = 12,5 mm, Fugen armieren und spachteln 65 €/m²

11.2 Schalldämmende Holzständerwand

Aufstellen des zweigeteilten Holzständerwerks aus technisch vorgetrocknetem Nadelholz 6/8 cm, versetzte Anordnung, 12 cm breit, Hohlraumfüllung mit Zellulosedämmstoff, je Seite 2 x 12,5 mm Gipsfaserplatten 70 €/m²

Konstruktion gleich, Beplankung jedoch aus 3 Gipskartonplatten 12,5 mm und 1 Weichfaserplatte 100 €/m²

11.3 Zimmertüren erneuern

vorhandenes Türblatt entfernen, neues Türblatt liefern und einbauen (einfache Ausführung), einschließlich neue Beschläge, Türe und Zarge mit Neuanstrich versehen 175 €/St.

Mehrpreis für Übergröße 65 €/St.

11.3 Zimmertüren und Zarge erneuern

Vorhandene Türe mit Zarge ausbauen, neue Türe mit Zarge (Normmaß) einbauen, Beiputzen, einschl. Beschläge und Anstrich 490 €/St.

Minderpreis für Einbau in Öffnung einer neuen Wand 290 €/St.

Mehrpreis für
- Übergröße (8-10 cm seitlich und oben) 105 €/St.
- Verkleinern der Wandöffnung durch Beimauern 155 €/St.

- Herstellen (Ausbrechen) einer Wandöffnung, Beimauern der Leibungen, Ergänzung des Fußbodens und der Fußleisten
  bei 12 cm Wanddicke 250 €/St.
  bei 25 cm Wanddicke 400 €/St.

11.3 Türöffnung schließen

Türe und Zarge ausbauen, Zumauern der vorhandenen Öffnung (ca. 2 m^2), beidseitig Putz und Fußleisten ergänzen, bei einer Wanddicke von

12 cm 260 €/St.
25 cm 320 €/St.
38 cm 400 €/St.
51 cm 500 €/St.

11.4 Putzflächen ausbessern

Vorhandene Tapeten entfernen, lose Putzflächen abklopfen, Untergrund reinigen, Kanten vorbereiten, kleine Putzflächen (bis 5 m^2) ausbessern, ohne neue Tapete und ohne neuen Anstrich 15 €/m^2

11.4 Putz erneuern

Vorhandenen Putz abschlagen, Untergrund reinigen, neuen Nassputz aufbringen (ohne Anstrich) 30 €/m^2

11.4 Trockenputz (auf vorhandenen Putz)

Dachlatten als Unterkonstruktion auf den vorhandenen Putz schrauben, Gipskarton-Bauplatten 12,5 mm anbringen, Stöße armieren und spachteln, Rauhfaser und Dispersionsfarbenanstrich aufbringen 50 €/m^2

Mehrpreis für das Einlegen von Dämmplatten (zur Schalldämpfung und zur Wärmedämmung), Dicke 2,5 cm
- aus Flachsdämmbahnen 30 €/m^2
- aus Steinfaserplatten 20 €/m^2

12. Fenster

Die Quadratmeter-Preise gelten für ein einflügeliges Fenster von etwa 1,50 m^2 Größe.

12.2 Kittfase erneuern

Alte Kittfase entfernen, Untergrund reinigen und grundieren, neuen Ölkitt auftragen und glätten, Kittfase streichen (ohne Neuanstrich des Fensters) 7 €/m

12.3 Gummidichtung einbauen

Nut in den Flügelrahmen einfräsen, Gummidichtung einsetzen 14 €/m

12.3 Anschlussfuge Fenster-Bauwerk abdichten

Anschlussfuge innen (oder außen) freilegen (Putz ca. 15 mm breit aufschneiden), dauerelastische Dichtungsmasse einbringen, gestrichene Deckleisten außen oder innen anbringen 28 €/m

12.3 Vorfenster innen

Neues Einfachfenster aus Kiefernholz mit Rahmen und Drehflügel herstellen, Fensterbank-Überstand abschneiden, Rahmen auf der Wandfläche aufschrauben, Zwischen- und Deckanstrich aufbringen (ohne Fensterteilung) 330 €/m^2

Vorfenster wie oben, jedoch mit Isolierverglasung 430 €/m^2

12.3 Vorfenster außen

Neues Einfachfenster (ohne Sprossen) aus Kiefernholz mit Rahmen und 2 Drehflügeln herstellen, Rahmen auf die Fassadenflächen aufschrauben, oberes Rahmenholz mit Blechabdecken, Anschlussfugen abdichten, Zwischen- und Deckanstrich aufbringen 400 €/m^2

12.3 Aufdoppelung zum Verbundfenster

Neuen Flügelrahmen mit Einfachverglasung herstellen und auf dem vorhandenen Flügelrahmen anbringen (Verbundfensterbeschlag), deckender Anstrich mit 3 Arbeitsgängen, Preis ohne Neuanstrich des vorhandenen Fensters 320 €/m^2

12.3 Vorsatzscheibe innen

Einfachscheibe mit schmalem Vorsatzrahmen auf dem vorhandenen Fensterflügel anbringen, mit Drehbeschlag und Einfachverriegelung, mit
- Kunststoffprofil 260 €/m^2
- Aluminiumprofil 280 €/m^2

12.3 Isolierverglasung einbauen

Vorhandene Einfachverglasung ausbauen, Kittfalz säubern, Isolierglasscheibe mit Aluminiumrahmen (als Fertigelement) einbauen und mit Fugenmasse abdichten, mit Verglasung aus
- Zweischeiben-Isolierverglasung 240 €/m^2
- Zweischeiben-Wärmeschutzverglasung 300 €/m^2

12.3 Fensterflügel austauschen

Alten Fensterflügel ausbauen, vorhandenen Blendrahmen reparieren, Holzleiste mit Wetterschutzschiene einbauen, neuen Fensterflügel mit Verglasung herstellen, einbauen und deckend streichen (in 3 Arbeitsgängen), Preis ohne Neuanstrich des vorhandenen Blendrahmens, mit Verglasung aus
- Zweischeiben-Isolierverglasung 340 €/m^2
- Zweischeiben-Wärmeschutzverglasung 400 €/m^2

Fensterläden und Rolläden Bauart	Öffnungsmaß cm	Preis €	Einheitspreis €/m²
Zweiteiliger Klappladen (handwerkliche Herstellung)			
Lamellenladen	100 / 120	87 bis 114,-	75 bis 95,-
	100 / 200	147 bis 195,-	75 bis 100,-
Bretterladen	100 / 120	105,-	75,-
	100 / 200	175,-	75,-
Plattenladen	100 / 120	115,-	100,-
	100 / 200	195,-	100,-
Rolladen *			
Kunststoff	100 / 120	60,-	50,-
	100 / 200	75,-	38,-
Kiefer	100 / 120	140,-	118,-
	100 / 200	205,-	105,-
Eiche	100 / 120	280,-	235,-
	100 / 200	420,-	210,-

* Preise inclusiv Welle und Gurtroller.
Aufpreise:
- bei Abnahme von weniger als 10 Stück: 15%
- Tauchgrundierung: 5,- € /m² Öffnungsmaß
- Rolladenkasten (incl. Deckel): 50,- € /m Öffnungsbreite

Verglasungen Material: Kristallspiegelglas (KSG)	U-Wert in W/(m²K) Funktions-wert	Rechen-wert	Format[1)]	Einheitspreis in €/m²
Einfachglas (5 mm)	5,8	5,8	klein normal	55,- 55,-
Zweischeiben-Isolierglas (IV)	3,2	3,2	klein normal	620,- 110 bis 170,-
Zweischeiben-Wärmeschutzglas (gasgefüllt, beschichtet, farbneutral)	1,3	1,7	klein normal	1.000,- 180 bis 220,-
Dreischeiben-Isolierglas	1,7	2,2	klein normal	800,- 200 bis 220,-
Dreischeiben-Wärmeschutzglas (gasgefüllt, beschichtet, farbneutral)	1,1	1,4	klein normal	900,- 300 bis 340,-
Aufpreise (eine Scheibe) für - Einscheiben-Sicherheitsglas (ESG) - Verbundsicherheitsglas (VSG) - Drahtspiegelglas				 60,- 65,- 220,-

1) Format: Die hier angegebenen, "normalen" Scheibenformate beziehen sich auf die Abmessungen 50/100 bis 80/300 cm. "Kleine" Formate sind teurer; der hier angegebene Preis gilt für ein Format 30/30 cm.

12.3 Neues Fenster mit Wechselrahmen

Alten Fensterflügel ausbauen, vorhandenen Blendrahmen abnehmen (d.h. Fälze abschneiden), neues Fenster mit Blendrahmen, Flügelrahmen und Verglasung herstellen und in den vorhandenen Blendrahmen einsetzen, Blechabdeckung am unteren Rahmenholz anbringen, Fugen abdichten, neues Fenster deckend streichen (in 3 Arbeitsgängen), mit Verglasung aus

- Zweischeiben-Isolierverglasung 350 €/m²
- Zweischeiben-Wärmeschutzverglasung 440 €/m²

12.4 Fenster erneuern

Putz seitlich einschneiden, altes Fenster ausbauen, neues Kiefernholzfenster (ohne Sprossenteilung) einbauen und streichen, außen und innen beiputzen, Fensterbank aus Titanzinkblech, Innenfensterbank aus Holz,

- mit Zweischeiben-Isolierverglasung
  Größe 1 m² 600 €/St.
  Größe 2 m² 900 €/St.
- mit Zweischeiben-Wärmeschutzverglasung
  Größe 1 m² 700 €/St.
  Größe 2 m² 1.000 €/St.

12.5 Holzklappladen

Zweiteiliger Lamellen- oder Bretterladen, fertig gestrichen und montiert,
Öffnungsgröße 1 - 2 m² 240 - 280 €/m²

Tabelle A 12 *links oben*
Fensterläden.

Tabelle A 13 *links unten*
Verglasungen.

12.5 Rolladen

Rolladen mit Vorsatz- oder Aufbaukasten, einschließlich Kunststoffrolladen, Rolladenkasten, Gurt, Zubehör, fertig gestrichen, Größe 1 - 2 m² 190 - 260 €/m²

12.5 Rolladen mit Wandeinbau

Vorhandenen Fenstersturz ausbrechen (ohne evtl. erforderliches Abfangen), neuen, zweiteiligen Fenstersturz einbauen, Rolladenkasten und Rolladen einbauen, einschließlich Beiputzen, Gurt, Zubehör, fertiger Anstrich (Preis ohne Reinigen und Neuanstrich der Fassade bzw. Wandflächen)

- Größe 1 m² 520 €/m²
- Größe 2 m² 350 €/m²

12.6 Fenster- und Türöffnung herstellen

Putz einschneiden, Ausbrechen des Mauerwerks (bis 1,50 m Breite), Schutt abtransportieren, vorgefertigten Betonsturz einbauen, ohne Abfangen, ohne Gerüst, ohne Beiputzen

- Mauerdicke 25 cm 185 €/m²
- Mauerdicke 38 cm 250 €/m²
- Mauerdicke 50 cm 330 €/m²

13. Badeinbau

13.1 Bad in einem ca. 8 m² großen Raum einbauen, komplett

Wasser- und Abwasserleitungen verlegen, Estrich bzw. Unterboden einbauen, Bodenabdichtung verlegen, Wand- und Deckenputz erneuern, Wand- und Bodenfliesen verlegen, Anschlussfugen mit dauerelastischer Dichtungsmasse verfugen, Einrichtungsgegenstände montieren: Badewanne, Waschtisch, WC, Armaturen; verputzte Wand- und Deckenflächen streichen 6.000 €

13.1 WC einbauen

Leichte Trennwand errichten (ca. 12 mm²), Wasser- und Abwasserleitungen sowie Lüftungskanäle verlegen, Türe mit Fertigzarge, Fußboden mit wasserfester Spanplatte (V100E) belegen, Linoleumbelag verschweißt, Wandputz erneuern, Fliesen bis auf 1,5 m Höhe, darüber Beiputz und Anstrich; Spülklosett und Handwaschbecken montieren, dauerelastische Verfugung herstellen 4.400 €

13.2 Fliesenbelag für Wand und Boden geklebt, einschließlich Verfugen

Einzelfliesen, weiß, 15 x 15 cm, je nach Preisklasse 50 - 70 €/m²

Mosaikfliesen auf Geweberücken, weiß, 5 x 5 cm, je nach Preisklasse 70 - 85 €/m²

Mehrpreis für Verlegung von Bodenfliesen in Mörtel („Dickbett", 25 - 35 mm) 10 €/m²

13.2 Vormauerung für Leitungen und Wannen

Bims-, Ziegel- oder Gasbetonbauplatten, einschl. einmauern von Spülkästen, Abwasserleitungen usw.

- Dicke 7,5 cm 45 €/m²
- Dicke 14 cm 70 €/m²

13.3 Elastische Fugenfüllung

Silikon- oder Acrylat-Dichtungsmasse, bis 15 mm Fugenbreite, einschließl. Voranstrich und Abkleben 8 €/m

13.3 Wand- und Bodenfläche gegen Feuchtigkeit abdichten

Bitumen-Schweißbahn verlegen, im Wandbereich mit Dübel- oder Klemmbefestigung (außerhalb der Spritzwasserzone), mit allen Eckanschlüssen, Aufkantungen und Anschluss an Bodenablauf 25 €/m²

13.5 Sanitärgegenstände austauschen

Vorhandene Einrichtungsgegenstände (Badewanne, Waschtisch, WC) ausbauen und durch neue ersetzen, einschließl. Armaturen und elastische Kittfugen 1.800 €

13.5 Duschkabine

Vorgefertigtes Kabinenelement mit Brausewanne und Seitenteilen aufstellen, einschl. Wasser- und Abwasserleitung (bis 2 m), Armaturen, Beiputz und Anstrichergänzung 2.000 €

14. Haustechnik

14.1 Abluftanlage (ohne Wärmerückgewinnung)

Spaltventile an Fenstern einbauen, Blechkanäle verlegen (zur Absaugung aus Küche, Bad, WC), Fortluftventile montieren, Boxventilator montieren und anschließen, Lüftungsspalt in den Zimmertüren herstellen, ohne Verkleiden der Kanäle, je m² Wohnfläche 20 €/m²

14.1 Lüftungsanlage mit Wärmerückgewinnung

Blechkanäle verlegen (Zuluft zu Aufenthaltsräumen, Fortluft aus Küche, Bad, WC), Zu- und Fortluftventile montieren, Lüftungsgerät mit WRG aufstellen und anschließen, Lüftungsspalt in den Zimmertüren herstellen, ohne Verkleiden der Kanäle, je m² Wohnfläche 60 €/m²

14.2 Warmwasser-Zentralheizung, ölgefeuert (erstmaliger Einbau)

Heizkessel mit Ölbrenner und Warmwasserversorgung, Öllagerraum errichten und Batterietanks einbauen, Heizleitungen im Zwei-Rohr-System verlegen (incl. Wärmedämmung), Heizkörper montieren, fertig lackiert, je m² Wohnfläche 130 €/m²

14.2 Warmwasser-Etagenzentralheizung, gasgefeuert

Gas-Kombi-Therme mit integrierter Warmwasser-Versorgung, Anschluss an vorhandenen Schornstein oder als Dachgerät, Hausanschluss an die öffentliche Gasleitung, Heizleitungen im Zweirohr-System (einschl. Wärmedämmung), Heizkörper montieren, fertig lackiert

- für weniger als 60 m² Wfl. 140 €/m²
- für 60 - 120 m² Wohnfläche 110 €/m²

14.2 Heizkessel erneuern

Alten Öl-Heizkessel ausbauen und entsorgen, neuen Heizkessel (mit Gebläsebrenner und Steuerung) einbauen, ohne neuen Brauchwasserspeicher 4.500 €

14.2 Leitungsinstallation

Vor- oder Rücklaufleitungen aus verzinktem Stahl oder Kupfer, einschl. Wärmedämmung, sichtbar montiert, Befestigung mit Klemmprofil auf der vorhandenen Wand 60 €/m

Waagerechte Leitungsführung in Installationsfußleiste aus Holz 80 €/m

Waagerechte Leitungsführung in Installationsfußleiste aus Kunststoff 70 €/m

Unterputzmontage, einschl. Herstellen der Wandschlitze und Beiputz (ohne Malerarbeiten) 80 €/m

14.2 Heizkörper

Montage einschl. Haltekonsolen, Anschließen, Fertiglackierung; Leistung ca. 4.000 W,

Stahl-Röhrenradiator 350 €/St.

Stahl-Plattenheizkörper 300 €/St.

14.2 Kachelofen

Gemauerter Warmluftofen, Heizeinsatz aus Stahl, Anschluss an vorhandenen Schornstein, Zuluftrohr, Leistung 5 bis 8 kW, Oberfläche aus

- Kacheln (mittl. Preisklasse) 7.000 €/St.
- Sichtmauerwerk oder Putz 5.000 €/St.

14.2 Heizkamin

Warmluft-Kamin mit Heizeinsatz aus Stahlrohr oder Schamotte, Anschluss an vorhandenen Schornstein, Zuluftrohr, Ummauerung aus Gasbeton oder Ziegel, Heizleistung 5 bis 8 kW, Oberfläche aus

- Kacheln (mittl. Preisklasse) 6.700 €/St.
- Sichtmauerwerk oder Putz 4.000 €/St.

14.2 Pellet-Heizkessel

Heizkessel mit Fördersystem, Leistung 2 bis 10 kW

- Einfache Ausführung 8.000 €/St
- Gehobene Ausführung mit automatischer Reinigung 13.000 €/St

(abzüglich öffentliche Förderung)

14.2 Einzelofen

Warmluftofen aus Stahl (freistehend), mit Schamotteausmauerung, Backfach und Vorlegeplatte, Anschluss an vorhandenen Schornstein, Heizleistung 5 bis 8 kW 2.400 €/St.

14.3 Brauchwasserspeicher

Warmwasserspeicher mit Ausdehnungsgefäß, Anschluss an vorhandenen Heizkessel,

- Größe 220 Liter 1.700 €/St.
- Größe 300 Liter 2.000 €/St.

14.4 Sonnenkollektoranlage

Flach- oder Röhrenkollektor zur sommerlichen Warmwasserbereitung, für 4-Personen-Haushalt, einschließl. Dachmontage, Leitungen, Umwälzpumpen, Steuerung, bivalenter Brauchwasserspeicher (400 l)

ca. 6.000 - 8.000 €/St.

14.5 Schornsteinsanierung

Edelstahl-Innenrohr einbauen, einschl. Anschlüsse 260 €/m

14.5 Neuer Schornstein

Fundament, mehrschaliger Fertigschornstein (aus Schamotte-Innenrohr, Wärmedämmschicht, Mantelstein aus Ziegelsplittbeton), mit Rauchrohranschlüssen, Putztüren, Kopfplatte, Anschluss an Dacheindeckung, Verputz, jedoch ohne Herstellung der Deckendurchbrüche,

einzügig (∅ innen 14 cm) 190 €/m
einzügig (∅ innen 18 cm) 240 €/m

dreizügig, mit zwei Rauchrohren und einem Abluftrohr (Querschnitt 150 cm²), Rauchrohre mit Innendurchmesser 14 cm 260 €/m
Rauchrohre mit Innendurchmesser 20 cm 320 €/m

14.6 Wasserleitungen erneuern (komplett)

Wassermengenzähler, Feinfilter, Unterverteilung, Absperrventile, Zuleitungen, ohne Vor- u. Folgearbeiten, je m² Wfl. 35 €/m²

14.6 Zentrale Wasserverteilung

Anschluss an Hauswasser-Versorgungsleitung, Wassermengenzähler, Feinfilter, Unterverteilung, Absperrventile 3.000 €/St.

14.6 Abwasserleitungen erneuern

Alte Abwasserleitungen entfernen, neue in vorhandenen Schlitzen oder auf der Wand verlegen,

Fallrohre (d = 100 mm) aus Gusseisen, einschl. Abzweige für Anschlussleitungen, Verkleidung mit Trockenputz und Beiputz 120 €/m

Abwasser-Anschlussleitungen (d = 50 - 70 mm) aus Kunststoff, ohne Vormauerung 80 €/m

14.6 Sanitärobjekte

Standard-Ausführung, einschl. Armaturen, ohne Ausbauen vorhandener Objekte, ohne Ausbesserungen an Wand- und Bodenbelägen

Waschtisch 50 x 60 cm	260 €/St.
Handwaschbecken (für WC)	170 €/St.
WC, wandhängend, mit Einbauspülkasten	400 €/St.
Badewanne	500 €/St.
Duschwanne	400 €/St.

14.6 Regenwasseranlage

Kunststofftanks für Kelleraufstellung 4 m³, Pumpe, Filter, Leitungen im Haus für WC, Ausgussbecken im Garten; nicht enthalten sind: Zuleitungen zum Tank, Schlammfang / Vorfilter, Vor- u. Folgearbeiten 5.000 €/St.

Ein unterirdischer Speicher aus Betonfertigteilen kostet etwa gleich viel. Hinzu kommen die Erdarbeiten.

14.7 Elektroinstallationen erneuern (komplett)

Vorhandene Installationen entfernen, neuer Zählerplatz, Schlitze und Durchbrüche herstellen, Installationen verlegen, Stecker und Schalter montieren (ohne Beiputzen), je m² Wohnfläche 75 €/m²

14.7 Zählerplatz

Zählerschrank mit 3 Zählerfeldern, Verteilerfeld, Hauptschalter und Sicherungsautomaten 1.500 €/St.

Unterverteiler, 4-reihig, mit Sicherungsautomaten 200 €/St.

14.7 Elektroleitungen und Schalter

Mantelleitungen verlegen (NYM 1,5 mm, 3- und 5-adrig),

- unter Putz, auf der rohen Wand 2,20 €/m
- vor der Wand, Befestigung mit Nagelschellen (sichtbare Verlegung) 2,80 €/m
- im vorhandenen Kunststoff-Kabelkanal 1,40 €/m
- Mehrpreis für abgeschirmtes Kabel (mit Metallgeflecht) 9 €/m

14.7 Sonstige Elektroinstallationen

Kunststoff-Kabelkanal,

- Querschnitt 30 x 25 mm 6 €/m
- Querschnitt 60 x 110 mm 16 €/m

Abzweig- und Schaltdosen 8 €/St.

Steckdosen und Schalter (Aus-, Wechsel- und Tasterschalter, jeweils ohne Dose),

- Standard-Ausführung weiß 8 €/St.
- Kinderschutz-Steckdosen 12 €/St.

Relais für Tasterschaltung (im Verteilerkasten eingebaut) 19 €/St.

Netzfreischalter (im Verteilerkasten einbauen) 270 €/St.

15. Oberflächenbehandlung

15.0 Malerarbeiten komplett

Fassaden, Wände und Decken innen mit Silikatfarbe, Fenster mit Kunstharz-Dickschichtlasur, Dachvorsprünge und Holzschalung an Fassaden mit Naturharz-Lasur (ohne Gerüst, Treppen, Böden, Kellerräume), je m² Wohnfläche 50 €/m²

15.1.1 Flächengerüst

für Decken in Innenräumen (Standzeit 4 Wochen) 25 €/m²

15.2.1 Fassadengerüst

siehe Ziff. 7.5 9 €/m²

15.2.1 Anstrich auf Putzfassade

Fassade einrüsten, Putzoberfläche reinigen, kleine Schadstellen ausbessern, zwei- bis dreifacher Anstrich

- einfarbig, hell 15 €/m²
- mehrfarbig 18 €/m²

15.2.2 Sichtmauerwerk reinigen

Fassade einrüsten,

- Fassade abwaschen oder dampfstrahlen 12 €/m²
- Fassade durch Sandstrahlen reinigen 15 €/m²

15.2.2 Oberflächenbehandlung bei Sichtmauerwerk

Fassade einrüsten und abwaschen oder dampfstrahlen,

- farblose Imprägnierung 17 €/m²
- zwei- bis dreifacher Anstrich 22 €/m²

15.1.1 Anstrich auf neu verputzte Innenwände und Decken

- mit Kaseinfarbe 7 €/m²
- mit Naturharzdispersion 7 €/m²
- mit Kalkfarbe 10 €/m²
- mit Dispersionssilikatfarbe 6 €/m²

15.1.1 Erneuerungsanstrich auf verputzten Innenwänden und Decken

Oberfläche reinigen (abwaschen), Anstrich mit waschfester Naturharz-Dispersionsfarbe 8 €/m²

Anstrichmittel	
Material	Preis €/m²
Fassaden- & Außenanstriche	
Kalkfarbe, weiß	2,80
Silikatfarbe (2 Komponenten)	
Farbton hell - dunkel	3,80 - 6,00
Silan- & Siloxanpräparat	4,70 - 9,50
Kunststoff-Dispersionsfarbe, weiß	2,50
Dispersionslack	4,50
Naturharzlasur, farblos - bunt [1]	3,80 - 4,50
Naturharzlack, weiß - bunt [1]	6,00 - 7,50
Kunstharzlack, farblos - bunt	2,00 - 3,50
Innenanstriche (Wände, Decken, usw.)	
Kalkfarbe, weiß	2,00
Titanweiß-Kasein-Farbe, weiß	2,50
Zellulose-Leimfarbe	0,80
Naturharz-Dispersionsfarbe	2,00
Kunststoff-Dispersionsfarbe	0,70 - 2,00
Dispersionslack, farbig	3,00
Naturharzlack, weiß - bunt	5,00 - 7,00
Bienenwachs auf	
Naturharzimprägnierung	2,50
Kunstharzlack, bzw. -lasur	2,00 - 4,00
Fußbodenanstriche	
Naturharzimprägnierung	
und Wachsbalsam [1]	4,00
Naturharz-Lackierung [1], farblos	6,00
Kunstharz-Lackierung, bunt	5,00
Kunstharz-Versiegelung, farblos	4,00
Dispersionslack	2,50

Preise für konfektionierte Produkte, für jeweils 2 Anstrichschichten (Arbeitsgänge), ohne Grundierung.

[1] 3 Anstrichschichten (ohne Vorbehandlung).

Verteilung von Material- und Lohnkosten	**An- und Ausbau**		**Modernisierung**	
	Material %	Lohn %	Material %	Lohn %
Maurer, Beton- u. Kanalisationsarbeit	35 - 45	55 - 65	25 - 35	65 - 75
Dachdecker	35 - 45	55 - 65	30 - 40	60 - 70
Flaschner	35 - 45	55 - 65	30 - 40	60 - 70
Zimmerer	45 - 55	45 - 55	30 - 40	60 - 70
Putz- und Isolierarbeiten	20 - 25	75 - 80	15 - 20	80 - 85
Fliesen und Platten	30 - 40	60 - 70	25 - 35	65 - 75
Schreiner	50 - 60	40 - 50	35 - 45	55 - 65
Maler	15 - 25	75 - 85	20 - 30	70 - 80
Bodenbeläge	70 - 80	20 - 30	65 - 75	25 - 35
Estrich	70 - 80	20 - 30	65 - 75	25 - 35
Heizungsinstallation	50 - 60	40 - 50	45 - 55	45 - 55
Sanitärinstallation	45 - 55	45 - 55	40 - 45	55 - 60
Elektroinstallationen	30 - 35	65 - 70	25 - 30	70 - 75

Tabelle A 14 *oben*
Anstrichmittel.

Tabelle A 15 *rechts*
Prozentuale Verteilung der Material- und Lohnkosten bei den wichtigsten Gewerken.

15.1.3 Erneuerungsanstrich für Zimmertüren (gestemmtes Türblatt) und Zarge

einschl. kleine Reparaturen 340 €/St.

15.1.3 Abbeizen und Lasieren von Zimmertüren

Zweimaliges Abbeizen, lasierenden Anstrich aufbringen, einschl. Zarge und Leisten 380 €/St.

Mehrpreis für Reparaturarbeiten 150 €/St.

15.2.3 Erneuerungsanstrich für Fensterrahmen

Säubern der Rahmen, kleine Schadstellen beispachteln, anschleifen, Anstrich innen und außen,

- Einfachfenster 40 €/m²
- Verbundfenster 70 €/m²

Mehrpreis bei Fensterteilung und Sprossen bis zu 30 %.

15.1.2 Dielenboden versiegeln

Vorhandene Dielen überprüfen und nachnageln,

- Oberfläche anschleifen, neuer Siegelanstrich auf vorhandenem Altanstrich 20 €/m²
- Altanstrich zweimal abbeizen, zweifach neu versiegeln 35 €/m²
- Altanstrich abschleifen, Grundierung aufbringen, maschinelles Heißwachsen 22 €/m²

15.1.2 Fußleisten

ausbessern, anschleifen, neu streichen 5 €/m

15.1.2 Treppenanstrich erneuern

Stufen, Wangen, Geländestäbe und Handlauf aus Holz abschleifen, spachteln, zweimal mit Naturharzlasur streichen, je Geschoss 700 €/St.

Anhang 2

Adressen von Herstellern und Beratungsstellen

(unvollständige Auswahl)

Für weitere Einzel- und Fachinformationen wird – direkt oder via Internet – auch auf die örtlichen Handwerkskammern, Architekten- und Ingenieurskammern sowie auf die einschlägigen Berufs- und Handelsverbände verwiesen.

Verglasungen

Wärmeschutzglas

- Interpane Glas Industrie AG, Sohnreystr. 21, 37697 Lauenförde, 05273-8090 www.interpane.net
- Pilkington Deutschland AG, Haydnstraße 19, 45884 Gelsenkirchen, 0209-1680, www.pilkington.com
- VEGLA Vereinigte Glaswerke GmbH, Viktoriaallee 3-5, 52066 Aachen, 0241-5160, www.saint-gobain-glass.com

Transparente Wärmedämmung

- Okalux Kapillarglas, Am Jöspershecklein, 97828 Marktheidenfeld, 09391-9000, www.okalux.com
- Schüco International, Karolinenstr. 1-15, 33609 Bielefeld, 0521-783-0, www.schueco.com, www.schueco.de
- Sto AG, Ehrenbachstr. 1, 79780 Stühlingen, 07744-570, www.sto.de

Dämmstoffe

Baumwolle

- ISOCOTTON GmbH, Stadtbachstr. 9, 86153 Augsburg, 0172- 8282667

Blähkork, Kokosfaser

- Henjes GmbH + Co KG, An der Autobahn 46, 28876 Oyten, 04207-698-0, www.henjes.de
- emfa Baustoff GmbH, Stockenweg 10, 89331 Burgau, 08222-9662-0, www.emfa.de

Blähperlite

- Knauf Perlite GmbH, Kipperstr. 19, 44147 Dortmund, 0231-998001, www.knauf-perlite.de

Blähton

- Leca Deutschland GmbH, Nienhöfener Str. 29, 25421 Pinneberg, 04101-699900
- Liapor GmbH + Co KG, Industriestr. 2, 91352 Hallerndorf, 09545-4480, www.liapor.com

Dämmplatten aus Holz

- Gutex-Holzfaserplattenwerk, H. Henselmann GmbH + Co KG, Gutenburg 5, 79761 Waldshut-Tiengen, 07741-6099-0, www.gutex.de
- Pavatex GmbH, Wangener Str. 58, 88299 Leutkirch, 07561-9855-0, www.pavatex.de

Hanf und Flachs

- MEHA Dämmstoff GmbH, Böhlerweg 6 - 10, 67105 Schifferstadt, 06235-9255-0, www.meha.de

Holzwolle-Leichtbauplatten

- Deutsche Heraklith AG, Heraklithstraße 8, 84359 Simbach am Inn, 0 85 71- 4 02 03, www.heraklith.com

Mineralfaser- und Polystyroldämmstoffe

- Deutsche Rockwool Mineralwoll GmbH, Postfach 207, 45952 Gladbeck, 02043-4080, www.rockwool.de
- Saint Gobain Isover G+H AG, Postf. 210565, 67005 Ludwigshafen, 0800-5015501, www.isover.de

Polystyroldämmstoffe

- BASF AG, Abt. E-KST/MS Geb. D 219, 67056 Ludwigshafen, 0621-60-42887, www.basf.de>de/produkte/kstoffe/schaum/styrodur

Schafwolle

- doscha Wolle, Fritz Doppelmayer GmbH, Am Petzenbühl 3, 87439 Kempten/Allg., 0831-59219-0, www.doschawolle.de

Schaumglas

- Deutsche Pittsburgh Corning GmbH, Landstr. 27 - 29, 42781 Haan, 02129-9306-0; www.foamglas.de

Schilfrohr

- Sterflinger & Sohn, Burghausener Str. 29, 84558 Kirchweidach/Obb., 08623-9879820, www.schilfrohr-sterflinger.de

Zellulose (Flocken/Platten)

- Homann GmbH & Co. KG, Ahornweg1, 06536 Berga, 034651-4160
- WARMCEL/INTERCEL, Hildesheimer Str. 53, 30169 Hannover, 0511-8071165
- DOBRY GmbH, Dauner Str. 23, 54552 Dockweiler, (0800) 3627936, www.dobry-daemmsysteme.de
- Klimatec System Bau- + Dämmstoff GmbH, Südhofring 7 e, 82297 Hofhegneuberg, 08202-903077, www.klimatec-system.de

Vakuumisolationspaneel (VIP)

- va-Q-tec AG, Karl-Ferdinand-Braun-Str.7, 97080 Würzburg, www.va-q-tec.com

Wärmedämmverbundsysteme

- BASF AG, Abt. E-KST/MS Geb. D 219, 67056 Ludwigshafen, 0621-60-42887, www.basf.de>de/produkte/kstoffe/schaum/styrodur
- BaumitBayosan GmbH & Co. KG, Reckenberg 12, 87541 Bad Hindelang, 08324-921-0, www.bayosan.de
- Deutsche Rockwool Mineralwoll GmbH, Postfach 207, 45952 Gladbeck, 02043-4080, www.rockwool.de
- Gutex-Holzfaserplattenwerk, H. Henselmann GmbH + Co KG, Postf. 201320, 79753 Waldshut-Tiengen, 07741-6099-0, www.gutex.de
- Knauf-Marmorit GmbH, Ellighofen 6, 79283 Bollschweil, 07633-810-0, www.marmorit.de
- Saint Gobain Isover G+H AG, Postf. 210565, 67005 Ludwigshafen, 0800-5015501, www.isover.de
- Sto AG, Ehrenbachstr. 1, 79780 Stühlingen, 07744-570, www.sto.de

Mauerwerk

Ziegel:

- Bundesverband der Deutschen Ziegelindustrie, Schaumburg-Lippe-Str. 4, 53113 Bonn (Informationsschriften)), 0228-9 14 93 – 0, www.ziegel.de

Leichtziegel:

- Deutsche POROTON GmbH, Cäsariusstr. 83a, 53639 Königswinter, 07000-7676866, www.poroton.org
- UNIPOR Ziegel Marketing GmbH, Landsberger Strasse 392, 81241 München, 089-749867-0, www.unipor.de

Porenbeton (Gasbeton):

- Ytong-AG, Postfach 402049, 80720 München, 089-30614-0, www.ytong.de

Kalksandstein:

- Kalksandstein Dienstleistung GmbH, Entenfangweg 15, 30419 Hannover, 0511-27954-0, www.kalksandstein.de

Bims:

- Bisotherm GmbH, Eisenbahnstraße 12, 56218 Mülheim-Kärlich, 02630-98760, www.bisotherm.de

Lehm:

- Claytec e.K., Nettetaler Strasse 113-117, 41751 Viersen, 02153-918-0, www.claytec.com

Dacheindeckung

Tonziegel:

- Arbeitsgemeinschaft Ziegeldach, Schaumburg-Lippe-Str. 4, 53113 Bonn, 0228-9149323, www.ziegeldach.de (Informationsschriften)
- Röben Tonbaustoffe, Postfach 209, 26330 Zetel, 04452-88-0, www.roeben.com
- Erlus-Baustoffwerke AG, Postfach 40, 84086 Neufahrn/Ndb., 08773-18-0, www.erlus.de
- Erzinger Ziegelwerke GmbH, Weisweiler Str. 8, 79771 Klettgau, 07742-9240-0
- Dachziegelwerk J. Meindl GmbH, Pf. 260, 84402 Dorfen, 08081-29-0, www.meindl-dachziegel.de

Betondachsteine:

- Lafarge Dachsysteme GmbH, (auch Braas) Frankfurter Landstr. 2-4, 61440 Oberursel, 06171-61-014, www.lafarge-dachsysteme.de Marke Braas: www.braas.de

Faserzement:

- Eternit AG, Vertrieb Dach, Im Breitspiel 20, 69126 Heidelberg, 06224-701-0, www.eternit.de
- Wanit Fulgurit GmbH, Knesebeckstraße 59-61, 10719 Berlin, 030-3485370, www.wanit-fulgurit.de

Holzschindel:

- Theo Ott GmbH, Bahnhofstr. 18, 83404 Ainring, 08654-48188-0, www.holzschindeln.de
- Rapold GmbH, Thumseestr. 21, 83435 Bad Reichenhall, 08651-1250, www.holzschindeln.com

Dachbegrünung:

- Paul Bauder GmbH & Co. Postfach 311151, 70471 Stuttgart, 0711-8807-286, www.bauder.de
- ZinCo GmbH, Grabenstraße 33, 72669 Unterensingen, 07022-6003-0, www.zinco.de

Anstrichmittel

- Keimfarben GmbH & Co.KG, Postfach 49, 86416 Diedorf, 0821-4802-0, www.keimfarben.de
- Auro GmbH, Postfach 1238, 38002 Braunschweig, 0531-28141-0, www.auro.de
- Livos Pflanzenchemie Emern, Auengrund 1029568 Wieren, 05825-88-0, www.livos.de
- Biofa Naturprodukte W. Hahn GmbH, Postfach 1130, 73085 Boll, 07164-9405-0, www.biofa.de
- Aglaia, Beeck'sche Farbwerke Beeck GmbH & Co.KG, Postfach 810224, 70519 Stuttgart, 0711-900200, www.beeck.de
- Loba GmbH & Co KG, Leonbergerstr. 56-62 71254 Ditzingen, 07156-357220, www.loba.de
- Ecotec Naturfarben GmbH, Holzweg, Volvox, Kalkofenweg 2, 58513 Lüdenscheid, 02351-9539-5, www.volvox.de

Bauplatten, Baupapiere

Gipskartonplatten

- Saint-Gobain Rigips GmbH, Postfach 110948,40509 Düsseldorf, 01805-345670, www.rigips.de
- Knauf Bauprodukte GmbH, Postfach 10, 97343 Iphofen, 09323-310, www.knauf.de

Gipsfaserplatten (FERMACELL)

- Fels-Werke GmbH, Postfach 1460, 38604 Goslar, 05321-7030, www.fels.de

Luftdichtungsbahnen, Dampfbremsen

- Moll bauökologische Produkte GmbH, Rheintalstr. 35 - 43, 68723 Schwetzingen, 06202-2782-0, www.proklima.com

- PAVATEX GmbH, Wangener Strasse 58, 88299 Leutkirch, 07561-98550, www.pavatex.de
- Ewald Dörken AG, Wetterstraße 58, 58313 Herdecke, 02330-630, www.doerken.de

Zementspanplatten

- Eternit AG, Ernst-Reuter-Platz 8, 10587 Berlin, 030-3485-0, www.eternit.de
- Wanit Fulgurit GmbH, Knesebeckstraße 59-61, 10719 Berlin, 030-3485370, www.wanit-fulgurit.de

Bodenbeläge

Holz:

- Arbeitsgemeinschaft Holz e.V., Postfach 300141, 40401 Düsseldorf, 0228-9149323, www.informationsdienst-holz.de (Broschüren: Informationsdienst Holz)
- Bembé Parkett GmbH & Co. KG, Postfach 1140, 97961 Bad Mergentheim, 07931-966-0, www.bembe.de
- Ostermann & Scheiwe GmbH & Co., Postfach 6340, 48033 Münster 0251-60937-0, www.osmo.de

Linoleum:

- Armstrong DLW AG, Stuttgarter Str. 75 74321 Bietigheim-Bissingen, 07142-71-185, www.armstrong.eu
- Forbo Flooring GmbH, Steubenstr. 27, 33100 Paderborn, 05251-18030, www.forbo-flooring.de

Kork:

- KWG Kork-Import-Vertrieb Wolfgang Gärtner GmbH,
  In den Kreuzwiesen 32, 69250 Schönau, 06228-9206-0, www. kwg-kork.de
- Eugen Hackenschuh e. K., Gaildorfer Str. 21, 71552 Backnang, 07191-68603, www.hackenschuh.de
- Scheiffele-Schmiederer KG Holzwerke, Johannes-Scheiffele-Straße 6, 89407 Dillingen, 09071-50501, www.scheiffeleschmiederer.de

Holz und Holzschutz

Informationen zur Holzverarbeitung:

- Arbeitsgemeinschaft Holz e.V., Postfach 300141, 40401 Düsseldorf, 0228-9149323, www.informationsdienst-holz.de

Holzschutz:

- Deutscher Holz- u. Bautenschutzverband eV Hans-Willy-Mertens-Str. 2, 50858 Köln, 02234-48218 und 48455, www.dhbv.de
- ICI Paints Deco GmbH (früher Desowag), Düsseldorfer Straße 96 - 100, 40721 Hilden, 02103-205800, www.desowag.de
- Reinhold Bast Bauunternehmung GmbH, Langbehnstr. 15, 22761 Hamburg, 040-894125

Haustechnik

Heizungsanlagen

- August Brötje GmbH, Postfach 1354, 26171 Rastede, 04402-800, www.broetje.de
- Bosch Thermotechnik GmbH (früher Buderus Heiztechnik), Sophienstr. 30 - 32, 35576 Wetzlar, 06441-4180, www.heiztechnik-buderus.de
- De Dietrich Heiztechnik Vertriebs-GmbH, Rheiner Str. 151, 48282 Emsdetten, 0171-4636762, www.dedietrich-heiztechnik.de
  - Zentrale: De Dietrich Thermique, 57 rue de la Gare, F-67580 Mertzwiller/Frankreich
- ELCO Shared Services GmbH, Hohenzollernstr. 31, 72379 Hechingen, 07471-187-0, www.elco.net
- Fröling Heizkessel- und Behälterbau GmbH, Industriestraße 12, A-4710 Grieskirchen, +43 7248-606-0, www.froeling.com
  - Fröling Standort München, Max-Planck-Str. 6, 85609 Aschheim, 089-927926-0, www.froeling.de
- Paradigma Energie- und Umwelttechnik GmbH & Co KG, Ettlinger Str. 30, 76307 Karlsbad, 07202-9220, www.paradigma.de
- Stiebel Eltron GmbH, Dr. Stiebel-Str., 37603 Holzminden, 01803-702003, www.stiebel-eltron.de
- UNICAL Kessel und Apparate, Heilbronner Str. 50, 73728 Esslingen a.N., 0711-45989-0, www.unical-deutschland.de
- Vaillant GmbH + Co KG, Berghauser Str. 40, 42859 Remscheid, 02191-180, www.vaillant.de
- Viessmann Werke GmbH & Co KG, Postfach 10, 35107 Allendorf, 06452-700, www.viessmann.com
- Max Weishaupt GmbH, 88477 Schwendi, 07353-830, www.weishaupt.de
- Wolf GmbH, Postfach 1380, 84048 Mainburg, 08751-74-0, www.wolf-heiztechnik.de

Differenzdruckschalter

- Wodtke GmbH Kamine und Kachelöfen, Rittweg 57, 72070 Tübingen, 07071-7003-0, www.wodtke.com

Lüftungsanlagen:

- Aereco GmbH, Rudolf-Diesel-Str. 1, 65719 Hofheim-Wallau, 06122-704284, www.aereco.de
- Brink Klimaheizung Vertriebs GmbH, Hauptstr. 48, 26122 Oldenburg, 0441-503081
- Exhausto GmbH, Am Ockenheimer Graben 40, 55411 Bingen, 06721-9178-0, www.exhausto.de
- Fresh Gesellschaft für Lüftungseinrichtungen mbH, Königsweg 3, 37534 Eisdorf, 05522-9929-0, www.fresh-lueftung.de
- Lunos-Lüftung GmbH + Co Ventilatoren KG, Wilhelmstr. 31-34, 13593 Berlin, 030-3620010; www.lunos.de
- Maico Elektroapparate-Fabrik GmbH, Steinbeisstr. 20, 78056 Villingen-Schwenningen, 07720-6940, www. maico.de
- Paul-Wärmerückgewinnung, Vettermannstr. 1-5, 08132 Mülsen St. Jacob, 037601-390-0, www.paul-lueftung.net
- Schrag Heizungs-Lüftungs-Klima Technik GmbH + Co KG, Postfach 1366 73057 Ebersbach a.d.Fils, 07163-170; www.schrag.de

- Viessmann Werke GmbH & Co KG, Postfach 10, 35107 Allendorf, 06452-700, www.viessmann.com
- Westaflex GmbH, Thaddäusstr. 5, 33334 Gütersloh, 05241-4010, www.westaflex.com

Regenwasseranlagen:

- Grundfos GmbH, Schlüterstraße 33, 40699 Erkrath, 0211-92969-0, www.grundfos.de
- Mall GmbH, Hüfingerstr. 39-45, 78166 DS-Pfohren, 0771-8005-0, www.mall.info

Komposttoiletten:

- Berger Biotechnik GmbH, Bogenstr. 17, 20144 Hamburg, 040-4397875, www.berger-biotechnik.de
- Wasserkontor Sachse, Bötzowstr 29, 10407 Berlin-P-berg, 030-44737670, www.wasserkontor.de

Wasserpflanzen-Klärbeet:

- re-natur, Postfach 60, 24601 Ruhwinkel, 04323-90100, www.re-natur.de

Solarenergie:

- Bosch Thermotechnik GmbH (früher Buderus Heiztechnik), Sophienstr. 30 - 32, 35576 Wetzlar, 06441-4180, www.heiztechnik-buderus.de
- ELCO Shared Services GmbH, Hohenzollernstr. 31, 72379 Hechingen, 07471-187-0, www.elco.net
- Paradigma Energie- und Umwelttechnik GmbH & Co KG, Ettlinger Str. 30, 76307 Karlsbad, 07202-9220, www.paradigma.de
- Schüco International, Postfach 102553, 33525 Bielefeld, 0521-783-0, www.schueco.com
- SOLVIS GmbH & Co KG, Grotian-Steinweg 12, 38122 Braunschweig, 0531-289040, www.solvis.de
- Viessmann Werke GmbH & Co KG, Postfach 10, 35107 Allendorf, 06452-700, www.viessmann.com
- Wagner & Co. Solartechnik, Zimmermannstr. 12, 35091 Cölbe, 06421-8007-0, www.wagner-solartechnik.com

Beratungsstellen

- Bundesarchitektenkammer - BAK- , Askanischer Platz 4, 10963 Berlin, 030-263944-0, www.bak.de
  Bausachverständige können von den Landesgeschäftsstellen der Architektenkammern benannt werden.
- Bundesverband Gesundes Bauen und Wohnen, Postfach 1543, 38005 Braunschweig, 0531-352851, www.bv-gbw.de
- Interessengemeinschaft der Holzschutzmittel-Geschädigten e.V., Bruno Heitze, Im heiteren Tal 19, 57250 Netphen, 02737-592508, www.ihg-ev.de
- Deutscher Allergie- und Asthmabund e.V., Fliethstraße 114, 41061 Mönchengladbach, 02161-814940, www.daab.de
- Verbraucherzentrale Bundesverband e.V. – vzbv, Markgrafenstraße 66, 10969 Berlin, 030-25800-0, www.vzbv.de
- Wohnberatung und Energieberatung der Verbraucherzentralen, über die Landesgeschäftsstellen.

Literaturhinweise

Ahnert, R; Krause, K.H.: *Typische Baukonstruktionen von 1860-1960,* Band 1 bis 3. Verlag Bauwesen, 2000 bis 2002

Bieberstein, Horst: *Schimmelpilze in Wohnräumen - was tun?* Alpha & Omega Verlag

Böse, Karl-Heinz: *Regenwasser für Haus und Garten.* ökobuch Verlag, Staufen 1999

Das alternative Branchenbuch.
Altop-Verlag München, (erscheint jährlich)

Diel, Friedhelm u.a. (Hrsg.): *Beiträge des Fachkongresses d. Arbeitsgemeinschaft Ökologischer Forschungsinstitute (AGÖF) und des Allergie-Vereins in Europa e.V. (AVE), der im Mai 1997 in Fulda stattfand.* C.F. Müller Verlag, 1998

DIN 276; Kosten im Hochbau.

DIN 277 T 1; Grundflächen und Rauminhalte von Bauwerken im Hochbau; Begriffe, Berechnungsgrundlagen.

DIN 277 T 2; Grundflächen und Rauminhalte von Bauwerken im Hochbau; Gliederung der Nutzflächen, Funktionsflächen und Verkehrsflächen (Netto-Grundfläche).

DIN 4095; Baugrund; Dränung zum Schutz baulicher Anlagen; Planung, Bemessung und Ausführung.

DIN 4109; Schallschutz im Hochbau; Anforderungen und Nachweise.

DIN 4109 Berichtigung 1; Berichtigungen zu DIN 4109; Schallschutz im Hochbau.

DIN 4109 Bbl 1; Schallschutz im Hochbau; Ausführungsbeispiele und Rechenverfahren.

DIN 4109 Bbl 2; Schallschutz im Hochbau; Hinweise für Planung und Ausführung; Vorschläge für einen erhöhten Schallschutz; Empfehlungen für den Schallschutz im eigenen Wohn- oder Arbeitsbereich.

DIN 68800 T 1; Holzschutz im Hochbau; Allgemeines.

DIN 68800 T 2; Holzschutz im Hochbau; Vorbeugende bauliche Maßnahmen.

DIN 68800 T 3; Holzschutz; Vorbeugender chemischer Holzschutz.

DIN 68800 T 4; Holzschutz; Bekämpfungsmaßnahmen gegen holzzerstörende Pilze und Insekten.

DIN 68800 T 5; Holzschutz im Hochbau; Vorbeugender chemischer Schutz von Holzwerkstoffen.

Energiesparmaßnahmen an bestehenden Gebäuden. Hrsg. u. Verlag: ASW Arbeitsgemeinschaft kommunaler Versorgungsunternehmen zur Förderung rationeller, sparsamer und umweltschonender Energieverwendung und rationeller Wasserverwendung i. VKU, Köln, 1999

Energieeinsparverordnung (EnEV) - Verordnung über energiesparenden Wärmeschutz und energiesparende Anlagentechnik bei Gebäuden vom 24. Juli 2007, Bundesgesetzblatt Jahrgang 2007 Teil I Nr. 34. (Kopie: www.oekozentrum-nrw.de/EnEV_2007.pdf *oder* www.akbw.de > service > EnEV 2007)

Fachkunde Bau. (mit CD-ROM). Für Maurer/innen, Beton- und Stahlbetonbauer/innen, Zimmerer/innen und Bauzeichner/innen. Europa-Fachbuchreihe für Bautechnik, 2001.

Finke, C.; Osterhoff, J.: *Fassaden begrünen.* Verlag Blottner, 2001

Frick; Knöll; Neumann: *Baukonstruktionslehre,* Teil 1 und 2. Teubner Verlag, 2001

Gabriel, Ladener (Hrsg): *Vom Altbau zum Niedrigenergie- und Passivhaus.* ökobuch Verlag, Staufen 2008

Gerner, Manfred: *Fachwerk; Entwicklung, Gefüge, Instandsetzung.* DVA, 1998

Hauser, Höttges u.a.: *Energieeinsparung im Gebäudebestand. Bauliche und anlagentechnische Lösungen.* Hrsg.: Gesellschaft für rationelle Energieverwendung e.V., Berlin Verlag: Baucom Verlag für Marketing und Kommunikation, Böhl-Iggelheim, 2002

Haefele, Gottfried; Oed, Wolfgang; Sambeth, Burkhard M.: *Baustoffe und Ökologie.* Ernst Wasmuth Verlag, Tübingen/Berlin 1996

Haller, Andreas; Humm, Othmar: *Renovieren mit der Sonne - Solarenergienutzung im Altbau.* ökobuch Verlag, Staufen 2000

Interessengemeinschaft der Holzschutzmittelgeschädigten e.V.: *Sanierungsmaßnahmen in formaldehyd- und holzschutzmittelverseuchten Wohnungen und Häusern.* Selbstverlag, Engelskirchen

Jakubowski, Emil: *Malerfachkunde.* Teubner Verlag, 1999

Katalyse e.V. (Hrsg): *Elektrosmog; Grundlagen, Grenzwerte, Verbraucherschutz.* Verlag C.F. Müller, 2002

Koppe: *Abwicklung von Bauvorhaben.* Verlag R. Müller, 2002

König, Holger: *Das Dachgeschoss.* ökobuch Verlag, Staufen 1998

König, Holger: *Wege zum Gesunden Bauen.* ökobuch Verlag, Staufen 1998

Laasch und Laasch: *Haustechnik; Grundlagen, Planung, Ausführung.* Teubner Verlag, 2005

Lenze, Wolfgang: *Restaurieren, Sanieren, Modernisieren.* Verlag IRB, 2001

Lerch, Helmut: *Wohnhauserweiterungen. Anbauten, Aufbauten, Ausbauten.* Verlag A. Koch, 2001

Lotz und Hammacher: *Schimmelschäden vermeiden.* IRB Verlag, Stuttgart 2001

Maes, Wolfgang u.a.: *Elektrosmog, Wohngifte, Pilze. Baubiologie, praktische Hilfe für jedermann.* Verlag Haug, 1999

Neufert, E.: *Bauentwurfslehre.* Vieweg Verlag, 2000

Rau, Ottfried; Braune, Ute: *Der Altbau.* Verlag A. Koch, 2000

Scharf, Armin: *Farbe in der Architektur.* DVA, Stuttgart/München 2002

Schillberg, Klaus; Knieriemen, Heinz: *Bauen und Sanieren mit Lehm.* AT Verlag, 2001

Schmitz, Heinz; Krings, Edgar u.a.: *Baukosten 2002 - Instandsetzung, Sanierung, Modernisierung, Umnutzung.* Verlag für Wirtschaft und Verwaltung Hubert Wingen, Essen, 1999

Späte, F.; Ladener, H.: *Solaranlagen.* ökobuch Verlag, Staufen 2007

Umweltbundesamt (Hrsg.): *Leitfaden zum ökologisch orientierten Bauen.* Verlag C.F. Müller, Heidelberg 1997

Verbraucherzentrale (Hrsg): *Heizung und Warmwasser (2007)* (Anschrift: siehe jeweilige Landeshauptstadt)

Verbraucherzentrale (Hrsg.): *Selbst renovieren - ökologisch.* Verlag Verbraucher-Zentrale, 1999 (Anschrift: siehe jeweilige Landeshauptstadt)

Verbraucherzentrale (Hrsg.): *Wärmedämmung. Alles über Dämmstoffe und ihre Anwendung.* Verlag Verbraucher-Zentrale, 2000 (Anschrift: siehe jeweilige Landeshauptstadt)

Verordnung über energiesparenden Wärmeschutz und energiesparende Anlagentechnik bei Gebäuden: siehe Energieeinsparverordnung - EnEV

Weissenfeld, Peter; König, Holger: *Holzschutz ohne Gift.* ökobuch Verlag, Staufen 2001

Wenzel, Sabine: *Dicke Luft. Schadstoffe in Innenräumen und wie Sie am besten damit umgehen.* Hirzel Verlag, 1997

Zwiener, Gerd: *Ökologisches Baustoff-Lexikon.* Verlag C. F. Müller, 2006

Stichwortverzeichnis

Weitere Bücher im ökobuch Verlag

Ingo Gabriel, Heinz Ladener, Hrsg.
Vom Altbau zum Niedrigenergie- und Passivhaus
Energietechnische Gebäudesanierung in der Praxis: Katalog erprobter Wärmedämmkonstruktionen, Empfehlungen zur Haustechnik-Erneuerung, Tipps zu Ausschreibung und Ausführung. 6. überarb. Aufl. 2008, 272 S. m.v. z.T. farb. Abb., geb. 29,90 €

Gernot Minke
Dächer begrünen – einfach und wirkungsvoll
Der Ratgeber zeigt, wie Wohn- und Bürogebäude, Garagen und Carports mit einem Gründach ausgestattet werden. Mit Konstruktionsdetails von Dachaufbauten, Begrünungssystemen, Kosten und Hinweisen für den Selbstbau. 3. Aufl. 2006, 94 S. 12,95 €

Frank Späte, Heinz Ladener
Solaranlagen
Grundlagen, Planung und Bau solarer Wärmeerzeugungsanlagen. Kompendium der Sonnenkollektortechnik: Warmwasserbereitung, Raum- und Schwimmbadheizung, Großanlagen. 9. überarb. Aufl. 2007, 265 S. m.v. Abb., geb. 29,90 €

Charles Filleux, Andreas Gütermann
Solare Luftheizsysteme
Grundlagen, Planung und Ausführung solarer Luftkollektoranlagen zur Heizungsunterstützung. Kollektoren, Speicher, Systeme, neun ausgeführte Beispiele. 1. Aufl. 2005, 174 S. m. v. Abb., 17x24 cm 19,90 €

Gernot Minke
Das neue Lehmbau-Handbuch
Ein umfassendes Lehrbuch und Nachschlagewerk, das die ganze Vielfalt der Einsatzmöglichkeiten und Verarbeitungstechniken des Baustoffes Lehm zeigt und die materialspezifischen Eigenschaften praxisnah erläutert. 6. Aufl. 2004, 340 S. m. vielen z.T. farb. Abb. geb. 35,30 €

Gernot Minke, Friedemann Mahlke
Der Strohballenbau
Ein Konstruktionshandbuch, das Konzeption, Bautechnik und Details beschreibt, um aus Strohballen gut gedämmte, dauerhafte Häuser zu bauen. m.viel. Beispiel. 1.Aufl. 2004, 142 S.m.v.farb. Abb., 15,90 €

Thomas Holz
Holzpellet-Heizungen
Ein Ratgeber. Technik, Bauformen, Einsatzbereiche und Planung von automatischen Holzpelletheizungen, Genehmigung, Förderung; Produktübersicht. 3. Aufl. 2006, 103 S. m.v. Abb. 10,95 €

Barbara Eder, Heinz Schulz
Biogas-Praxis
Grundlagen der Biogastechnik, Substrate, Anlagentechnik, Gasverwertung, Vergärung nachwachsender Rohstoffe, Anlagenplanung, Kosten und Wirtschaftlichkeit, Hygienisierung, Beispiele ausgeführter Anlagen. 4. Aufl. 2007, 237 S. m.v. Abb., geb. 28,90 €

Hans-P. Ebert
Heizen mit Holz
Günstiger Holzeinkauf, Zurichten des Waldholzes, Lagerung und Trocknung, Anforderungen an Feuerstelle und Schornstein, die Ofentypen und ihre Einsatzbereiche. 160 S. m.v.Abb., 12. Aufl. 2007 12,95 €

Horst Crome
Handbuch Windenergie-Technik
Prinzipien der Windenergienutzung und Schritt-für-Schritt-Anleitung zum Bau solider, leistungsfähiger Windkraftanlagen (200 W - 5 kW, 2 bis 7 m Rotor ø). 2. Aufl. 2004, 208 S. m.v. Abb., geb. 29,90 €

Solare Luftheizsysteme
Charles Filleux
Andreas Gütermann
Konzepte
Systemtechnik
Planung

Heidi Howcroft
Gestalten mit Holz im Garten
• Bodenbeläge
• Holzdecks
• Zäune
• Rankgerüste
• Flechtwerke
• Lauben
• Grüner Holzbau
ökobuch

Barbara Eder
Heinz Schulz
Biogas Praxis
Grundlagen · Planung
Anlagenbau · Beispiele
Wirtschaftlichkeit

David Stiles
Kleine Baumhäuser und Hütten
kinderleicht gebaut

Holzbacköfen im Garten
Claudia Lorenz-Ladener, Hrsg.